W0094344

Monika Haunerdinger
Hans-Jürgen Probst

BWL visuell

Basiswissen Betriebswirtschaft für Fortbildung und Praxis

Cornelsen

Verlagsredaktion: Erich Schmidt-Dransfeld
Technische Umsetzung: TypeArt, Grevenbroich
Umschlaggestaltung: Knut Waisznor, Berlin

Informationen über Cornelsen Fachbücher und Zusatzangebote:
www.cornelsen-berufskompetenz.de

1. Auflage
© 2006 Cornelsen Verlag Scriptor GmbH & Co. KG, Berlin
Das Werk und seine Teile sind urheberrechtlich geschützt.
Jede Nutzung in anderen als den gesetzlich zugelassenen Fällen bedarf der vorherigen schriftlichen Einwilligung des Verlages.
Hinweis zu § 52a UrhG: Weder das Werk noch seine Teile dürfen ohne eine solche Einwilligung eingescannt und in ein Netzwerk eingestellt werden. Dies gilt auch für Intranets von Schulen und sonstigen Bildungseinrichtungen.

Druck: CS-Druck CornelsenStürtz, Berlin

ISBN-13: 978-3-589-23770-8
ISBN-10: 3-589-23770-8

Inhalt gedruckt auf säurefreiem Papier aus nachhaltiger Forstwirtschaft.

Vorwort

Dieses Buch vermittelt die unverzichtbaren Grundlagen, sozusagen die „Basics" der Betriebswirtschaftslehre. Auch die neuen Diskussionen werden behandelt. So ist dieses Buch ein sorgfältig gepacktes Paket, mit dem Sie inhaltlich „auf der Höhe" der Zeit sind.

In einer komprimierter Form und unterstützt durch vielfältige grafische Aufbereitungen, bietet das Buch allen an der Betriebswirtschaftslehre Interessierten einen Wegweiser.

- Praktiker, seien sie Kaufmann oder Techniker, finden betriebswirtschaftliche Zusammenhänge prägnant erklärt.

- Wer sich in einer Ausbildung oder Fortbildung befindet, erhält komprimiertes Wissen ohne Schnörkel, findet Zusammenhänge, wird Prüfungswissen auffrischen können. Insbesondere sind die Teilnehmer/-innen der zahlreichen als Einführung und Überblick gedachten Grundlagenkurse und Seminare zur BWL angesprochen.

- Lehrende der wirtschaftlichen Fachbereiche finden interessante Anregungen für ihre zu vermittelnden Inhalte, insbesondere Hilfestellung für die Visualisierung und die Aufbereitung des doch teilweise komplexen betriebswirtschaftlichen Stoffes.

Letztlich ist dies also ein Buch für Einsteiger und für diejenigen, die schnell mal etwas nachschlagen oder Kenntnisse auffrischen wollen.

Dieses Buch zur Betriebswirtschaftslehre ist praxisorientiert. Das bedeutet, dass Sie als Leser Inhalte finden, die auch in den Unternehmen als betriebswirtschaftliche Instrumente konkret zur Anwendung kommen (insbesondere im Finanzbereich).

Das Besondere: Auf jeweils zwei Seiten werden die wesentlichen betriebswirtschaftlichen Inhalte gegenübergestellt: Einmal in Textform und dann unterstützend die Visualisierungen. Es ist eine alte Erfahrung, dass man mit Bildunterstützung besser lernt, versteht und behält: „Ein Bild sagt mehr als 1.000 Worte".

Erfahren Sie,

- auf was es bei der Unternehmensführung ankommt, was Management heute leisten muss,
- mit welchen Werkzeugen die Leistungserstellung im Unternehmen optimiert wird,
- wie der sensible Personalbereich gesteuert wird,
- mit welchen Instrumenten Sie in den Bereichen Marketing und Vertrieb Erfolg haben,
- wie sichere Finanzierung und zielgerichtete Investitionen realisiert werden,
- wie mit dem Rechnungswesen und dem Controlling das Unternehmen gesteuert wird.

Über die fachspezifischen Kapitel hinaus finden Sie im Anhang betriebswirtschaftliche Kennzahlen sowie Tabellen.

Für dieses Buch benötigen Sie keine Vorkenntnisse und müssen kein „Fachchinesisch“ verstehen.

Zum Schluss möchten wir darauf hinweisen, dass wir aus Gründen der guten Lesbarkeit auf die Nennung jeweils beider Geschlechtsformen verzichtet haben. Selbstverständlich ist auch immer die Aktionärin, die Controllerin usw. gemeint.

Und jetzt geht es los. Verlag und Autoren wünschen Ihnen viel Spaß und Erfolg mit der Lektüre.

Düsseldorf und Schönau im Frühjahr 2006

Inhaltsverzeichnis

Abkürzungsverzeichnis

AfA	Absetzung für Abnutzung
AG	Aktiengesellschaft
AGB	Allgemeine Geschäftsbedingungen
AHK	Anschaffungs- und Herstellungskosten
AktG	Aktiengesetz
BA	Berufsakademie
BBA	Bachelor of Business Administration
BGB	Bürgerliches Gesetzbuch
BSC	Balanced Scorecard
BWL	Betriebswirtschaftslehre
CRM	Customer Relationship Management
DIN	Deutsches Institut für Normung
d.h.	das heißt
EDV	Elektronische Datenverarbeitung
EN	Europäische Norm
EUR oder €	EURO
f. oder ff.	folgende
FH	Fachhochschule
FuE	Forschung und Entwicklung
ggf.	gegebenenfalls
GmbH	Gesellschaft mit beschränkter Haftung
GuV	Gewinn- und Verlustrechnung
HGB	Handelsgesetzbuch
HRK	Hochschulrektorenkonferenz
i.d.R.	in der Regel
IFRS	International Financial Reporting Standards
IHK	Industrie- und Handelskammer
ISO	International Standard Organisation
IT	Informationstechnologie
KG	Kommanditgesellschaft
KG aA	Kommanditgesellschaft auf Aktien
KMU	Kleine und mittelständische Unternehmen
lfd.	laufendes
LuL	Lieferungen und Leistungen
lt.	laut
MBA	Master of Business Administration
NPO	Non-Profit-Organisation
o.g.	oben genannt
OHG	Offene Handelsgesellschaft
p.a.	per annum (jährlich)
PPS	Produktionsplanung und –steuerung
PR	Public Relations
sog.	sogenannt (e/s)
u.Ä.	und Ähnliches
USP	Unique Selling Proposition
usw.	und so weiter
u.U.	unter Umständen
v. Chr.	vor Christus
VVaG	Versicherungsverein auf Gegenseitigkeit
VWL	Volkswirtschaftslehre
z.B.	zum Beispiel

1 Gegenstand und Geschichte der BWL

1.1 Die Betriebswirtschaftslehre als Wissenschaft

Wirtschaften bedeutet disponieren über knappe Güter. Die Betriebswirtschaftslehre (BWL) ist neben der Volkswirtschaftslehre (VWL) eine selbstständige wirtschaftswissenschaftliche Disziplin. Eine wissenschaftliche Disziplin definiert sich durch ihr Erkenntnisobjekt. Dies ist bei der BWL der Betrieb, die betrieblichen Entscheidungen bzw. das wirtschaftliche Handeln von Menschen. Nicht ganz eindeutig, aber vorherrschend ist die Meinung, dass durch die sozialen Beziehungen im Rahmen des wirtschaftlichen Handelns die Wirtschaftswissenschaft und damit die BWL vorrangig zu den Sozialwissenschaften gehört (auch wenn Betriebswirte z. T. technische Abläufe bearbeiten).

Die BWL bedient sich für ihre Aufgaben bei anderen Wissenschaften. So fließen z.B. Inhalte der Mathematik, Psychologie, Rechtswissenschaft usw. in das Lehrgebäude BWL ein, die somit von interdisziplinärer Zusammenarbeit gekennzeichnet ist.

Volkswirtschaftslehre und Betriebswirtschaftslehre

Die Wirtschaftswissenschaft besteht aus zwei Teildisziplinen:

- Volkswirtschaftslehre: Sie untersucht gesamtwirtschaftliche Zusammenhänge, die sich aus den Beziehungen der einzelnen Wirtschaftssubjekte ergeben (Haushalte, Unternehmen, Banken, Staat, Ausland). Es geht um Fragen der Konjunktur, Beschäftigung, Preisbildung, Einkommensverteilung usw.
- Betriebswirtschaftslehre: Sie betrachtet die Interessen der einzelnen Wirtschaftseinheiten (Betriebe). Dabei untersucht sie die internen Abläufe in den Betrieben (Beschaffung, Produktion/Dienstleistung, Verwaltung, Absatz usw.), aber auch die Einflussfaktoren, die von außen das Handeln der Betriebe beeinflussen (z.B. Konkurrenz, volkswirtschaftliche Eckdaten).

Das Unternehmen als Wirtschaftssubjekt ist eingebunden in das gesamtwirtschaftliche Geschehen: So reagiert die BWL auf volkswirtschaftliche Eckdaten (z.B. Zinsentwicklungen, Konjunkturschwankungen usw.). Auf der anderen Seite reagiert die Volkswirtschaftslehre wiederum auf betriebswirtschaftliche Tatbestände wie Lohnentwicklungen, Kreditaufnahmen, Verlagerungen ins Ausland, technischer Fortschritt usw.

Wissenschaftliche Fragestellungen

Im Bereich der Wirtschaftswissenschaften beschäftigt man sich mit

- wirtschaftstheoretischen Fragestellungen: Ursachen und Wirkungen wirtschaftlicher Prozesse. Welchen Einfluss hat z.B. die Höhe der Zinsen auf die Konjunkturentwicklung?
- wirtschaftstechnologischen Fragestellungen: Ziele und Instrumente wirtschaftlichen Handelns. Dies sind im Gegensatz zur Theorie (die freilich mit einfließt) anwendungsbezogene Fragen. Welche Maßnahmen können z.B. ergriffen werden, um die Beschäftigung zu erhöhen?
- wirtschaftsphilosophischen Fragestellungen: Es werden wirtschaftliche Abläufe auf ihren ethischen Gehalt hin untersucht bzw. Werturteile abgegeben. Ist es z.B. moralisch richtig, Subventionen für Unternehmen zu streichen, wenn dies zu Lasten von Arbeitsplätzen geht?

Alle wirtschaftlichen Fragestellungen können aus gesamtwirtschaftlicher (VWL-) und einzelwirtschaftlicher (BWL-) Sicht betrachtet werden. Beispiel: Zinssenkungen in einer Volkswirtschaft (VWL-Sicht) verstärken die Investitionsneigung der Unternehmen (BWL-Sicht) und schaffen dadurch Arbeitsplätze. Somit gibt es im wirtschaftswissenschaftlichen Umfeld Überschneidungen zwischen BWL und VWL.

Gliederung und Lehrprogramm der Betriebswirtschaftslehre

Die BWL gliedert sich traditionell und lehrmäßig in

- Verfahrenstechnik als grundlegendem „Handwerkszeug" (Buchhaltung und Bilanz, Kostenrechnung, Wirtschaftsmathematik, Statistik usw.).
- Allgemeine BWL – hier geht es um Tatbestände, die allen Betrieben gemeinsam sind: allgemeine Fragen der Beschaffung, Finanzprozesse, Leistungserstellung, Vertrieb usw. Sie ist das Fundament der BWL, auf dem die Besondere BWL aufbaut. *Wir können sagen, dass der Inhalt dieses Buches in etwa die Inhalte der Allgemeinen BWL behandelt.*
- Besondere BWL: Sie beschäftigt sich
  a) mit Besonderheiten der einzelnen Wirtschaftszweige (z.B. die Industriebetriebslehre mit der Leistungserstellung in Industriebetrieben).
  b) mit speziellen betrieblichen Funktionen. Hier werden z.B. Fragen des Marketings oder Rechnungswesens vertieft und Lernende über die Besondere BWL zum Spezialisten einer betrieblichen Funktion ausgebildet.

Da sich die BWL konkret auf die Belange der Praxis konzentriert, ist sie eine stark anwendungsorientierte Wissenschaft mit interdisziplinärer Ausrichtung.

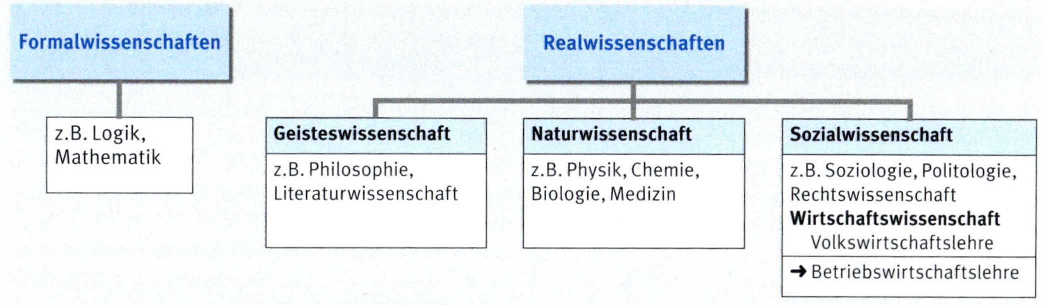

Die Betriebswirtschaftslehre im System der Wissenschaften

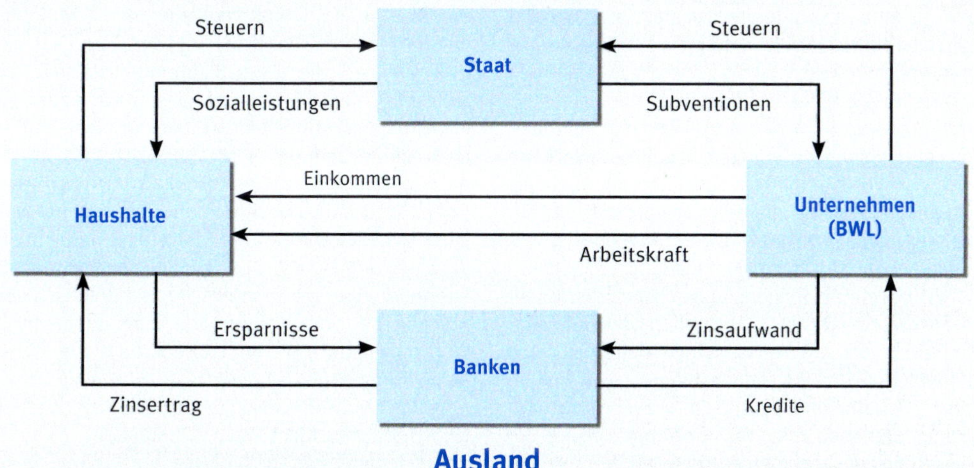

Der Wirtschaftskreislauf: Die BWL im volkswirtschaftlichen Zusammenhang

VWL und BWL im wissenschaftlichen Umfeld

Verfahrenstechnik und allgemeine BWL (Basiswissen, übergreifende Inhalte

Beispiele	Beispiele	Institutionelle Gliederung: Industrie	Handel	Banken	Versicherung	Touristik	Öffentl. Betriebe	Wirtsch.-prüfung	Land- u. Forstw.
Funktionale Gliederung	Unternehmensführung								
	Logistik								
	Marketing								
	Finanzwirtschaft								
	Rechnungswesen								
	Personalwesen								

Allgemeine und Besondere Betriebswirtschaftslehre

1.2 Geschichte der BWL

Die Beschäftigung mit der Geschichte der Betriebswirtschaftslehre wird von den Vertretern dieses Faches nicht besonders ausgeprägt betrieben, z.B. nicht so intensiv, wie man sich mit der Geschichte der Volkswirtschaftslehre beschäftigt.

Betrachtungsweisen der Geschichte der BWL

Es gibt mehrere Näherungsmöglichkeiten:

- Der Betrieb als Institution: Schon die antike Hauswirtschaft war ein „Betrieb", der mit Elementen der BWL gesteuert wurde (Personaleinsatz, Vorratswirtschaft usw.). Später erfolgte der Übergang zur gewerblichen Wirtschaft bis zu heutigen modernen Industrie- und Dienstleistungsbetrieben.
- Betriebswirtschaftliche Techniken: Was mit einfachen Lageraufzeichnungen begann, entwickelte sich bis zur komplexen Buchführung. Einfache Grundsätze der Personalführung wurden zu ausgefeilten Managementtechniken, rudimentäre Vorratsplanungen zu komplexen Planungstechniken.
- Ziele und Lehrmeinungen: Ausgangsbasis ist immer die Notwendigkeit des Wirtschaftens, die unabhängig von Staats- oder Wirtschaftsmodellen ist. Doch können Ziele unterschiedlich definiert sein, z.B. die reine Bedarfsbefriedigung in gemeinwirtschaftlichen Betrieben oder die Profitorientierung der gewerblich ausgerichteten Wirtschaft. Vor allem in den letzten Jahrzehnten haben sich Vertreter des Fachs verstärkt mit betriebswirtschaftlichen Ansätzen befasst und so entwickelten sich Lehrmeinungen wie der faktortheoretische oder entscheidungsorientierte Ansatz bis hin zu den relativ neuen ökologischen und verhaltensorientierten Ansätzen (siehe nachfolgend bzw. rechts).

Insbesondere aus den Lehrmeinungen werden Empfehlungen für praktisches Handeln im Rahmen der BWL – speziell zur Unternehmensführung – abgeleitet.

Meilensteine auf dem Weg zur heutigen BWL

Die Anfänge: Schon die Urhorden in der Menschheitsgeschichte betrieben letztlich BWL: Planen, Jagen, Verteilen, Betriebsmittelproduktion (Pfeil und Bogen) usw. Dann kamen Ackerbau und Viehzucht und damit die gezielte Produktion. In Mesopotamien gab es dann erstmals systematische Aufzeichnungen bis hin zu Gewinn- und Verlustrechnungen, quasi die „erste Buchhaltung". Das Wort Wirtschaften (griechisch Oikonomia) taucht um 500 v. Chr. erstmals auf und bezeichnet die Hauswirtschaft und alle damit verbundenen Produktionsleistungen.

Entwicklung bis zur Neuzeit: Die mittelalterliche, von Zünften geprägte Wirtschaft ging über in ein frühkapitalistisches Wirtschaftssystem. Die dokumentierten Entwicklungen in der (seinerzeit noch nicht so genannten) Betriebswirtschaftlehre in der beginnenden Neuzeit sind verbunden mit den Namen Pacioli, Savary oder Ludovici. Erstmals entwickelte sich so etwas wie eine „Handelswissenschaft".

Von der Industrialisierung bis zum Zweiten Weltkrieg: Zu Beginn des 19. Jahrhunderts setzte dann der Prozess der sog. Industrialisierung ein. Großbetriebe entstanden, die Arbeitsteilung nahm zu und die Anforderungen an die Betriebsführung mussten nicht zuletzt vor dem Hintergrund einer wachsenden Konkurrenz „professioneller" werden. In diese Zeit fällt auch die Gründung erster Handelshochschulen in Aachen, Leipzig und Wien (1898) bis nach Königsberg (1915). Jetzt entwickelte sich die Betriebswirtschaftslehre schnell weiter, es entstanden mit heute in etwa vergleichbare Lehrbücher. Parallel dazu wurden Diskussionen über die theoretische und praktische Ausrichtung der BWL geführt, u.a. über Probleme der Wertfreiheit der BWL als Wissenschaft, die ethische Ausrichtung der BWL oder ganz praktisch die Behandlung von Geldwertschwankungen. Die sog. „Betriebswirtschaftlichen Richtungen" entstanden.

Nach dem Zweiten Weltkrieg: Fortführung der Diskussion über die „Betriebswirtschaftlichen Richtungen", letztlich über sog. methodologischen Problemen der BWL. Meilensteine sind hier z.B.

- Faktortheoretischer Ansatz (E. Gutenberg): Optimale Kombination betrieblicher Produktionsfaktoren (Arbeitsleistung, technische Einrichtungen).
- Entscheidungsorientierte Ansätze (E. Heinen): Integration verhaltens- und sozialwissenschaftlicher Erkenntnisse. Der zentrale Kern sind Zielfindungs- und Entscheidungsprozesse im Unternehmen.
- Systemorientierter Ansatz (H. Ulrich): Das Unternehmen wird als soziales System mit Subsystemen (Beschaffungs-/Absatzmarkt, der Rechtsprechung usw.) gesehen. Das System Unternehmung wird teilweise als kybernetischer Regelkreis betrachtet.
- Verhaltensorientierter Ansatz: Verstärkte Einbeziehung psychologischer und soziologischer Faktoren. Die Prämisse „homo oeconomicus" wird kritisch hinterfragt, der „menschliche Faktor" in allen Bereichen (auch insbesondere in Absatz- und Organisationsfragen) wird stärker berücksichtigt.

Die Diskussionen werden fortgeführt. Zur Zeit dominieren Themen wie Managementtechniken, empirische Forschung und interdisziplinäre Ausrichtung.

Geschichte der BWL

Der Betrieb als Institution	Betriebswirtschaftliche Techniken	Ziele und Lehrmeinungen
Von der antiken Hauswirtschaft bis zur modernen Industrie und Dienstleistung	z.B. Lageraufzeichnungen, Rechnungswesen, Managementtechniken	z.B. Bedarfsbefriedigung, Gewinnmaximierung, betriebswirtsch. Theorien

Geschichtliche Betrachtungsweisen der BWL

Zeit	Geschichtliche Sachverhalte	Wichtige Namen
3.000 v. Chr.	Ältester „Buchhaltungsbeleg“ in Form einer Tonscheibe in Mesopotamien	
1.700 v. Chr.	Buchführungspflicht in Babylon	
500 v. Chr.	„Oikonomia“: Hauswirtschaft im antiken Griechenland und Rom. Schriften über effektive Landwirtschaft	
14. Jahrhundert	Notizen über Münzen, Maße, Gewichte usw.	F. B. Pegolotti
15. Jahrhundert	Schriften über kaufmännische Praxis	Luca Pacioli
17. Jahrhundert	Schriften über Handelstechnik u. -geschäfte	Jacques Savary
18. Jahrhundert	Handlungswissenschaft als selbstständige Disziplin Erstes Kaufmannslexikon incl. Wirtschaftsrechnen, Recht usw. Lexikalische Zusammenstellung von Handelswissen Diverse Lehrbücher und Schriften zur Handelswissenschaft	Carl G. Ludovici Paul J. Marperger May, Jung u.a.
19. Jahrhundert	ab 1898: Gründung erster Handelshochschulen, häufig „Geburt“ der BWL genannt.	
20. Jahrhundert	1910 und 1912: bedeutende betriebswirtschaftliche Werke Diskussion über den Wissenschaftscharakter der BWL: „Kunstlehre oder Wissenschaft?“ Diskussion über Wertfreiheit und Ausrichtung der BWL, Beginn der „Betriebswirtschaftlichen Richtungsdiskussion“	J. Hellauer, J. Schär, Nicklisch, Schmalenbach, Rieger, Gutenberg, F. Schmidt u.a.

Geschichtlicher Überblick

Methodische Ansätze der BWL nach dem Zweiten Weltkrieg	
Faktortheoretischer Ansatz	Kombination der betriebswirtschaftlichen Produktionsfaktoren (menschliche Arbeit und technische Einrichtungen).
Entscheidungsorientierter Ansatz	Im Mittelpunkt steht der Zielfindungs- und Entscheidungsprozess. Integration sozialwissenschaftlicher Erkenntnisse.
Informationsorientierter Ansatz	Information wird als Produktionsfaktor gesehen, dessen Qualität wesentlichen Einfluss auf Entscheidungen hat.
Marketing-Management-Ansatz	Im Mittelpunkt steht das Marketing. Alle betrieblichen Entscheidungen orientieren sich am Kunden/Markt.
Managerialistischer Ansatz	Trennung von Eigentum und Kontrolle in Unternehmen und deren Auswirkung auf Ziele u. Entscheidungen.
Evolutionstheoretischer Ansatz	Modelle für die Entwicklung und Niedergang von Unternehmen.
Systemorientierter Ansatz	Das Unternehmen wird als System mit Subsystemen betrachtet. Stichwort: kybernetischer Regelkreis.
Ökologieorientierter Ansatz	Einbeziehung ökologischer Faktoren. Stichwörter: Zielkonflikte, aber auch „Ökologie ist Langzeitökonomie“.
Empirischorientierter Ansatz	Hypothesen werden empirisch auf ihre Gültigkeit hin untersucht. Stark forschungsorientierter Ansatz.
Verhaltensorientierter Ansatz	Einbeziehung psychologischer und soziologischer Faktoren. „Es ist der Mensch, der entscheidet“.

Entwicklungen der BWL nach dem Zweiten Weltkrieg

2 Aufbau des Betriebes
2.1 Standortwahl

Die Standortwahl eines Unternehmens hat erhebliche Tragweite, da sie eine dauerhafte und schwer rückgängig zu machende (d.h. konstititutive) Entscheidung darstellt. Ferner beeinflusst sie wichtige strategische Entscheidungen bezüglich zukünftiger

- Aufwendungen: Der Standort entscheidet häufig wesentlich über zukünftige Kosten (z.B. Höhe des Lohnniveaus eines Landes oder einer Region).
- Erträge: Sie können in vielfacher Weise vom Standort abhängig sein (z.B. Einzelhandel in der Fußgängerzone; günstige Verkehrsanbindung bei Speditionsbetrieben usw.).
- Entwicklungsmöglichkeiten: Wachstum des Unternehmens muss möglich sein (z.B. künftige Infrastruktur der gewählten Region, Möglichkeit der Rekrutierung geeigneter Mitarbeiter, Ausweitungsmöglichkeit der betrieblichen Kapazitäten usw.).

Grundsätzliche Entscheidungen

Eine Standortwahl ist grundsätzlich bei

- Unternehmensgründung (z.B. Gründung eines Gewerbebetriebes),
- Unternehmenserweiterung (z.B. Gründung einer Zweigstelle),
- Unternehmensverlegung (z.B. Verlegung eines Unternehmens ins Ausland)

notwendig. Dabei werden zunächst (immer in Abhängig von der Größe, Branche und internationaler Ausrichtung des Unternehmens) grundsätzliche Standortentscheidungen getroffen:
internationale Standortwahl: Auswahl des Landes,
interlokale Standortwahl: Wahl innerhalb des Landes,
lokale Standortwahl: Wahl in einer Gemeinde,
innerbetrieblich: Wahl im Unternehmensgelände.

Konkrete Standortfaktoren

Vorherrschende Aspekte können sein:

- Materialorientierung: Günstige Kosten bei der Materialbeschaffung, z.B. wenn das Unternehmen Rohstoffe wie Erdöl oder Kohle benötigt.
- Arbeitsorientierung: Standortwahl nach dem Kriterium Lohnkosten, Stichwort Niedriglohnland.
- Immobilienorientierung: Die Höhe der Immobilienpreise bzw. Mieten ist z.B. dann wesentlich, wenn große Lagerkapazitäten benötigt werden.
- Abgabe- und Subventionsorientierung: Entscheidung z.B. für Gegenden mit staatlichen Subventionen, Gemeinden mit niedrigen Gewerbesteuer-Hebesätzen. Steuerliche Fragen spielen oft bei Standortalternativen im Ausland eine Rolle.
- Energieorientierung: Niedrige Energiepreise oder Energiebeschaffungsmöglichkeiten.
- Verkehrsorientierung: Gute Verkehrsanbindung (Straße, Bahn, Flughafen, Fluss, Meer).
- Absatz- bzw. Marketingorientierung: Z.B. wenn die Standortnähe zu wichtigen Kunden einen Wettbewerbsvorteil darstellt.
- Umweltorientierung: Durch Auflagen des Gesetzgebers oder „kritische Anwohner“ kann die Standortwahl eingeschränkt sein.

Darüber hinaus gibt es noch weitere Faktoren, z.B. Rekrutierungsorientierung (wo bekommt man gute Mitarbeiter?) oder Freizeitwertorientierung (attraktive Umgebung) oder man orientiert sich im internationalen Rahmen an den politischen Bedingungen des in Frage kommenden Landes.

Praktische Umsetzung: Standortvergleich

Alle Kriterien für die Standortwahl müssen aufgezählt, gesichtet und bewertet werden. Im Idealfall kann man die Entscheidungskriterien rechnerisch gegenüberstellen (z.B. die Lohnkosten verschiedener Standorte). Nicht oder kaum rechenbare Kriterien müssen zumindest genannt (z.B. der Wert qualifizierter Mitarbeiter in einer Region) oder können mittels Punktbewertung beurteilt werden. Möglich ist auch die Definition von Muss- und Kann-Kriterien. Den Zuschlag erhält der Standort, der die Wunschkriterien am besten erfüllt.

Beispiel: Brillenproduktion in Deutschland oder in Osteuropa?

Ein mittelständischer Brillenproduzent wollte die Produktion erweitern und stand vor der Frage Standorterweiterung in Deutschland oder neuer Standort in Osteuropa? Entscheidungskriterium waren die Lohnkosten, die Produktivität der Mitarbeiter und die Qualität der Produkte.
In Deutschland kostete die Lohnminute rund 0,38 EUR pro Minute, in Osteuropa rund 0,12 EUR. Allerdings lag die Produktivität in Osteuropa (noch) um rund 30 Prozent unter der in Deutschland und auch die gewohnten Qualitätsstandards waren nicht gesichert. Vor dem Hintergrund der EU-Anbindung des osteuropäischen Landes wurden auch dort bald höhere Lohnkosten erwartet.
Unter dem Strich entschied man sich unter Abwägung aller Faktoren für den Ausbau des deutschen Standortes (wo auch „made in Germany“ als Marketingfaktor weiter genutzt werden konnte).

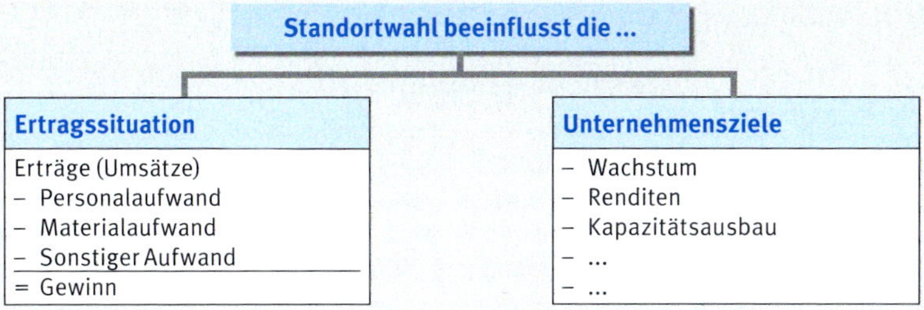

Standortwahl beeinflusst die ...

Ertragssituation
Erträge (Umsätze)
– Personalaufwand
– Materialaufwand
– Sonstiger Aufwand
= Gewinn

Unternehmensziele
– Wachstum
– Renditen
– Kapazitätsausbau
– ...
– ...

Strategische Bedeutung der Standortwahl

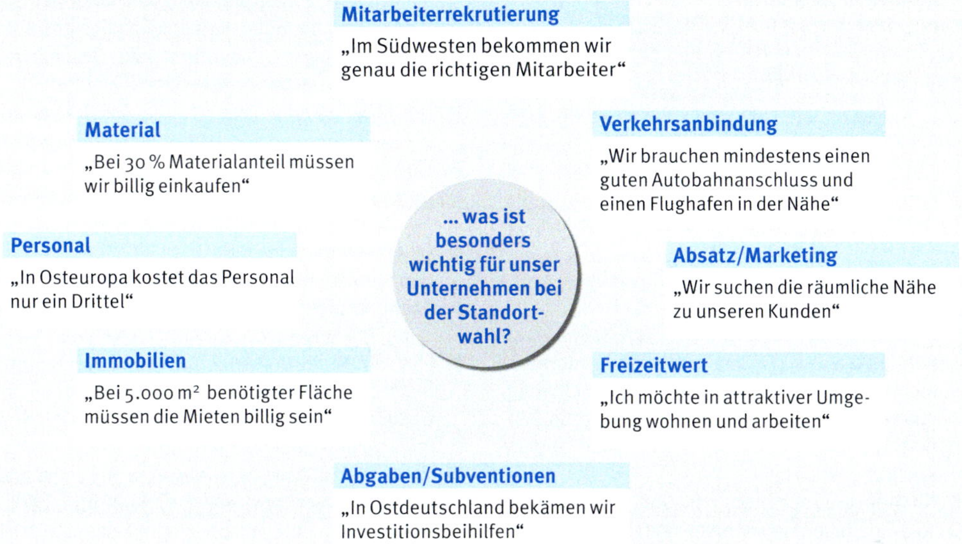

... was ist besonders wichtig für unser Unternehmen bei der Standortwahl?

Mitarbeiterrekrutierung

„Im Südwesten bekommen wir genau die richtigen Mitarbeiter"

Material

„Bei 30 % Materialanteil müssen wir billig einkaufen"

Verkehrsanbindung

„Wir brauchen mindestens einen guten Autobahnanschluss und einen Flughafen in der Nähe"

Personal

„In Osteuropa kostet das Personal nur ein Drittel"

Absatz/Marketing

„Wir suchen die räumliche Nähe zu unseren Kunden"

Immobilien

„Bei 5.000 m² benötigter Fläche müssen die Mieten billig sein"

Freizeitwert

„Ich möchte in attraktiver Umgebung wohnen und arbeiten"

Abgaben/Subventionen

„In Ostdeutschland bekämen wir Investitionsbeihilfen"

Entscheidungskriterien bei der Standortwahl

	Kosten pro Einheit in €		
Rechenbare Faktoren	Standort A	Standort B	Standort C
Materialkosten	12,00	12,00	11,00
Personalkosten	16,00	8,00	14,00
Standortmiete	1,50	1,00	2,00
Energiekosten	2,00	2,50	2,00
Transportkosten	1,00	2,20	1,10
Steuern	1,80	4,50	2,20
Sonstige Kosten	5,00	4,00	6,00
Summe Standortkosten	39,30	34,20	38,30

Nicht rechenbare Faktoren	Standort A	Standort B	Standort C
	Punktebewertung von 1–5 (5 = Gut)		
Mitarbeiterrekrutierung	5	2	3
Freizeitwert	4	2	2
Politische Stabilität	5	3	5
Summe Punkte	14	7	10

Standortbeurteilung

2.2 Rechtsformen
2.2-1 Überblick

Durch die Wahl der Rechtsform wird die juristische Struktur des Unternehmens festgelegt. Grundsätzlich ist eine Rechtsform z.B. bei Gründung des Unternehmens frei wählbar, allerdings müssen die jeweiligen gesetzlichen Regelungen erfüllt sein. Die einmal gewählte Rechtsform kann später geändert werden (Rechtsformwechsel).

Rechtsformen im Überblick

Jede Wirtschaftseinheit hat eine Rechtsform. Im Zweifel ergibt sich eine Rechtsform aus dem Gesetz (z.B. die BGB-Gesellschaft), die dann die rechtlichen Beziehungen einer Wirtschaftseinheit nach innen (z.B. Gewinnverteilung) oder nach außen (z.B. Haftung) regelt. Man unterscheidet zwei große Blöcke von Rechtsformen:

1. Privatrechtliche Formen: Nutzung vornehmlich von der gewerblichen Wirtschaft
   - **Einzelunternehmen**: Das Unternehmen wird von einer Person betrieben.
   - **Personengesellschaften**: Es schließen sich mindestens zwei Personen zu einem Unternehmen zusammen. Nicht die Kapitalbeteiligung, sondern die Personen stehen im Mittelpunkt. Eine Personengesellschaft ist keine eigene Rechtspersönlichkeit.
   - **Kapitalgesellschaften**: Personen beteiligen sich kapitalmäßig an einer Gesellschaft. Keine Beteiligung ohne Kapital. Die Kapitalgesellschaft ist eine eigene Rechtspersönlichkeit. Besonderheit: Kapitalgesellschaften können auch nur von einer Person gegründet werden.
   - **Mischformen**: Elemente von verschiedenen Rechtsformen werden vermischt, z.B. ist bei der GmbH & Co. KG der Komplementär eine GmbH oder bei einer Kommanditgesellschaft auf Aktien (KGaA) ist das Kommanditkapital in Aktien verbrieft.
   - **Sonstige**: Dies sind Sonderformen wie Genossenschaften oder bestimmte Branchen, z.B. der Versicherungsverein auf Gegenseitigkeit (VVaG).
2. Öffentlich-Rechtliche Formen: Nutzung vornehmlich im Öffentlichen Dienst.
   Öffentliche Betriebe können auch in privatrechtlicher Form geführt werden (z.B. die Krankenhaus-GmbH).

Anmerkung: Der inhaltliche Schwerpunkt dieses Kapitels liegt bei den wichtigsten privatrechtlichen Formen.

Entscheidungskriterien für eine Rechtsform

Bei der Wahl der Rechtsform sind mindestens die folgenden Kriterien abzuwägen:

- Kapitalaufbringung/Haftungskapital: Bei bestimmten Rechtsformen (GmbH/AG) muss ein Mindestkapital aufgebracht werden, das zur Haftung zur Verfügung steht.
- Haftung: Bei einigen Rechtsformen haftet man persönlich (mit Privatvermögen), bei anderen ist die Haftung auf die Höhe der Kapitalanlage beschränkt.
- Leitungsbefugnis: Wer führt die Geschäfte des Unternehmens bzw. vertritt es nach außen?
- Gewinnverteilung: Wie ist die Gewinnverteilung geregelt? Kann sie vertraglich gestaltet werden?
- Finanzierungsmöglichkeiten: Welches Finanzierungspotenzial bieten die Rechtsformen, wie leicht machen sie z.B. den Zufluss neuen Kapitals?
- Gewinnsteuerliche Belastung: Rechtsformen werden steuerlich unterschiedlich behandelt.
- Aufwendungen der Rechtsform: Was kosten Gründung, Prüfung usw.?
- Flexibilität bei der Änderung der Beteiligungsverhältnisse: Wie schnell bzw. wie flexibel können Gesellschafterwechsel oder Gesellschafteraufnahme vollzogen werden?
- Publizität: Müssen der Jahresabschluss und andere Daten veröffentlicht werden? Publizität bedeutet zusätzlichen Aufwand und große Transparenz (auch für die Konkurrenz).

Beispiel: Welche Rechtsform soll es werden?

Zwei Techniker wollen ein Geschäft für Hard- und Software einschl. Beratung und Wartung gründen. Zunächst denkt man an eine OHG (Offene Handelsgesellschaft). Dann kommt der Aspekt der Haftungsbeschränkung auf und man plädiert für eine GmbH. Stammkapital ist vorhanden. Nun benötigt man noch einen Bankkredit. Jetzt besteht allerdings die Bank auf persönlicher Haftung, die bei der GmbH ausgeschlossen ist. Dies kommt für einen der beiden Techniker aus privaten Gründen nicht in Frage. So entscheidet man sich für die KG (Kommanditgesellschaft).

- Einer der Techniker haftet als Komplementär mit dem Privatvermögen, die Bank ist zufrieden.
- Der andere Techniker haftet nur mit seiner Kommanditeinlage, seine Haftung ist also beschränkt.
- Es wird im Gesellschaftsvertrag eine Gewinnregelung vereinbart, bei dem der Komplementär wegen des privaten Risikos einen höheren Anteil erhält.

So fand man eine Gesellschaftsform, die allen Ansprüchen gerecht wurde.

Rechtsformen privater Unternehmen

Einzel-unternehmen	Personengesell-schaften	Kapitalgesell-schaften	Mischformen	Sonstige
	Gesellschaft bürgerlichen Rechts (GbR)	Aktiengesellschaft (AG)	AG & Co. KG	Genossenschaften
	Offene Handelsgesellschaft (OHG)	Gesellschaft mit beschränkter Haftung (GmbH)	GmbH & Co. KG	Versicherungsvereine auf Gegenseitigkeit (VVaG)
	Kommanditgesellschaft (KG)	Kommanditgesellschaft auf Aktien (KGaA)	Doppelgesellschaft	
	Stille Gesellschaft			

Öffentlich-Rechtliche Formen

Mit eigener Rechtspersönlichkeit	Ohne eigene Rechtspersönlichkeit
Öffentlich-Rechtliche Körperschaften (Ortskrankenkasse) Anstalten (Sparkasse)	Regiebetriebe (Müllabfuhr)
Stiftungen	Eigenbetriebe (Museum)
	Sondervermögen

Einteilung der Rechtsformen

... was ist bei der Wahl der Rechtsform zu beachten?

Leitungsbefugnis
„Wer führt die Geschäfte?“

Kapitalaufbringung/Haftungskapital
„Muss ein Anfangskapital/Haftungskapital zwingend eingebracht werden?“

Haftung
„Wer haftet für die Schulden des Unternehmens?
Ist die Haftung beschränkt?“

Aufwendungen für die Rechtsform
„Wie hoch sind die Gründungskosten, die Kosten der Rechnungslegung, der Prüfung usw.?“

Finanzierungsmöglichkeit
„Woher kommt das Geld?“

Flexibilität
„Wir schnell können die Beteiligungsverhältnisse geändert werden?“

Gewinnsteuerliche Belastung
„Wie viel Steuern muss das Unternehmen auf die Gewinne bezahlen?“

Publizität
„Müssen der Jahresabschluss und andere Daten veröffentlicht werden?“

Gewinnverteilung
„Wer bekommt die Gewinne des Unternehmens, wer trägt die Verluste?“

Entscheidungskriterien für die Wahl einer Rechtsform

2.2-2 Einzelne wichtige Rechtsformen

Einzelunternehmen

Vom Bestand und von den Neuanmeldungen ist diese Rechtsform mit rund 70 Prozent aller Unternehmen in Deutschland am verbreitetsten.

Hier ist eine natürliche Person der alleinige Inhaber. Dieser Einzelunternehmer haftet unbeschränkt, d.h. nicht nur mit seinem Betriebs-, sondern auch mit dem Privatvermögen. Dies beinhaltet das hohe Risiko dieser Rechtsform, begünstigt aber auch die Kreditvergabe. Die Gründung eines Einzelunternehmens erfolgt formlos, bei Vorliegen bestimmter Merkmale muss eine Handelsregistereintragung erfolgen. Vorteil dieser Rechtsform ist die Flexibilität und der hohe Grad der Entscheidungsfreiheit, da jegliche Abstimmung mit z.B. anderen Gesellschaftern oder gesetzlichen Aufsichtsorganen entfällt.

Offene Handelsgesellschaft (OHG)

Etwa neun Prozent aller Unternehmen in Deutschland. Man findet sie häufig im Handelsbereich.

Mindestens zwei Gesellschafter müssen sich zusammenschließen, die unbeschränkt haften. Bei Banken ist diese Rechtsform deshalb recht beliebt, da im Notfall auf mehrere Privatvermögen zurückgegriffen werden kann. Die Gründung erfolgt formlos, allerdings ist eine Handelsregistereintragung zwingend vorgeschrieben. Durch die Einzelgeschäftsführungsbefugnis und Einzelvertretungsmacht jedes Gesellschafters erfordert diese Rechtsform ein hohes Maß an gegenseitigem Vertrauen.

Kommanditgesellschaft (KG)

Sie ist ebenfalls weit verbreitet im Handel und im Lebensmittelgewerbe. Beliebt bei Familienunternehmen. Allerdings mit lediglich drei bis vier Prozent der Unternehmen in Deutschland präsent.

Auch hier schließen sich mindestens zwei Gesellschafter zusammen, wobei mindestens einer, der Komplementär, unbeschränkt haftet. Der Kommanditist dagegen haftet nur mit seiner Kapitaleinlage. Die Gründung erfolgt formlos, die Eintragung ins Handelsregister ist notwendig. Vorteil dieser Rechtsform ist die relativ einfache Aufnahme neuer Gesellschafter (Kommanditisten), wobei die Geschäftsführung beim Komplementär bleibt.

Gesellschaft mit beschränkter Haftung (GmbH)

Mit rund 15 Prozent der Unternehmen in Deutschland (bei rund 33 Prozent des Umsatzes) eine beliebte Rechtsform für Unternehmen aller Branchen und Größen.

Der große Vorteil dieser Rechtsform ist die Haftungsbeschränkung aller Gesellschafter. Es haftet lediglich das Gesellschaftsvermögen, was in der Praxis die Kreditaufnahmen bei Banken unter Umständen schwieriger werden lässt. Schon wegen der Haftungsbeschränkung bestimmt das Gesetz ein Mindeststammkapital von 25.000 EUR, das von den Gesellschaftern bei Gründung eingebracht werden muss. Die Gründung erfordert gewisse Formvorschriften (z.B. Gesellschaftsvertrag mit notarieller Beurkundung), ebenfalls Eintragung ins Handelsregister. Die GmbH ist durch den Gesellschaftsvertrag relativ flexibel gestaltbar, so kann z.B. auch ein Gesellschafter die Geschäftsführung übernehmen.

Aktiengesellschaft (AG)

Der Anteil aller AGs in Deutschland beträgt zwar lediglich nur etwa 0,2 Prozent, sie erwirtschaften aber rund 20 Prozent aller Umsätze. Anmerkung: Eine AG muss nicht zwingend an der Börse notiert sein.

Bei der AG wird das Grundkapital in Aktien zerlegt. Die Gesellschaft haftet nur mit dem Gesellschaftsvermögen, der einzelne Gesellschafter lediglich mit seiner Kapitaleinlage (Aktien). Mindestkapital (Grundkapital genannt) sind 50.000 EUR. Die Gründung ist relativ aufwendig, so muss die Satzung der AG notariell beurkundet werden, ein erster Aufsichtsrat bestellt, ein erster Abschlussprüfer ernannt werden usw., Handelsregistereintragung ist notwendig. Die AG hat regelmäßig drei Organe:

- Vorstand: Dieser führt die Geschäfte.
- Aufsichtsrat: Dieser beaufsichtigt die Geschäfte und bestimmt den Vorstand.
- Hauptversammlung: Die Versammlung der Aktionäre. Sie bestimmt den Aufsichtsrat und entscheidet über andere wichtige Fragen (z.B. Kapitalerhöhung).

Durch die Zerlegung des Kapitals in Aktien und deren leichte Handelbarkeit (an der Börse) wird die Kapitalbeschaffung für diese Rechtsform erleichtert. Motiv der Anleger für den Erwerb von Aktien ist die Ausschüttung einer Dividende (Anteil am Gewinn der Gesellschaft), mehr aber wohl noch die Aussicht auf Kurssteigerung der Aktien. (siehe auch Abschnitt 7.4 Aktien als Finanzierungsinstrumente).

In gewissem Umfang sind auch ausländische Rechtsformen in Deutschland zulässig. So findet man (mit zunehmender Tendenz) häufig die britische „Limited" (Ltd.), die in etwa der deutschen GmbH entspricht.

			Personengesellschaften		Kapitalgesellschaften	
		Einzelunternehmen	**Offene Handelsgesellschaft (OHG)**	**Kommanditgesellschaft (KG)**	**G.m.beschränkter Haftung (GmbH)**	**Aktiengesellschaft (AG)**
Gesetzliche Grundlage		§§ 1–104 HGB	§§ 105–160 HGB	§§ 161–177 HGB	GmbH-Gesetz	Aktiengesetz
Bezeichnung der Eigentümer		Inhaber	Gesellschafter	Komplementäre Kommanditisten	Gesellschafter	Aktionäre
Mindestanzahl bei Gründung		1 wenn mehrere, dann Gesellschaft möglich	2	2	1 „1-Mann-GmbH“	1
Vorgeschriebenes Kapital bei Gründung		...	...	...	25.000 EUR Stammkapital	50.000 EUR Grundkapital
Haftungsregelung		Persönlich und unbeschränkt (einschl. Privatvermögen)	Persönlich, unbeschränkt und solidarisch	Komplementäre: Persönlich und unbeschränkt. Kommanditisten: Lediglich mit der Kapitaleinlage	Beschränkt auf die Kapitaleinlage (Nachschusspflicht kann lt. Vertrag vereinbart sein)	Beschränkt auf die Kapitaleinlage
Leistungsbefugnis		Inhaber	Je nach Gesellschaftsvertrag alle oder einzelne Gesellschafter	In der Regel der Komplementär	Liegt bei den gesetzlich vorgesehenen Organen: – Geschäftsführung/Vorstand – Aufsichtsrat (vorgeschrieben b. AGs und GmbH mit mehr als 500 Mitarbeitern) – Gesellschafter/Hauptversammlung	
Gewinnverteilung		Den Gewinn bekommt der Inhaber	Gesetzlich: 4 % auf die Einlagen, Rest nach Köpfen. Oder lt. Gesellschaftsvertrag	Gesetzlich: 4 % auf die Einlagen, Rest „angemessen“. Oder lt. Gesellschaftsvertrag	Je nach Kapitaleinlage oder lt. Gesellschaftsvertrag	Dividenden. Anzahl der Aktien. Ziel sind häufig aber Spekulationsgeschäfte
Finanzierungsmöglichkeiten	Zuführung v. Haftungskapital	Begrenzt durch Privatvermögen. Aufnahme stiller Gesellschafter möglich	Begrenzt durch die geringe Zahl der Gesellschafter und ihr Privatvermögen	Begünstigt durch die Haftungsbeschränkung der Kommanditisten	Begünstigt durch die Haftungsbeschränkung der Gesellschafter	Günstig durch die Ausgabe von Aktien und durch d. Aktionärsschutz
	Kreditaufnahme	Kreditwürdigkeit relativ groß durch unbeschränkte Haftung der (Mit-) Eigentümer und durch Haftung auch mit dem Privatvermögen		Kreditwürdigkeit relativ gering durch beschränkte Haftung (bei der KG abhängig vom Privatvermögen des Komplementärs)		Größere Kreditwürdigkeit durch Regelungen des Gläubigerschutzes
Gewinnsteuerliche Belastung		Gewinn unterliegt der Einkommenssteuer und ist von den persönlichen Gesamteinkünften abhängig			Gewinn unterliegt der Körperschaftssteuer	
Aufwendung der Rechtsform		Relativ niedrig, meist Pflicht zur Rechnungslegung	Relativ niedrig, Pflicht zur Rechnungslegung	Relativ niedrig, Pflicht zur Rechnungslegung	Unterschiedlich, evtl. hohe Gründungskosten, Pflicht zur Rechnungslegung	Relativ hoch, relativ hohe Gründungskosten, Prüfungskosten, Kosten der Hauptversammlung usw.
Flexibilität b. Änderung der Beteiligungsverhältnisse		---	Abhängig von Einigung unter den vorhandenen Gesellschaftern. Kein freier Handel von Gesellschaftsanteilen	Flexibler durch relativ leichte Aufnahme von Kommanditisten. Kein freier Handel von Kommanditanteilen	Abhängig von Einigung unter d. vorhandenen Gesellschaftern Kein freier Handel von Gesellschaftsanteilen	Bei börsennotierten Unternehmen hohe Flexibilität durch Aktienhandel
Publizität		Grundsätzlich keine Publizitätspflicht. Allerdings Publizitätspflicht für Großunternehmen unabhängig von der Rechtsform, wenn Bilanzsumme, Umsatzerlöse oder Beschäftigungszahlen bestimmte Grenzen überschreiten			Publizitätspflicht, unterschiedlich je nach Unternehmensgröße	Publizitätspflicht, unterschiedlich je nach Unternehmensgröße

Überblick über wichtige einzelne Rechtsformen

2.3 Unternehmensverbindungen

Unternehmensverbindungen, auch Unternehmenszusammenschlüsse (oder international Mergers and Aquisitions) genannt, reichen von loser Zusammenarbeit bis Fusion. Dabei gibt es Verbindungen regionaler Kleinunternehmen bis hin zu internationalen Wirtschafteinheiten.

Ziele von Unternehmensverbindungen

Grundsätzliche Ziele sind die Erhöhung der Wirtschaftlichkeit und die Erringung wirtschaftlicher Machtpositionen. Konkret bedeutet dies für die Funktionsbereiche des Unternehmens im

- Beschaffungsbereich: Erzielung günstiger Preise durch Abnahme großer Mengen,
- Produktionsbereich: Kostenreduktion durch größere Mengen, verbesserte Auslastung,
- Investitions- und Finanzierungsbereich: Verbesserung der Finanzierungsmöglichkeiten,
- Absatzbereich: Erweiterung/Verbesserung der Verkaufsorganisation, Ausschaltung von Konkurrenz, Möglichkeit zur Beeinflussung von Marktpreisen,
- Forschung und Entwicklung: Konzentration von Know-how und Kapital.

Kooperation und Konzentration

Bei Unternehmensverbindungen arbeiten die Beteiligten unterschiedlich intensiv zusammen:

- ▶ Kooperation: Dies ist die freiwillige Zusammenarbeit von Unternehmen, wobei die wirtschaftliche Selbstständigkeit aufrechterhalten wird. Ziel ist die Leistungssteigerung der beteiligten Unternehmen. Beispiel: Zwei Bauunternehmen schließen sich für ein Großprojekt zusammen.
- ▶ Konzentration: Liegt vor, wenn die Partner entweder ihre wirtschaftliche Selbstständigkeit verlieren (z.B. Unterordnungskonzern) oder durch Fusion darüber hinaus auch ihre rechtliche Selbstständigkeit aufgeben. Beispiel: Ein Unternehmen kauft ein anderes.

Dabei können Unternehmensverbindungen horizontal, vertikal oder anorganisch strukturiert sein.

Kooperationsformen

Eine Kooperation kann kurzfristig bzw. für ein Einzelgeschäft (z.B. Bauprojekt) oder langfristig (z.B. Gemeinschaftsunternehmen) angelegt sein.

- Kartelle: Zusammenschlüsse, die sich wettbewerbsbeschränkend auswirken (z.B. Preiskartelle) sind grundsätzlich verboten. Ausnahmen bestehen für z.B. Konditionskartelle (eine Branche auf gleichartige Konditionen) oder Produktionskartelle (man einigt sich auf bestimmte Normen).
- Arbeitsgemeinschaften (Konsortien): Zusammenschlüsse zur Durchführung abgegrenzter Aufgaben, z.B. Bau eines Großprojektes, Bankkonsortium zur Ausgabe von Aktien.
- Interessengemeinschaften: Vertragliche Verbindung zur Verfolgung gemeinsamer Interessen, z.B. gemeinsame Forschung, gemeinsamer Einkauf. Abgrenzung zum Kartell u.U. fließend.
- Gemeinschaftsunternehmen (Joint Ventures): Auf freiwilliger Basis wird von mehreren Unternehmen ein neues Unternehmen gegründet, dessen Leistung dann von allen genutzt wird, z.B. ein gemeinsames Serviceunternehmen, Erschließung neuer Absatzmärkte im Ausland.

Konzentrationsformen

Diese Formen der Unternehmensverbindung sind relativ kompliziert und in verschiedenen Gesetzen (AktG, HGB) nicht immer deckungsgleich geregelt.

- Beteiligungen: Unternehmensverbindungen, die sich durch Kapitalverflechtungen ergeben. In Abhängigkeit von den Beteiligungsquoten entstehen herrschende und abhängige Unternehmen. Die Einflussmöglichkeiten sind dabei abhängig von den Beteiligungsquoten. Beispiel: Gehören einem Unternehmen z.B. über 50 Prozent der Aktien des anderen Unternehmens, kann damit ein „genehmer" Aufsichtsrat gewählt werden, der wiederum den „genehmen" Vorstand bestimmt. Somit bestimmt das herrschende Unternehmen indirekt den Vorstand des abhängigen Unternehmens und hat dadurch Einfluss auf dessen Geschäftspolitik. Von „Feindlichen Übernahmen" spricht man, wenn der Beteiligungserwerb ohne Einvernehmen mit dem Management der zu übernehmenden Gesellschaft geschieht (z.B. wenn die Mehrheit der Aktien an der Börse aufgekauft wird).
- Konzerne: Zusammenschluss mehrerer rechtlich selbstständiger Unternehmen unter einheitlicher Leitung. Das bedeutet, dass ein Konzernunternehmen seine wirtschaftliche Eigenständigkeit aufgegeben hat. Dabei kann ein Gleichordnungskonzern (selten) oder ein Unterordnungskonzern (herrschende und abhängige Unternehmen) entstehen. Bei einer Holding übernimmt die Dachgesellschaft die relevanten Führungsaufgaben.
- Fusion: Verschmelzung von Unternehmen. Es wird eine rechtliche Einheit gebildet. Die alten Unternehmen existieren nicht mehr in ihrer ehemaligen Form, wie z.B. seinerzeit bei DaimlerChrysler.

Es ist zu erwarten, dass in den nächsten Jahren die Kooperationen und Konzentrationen zunehmen.

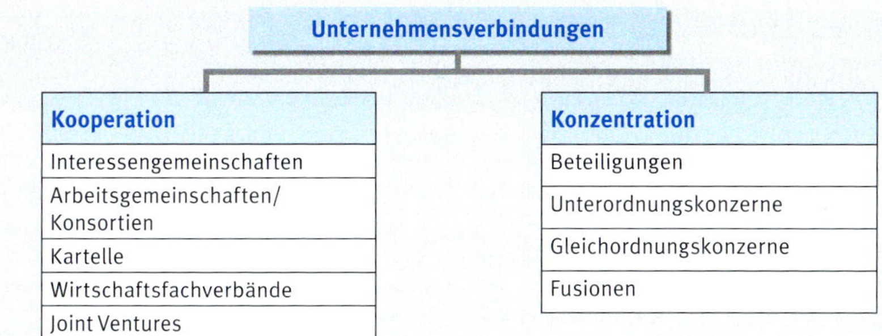

Formen der Kooperation und Konzentration

Anorganisch

Branchenfremde Zusammenschlüsse

Zeitungsverlag ⟷ Brauerei

Überblick Unternehmensverbindungen

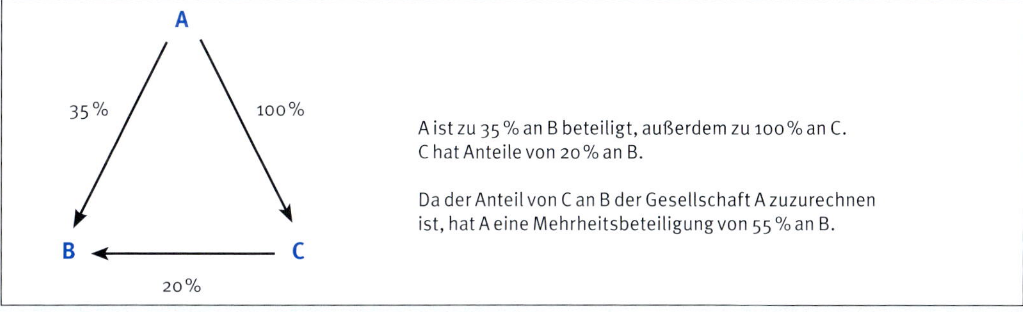

Beteiligungen: Abhängige und herrschende Unternehmen

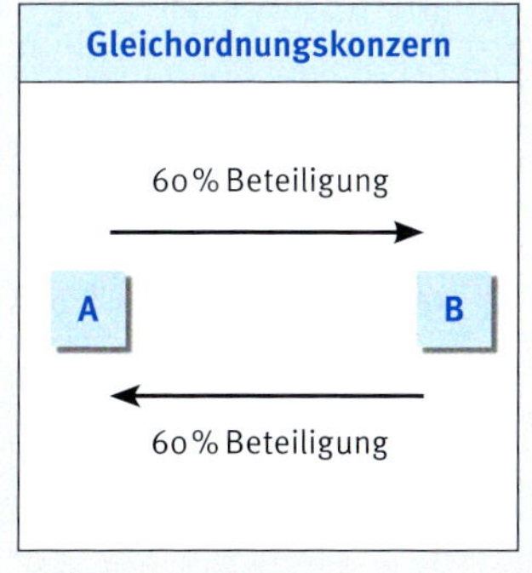

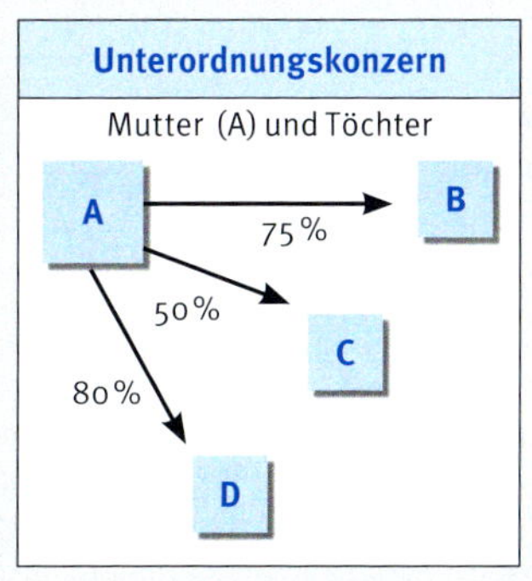

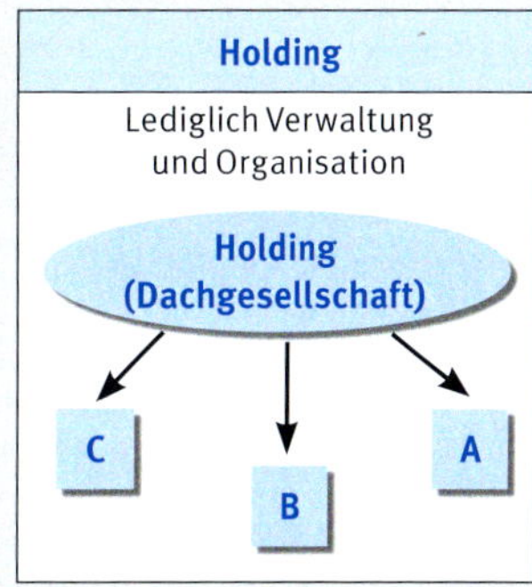

Konzernformen

3 Unternehmensführung und Organisation

3.1 Überblick

Der Begriff Unternehmensführung ist gleichzusetzen mit dem aus dem anglo-amerikanischen Bereich stammenden Begriff Management (engl. management = Leitung, Führung). Unternehmensführung bedeutet die zielgerichtete Steuerung eines Unternehmens. Die Betriebswirtschaftslehre hat zwei Blickrichtungen auf die Unternehmensführung bzw. das Management:

- Management als Institution: Damit sind alle leitenden Instanzen gemeint, d.h. alle Aufgaben- und Funktionsträger, die Entscheidungs- und Anordnungsbefugnisse haben. In Abhängigkeit von der Unternehmenshierarchie spricht man von:
  - Top-Management (dazu zählen Unternehmensleitung, Geschäftsführung, Vorstand),
  - Middle (Mittleres)-Management (z.B. Niederlassungsleiter oder Werksleiter),
  - Lower (Unteres)-Management (z.B. Bereichsleiter, Meister, Abteilungsleiter).
- Management als Funktion: Hier wird Management als Prozess gesehen und umfasst alle zur Steuerung des Unternehmens notwendigen Aufgaben: Planung, Entscheidung, Organisation, Überwachung und Mitarbeiterführung.

Unternehmensvision, Strategie, Unternehmensziele

Am Beginn eines Unternehmens steht die Unternehmensvision. Die Unternehmensführung legt eine Strategie fest, wie diese Vision erreicht werden kann. Diese Strategie wird durch Festlegung von Unternehmenszielen konkretisiert. Wichtig ist, dass es messbare Ziele sind, damit die Zielerreichung auch überprüft werden kann. Der Management-Erfolg wird an der Erfüllung der Unternehmensziele gemessen.

Durch die Planung und Entscheidung über die betrieblichen Leistungsprozesse werden Maßnahmen und Aktivitäten im Unternehmen so gesteuert, dass die Unternehmensziele erreicht werden.

Hierbei gibt es in allen Unternehmensbereichen Entscheidungsbedarf, der von der Unternehmensführung zu klären ist.

Hilfsmittel für die Unternehmensführung – Managementtechniken

Verschiedene Managementtechniken, traditionelle als auch neuere Ansätze, unterstützen den Prozess der Unternehmensführung. Weit verbreitet sind z.B. die Management-by-Konzepte (siehe Abschnitt 3.5-1).

Aufbau- und Ablauforganisation

Voraussetzung für eine erfolgreiche Unternehmensführung ist eine auf den Unternehmenszweck und die Unternehmensziele zugeschnittene Unternehmensorganisation. Man unterscheidet zwei Formen:

- ▶ Die Aufbauorganisation legt die Struktur der organisatorischen Einheiten im Unternehmen fest. Das Unternehmen wird in Bereiche und Abteilungen gegliedert und Zuständigkeiten und Verantwortung werden den einzelnen Stellen zugeordnet.
- ▶ Die Ablauforganisation ist die Festlegung und Koordinierung der betrieblichen Leistungsprozesse. Wie wirken die einzelnen Teilprozesse in der Produktion zusammen oder welchen Weg nimmt eine Bestellung im Unternehmen von der Annahme bis zur Auslieferung des Produktes an den Kunden?

Projektmanagement

Nicht alle Aufgaben lassen sich in der gegebenen Unternehmensorganisation optimal lösen. Für einmalige Aufgaben, die zeitlich begrenzt sind und eine klare Zielstellung haben, wird häufig eine Projektorganisation (meist abteilungs- und hierarchieübergreifend) eingerichtet. Das Projektmanagement steuert und überwacht hierbei die Projektzielerreichung.

Beispiel: Überblick über die Unternehmensführung in einem Dienstleistungsunternehmen

Ein Dienstleistungsunternehmen der Telekommunikationsbranche hatte eine Vision: „Wir wollen das größte Dienstleistungsunternehmen in der Telekommunikation werden.“. Diese Vision musste jedoch im Rahmen der Unternehmensstrategie klarer formuliert werden: „Mit innovativen Produkten wollen wir neue Zielgruppen ansprechen.“.

Aus der Strategie wurden dann konkrete Unternehmensziele abgeleitet: Gewinnsteigerung im nächsten Geschäftsjahr um 20 % und Erhöhung des Marktanteils von 15 % auf 30 %. Auf dieser Grundlage erfolgte dann die Planung und Entscheidung über die betrieblichen Leistungsprozesse. Konkret wurden Aktivitäten und Maßnahmen in allen Unternehmensbereichen initiiert, gesteuert, Abweichungen vom Plan analysiert und bei Bedarf Korrekturmaßnahmen eingeleitet. Fragen z.B. zu Produktneuentwicklungen, Produktivität oder Kundenerfolgsrechnungen erforderten die zielgerichtete Steuerung des Unternehmens durch das Management des Dienstleistungsunternehmens.

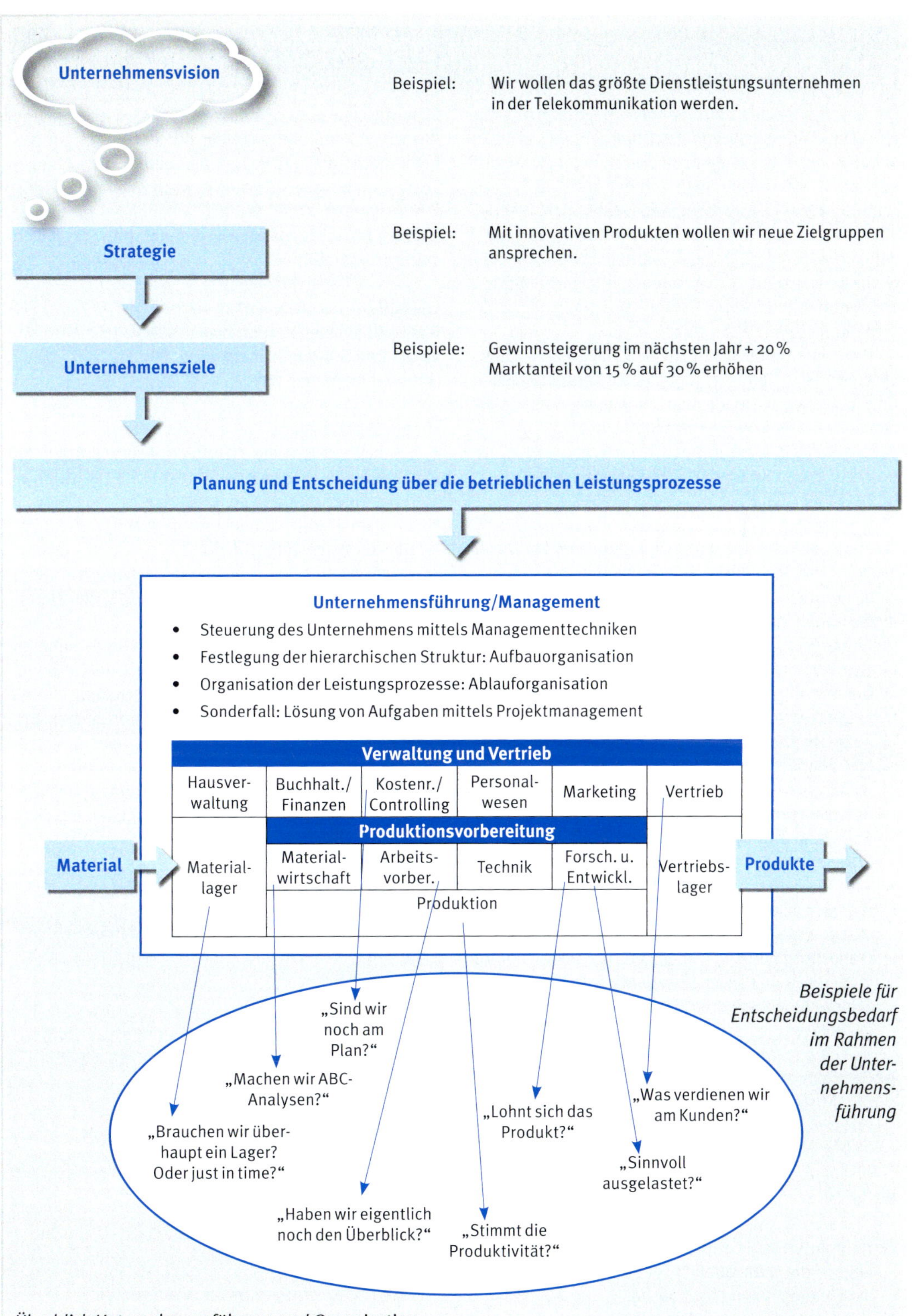

Überblick Unternehmensführung und Organisation

3.2 Unternehmensvision und -strategie

Die Gründung eines Unternehmens beginnt meist mit einer Unternehmensvision. Ein Unternehmer sieht z.B. Marktchancen für ein neues Produkt. Im anglo-amerikanischen Raum wird auch von der „Mission" eines Unternehmens gesprochen. Diese steht noch über der Vision und spiegelt den hehren Auftrag eines Unternehmens wieder, z.B. Kunden zufrieden zu stellen oder einen Beitrag zum Umweltschutz zu leisten. Mission und Unternehmensvision stellen die obersten Leitlinien für ein Unternehmen dar.

Die Unternehmensstrategie konkretisiert diese obersten Leitlinien. Sie legt die Positionierung des Unternehmens im Markt fest. Im Rahmen der Unternehmensstrategie wird entschieden, mit welchen Produkten welche Marktsegmente bedient werden, zu welchem Preis und über welche Absatzkanäle.

Strategietypen

Für die Positionierung eines Unternehmens am Markt gibt es unterschiedliche Möglichkeiten, je nachdem ob die Kernkompetenz des Unternehmens in Produktinnovationen, günstigen Preisen oder besonders guter Qualität liegt. Grob vereinfacht sind vier mögliche Strategietypen zu unterscheiden:

- Der Innovator:
  Er setzt strategisch auf neue Produkte und/oder neue Märkte. Forschung und Entwicklung spielen eine große Rolle. Durch die hohen Kosten für neue technische Entwicklungen oder Markterschließungskosten sind die Preise relativ hoch.
  Beispiele: Automobilhersteller im hochwertigen Preissegment, Premiumprodukte.
- Der Me-too-Anbieter:
  Hier wird die Strategie wesentlich durch Nachahmung anderer erfolgreicher Produkte bestimmt. Diese Unternehmen versuchen, den Innovator zu imitieren und ähnliche Produkte in hohen Stückzahlen zu günstigeren Preisen als der Innovator anzubieten.
  Beispiel: Imitate bekannter Produkte.
- Der Kostenführer:
  Der Kostenführer versucht, sich über günstigste Preise am Markt zu positionieren. Diese günstigen Preise werden durch Massenproduktion erreicht.
  Beispiel: Lebensmitteldiscounter.
- Der Nischenanbieter:
  Hier werden Märkte bedient, die für andere Anbieter uninteressant sind. Die Stärke dieser Anbieter liegt in der Individualität, dem Eingehen auf (z.B. ausgefallene) Kundenwünsche.
  Beispiel: Anbieter von Spezialreisen.

Mischformen dieser Strategietypen sind eher selten. Allerdings kann ein Innovator durch Ausweitung seiner Produktion und Verteilung seiner Entwicklungskosten auf höhere Stückzahlen auch zu einem Kostenführer werden. Oder der Nischenanbieter erschließt sich ein breiteres Marktpotenzial und entwickelt sich so zum Kostenführer.

Leitbild

Das Leitbild eines Unternehmens spiegelt die Mission, Vision und Strategie eines Unternehmens wider. Auch Unternehmensziele werden kurz dargestellt.

Für ein Leitbild gilt:

- Ein Leitbild ist eine schriftlich fixierte Darlegung der Mission, Vision oder strategischen Positionierung, eine Festlegung der Richtung.
- Es wird ergänzt durch Unternehmenswerte bzw. Unternehmensphilosophie.
- Ferner können durch ein Leitbild „Spielregeln" festgelegt werden, das Selbstverständnis des Unternehmens wird definiert.
- Ziel ist die Orientierung aller am Unternehmen Beteiligten am Leitbild. Alle sollen Orientierungspunkte bzw. Rahmenbedingungen erhalten.
- Das Leitbild ist verständlich in kurzen Sätzen formuliert.
- Gleichzeitig soll das Leitbild intern motivieren, wird aber auch extern als Marketinginstrument benutzt. Es legt fest, wie man in der Öffentlichkeit gesehen werden will.

Beispiel: Leitbild eines Reiseveranstalters

Wir möchten, dass unsere Kunden zufrieden und begeistert von unseren Urlaubsreisen zurück nach Hause kommen.

Unsere Mitarbeiter sind unser wertvollstes Kapital. Wir fördern und fordern unsere Mitarbeiter. Zufriedene und motivierte Mitarbeiter sind der Garant für unseren Unternehmenserfolg.

Wir setzen uns für einen sozial- und umweltverträglichen Tourismus ein. Wir fördern die Erhaltung der natürlichen Lebensräume in den Zielgebieten und respektieren die kulturelle Vielfalt in den Gastgeberländern.

Wir streben einen angemessenen wirtschaftlichen Erfolg an.

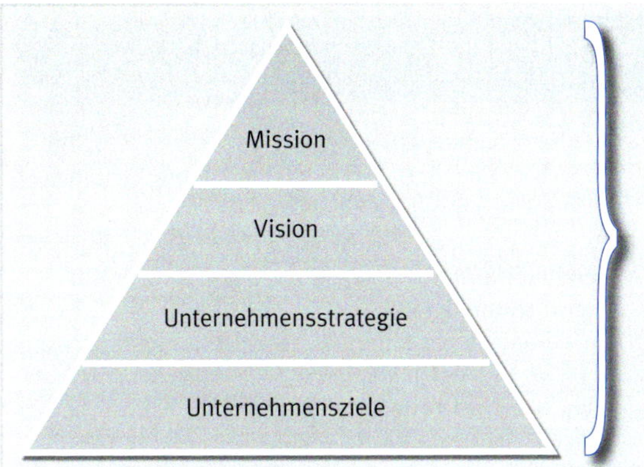

Von der Mission zum Ziel

Ermittlung des Strategietyps	**Innovator**	**Me-too-Anbieter**	**Kostenführer**	**Nischen-anbieter**
Stellenwert von Forschung und Entwicklung	Sehr hoch	Gering	Gering	Hoch
Wie wichtig ist der Preis für die Kunden bei der Kaufentscheidung?	Gering	Hoch	Sehr hoch	Gering
Kundenbindung	Hoch	Gering	Gering	Sehr hoch
Produzierte Stückzahlen	Gering	Hoch	Sehr hoch	Gering
Marktanteil	Hoch	Gering	Unterschiedlich	Sehr hoch
Anzahl der Konkurrenten	Unterschiedlich	Hoch	Hoch	Gering

Kriterien zur Ermittlung des Strategietyps eines Unternehmens

Leitbild eines Automobilzulieferers

- → Durch ständige Innovation bleiben wir Partner der Automobilbranche. Sicherheit, Qualität und Zuverlässigkeit prägen unsere Produkte.
- → Wir bekennen uns zu einem fairen Umgang mit Lieferanten, Kunden und Mitarbeitern.
- → Die Erzielung einer angemessenen Rendite darf nicht zu Lasten unserer Umwelt geschehen.
- → Wir sehen uns als Unternehmen fest in der Region verankert, wollen aber Chancen nutzen, die sich dem Unternehmen international bieten.

Beispiel für ein Leitbild

3.3 Unternehmensziele

Während die Unternehmensstrategie die grundsätzliche Zielrichtung für das Unternehmen aufzeigt, werden durch die Unternehmensziele konkrete, messbare Vorgaben gesetzt. Der Managementerfolg bemisst sich am Erreichungsgrad dieser Unternehmensziele.

Zielfindungsprozess

Die Kapitalgeber des Unternehmens (Shareholder) streben eine angemessene Verzinsung ihres eingesetzten Kapitals an. Das Management soll hierzu den Shareholder Value, den Wert des Unternehmens für die Anteilseigner, steigern. Es gibt jedoch noch weitere Anspruchsgruppen (Stakeholder), die bei dem Zielbildungsprozess berücksichtigt werden wollen. Die Kunden wünschen ein angemessenes Preis-Leistungs-Verhältnis zur vereinbarten Qualität, die Lieferanten möchten fristgerecht für ihre Leistungen bezahlt werden, die Mitarbeiter erwarten krisensichere Arbeitsplätze usw. Je nach Schwerpunkt der Berücksichtigung dieser Interessengruppen bei dem Zielbildungsprozess unterscheidet man zwei unterschiedliche Konzepte:

- Stakeholder-Konzept (Harmoniemodell) Die Unternehmensführung orientiert sich bei der Zielfindung möglichst an allen betroffenen Interessengruppen.
- Shareholder-Konzept: Hier orientiert sich die Unternehmensführung rein an den Interessen der Kapitalgeber.

Zielkonflikte

Unterschiedliche Interessen der Stakeholder haben konkurrierende Ziele zur Folge, z.B.:

- Ökonomie und Ökologie
  Die Umstellung auf immer umweltschonendere Produktionsverfahren muss von den Unternehmen finanziert werden und wirkt sich durch die zusätzliche Kostenbelastung negativ auf den Gewinn aus. Andererseits sind die Verbraucher kritischer geworden und erwarten von den Unternehmen eine umweltverträgliche Produktion bzw. Leistungserstellung. Vor diesem Hintergrund werden heute Ökologie und Ökonomie nicht mehr als starker Zielkonflikt diskutiert. Viele Unternehmen sind um ein umweltfreundliches Image bemüht und erwarten sich dadurch höhere Absatzzahlen.
- Ökonomie und soziale Ziele
  Ein soziales Ziel, wie z.B. hohe Löhne und Gehälter, gute Sozialleistungen, liegt im Zielkonflikt mit dem ökonomischen Ziel der Gewinnmaximierung. Auch die Sicherheit der Arbeitsplätze als soziales Ziel steht ökonomischen Gesichtspunkten entgegen, wenn durch Entlassungen eine höhere Rentabilität erreicht werden könnte.

Gewinnorientierte Unternehmen und Non-Profit-Organisationen (NPOs)

Gewinnerzielung kann ein Unternehmensziel sein, aber es gibt auch nichtgewinnorientierte Unternehmen, die so genannten Non-Profit-Organisationen (NPOs). Dies sind z.B. öffentliche Verwaltungsbetriebe, aber auch private Organisationen, wie Vereine, Verbände, Stiftungen und Wohlfahrtsorganisationen. Unternehmensziele der NPOs sind beispielsweise die Erfüllung öffentlich-rechtlicher Aufgaben (Müllentsorgung, Straßenreinigung) oder ökologische und humanitäre Ziele.

Selbsterhaltungsziele

Oberstes Unternehmensziel ist regelmäßig die Selbsterhaltung, d.h. jedes Unternehmen ist in erster Linie daran interessiert am Markt zu bestehen. Gewinnerzielung bzw. Rentabilität sind notwendiger Teil davon. Die Existenzsicherung eines Unternehmens besteht im Wesentlichen aus drei Unternehmenszielen:

- Liquidität:
  Ist ein Unternehmen nicht liquide und kann daher seinen laufenden Verpflichtungen nicht mehr nachkommen (Gehaltszahlungen, Lieferantenrechnungen etc.), droht ein Insolvenzverfahren.
- Rentabilität:
  Ein Unternehmen muss rentabel arbeiten, die Erträge müssen mindestens die Aufwendungen des Unternehmens decken, sonst wird es auf lange Sicht zahlungsunfähig.
- Wachstum:
  In einer auf Wachstum ausgerichteten Gesamtwirtschaft muss ein einzelnes Unternehmen mitwachsen, sonst gehen Marktanteile verloren und auf lange Sicht kann das Unternehmen vom Markt verdrängt werden.

So ergeben sich drei wesentliche Gruppen von Unterzielen:

1. Finanzziele Ziele: Stärkung der Finanzkraft, Sicherstellung der Liquidität und hoher Cashflow (siehe Kapitel 7.6 Wichtige Finanzkennzahlen).
2. Erfolgsziele: z.B. Gewinn, Rentabilität, Shareholder Value.
3. Leistungsziele: hoher Marktanteil, Wachstum, Qualitätsziele.

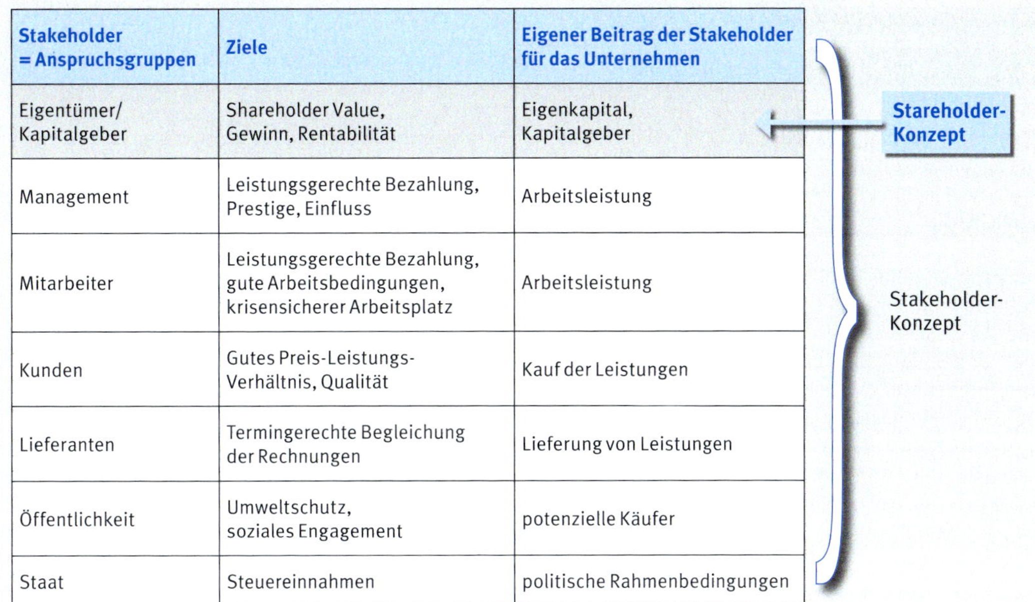

Stakeholder = Anspruchsgruppen	Ziele	Eigener Beitrag der Stakeholder für das Unternehmen
Eigentümer/ Kapitalgeber	Shareholder Value, Gewinn, Rentabilität	Eigenkapital, Kapitalgeber
Management	Leistungsgerechte Bezahlung, Prestige, Einfluss	Arbeitsleistung
Mitarbeiter	Leistungsgerechte Bezahlung, gute Arbeitsbedingungen, krisensicherer Arbeitsplatz	Arbeitsleistung
Kunden	Gutes Preis-Leistungs-Verhältnis, Qualität	Kauf der Leistungen
Lieferanten	Termingerechte Begleichung der Rechnungen	Lieferung von Leistungen
Öffentlichkeit	Umweltschutz, soziales Engagement	potenzielle Käufer
Staat	Steuereinnahmen	politische Rahmenbedingungen

Shareholder- und Stakeholder-Konzept

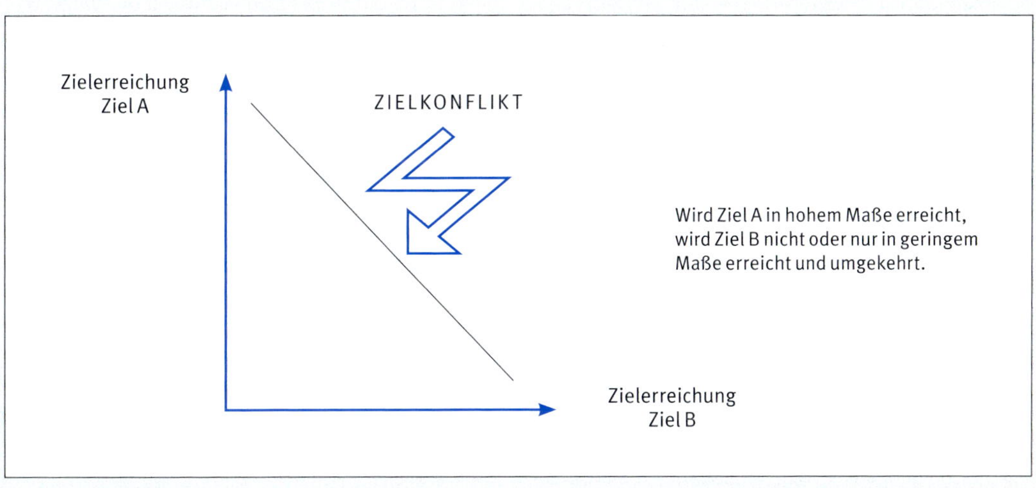

Konkurrierende Ziele

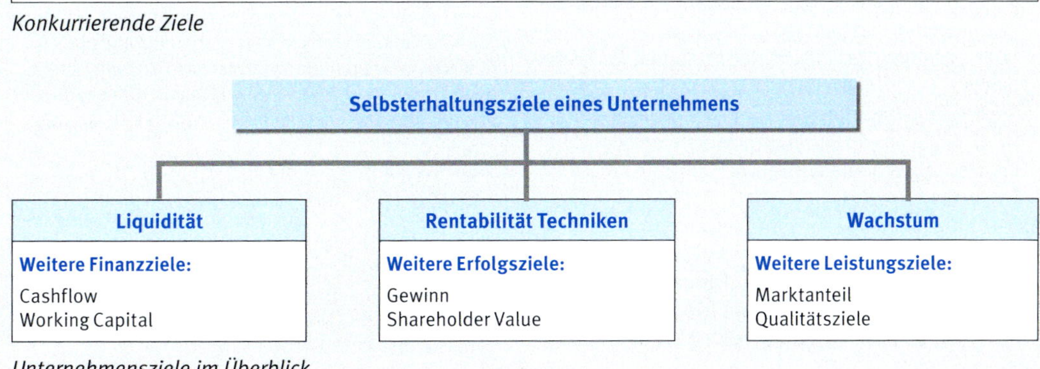

Unternehmensziele im Überblick

3.4 Planung und Entscheidung
3.4-1 Grundlagen

Planung ist definiert als die gedankliche Vorwegnahme zukünftigen Handelns mit dem Ziel, die Unternehmensziele innerhalb einer bestimmten Planperiode zu erreichen.

Ausgangssituation ist die aktuelle Situation des Unternehmens, die sog. Ist-Situation. Dabei ist zu klären, wie die Positionierung des Unternehmens im Markt sich aktuell darstellt. Für das geplante Handeln werden Alternativen aufgestellt, auf welchem Wege und mit welchen Instrumenten die Unternehmensziele erreicht werden. Die Alternativen werden dann hinsichtlich Durchführbarkeit und möglichem Risiko bewertet, um schließlich die Entscheidungen zu treffen, die am ehesten die Unternehmensziele realisieren.

Managementprozess

Planung und Entscheidung sind Teil des Managementprozesses, der als zielgerichteter Ablauf der folgenden Phasen beschrieben werden kann:

1. Zielbildung: Zielfindung und Abstimmung der Unternehmensziele.
2. Planung:
   a. **Problemanalyse** der Ist-Situation des Unternehmens hinsichtlich externer und interner Einflussgrößen, z.B. Konjunktur und Markt bzw. Produktportfolio und Finanzsituation,
   b. **Alternativensuche**: Auf welche Weise können die Unternehmensziele unter Berücksichtigung der aktuellen Unternehmenslage (Problemanalyse) erreicht werden,
   c. **Prognose** der Auswirkung der unterschiedlichen Planungsalternativen,
   d. **Bewertung** der unterschiedlichen Planungsalternativen.
3. Entscheidung mit welchen Maßnahmen die Unternehmensziele erreicht werden sollen.
4. Durchführung/Realisation der geplanten Maßnahmen.
5. Kontrolle/Abweichungsanalyse der Zielerreichung, evtl. Einleiten von Korrekturmaßnahmen oder Neubewertung von Alternativen.

Der Managementprozess kann auf der strategischen Ebene ablaufen, ist aber auch bei der operativen Umsetzung der Ziele einsetzbar. Ferner findet dieser Prozess auf jeder Hierarchieebene (Topmanagement, Meisterebene) und in jedem Bereich (Verwaltung, Vertrieb usw.) statt.

Strategische und operative Sichtweisen

1. Strategisch bedeutet, dass heute Maßnahmen ergriffen werden, die auch zukünftig die Existenzsicherung des Unternehmens ermöglichen. Strategisch bedeutet: Die richtigen Dinge tun.
   - Was ist unsere Kernkompetenz? Was können wir?
   - Was will der Markt, morgen, übermorgen?
   - Wo stehen wir, wo wollen wir hin?
2. Operativ bedeutet dagegen: Die Dinge richtig tun. Abgeleitet aus der Strategie wird gefragt, was die nächsten Schritte sind. Die Strategie wird in „Maßnahmen übersetzt", z.B. in den Jahresplan. Operativ bedeutet z.B. die richtige Materialdisposition, das Einstellen neuer Mitarbeiter etc.

Strategische und operative Planung

Die strategische Planung („Die richtigen Dinge tun") legt die groben Rahmenbedingungen für die Geschäftstätigkeit fest. Die operative Planung („Die Dinge richtig tun") soll die Umsetzung der strategischen Planung sichern. Von Zeit zu Zeit muss die strategische Planung überprüft und bei Bedarf geändert werden. Die operative Planung ist dann entsprechend anzupassen.

Beispiel: Strategische und operative Planung eines Unternehmens für Gebäudemanagement

Ein Unternehmen für Gebäudemanagement stellt sich im Rahmen der Strategiediskussion die folgenden Fragen:

- Wo liegt die Kernkompetenz unseres Unternehmens?
- Haben wir die richtigen Serviceprodukte?
- Wo stehen wir im Markt und in welche Richtung möchten wir uns entwickeln?

Im Rahmen der strategischen Unternehmensplanung wird festgehalten: „Unsere Kernkompetenz ist das Gebäudemanagement. Wir sind Allroundanbieter aller Dienstleistungen im Zusammenhang mit Gebäudeverwaltung, -reinigung und -technik. Unser Ziel ist es, in drei Jahren regionaler Marktführer zu werden."

In der operativen Planung für das nächste Geschäftsjahr wird entschieden: „Im nächsten Geschäftsjahr planen wir die Betreuung von vier neuen Gebäudeobjekten. Wir erhöhen damit den Umsatz um 8 % mit lediglich 3 % Kostenerhöhung."

Als Maßnahmen für die Umsetzung der Planung werden festgelegt: „Akquisition von Neuprojekten und Realisierung von Kostensenkungen."

Der Managementprozess	Beispiel: „Verbesserung der Marktposition“
Zielbildung	Die Stellung am Markt soll verbessert werden. Das Unternehmen soll wachsen und die Gewinne sollen erhöht werden.
Problemanalyse	Die Konkurrenz ist stark und der Kostendruck ist hoch.
Alternativensuche Prognose Bewertung	Möglichkeit: Realisierung der Ziele durch neue Produkte. Verkauf von 15.000 Stück eines Neuproduktes. Erhöhung Marktanteil um 8 % und 3 % mehr Gewinn.
Entscheidung	Es werden Neuprodukte entwickelt und vertrieben.
Durchsetzung Realisation	Maßnahmen: Entwicklung der Produkte und Markteinführung. Vergrößerung des Außendienstes.
Kontrolle Abweichungsanalyse	Sind die Ziele 8 % mehr Marktanteil bzw. 3 % mehr Gewinn erreicht worden? Analyse: Warum evtl. nicht?

Der Managementprozess

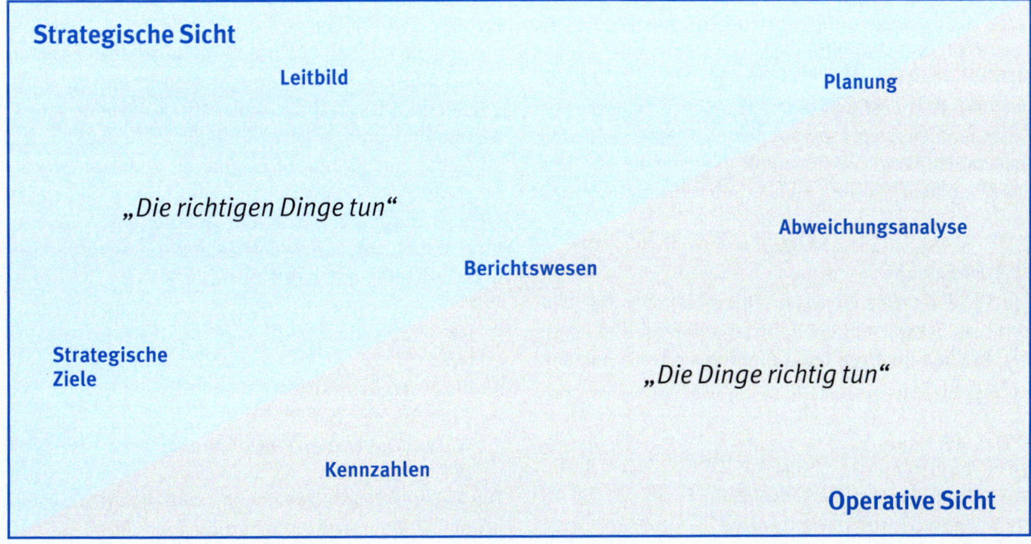

Strategische und operative Sichtweisen

3.4-2 Instrumente der strategischen Planung

Strategische Planung bedeutet nicht die Fortschreibung der Vergangenheit, vielmehr sollen neue Handlungsmöglichkeiten für die Geschäftstätigkeit aufgezeigt werden. Der Prozess der strategischen Planung wird dabei unternehmensindividuell gestaltet. Dabei gibt es Instrumente, die die Strategiefindung unterstützen.

Brainstorming

Diese Kreativitätstechnik ist dadurch gekennzeichnet, dass im ersten Schritt jede Idee, und sei ihre Verwirklichung noch so unvorstellbar, genannt werden darf. Diese Technik ermuntert zu „verrückten Vorschlägen“. Erst im zweiten Schritt wird die Umsetzbarkeit der genannten Ideen bewertet.

Angewandt auf die Strategiefindung eines Unternehmens soll diese Technik gewährleisten, dass auch ungewöhnliche Vorschläge genannt werden. Gerade diese „ungewöhnlichen Ideen“ können zu Strategien führen, die das Unternehmen von der Konkurrenz abheben und so zu einem Vorteil im Wettbewerb führen.

Zero-Base-Ansatz

Dieses Instrument bei der strategischen Planung vernachlässigt die Ist-Situation des Unternehmens und konzentriert sich darauf, wie man Unternehmenssituationen vom Anfang neu planen könnte.

„Von vorne beginnen“, so kann man diesen Ansatz übersetzen (Zero = Null und Base = Ausgangspunkt). Konkret bedeutet diese Denkweise, dass vom Unternehmensstandort bis zur Mitarbeiteranzahl alle Faktoren der Geschäftstätigkeit neu gedacht werden, wie sie für die Neuausrichtung des Unternehmens „ideal“ wären. Im zweiten Schritt wird diese „ideale Unternehmensausstattung“ mit der aktuellen Situation des Unternehmens verglichen. Welche Unterschiede sind festzustellen und wie kann jetzt die Ist-Situation des Unternehmens in die „Idealsituation“ umgewandelt werden.

SWOT-Analyse

Die SWOT-Analyse gibt einen Überblick über die Stärken und Schwächen eines Unternehmens und zeigt, mit welchen Chancen und Gefahren ein Unternehmen konfrontiert ist.

SWOT steht für:

S	= **S**trengths	= Stärken
W	= **W**eaknesses	= Schwächen
O	= **O**pportunities	= Chancen
T	= **T**hreats	= Gefahren

Im ersten Schritt werden die relevanten strategischen Eckdaten des Unternehmens gesucht. Im zweiten Schritt wird analysiert, wie die Stärken des Unternehmens ausgebaut werden können bzw. die Schwächen überwunden werden können. Des Weiteren wird geklärt, welche Chancen genutzt werden können und wie drohenden Gefahren zu begegnen ist.

Szenariotechnik

Ein weiteres Instrument der Frühwarnung ist die Szenariotechnik. Dabei geht um die spannende Frage „Was wäre wenn...?“. Sich ein Szenario vorzustellen oder zu berechnen heißt, dass man sich Gedanken um die zukünftige Entwicklung des Unternehmens macht.

Was wäre wenn ...

- der wichtigste Kunde zur Konkurrenz geht?
- der Euro um 20 Prozent an Wert gegenüber dem Dollar verliert?
- das Unternehmen in Osteuropa expandieren würde?
- die nächste Tarifrunde eine Lohnsteigerung von 4 Prozent erbringt?

Dabei muss ein Unternehmen nicht immer nur die Extremszenarien wie „Welche Auswirkungen hat es, wenn der Umsatz um 25 Prozent sinkt?“ bedenken. Es geht auch darum, sich auszumalen, wie die Unternehmenssituation in drei oder fünf Jahren sein könnte. Ein Unternehmen sollte sich regelmäßig Gedanken um die Entwicklung von Zukunftsbildern, also Szenarien machen. Wie werden sich die Märkte entwickeln, was werden die Kunden erwarten, welche Risiken könnten von politischen Entscheidungen (Streichung von Subventionen, Steuererhöhungen etc.) ausgehen? Je besser man zukünftige Entwicklungen in Gedanken und vielleicht auch in harten Zahlen mit dem Kostenrechner oder dem Controller „durchgespielt“ hat, desto leichter fällt die Reaktion auf Veränderungen. Im besten Falle hat man sich auf die Änderung vorbereitet und rechtzeitig Maßnahmen ergriffen.

In der Praxis werden häufig zwei Extremszenarios erstellt:

- Was tritt ein im schlimmsten Fall: „Worst-Case-Szenario“ und
- Was passiert im günstigsten Fall: „Best-Case-Szenario“.

Die Zukunft des Unternehmens wird sich dann wahrscheinlich irgendwo zwischen diesen beiden Extremszenarios abspielen.

Stärken (S = Strengths)	**Schwächen** (W = Weaknesses)
• Marktkenntnis des Inhabers • Guter Auftragsbestand • Motivierte Mitarbeiter	• Geringe Kapitalausstattung • Technische Veralterung der Anlagen • Starke Konkurrenz
Chancen (O = Opportunities)	**Gefahren** (T = Threats)
• Branche boomt • Rechtzeitig auf neue Trends reagieren • Erfolgversprechende Produktinnovationen	• Hoher Investitionsaufwand für neue Technologien • Neue Wettbewerber drängen auf den Markt

SWOT-Analyse

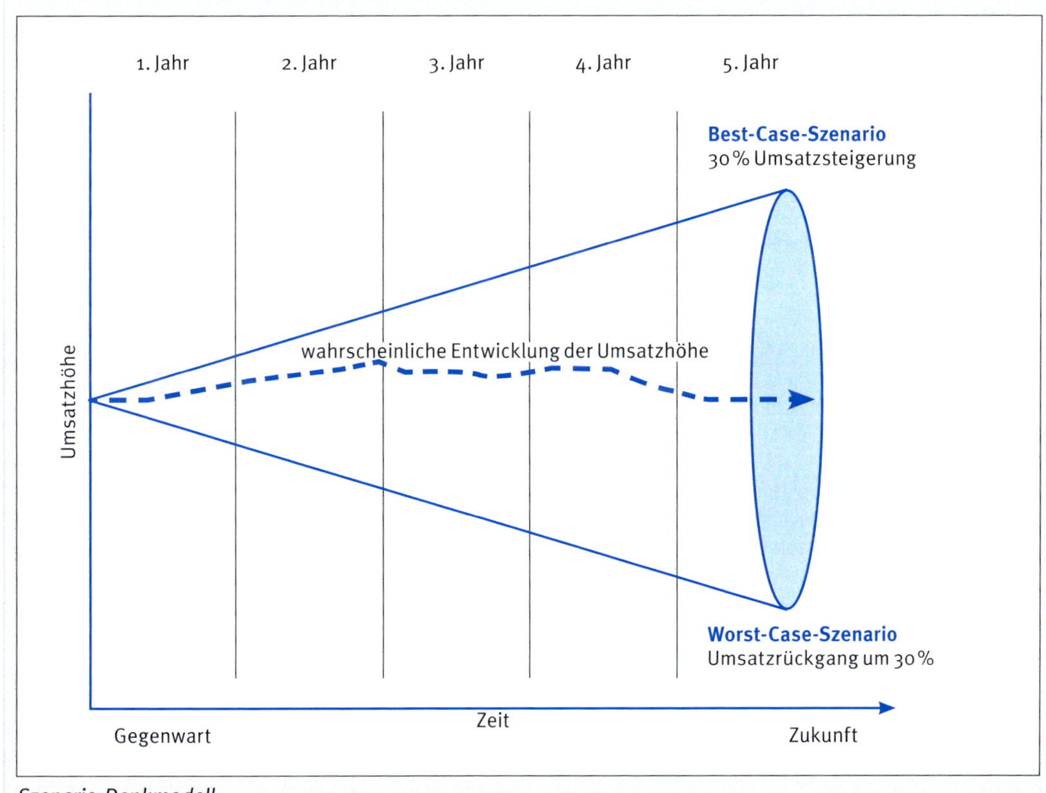

Szenario-Denkmodell

3.5 Managementtechniken

3.5-1 Grundlagen

Unter Managementtechniken versteht man alle Methoden, die helfen, Probleme bei der Führung eines Unternehmens zu lösen. Managementtechniken sind häufig geprägt von der Persönlichkeit des Managements. Folgende Managementtechniken sind weit verbreitet und haben sich in der Praxis bewährt.

Management by ...-Konzepte

Die Management-by...-Konzepte sind aus den Erfahrungen von Führungskräften entstanden und sie gelten als die „Klassiker" unter den Managementtechniken. Sie sind verständlich und in der Praxis einfach zu handhaben. Die bekanntesten Management-by...-Konzepte sind:

- Management by Delegation: Dieses Führungskonzept ist gekennzeichnet durch Übertragung von Entscheidungsfreiheit und Verantwortung an den Mitarbeiter. Voraussetzung hierfür ist eine klare Aufgabendefinition und Kompetenzabgrenzung. Die Übernahme von Aufgaben und Verantwortung durch den Mitarbeiter entlastet einerseits die Führungskraft und bietet auf der anderen Seite dem Mitarbeiter mehr Möglichkeiten, seine Arbeit zu gestalten.
- Management by Exception: Diese Managementtechnik, frei übersetzt „Management im Ausnahmefall", geht noch weiter als das Management by Delegation-Konzept. Alle im normalen Betriebsablauf anfallenden Entscheidungen werden von den dafür zuständigen Stellen getroffen. Ein Eingreifen des Vorgesetzten erfolgt nur im Ausnahmefall. Voraussetzung ist, dass der Betriebsablauf, die Aufgaben und Entscheidungskompetenzen so klar geregelt sind, dass ein Eingreifen des Managements „von oben" tatsächlich nur im Ausnahmefall erfolgen muss.
- Management by Objectives: Führung durch Zielvereinbarung. Von der Führungskraft wird gemeinsam mit dem Mitarbeiter eine Zielvereinbarung getroffen. Die vereinbarten Arbeitsziele werden durch den Mitarbeiter eigenverantwortlich umgesetzt. Dies erfordert eine weitgehende Delegation von Entscheidungsbefugnissen an den Mitarbeiter. Wichtig ist bei dieser Managementtechnik, dass die Zielvereinbarung in gegenseitigem Einverständnis getroffen wird. Das selbstständige Arbeiten kann den Mitarbeiter motivieren. Die Arbeitsziele müssen aber auch erreichbar sein, sonst entsteht für den Mitarbeiter ein überhöhter Leistungsdruck bzw. Resignation („das Ziel ist sowieso nicht erreichbar").
- Management by Results: Dem Mitarbeiter werden bestimmte Zielgrößen, z.B. das Erreichen eines bestimmten Ergebnisses (z.B. Umsatz) vorgegeben. Der Mitarbeiter ist relativ frei darin, wie er diese Zielgröße erreicht. Allein entscheidend ist das Ergebnis seiner Arbeit, das Erreichen der Zielgröße. Diese Managementtechnik wird vor allem im Vertrieb eingesetzt, wobei den Vertriebsmitarbeitern bestimmte Umsatzziele vorgegeben werden. Diese Managementtechnik findet auch bei Profit-Center-Organisationen Anwendung, wobei den Profit-Center-Leitern z.B. bestimmte Ziele (Deckungsbeitrag, Rentabilität) vorgegeben werden.

Das Führungsproblem: Personenorientiertes oder leistungsorientiertes Management

Unstrittig hat der Manager ein Fachmann zu sein. Insbesondere in den letzten Jahren bekommen aber die sog. „Soft Facts" immer mehr Bedeutung. Neben den fachlichen oder organisatorischen Fähigkeiten wird die effektive Menschenführung zu einem Kernpunkt der Managerleistung. Es gilt, die beiden wichtigen Pole

- Leistung der Mitarbeiter als betriebswirtschaftliche Notwendigkeit und
- die ethisch-soziale Verpflichtung des Unternehmens

zu optimieren.

Das Managementziel ist klar: Hohe Leistung mit zufriedenen Mitarbeitern, wobei sich diese beiden Ziele wechselseitig bedingen. Dabei sollten die Ziele nicht nur auf der höchsten Managementebene proklamiert werden, sondern im Unternehmen auf jeder Ebene „gelebt" werden.

Führungskultur und Firmenkultur müssen aufeinander abgestimmt sein

Moderne Managementtechniken sind abgestimmt auf das einzelne Unternehmen, die Branche und die Mentalität der Mitarbeiter.

Die Führungskultur muss zur Firmenkultur passen und auch zum Kulturkreis, dem die Mitarbeiter angehören. In den USA wird ein anderer Führungsstil gepflegt als z.B. in Japan oder Deutschland. Zu einem wahren „Kulturschock" kann es daher kommen, wenn z.B. amerikanische Firmen deutsche Firmen aufkaufen und im Unternehmen plötzlich eine ganz andere Führungskultur gelebt wird.

Management by ...	Charakterisierung
... Delegation	Die Mitarbeiter entscheiden mit und bekommen Verantwortung übertragen. Das Management wird entlastet.
... Exception (Exception = Ausnahme)	Die im normalen Betriebsablauf anfallenden Entscheidungen werden von den Mitarbeitern getroffen. Das Management greift nur im Ausnahmefall ein.
... Objectives (Objektiv = Ziel)	Management und Mitarbeiter treffen gemeinsam Zielvereinbarungen. Der Mitarbeiter realisiert diese Ziele selbstständig.
... Results (Result = Ergebnis)	Dem Mitarbeiter werden Zielgrößen vorgegeben, z.B. ein bestimmtes Umsatz- oder Ertragsergebnis. Der Mitarbeiter hat große Freiräume bei dem Erreichen der Zielgröße.

Management by...-Konzepte

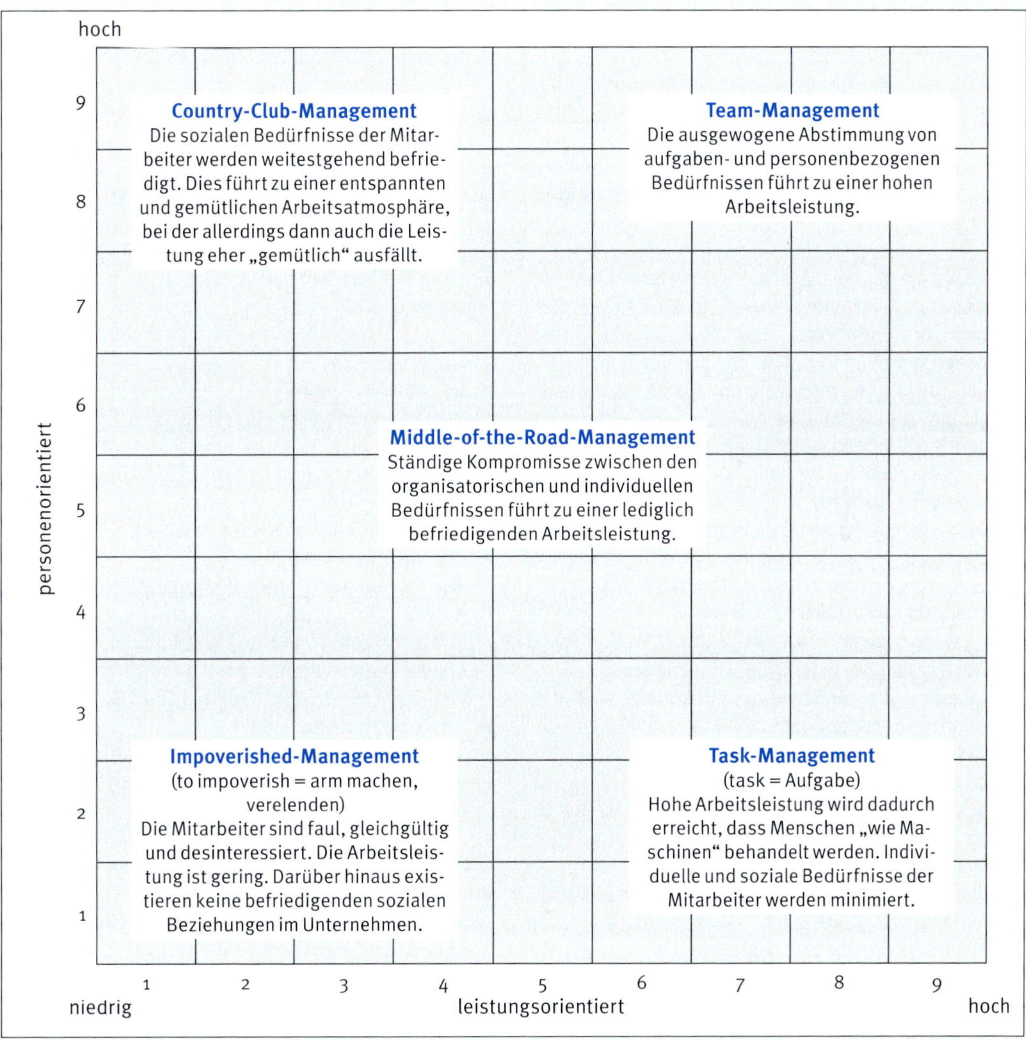

Das Führungsproblem: Personenorientiertes oder leistungsorientiertes Management (in Anlehnung an Blake/Mouton)

3.5-2 Neue Ansätze bei Managementtechniken

Insbesondere in den letzten Jahrzehnten kam es zu einer vermehrten Entwicklung neuer Managementtechniken. Es ist entscheidend, die Managementtechnik(en) überlegt zu wählen, da die Konzepte zur strategischen Ausrichtung eines Unternehmens gehören. Es wäre schädlich und verwirrend, hier oft Änderungen anzustreben.

Balanced Scorecard

Es gibt ein altes betriebwirtschaftliches Problem: Die Umsetzung der Strategien in das Tagesgeschäft.
Was bedeutet z.B. das Ziel Marktführerschaft für das aktuelle Handeln?

Die Lösung soll der neue Managementansatz der Balanced Scorecard bringen. Übersetzt heißt dies etwa „ausbalancierte Berichtsfelder" oder „ausgewogener Berichtsbogen" o.Ä. Die Balanced Scorecard wurde von den US-Professoren Kaplan und Norton entwickelt.

Die Balanced Scorecard (BSC) ist in erster Linie ein strategisches Instrument. Es sollen Strategien oder Visionen in Kennzahlen bzw. Beurteilungsgrößen umgesetzt werden. Daraus werden Zielvereinbarungen für alle Ebenen im Unternehmen und für die verantwortlichen Mitarbeiter abgeleitet. So soll eine BSC

- traditionelle Kennzahlen, wie z.B. Gewinn, Cashflow bzw. Controllingdaten usw. um weitere Perspektiven ergänzen,
- einen Zusammenhang zwischen Strategien und operativem Handeln herstellen,
- die Strategien bzw. Ziele des Unternehmens für alle Mitarbeiter transparent machen.

Die vier Perspektiven der Balanced Scorecard

Ausgehend von einer Strategie, einer Vision, arbeitet die Balanced Scorecard regelmäßig mit mehreren sog. Perspektiven:

- Die finanzwirtschaftliche Perspektive:
  Dies sind die traditionellen Finanzziele, z.B. Gewinn, Rendite, Cashflow usw.
- Die Kundenperspektive:
  Hier wird z.B. die Kundenzufriedenheit untersucht, Neukundenbindung usw.
- Die interne Prozessperspektive:
  Wie laufen interne Prozesse ab, beherrschen wir z.B. unseren Service?
- Die Lern- und Entwicklungsperspektive:
  Diese Perspektive dreht sich wesentlich um die Mitarbeiter, um Weiterbildung, Motivation usw.

Wesentlich bei dieser Sichtweise ist, dass die Perspektiven nicht isoliert voneinander gesehen werden, sondern als Teil einer vernetzten Gesamtschau. So haben z.B. die Kundenziele Auswirkungen auf die Finanzziele oder die Motivation hat Auswirkungen auf den Service usw. Alles hängt mit allen zusammen.

Benchmarking

Benchmarking heißt, dass sich ein Unternehmen an dem erfolgreichsten Unternehmen, z.B. seiner Branche, orientiert. Wieso ist dieses Unternehmen so erfolgreich, was ist sein „Erfolgsrezept"? Und was davon kann man auf das eigene Unternehmen übertragen, um auch erfolgreicher zu werden?

„Bench" ist ein Begriff, der eigentlich aus dem Vermessungswesen kommt. Dort wird mit Stützen (englisch: bench) gearbeitet, die als Basispunkte dienen und mit Hilfe der Bezugspunkte der Messlatte (englisch: mark) kann dann vermessen werden. „Mark" bedeutet im übrigen auch Schulnote. So kann Benchmarking frei übersetzt werden mit „Sich an dem Besten orientieren".

Man unterscheidet

- Prozessbenchmarking:
  Wie laufen z.B. Fertigungsprozesse oder Dienstleistungsprozesse bei anderen Abteilungen unseres Unternehmens oder in anderen Unternehmen ab?
  Ziel: Verbesserung eigener Prozesse.
- Organisationsbenchmarking:
  Wie ist die Auf- und Ablauforganisation anderer Abteilungen in unserem Unternehmen oder bei Konkurrenzunternehmen? Was kann davon auf die eigene Organisation übertragen werden?
  Ziel: Verbesserung der eigenen Organisation.
- Strategiebenchmarking:
  Was ist die Kernkompetenz von Vergleichsunternehmen? Wo steht das eigene Unternehmen am Markt, wo stehen andere am Markt?
  Ziel: Finden einer passenden Strategie für das eigene Unternehmen.
- Produktbenchmarking:
  Vergleich von Produkten, Dienstleistungen mit denen der Konkurrenz.
  Ziel: Verbesserung der eigenen Produkte.

Finanzperspektive

Wie sehen uns unsere Anteilseigner?

Ziele	Indikatoren	Maßnahmen

Kundenperspektive

Wie sehen uns unsere Kunden?

Ziele	Indikatoren	Maßnahmen

Interne Prozessperspektiven

Wie können wir unsere Prozesse optimieren?

Ziele	Indikatoren	Maßnahmen

Lern- und Entwicklungsperspektive

Wie können wir unsere Veränderungspotenziale fördern?

Ziele	Indikatoren	Maßnahmen

Grundschema einer Balanced Scorecard

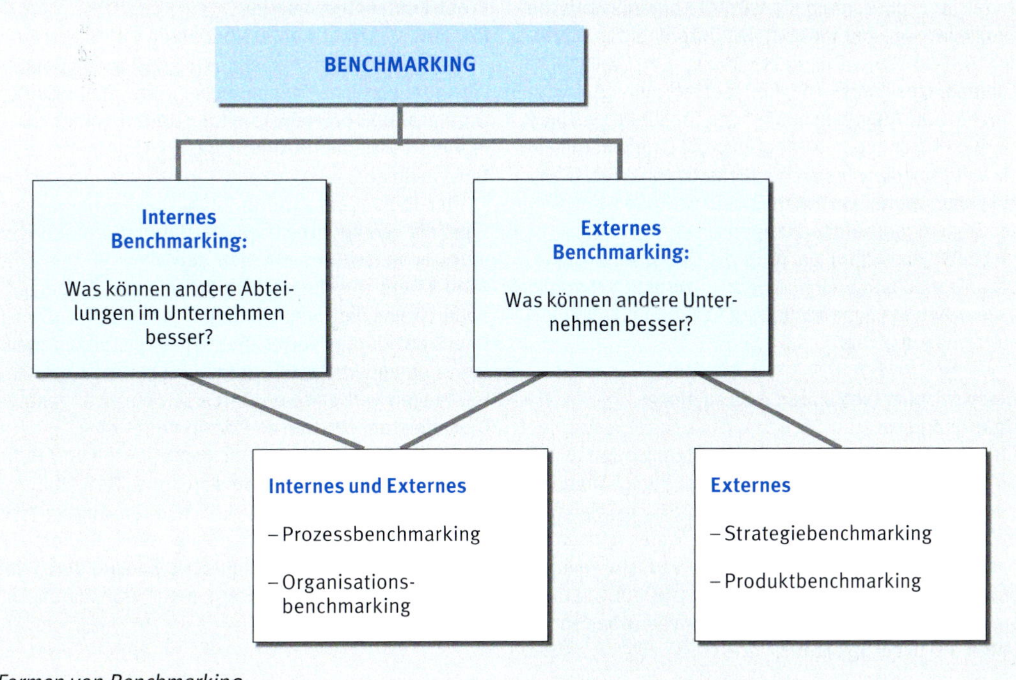

Formen von Benchmarking

3.6 Aufbauorganisation

Im Rahmen der Aufbauorganisation wird die Struktur eines Unternehmens festgelegt. Aufgaben und Verantwortung werden den organisatorischen Einheiten zugeordnet. Elemente der aufbauorganisatorischen Struktur sind:

- Stellen
  Eine Stelle ist die kleinste aufbauorganisatorische Einheit. Sie umfasst einen Aufgabenkomplex, der gedanklich einer Person (Stelleninhaber) zugeordnet wird.
- Instanzen
  Instanzen sind Stellen mit Leitungsbefugnis, z.B. ein Abteilungsleiter, der Weisungsbefugnis über seine Mitarbeiter hat.
- Stabstellen bzw. Stäbe
  Dies sind Stellen ohne Leitungsbefugnis, die einer Instanz zugeordnet sind, um diese bei ihren Leistungsaufgaben zu unterstützen. Meist sind dies Spezialisten eines Fachgebiets, z.B. Recht, Organisation oder Controlling. Beispiel: Einem Geschäftsführer (Instanz) ist eine Stabstelle Organisation und ein Stab (mehrere Stabstellen) Recht zugeordnet, die ihn in Sachfragen beraten.

Stellenbeschreibungen und Organigramme: Hilfsmittel zur Darstellung der Aufbauorganisation

In der Stellenbeschreibung wird die organisatorische Eingliederung einer Stelle in das Unternehmen schriftlich festgehalten. Die Bezeichnung der Stelle, ihre Kompetenzen, das Tätigkeitsgebiet, die Anforderungen und Aufgabeninhalte der Stelle werden verbindlich beschrieben. Zudem wird die Eingliederung in die Unternehmenshierarchie festgehalten. Wer ist Vorgesetzter, wer ist Vertretung, welche Stellen sind dieser Stelle organisatorisch zugeordnet.

Ein Organigramm, auch oft als Organisationsplan, Organisationsschaubild oder Strukturschaubild bezeichnet, stellt die Aufbauorganisation eines Unternehmens visuell dar.

Hierarchischer (vertikaler) Aufbau eines Unternehmens

Die klassische Form der Aufbauorganisation eines Unternehmens ist gekennzeichnet durch mehrere Hierarchieebenen, z.B. Top/Middle und Lower Management mit zugeordneten Stellen. Das Unternehmen ist nach Funktionen gegliedert (unterschiedliche Fachabteilungen sind einer Unternehmensführung unterstellt). Entscheidungswege laufen von oben nach unten (vertikale Struktur).

Neuere Strömungen lehnen diesen rein hierarchischen Aufbau eines Unternehmens als zu schwerfällig ab. Die Matrixorganisation und die damit oft verbundene Profit-Center Organisation sind neuere Konzepte für die Aufbauorganisation, die ein Unternehmen flexibler gestalten wollen.

Matrixorganisation

Bei der Matrixorganisation überlappen sich zwei Organisationsformen, die Organisation des Unternehmens nach Funktionen (Einkauf, Produktion, Vertrieb) und die Einteilung des Unternehmens in eine Spartenorganisation (Sparte A, Sparte B, Sparte C). Die Sparten werden oft auch als „Divisions" oder „Business Units" bezeichnet und sind meist zuständig für bestimmte Produktgruppen oder Kundengruppen. Die Sparten sind in sich wiederum nach funktionalen Gesichtspunkten (Einkauf, Produktion, Vertrieb etc.) gegliedert. So entsteht eine Matrix: Entscheidungen laufen funktionsbezogen vertikal, wie auch spartenbezogen horizontal.

Zunehmend arbeiten die Sparten als selbstständige Teile des Gesamtunternehmens, als sog. Profit Centers. So ist die Profit-Center-Organisation die konsequente Weiterentwicklung der Matrixorganisation.

Profit-Center-Organisation

Der Begriff „Profit Center" bedeutet die Unterteilung eines Gesamtunternehmens in eigenständige, ergebnisverantwortliche Teilbereiche. Die Profit-Center-Organisation unterteilt somit das Unternehmen quasi in mehrere kleinere Unternehmen („Unternehmen im Unternehmen").

Der Profit Center-Leiter ist für sein Profit Center-Ergebnis verantwortlich. Bei Kostenüberschreitungen muss er Korrekturmaßnahen ergreifen. Er agiert für seinen Bereich selbstständig wie ein „Unternehmer", dadurch sind die Entscheidungswege kurz und schnell. Das Profit Center verrechnet seine Leistungen meist intern an andere Abteilungen und kauft im Gegenzug Leistungen von anderen Bereichen ein, z.B. zentrale Dienstleistungen. Dieses Prinzip nennt man „Interne Leistungsverrechnung". Der große Vorteil von Profit Centern ist: Es können Gewinn- und Verlustbringer identifiziert werden. So kann das Gesamtergebnis eines Unternehmens zwar positiv sein, Teilbereiche arbeiten aber evtl. nicht profitabel. So wird durch das Einrichten von Profit Centern mehr Transparenz im Unternehmen geschaffen.

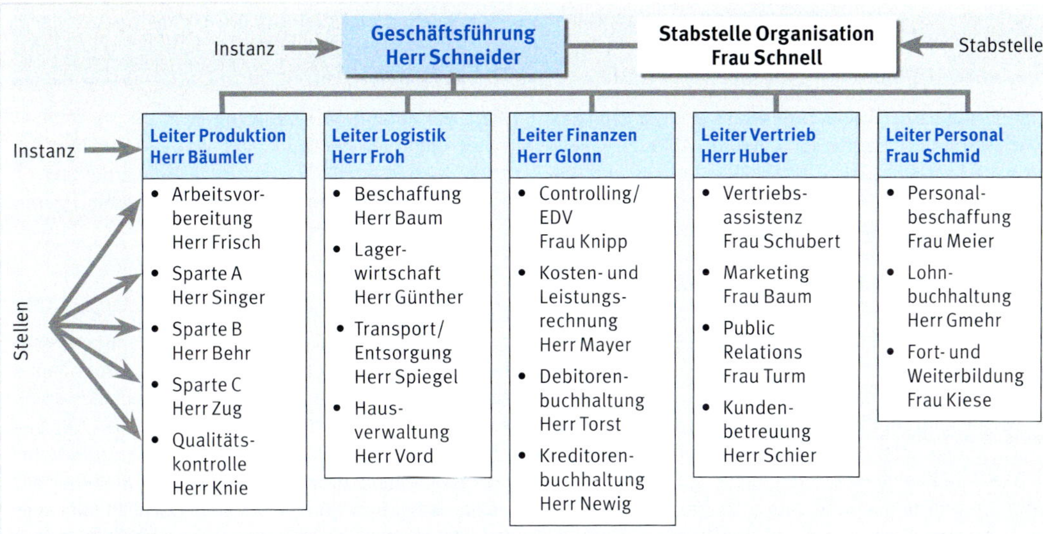

Organigramm 1: Unternehmen mit hierarchischer/vertikaler Struktur

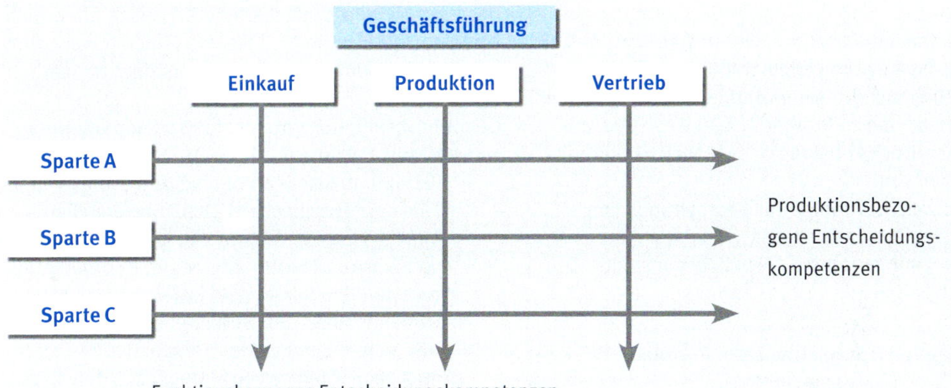

Organigramm 2: Matrixorganisation

Gesamtbetrieb ohne Profit-Center-Struktur

Bauleistungen

Umsatz	500
– Kosten	460
= Ergebnis	40

Zwar ist das Gesamtergebnis positiv, aber das Profit-Center III ist nicht profitabel.

Gesamtbetrieb mit Profit-Center-Struktur

Profit Center I
Privater Hausbau u.ä.

Umsatz	150
– Kosten	130
= Ergebnis	20

Profit Center II
Privatwirtschaft

Umsatz	200
– Kosten	175
= Ergebnis	25

Profit Center III
Öffentlicher Sektor

Umsatz	100
– Kosten	110
= Ergebnis	–10

Profit Center IV
Sonstiges

Umsatz	50
– Kosten	45
= Ergebnis	5

Profit-Center-Organisation eines Bauunternehmens

3.7 Ablauforganisation

Im Gegensatz zur Aufbauorganisation, die organisatorische Strukturen aufzeigt, regelt die Ablauforganisation die Gestaltung der betrieblichen Abläufe und Prozesse. Dabei sind Aufbau- und Ablauforganisation jedoch nicht gänzlich getrennt voneinander zu sehen, sie beeinflussen und ergänzen sich vielmehr gegenseitig. Die Gestaltung der Arbeitsabläufe geschieht innerhalb der bestehenden Organisationsstruktur. So werden z.B. Arbeitsabläufe in einer bestimmten Abteilung gebündelt. Neue Arbeitsabläufe führen zur Entwicklung neuer Organisationseinheiten, z.B. hatte die Vereinfachung der Arbeitsabläufe durch EDV-Einsatz auch Änderungen der Aufbauorganisation zur Folge, z.B. entstand eine neue Fachabteilung EDV. Im umgekehrten Fall führen aber auch Umgestaltungen der Aufbauorganisation (z.B. Zusammenfassung von Abteilungen) zu geänderten Arbeitsabläufen (z.B. Vereinfachung der Arbeitsabläufe).

In der Aufbauorganisation wird festgelegt, welche Stelle welche Aufgaben erledigt. Die Ablauforganisation geht einen Schritt weiter und legt fest, wie dieser Stelleninhaber die zu lösende Aufgabe erledigt, d.h.

- wo: in welcher Abteilung oder an welchem Arbeitsplatz,
- wie: in welcher Abfolge der Bearbeitungsgänge,
- wie lange: Bearbeitungszeit,
- womit: mit welchem Arbeitsgegenstand oder Betriebsmittel.

Beispiel: Erstellung einer Rechnung in einem Hotel

Als erster Teilschritt erfolgt die Prüfung der Rechnungsunterlagen durch den Sachbearbeiter in der Buchhaltung (Aufenthaltsdaten, Zimmerpreis, Rechnungsadresse etc.) ca. 10 Min. Dann wird die Rechnung per Abrechnungsprogramm erstellt und ausgedruckt ca. 3 Min. Die Rechnung wird nochmals vom Sachbearbeiter geprüft und schließlich in den Postausgang gelegt ca. 3 Min.

Darstellung des Wegs eines Materials durch das Unternehmen

Durch die Darstellung der betrieblichen Abläufe kann auch der Weg eines Materials durch das Unternehmen nachvollzogen werden. Das Material wird vom Einkauf bestellt und von einem Zulieferer angeliefert. Im Unternehmen kommt das Material zuerst in das Lager und von dort in die Herstellung. Am Ende des Herstellungsprozesses wird das Endprodukt qualitätsgesichert, verpackt und versandt.

Ziele der Ablauforganisation sind:

- Verringerung der Durchlauf-, Warte-, Leerzeiten,
- Reduktion der Kosten der Vorgangsbearbeitung,
- Qualitätssteigerung der Vorgangsbearbeitung und der Arbeitsbedingungen,
- Optimierung der Arbeitsplatzanordnung.

Durch die Darstellung betriebsinterner Prozesse kann man Ansatzpunkte für Prozessoptimierungen erkennen. In der gezeigten Darstellung des „Wegs eines Materials durch das Unternehmen“ kann ein effizienterer Ablauf z.B. durch ein „just-in-time“-Zulieferkonzept erreicht werden. Das Material wird direkt für den Herstellungsprozess geliefert zu dem Zeitpunkt, an dem es gebraucht wird und muss so nicht auf Lager gelegt werden. „Just-in-time-Lieferung“ heißt somit frei übersetzt „Lieferung gerade zum richtigen Zeitpunkt“. Somit entfällt das Lager in der Prozesskette. Der Prozess wird schlanker und schneller, aber auch anfälliger für Störungen, falls das Material nicht zum richtigen Zeitpunkt geliefert wird, sondern zu spät.

Gestaltungsmöglichkeiten der Prozessoptimierung:

- Straffung, z.B. durch
  - Reduktion der Bearbeitungszeiten durch EDV-Einsatz, z.B. schnellere Rechnungserstellung,
  - Minimierung der unproduktiven Liege-, Warte- und Transportzeiten, z.B. bessere Koordination zwischen Produktion und Lager,
  - Vereinfachung des Verfahrens, der Prozesse, z.B. Vereinfachung des Genehmigungsverfahrens bei Entnahme von Material aus dem Lager.
- Zusammenfassung von Teilprozessen, z.B. Zusammenfassung von Prüfung und Versand einer Rechnung.
- Neue Reihenfolge, z.B. Prüfung der Kundenadresse für die spätere Rechnung bereits bei Eintreffen eines Gastes in einem Hotel, bei der Vorlage des Personalausweises, nicht erst bei der Rechnungserstellung.
- Weglassen: Verzicht auf unnötige Verwaltungstätigkeiten, z.B. doppelte Listenführung von Material.
- Verbesserter Vorgangsschritt: Gleicher Ablauf, aber qualitativ besser, z.B. bessere Qualität des Produkts oder der Leistung.
- Parallele Vorgangsschritte durch Verbesserung der Koordination, z.B. parallele Vorbereitung von Berichtsdaten für verschiedene Abteilungen im Unternehmen.

Aufbauorganisation		Ablauforganisation
• statische Betrachtung der Organisationsstruktur • gliedert die hierarchische Struktur im Unternehmen • organisiert die Aufgabenverteilung • gliedert die Organisationsstruktur in Instanzen, Stabstellen und Stellen		• dynamische Betrachtung der Arbeitsabläufe • legt die zeitliche und örtliche Abfolge der Arbeitsprozesse fest • organisiert die Abfolge der Arbeitsinhalte • untergliedert die Abläufe in Prozesse und Teilprozesse

Die Unterschiede zwischen Aufbauorganisation und Ablauforganisation

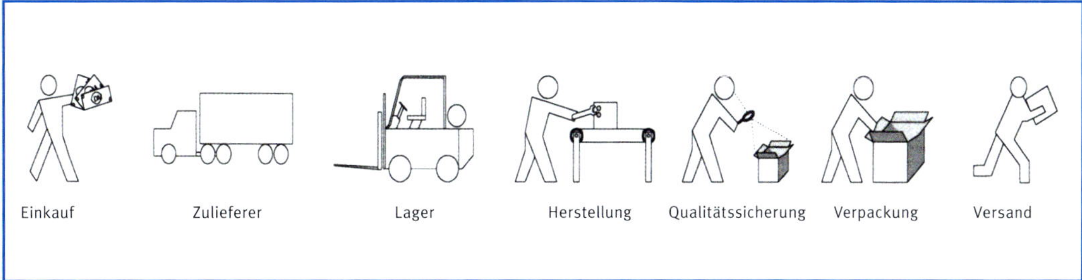

Darstellung des Weges eines Materials durch das Unternehmen

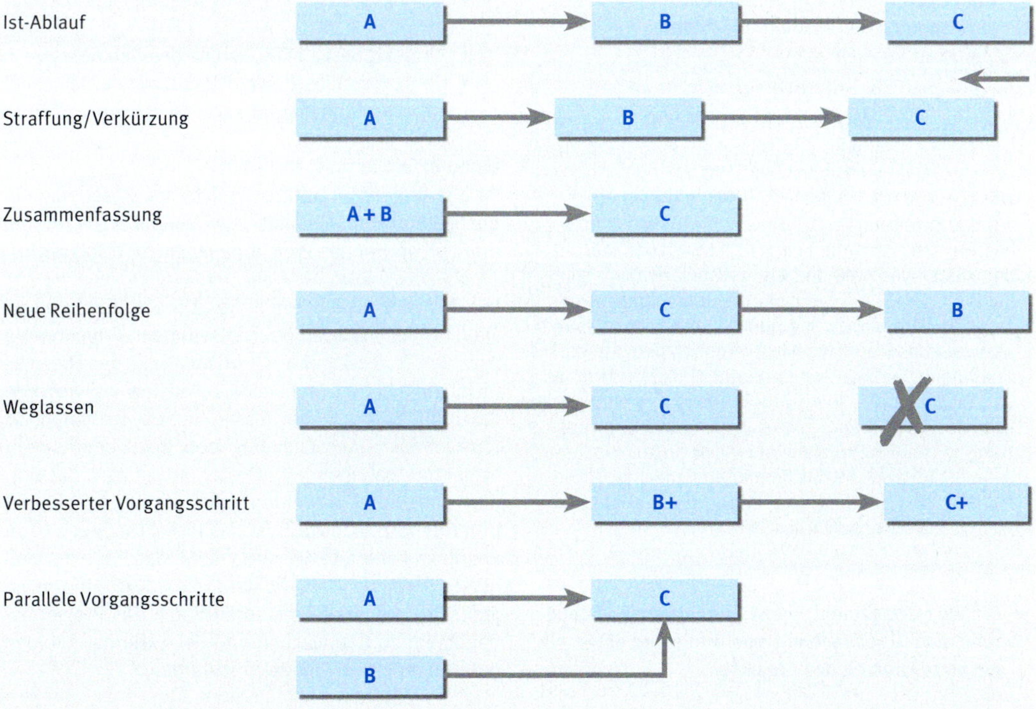

Ist-Ablauf	A →	B →	C
Straffung/Verkürzung	A →	B →	C
Zusammenfassung	A + B →	C	
Neue Reihenfolge	A →	C →	B
Weglassen	A →	C	~~C~~
Verbesserter Vorgangsschritt	A →	B+ →	C+
Parallele Vorgangsschritte	A →	C	
	B ↗		

Reorganisationsalternativen der Prozessoptimierung

3.8 Projektmanagement
3.8-1 Grundlagen

Ein Projekt ist die Lösung einer zeitlich befristeten einmaligen Aufgabenstellung, die nicht zur organisatorischen Ablaufroutine eines Unternehmens gehört.

Wesentliche Merkmale sind:

- Sachlich und zeitlich abgegrenztes Vorhaben (z.B. Entwicklung eines neuen Produktes).
- Im Voraus fixiertes Ziel (z.B. Umsatzsteigerung des Unternehmens).
- Definierter Mitteleinsatz (z.B. Projektbudget von 50.000 EUR).
- Erst- bzw. Einmaligkeit (z.B. neues bzw. Pilotprodukt).
- Interdisziplinär zusammengesetztes Team (z.B. Marketing, Vertrieb, Technik, Controlling).

Die Aufgabenlösung in Form einer Projektorganisation räumt mehr Freiheiten ein als die Erledigung im Rahmen der bestehenden Aufbauorganisation. Ein Projektteam kann eigenständiger/unabhängig von der Unternehmenshierarchie agieren.

Beispiele für Projekte

- Einführung einer Software
- Bauten/Umbauten von Gebäuden
- Verbesserung des Produktionsablaufes

Beispiel: Ein Unternehmen möchte seinen Produktionsablauf verbessern

Um Kosten zu sparen und schneller seine Produkte auf den Markt zu bekommen, wird ein Projektteam gebildet: Leiter Produktion, des Weiteren Mitarbeiter aus den Bereichen Logistik, Vertrieb, EDV und Controlling. Zunächst analysiert man die Ist-Situation (derzeitige Kosten und Abläufe, Schwachstellen). Dann wird das Projektziel konkret definiert: 10 % weniger Kosten, drei Wochen Einsparung beim Produktionsablauf. Jetzt geht das Projektteam in die Grobplanung (Neuinvestitionen, Verbesserung interner Abläufe), dann in die Feinplanung (z.B. zeitliche Abläufe, Abhängigkeiten). Anschließend geht es in die konkrete Umsetzungsphase, das Projekt wird realisiert. Zum Schluss dann die Analyse, ob das Projekt erfolgreich war: Ziel erreicht, sind die Kosten niedriger und die internen Abläufe effektiver geworden?

→ **Projektmanagement heißt die Planung, Steuerung und Überwachung von Projekten über die gesamte Laufzeit des Projektes.**

Das einfachste Projektphasenmodell besteht aus den drei Phasen: Start – Durchführung – Abschluss. Andere Vorgehensmodelle sind meistens Variationen dieses einfachen Grundmodells.

Ablauf eines Projektes

Schwerpunkte der einzelnen Phasen eines Projektes sind (am Beispiel eines Bauvorhabens):

1. Projektstart
   - Analyse der Ausgangssituation (wir brauchen ein neues Gebäude),
   - Zieldefinition (es werden 1.000 m² Nutzfläche benötigt),
   - Projektgrobplanung (Termine, Kosten usw.).

2. Projektdurchführung
   - Projektfeinplanung (Baupläne, Auftragsvergabe),
   - Aufgabendurchführung („Baustelle"),
   - laufende Überwachung der Zielerreichung (durch Architekt und Bauherr).

3. Projektabschluss
   - Projektabschluss (Fertigstellung des Gebäudes),
   - Projektübergabe (Abnahme des Gebäudes),
   - Projektnachlese: „Was lief gut, was lief schlecht" (gab es Pannen?).

Wann ist ein Projekt erfolgreich?

Ist das Projektziel mit den gegebenen Ressourcen in der geforderten Qualität zum vereinbarten Termin erreicht, so war das Projektmanagement erfolgreich.

Die drei Schlüsselfaktoren: Ressourcen, Termine und Qualität beeinflussen wechselseitig den Projekterfolg bzw. das Projektergebnis. Wird eine Ecke des Dreiecks nicht eingehalten, geht dies zu Lasten der anderen Faktoren. Wird z.B. ein Termin nicht eingehalten, so müssen auch überplanmäßig mehr Ressourcen (mehr Projektbudget, mehr Mitarbeiterkapazität) in das Projekt eingebunden werden oder die Qualität leidet unter dem Termindruck. Ist das Projektbudget z.B. zu knapp kalkuliert, leidet die Qualität des Projektergebnisses darunter. Während der Projektdurchführung ist jeder der drei Einflussfaktoren durch das Projektmanagement zu überwachen und Korrekturmaßnahmen müssen rechtzeitig eingeleitet werden.

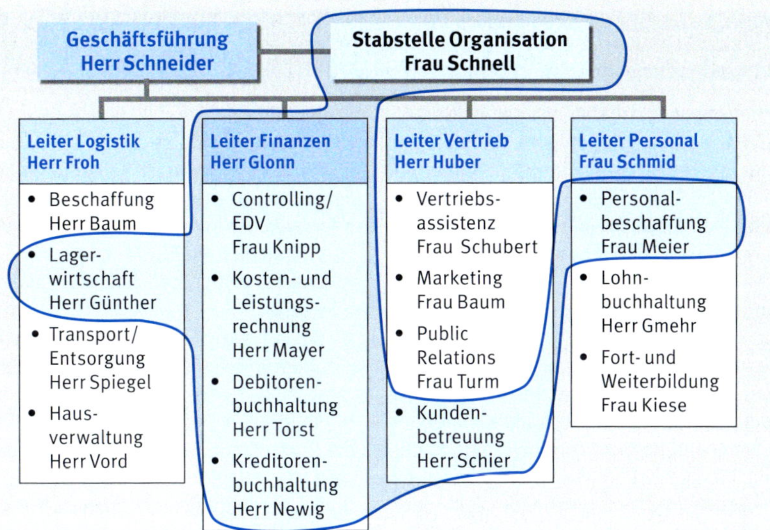

Projektorganisation: Projektteams sind meist abteilungs- und hierarchieübergreifend

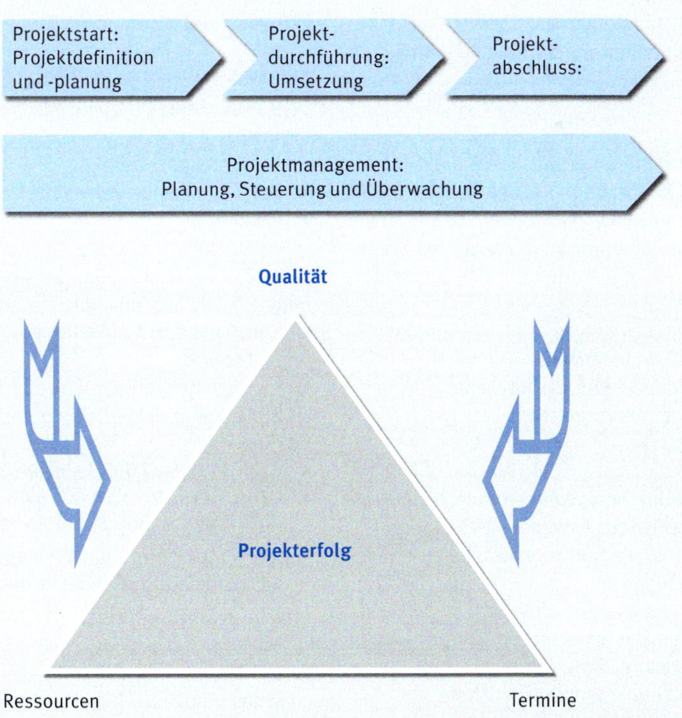

Projektmanagement beeinflusst die Schlüsselfaktoren des Projekterfolgs: Qualität, Ressourcen und Termine

3.8-2 Werkzeuge des Projektmanagements

Beim Projektmanagement arbeitet man mit diversen „Werkzeugen", z.B. Ablaufplänen in Form von Balkendiagrammen oder Projektstatusberichten zur Unterstützung der Projektsteuerung. Diese Werkzeuge werden dazu gebraucht, komplexe Projektsituationen transparent und damit planbar und steuerbar zu machen.

Projektplanung

Eine der Hauptaufgaben des Projektmanagements ist die Projektplanung. Immer wieder scheitern Projekte gerade deshalb, weil die Planung nicht detailliert genug durchgeführt wurde oder nicht alle Rahmenbedingungen ausreichend berücksichtigt wurden. In der Projektplanung können schon viele Risiken vorweg eingeschätzt werden und entsprechende Zeit- oder Budgetpuffer eingeplant werden.
Konkret besteht ein Projektplan meist aus den folgenden Teilplänen:

- Projektstrukturplan,
- Ablaufplan,
- Zeitplan,
- Kapazitätsplan,
- Kostenplan,
- Qualitätsplan.

Anhand dieser Projektplanung wird das Projekt gesteuert und bei Abweichungen werden Gegenmaßnahmen ergriffen.

Projektstrukturplan

Der Projektstrukturplan unterteilt das Projekt in einzelne Projektabschnitte bzw. Projektphasen. Damit wird das Projekt in seine wichtigsten Bestandteile unterteilt. Hilfreich kann ein standardisiertes Vorgehensmodell sein, z.B. ein Modell für eine Konzepterstellung:

1. Bestandsaufnahme/Analyse des Ist-Zustandes,
2. Bewertung des Ist-Zustandes,
3. Konzept zur Verbesserung/Sollkonzept,
4. Empfehlung weiteres Vorgehen/ Maßnahmenkatalog.

Bei einer Softwareeinführung kann in vielen Fällen folgende Vorgehensweise zur Anwendung kommen:

1. Anforderungen an die Software feststellen (Pflichtenheft erstellen),
2. Auswahl einer geeigneten Software,
3. Anpassungen an die spezifischen Anforderungen durchführen (Customizing),
4. Integrationstest und Altdatenübernahme,
5. Produktivsetzung,
6. Betrieb.

Projektablaufplan

Der Projektablaufplan bringt die Aktivitäten des Projektes in eine sinnvolle Reihenfolge der Bearbeitung. Folgende Fragestellungen sind wichtig:

- In welcher logischen Reihenfolge werden die Aktivitäten durchgeführt?
- Welche Aktivitäten können parallel durchgeführt werden?
- Welche Aktivitäten setzen die Fertigstellung einer anderen Teilaufgabe voraus (zeitlich/fachlich)?

Hilfsmittel zur Darstellung des Projektablaufplans ist die Darstellung in einem Balkendiagramm. Es visualisiert die Ablaufstruktur der Vorgänge. Diese werden über einer Zeitlinie als horizontale Balken gezeichnet und können durch Vorgänger-Nachfolger-Beziehungen verknüpft werden.

Projektsteuerung

Als regelmäßiges Berichtswesen über den Fortschritt eines Projektes gibt es den Projektstatusbericht, manchmal auch Projektfortschrittsbericht genannt. Dieser Bericht wird in regelmäßigen Abständen erstellt, meist monatlich, und gibt Auskunft über alle aktuellen und wichtigen Projektereignisse.

Den Projektauftraggeber interessieren meist die Eckpunkte des Projektes, wird das Projektziel erreicht hinsichtlich:

- Fertigstellungstermin,
- Kosten, Ressourceneinsatz,
- Qualität.

Eine Art der Darstellung, die sich in der Kostenrechnung und in Controllingberichten bewährt hat, lässt sich auch gut auf Projektstatusberichte anwenden: die Ampeltechnik.
Wie im Straßenverkehr wird die Situation eines Projektes gekennzeichnet durch drei verschiede Ampelzeichen:

- Grün – Projekt läuft, keine Probleme.
- Gelb – Projekt läuft, es deuten sich jedoch Probleme an, erhöhte Aufmerksamkeit ist angezeigt.
- Rot – Das Projekt hat Probleme, die reguläre Projektdurchführung ist gefährdet.

Bezeichnung	Aktivitäten/Meilensteine	1.6.	15.6.	1.7.	15.7.	1.8.
Phase 1	Schulungsbedarf feststellen					
Aktivität 1	Mitarbeiterbefragung					
Aktivität 2	Führungskräftebefragung					
Meilenstein 1	Schulungsbedarf definiert					
Phase 1	Schulungskonzept erstellen					
Aktivität 3	Schulungsinhalte					
Aktivität 4	Schulungsdauer					
Aktivität 5	Schulungsteilnehmer					
Aktivität 6	Schulungsort					
Aktivität 7	Referenten					
Aktivität 8	Schulungsunterlagen					
Meilenstein 2	Entwurf Schulungskonzept fertig					
Phase 1	Präsentation und Empfehlung					
Aktivität 9	Schulungsplan					
Aktivität 10	Zeitplan					
Aktivität 11	Maßnahmenplan					
Meilenstein 3	Projektabschluss					

Projektwerkzeug Balkendiagramm

Projektstatusbericht	Stand Datum
Projekt:	
Projektphase:	
Kurzübersicht über die Projektsituation „rot" = kritisch „gelb" = angespannt „grün" = ohne Probleme	
Stand der laufenden Arbeiten	
Projektergebnisse:	
– fertiggestellt:	
– in Arbeit:	
Offene Punkte:	
Kosten:	
Termine:	
Projektteam:	
Entscheidungs-/Handlungsbedarf	
Problemmeldung:	
Empfohlenes Vorgehen:	
Unterschrift Projektleiter:	

Projektwerkzeug Projektstatusbericht

4 Leistungserstellung
4.1 Überblick Leistungserstellung/Logistik

Der betriebliche Leistungsprozess umfasst die folgenden grundlegenden Phasen:

- Beschaffung von Personal, Betriebsmitteln, Werkstoffen und Dienstleistungen,
- Leistungserstellung und
- Absatz/Marketing.

Die Unternehmensführung steuert die betrieblichen Leistungsprozesse, wobei die Unternehmensziele die Richtung für das unternehmerische Handeln vorgeben. Das Unternehmen bewegt sich hierbei im Markt: Konkret werden am Beschaffungsmarkt Mitarbeiter für das Unternehmen gewonnen, Betriebsmittel, Werkstoffe und Dienstleistungen erworben. Die erstellten Produkte und Dienstleistungen werden dann am Absatzmarkt veräußert.

Beschaffung

Die Beschaffung umfasst die Bereitstellung der für den betrieblichen Leistungsprozess benötigten Ressourcen. In diesem Kapitel wird der Schwerpunkt auf logistische Fragestellungen und damit auf die Beschaffung von Werkstoffen und Dienstleistungen gelegt (zur Einstellung von Mitarbeitern und der Beschaffung von Betriebsmitteln siehe die entsprechenden Kapitel 5 Personalwesen und 7.7 Investitionsplanung). Konkret geht es um die Beschaffung von:

- Werkstoffen
  unterteilt in:
  - Rohstoffe: Sie gehen als wichtige Bestandteile unmittelbar in das Produkt ein (z.B. Metall, Holz etc.).
  - Hilfsstoffe: Sie werden Bestandteil des Produktes, sind aber wert- und mengenmäßig von untergeordneter Bedeutung (z.B. Klebestoffe).
  - Betriebsstoffe: Sie gehen nicht in das Produkt ein (z.B. Energie).
- Dienstleistungen:
  Dies sind zugekaufte Leistungen, die meist mit einer Arbeitsleistung des Anbieters verbunden sind, z.B. Beratungsleistungen, Servicedienstleistungen, Finanzdienstleistungen (Banken).

Leistungserstellung

Sprach man traditionell in der Betriebswirtschaftslehre von Leistungserstellung, so war damit meist die Leistung von Produktionsunternehmen gemeint, also Erstellung von Maschinen, Konsumgütern usw. Die Leistungserstellung im Sinne der Bereitstellung von Dienstleistungen gewinnt jedoch immer mehr an Bedeutung. Zu den Produktionsunternehmen gehören alle Betriebe von der Rohstoffgewinnung bis hin zur eigentlichen Produktion, z.B. Industriebetriebe. Unter Dienstleistungsunternehmen versteht man Banken, Versicherungen, Verkehrsbetriebe, auch Handelsunternehmen, Hotels, Reiseveranstalter und die freien Berufe wie z.B. Steuerberater.

Marketing/Vertrieb

Marketing ist Kundenorientierung als durchgängiges Denkschema. Es orientiert alle betrieblichen Prozesse auf den Markt hin. Vertrieb kümmert sich um den konkreten Verkauf der Produkte (Details siehe Kapitel 6 Marketing und Vertrieb).

Logistik

Logistik ist die Koordinierung der betrieblichen Funktionen Beschaffung, Lagerhaltung, Produktion und Absatz. Sie steuert den Durchfluss von Waren und Dienstleistungen. Der moderne Ansatz in der Logistik, das sog. Supply Chain Management geht noch einen Schritt weiter und betrachtet die logistischen Prozesse über die Unternehmensgrenze hinaus. Supply Chain Management ist das übergreifende Management der Lieferkette („supply chain") vom Lieferanten über das produzierende Unternehmen bis hin zum Kunden.

Beispiel: Supply Chain Management bei einem Nahrungsmittelhersteller

Mehrere Kunden teilen dem Vertrieb eines Nahrungsmittelherstellers mit, dass sie sich bei den Produkten mit Rindfleischanteil mehr Bioprodukte wünschen. Der Vertrieb meldet dies an die Produktion weiter. Diese veranlasst den Einkauf, verstärkt Lieferanten zu wählen, die Biofleisch anbieten. Die Lieferkette wird im Sinne des Kundenwunsches von ihrem Beginn an umgestellt.

Qualitätsmanagement

Qualitätsmanagement begleitet den gesamten Prozess der Leistungserstellung in einem Unternehmen einschließlich der vor- und nachgelagerten Prozesse. So schließen z.B. Unternehmen der Automobilindustrie konkrete Qualitätsvereinbarungen mit ihren Zulieferfirmen ab. Auf der anderen Seite endet Qualitätsmanagement nicht mit der Lieferung fehlerfreier Ware oder Dienstleistungen an den Kunden: Regelmäßige Untersuchungen der Kundenzufriedenheit sind Teil eines Qualitätsmanagementsystems.

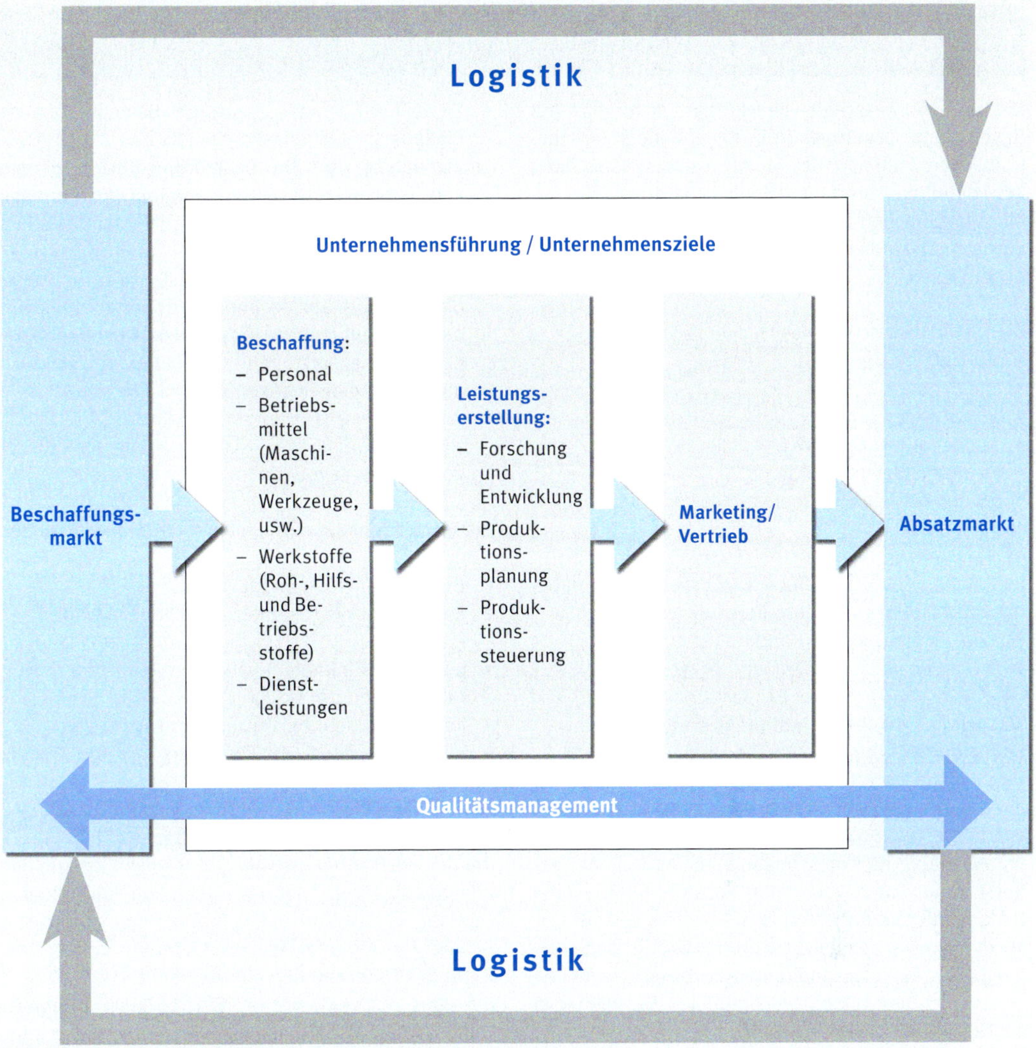

Logistik
Unternehmensführung / Unternehmensziele
Beschaffungs-markt
Beschaffung:
– Personal
– Betriebs-mittel (Maschi-nen, Werkzeuge, usw.)
– Werkstoffe (Roh-, Hilfs- und Be-triebs-stoffe)
– Dienst-leistungen
Leistungs-erstellung:
– Forschung und Entwicklung
– Produk-tions-planung
– Produk-tions-steuerung
Marketing/ Vertrieb
Absatzmarkt
Qualitätsmanagement
Logistik

Der betriebliche Leistungsprozess, unterstützt durch Logistik

Lieferant
Unternehmen/Hersteller
Kunde
Management der Lieferkette vom Lieferanten bis zum Kunden

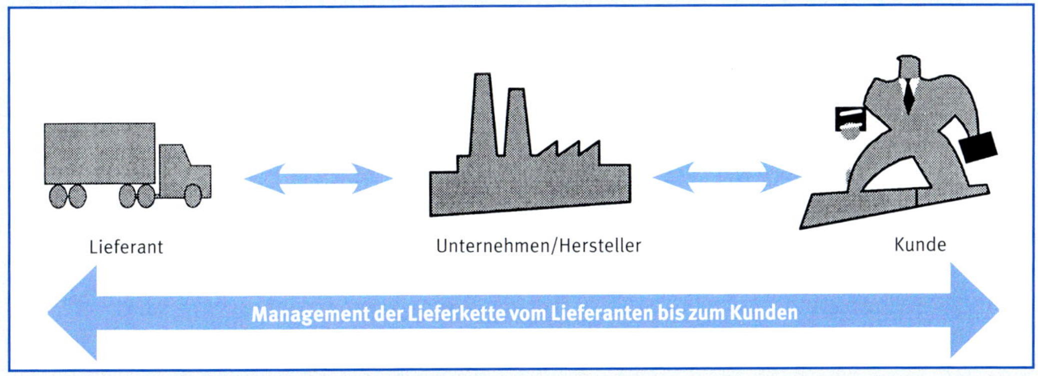

Supply Chain Management: Sicht der logistischen Prozesse über das Unternehmen hinaus

4.2 Materialwirtschaft
4.2-1 Grundlagen der Beschaffung

Die Materialwirtschaft beschäftigt sich mit der Beschaffung, Lagerung, Prüfung und dem innerbetrieblichen Transport der für die Leistungserstellung benötigten Werkstoffe und Dienstleistungen. Ziel der Materialwirtschaft ist die sichere Versorgung mit den betriebsnotwendigen Materialien und Leistungen. Das bedeutet:

Die Materialwirtschaft muss sicherstellen, dass
- die richtige Menge,
- die richtigen Objekte,
- am richtigen Ort,
- zum richtigen Zeitpunkt,
- in der richtigen Qualität,
- zu den richtigen (optimalen) Kosten

vorhanden ist.

Im Rahmen des Beschaffungsprozesses stehen dabei folgende Fragen im Vordergrund:
- Was wird zu welchen Konditionen eingekauft?
- Bei welchem Lieferanten wird eingekauft?

Was wird zu welchen Konditionen eingekauft – Ermittlung des Beschaffungsbedarfs

Die Einkaufsabteilung eines Unternehmens ist ein interner Dienstleister. Sie wird nicht von sich aus tätig, sondern es liegt die Bedarfsmeldung einer bestimmten Abteilung für einen bestimmten Artikel vor. Das heißt in der Praxis aber nicht, dass der Einkauf jede Bedarfsanforderung sofort ausführt. Der Einkauf versucht vielmehr, den gewünschten Artikel zu den bestmöglichen Einkaufskonditionen zu beschaffen. Hierbei ist die Berechnung der optimalen Bestellmenge ein Hilfsmittel.

Berechnung der optimalen Bestellmenge

Bestellt man in größeren Mengen, gibt es günstigere Einkaufskonditionen, z.B. Mengenrabatte. Ferner fallen weniger Abwicklungskosten im Einkauf an, es wird weniger oft bestellt. Auf der anderen Seite entstehen bei größeren Bestellmengen höhere Lager- und Zinskosten (für das durch den Lagerbestand gebundene Kapital). Gesucht wird also die Menge, bei der ein Optimum erreicht wird.
Die Formel für die optimale Bestellmenge arbeitet mit folgenden Elementen (die sog. Andlersche Formel):
- Jahresbedarf = mengenmäßiger Bedarf in Stück, Kilogramm, Liter usw.
- Einstandspreis pro Einheit, also z.B. Stück, Kilogramm, Liter usw.
- Bestellfixe Kosten: Dies sind z.B. Bestellkosten des Einkaufes, Buchungskosten, Kosten der Materialannahme usw. Die bestellfixen Kosten werden jeweils für eine Bestellung ermittelt. Also Summe der bestellfixen Kosten durch Anzahl der Bestellungen.
- Zinskosten: Dies sind die Kosten des im Lager durch die Bestände gebundenen Kapitals. Hier wird quasi der entgangene Zinsverlust des gebundenen Kapitals angesetzt, denn man hätte das Geld auch alternativ anlegen können als in Lagerware.
- Lagerkostensatz: Dies sind die Kosten des Lagers, z.B. Abschreibungen, Instandhaltung usw. bezogen auf den Lagerwert.

Die Formel geht dabei von folgenden Voraussetzungen aus:
- Beschaffungsplanung für ein Jahr,
- Bedarf unterliegt keinen zeitlichen Schwankungen,
- konstante Einkaufspreise, konstanter Lagerhaltungskostensatz sind gegeben,
- kein Schwund oder Verderb der Lagerware,
- keine Lagerungs- und Finanzierungsrestriktionen.

Bei welchem Lieferanten wird eingekauft – Beschaffungsmarktforschung/Lieferantenauswahl

Bei der Lieferantenauswahl geht es nicht nur um den günstigsten Preis, sondern auch um Konditionen, Qualität, Liefertreue usw. Ein günstiger aber unzuverlässiger Anbieter ist als Lieferant ungeeignet, wenn das Unternehmen auf die pünktliche Lieferung der Waren angewiesen ist. Bei der Lieferantenauswahl geht es also um mehrere Kriterien. Diese müssen für das jeweilige Unternehmen gewichtet werden, denn ein Unternehmen legt z.B. großen Wert auf die örtliche Nähe des Lieferanten, für ein anderes Unternehmen ist die Qualität der Waren entscheidend und die örtliche Nähe des Lieferanten vielleicht unbedeutend.

Arbeitsschritte bei der Lieferantenauswahl:
1. Zunächst werden Kriterien für die Lieferantenauswahl aufgestellt.
2. Diese Kriterien werden gewichtet, daraus ergibt sich die maximale Punktzahl bei der Bewertung.
3. Dann werden die Lieferanten beurteilt.
4. Der Lieferant mit der höchsten Punktzahl ist am meisten geeignet.

Ermittlung des Beschaffungsbedarfs

Wareneingang und Zahlungsabwicklung

Lieferantenauswahl

Bestellung und Bestellüberwachung

Der Beschaffungsprozess

Jahresbedarf in Stück	40.000
Bestellfixe Kosten (pro Bestellung):	
Im Verwaltungsbereich	25 €
Im Transportbereich	1.250 €
Im Lagerbereich	200 €
In sonstigen Bereichen	50 €
Summe bestellfixe Kosten	1.525 €
Einstandspreis Stück	8 €
Summe Einstandspreise	320.000 €
Lagerkosten für diesen Artikel	12.000 €
Lagerkostensatz	3,8%
Zinssatz	8,00 %
Optimale Bestellmenge	11.392
Bestellungen im Jahr ca.	4

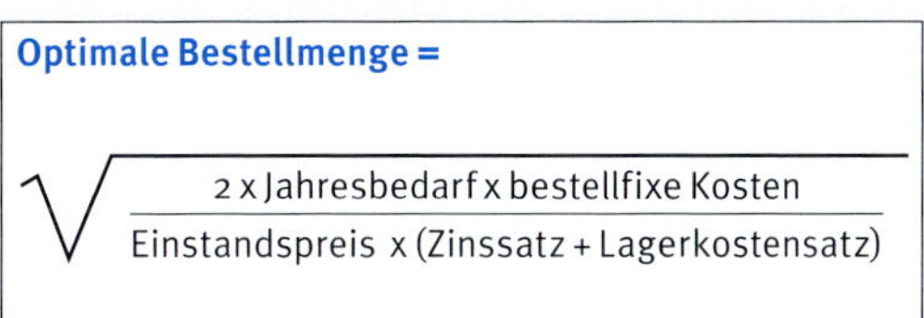

Berechnung der optimalen Bestellmenge (Andlersche Formel)

	Gewichtung	Lieferant 1		Lieferant 2		Lieferant 3	
		Benotung	Punkte	Benotung	Punkte	Benotung	Punkte
Nettopreis	3	3	9	5	15	5	15
Qualität	3	3	9	2	6	4	12
Konditionen	2	2	4	2	4	4	8
Zuverlässigkeit	2	4	8	1	2	3	6
Service	1	4	4	3	3	3	3
Beschaffungsnähe	1	5	5	2	2	1	1
Summe			**39**		**32**		**45**
		Erreichte Punktzahl in % der maximalen Punktzahl					
Maximale Punktzahl	60		65		53		75
	Gewichtung: Das Kriterium ist ... 1 = weniger wichtig 2 = wichtig 3 = sehr wichtig			**Benotung von 1–5:** Dies kann der Lieferant ... 1 = sehr schlecht 2 = nicht voll zufrieden stellend 3 = befriedigend 4 = gut 5 = hervorragend			

Beispiel einer Lieferantenauswahl

4.2-2 Ausgewählte Fragestellungen der Materialwirtschaft

Im Bereich der Materialwirtschaft hat die Versorgungssicherheit der Bereitstellung von für die Produktion benötigten Materialien erste Priorität. Daneben gibt es aber weitere Fragestellungen z.B. nach der Wirtschaftlichkeit der Materialbereitstellung. Im Folgenden Fragestellungen und Lösungen, die regelmäßig in Unternehmen auftauchen.

ABC-Analyse

Eine wichtige Frage im Rahmen der Beschaffung lautet: „Welche Materialien machen das größte Einkaufsvolumen aus, wo ist das Verhandeln von günstigen Konditionen besonders zielführend?". Hintergrund der ABC-Analyse ist die Erfahrung, dass ein verhältnismäßig großer Wertanteil beim Material durch nur geringe Mengen bzw. nur wenige Materialien verursacht wird. Beispielsweise können zehn Prozent aller Materialien 50 Prozent des Wertes ausmachen.

Die ABC-Analyse hilft hier, Prioritäten zu setzen. Die Materialien werden unterteilt in A-, B- und C-Artikel:

A = Priorität 1
B = Priorität 2
C = Priorität 3

Beispiel: ABC-Analyse

Ein Unternehmen kümmerte sich intensiv darum, die Einstandspreise der Materialien zu senken: Alternative Angebotseinholung, härtere Verhandlungen usw. Man beschloss, sich zunächst nur um die wichtigsten Artikel zu kümmern und setzte Schwerpunkte durch eine ABC-Analyse. Man kommt zu dem Ergebnis, dass

- 13 % der Artikel schon 50 % des Einkaufsvolumens ausmachen = A-Artikel
- 25 % der Artikel entsprechen 30 % des Einkaufsvolumens = B-Artikel
- 62 % der Artikel entsprechen aber nur 20 % des Einkaufsvolumens = C-Artikel.

Man kümmerte sich zunächst um günstigere Einstandspreise bei den A-Artikeln. So hatte man mit relativ wenig Aufwand bereits 50 % des Einkaufsvolumens analysiert und bearbeitet.

Eigenfertigung oder Fremdbeschaffung

Immer häufiger wird in den Unternehmen geprüft, ob es Möglichkeiten gibt, Produkte oder Leistungen, die bislang selber erbracht wurden, extern zu beschaffen. Ausschlaggebend ist die häufige Erkenntnis, dass spezialisierte Zulieferer/Dienstleistungsanbieter ein Produkt oder eine Leistung billiger und besser anbieten, als es im eigenen Unternehmen möglich ist.

▶ Gefahren der Fremdbeschaffung
Man begibt man sich in die Abhängigkeit von Externen und es beseht die

- Gefahr von Lieferverzögerungen,
- Gefahr von Qualitätsmängeln,
- Gefahr von Unternehmenszusammenbrüchen externer Unternehmen,
- Gefahr von Vertragskündigungen,
- Gefahr von Preiserhöhungen oder Verschlechterung der Konditionen,
- Gefahr von Abhängigkeiten durch Aufgabe eigener Kompetenzen.

▶ Kostenrechnerische Herangehensweise
Beim Kostenvergleich entscheiden die variablen Kosten (die leistungsabhängigen Kosten). Die Kosten der Fremdbeschaffung sind immer variabel. Liegen jetzt die variablen Kosten der Fremdbeschaffung unter den eigenen variablen Kosten, bietet sich die Fremdbeschaffung an. Fixkosten werden nur berücksichtigt, wenn diese auch tatsächlich bei der Fremdvergabe wegfallen.

Lagerhaltung oder Just-in-Time

Lager sind Puffer zwischen den verschiedenen Produktionsstufen im Unternehmen. Sie dienen zudem der Sicherung und Aufrechterhaltung der Produktion, falls es zu Versorgungsengpässen (z.B. technische Pannen eines Zulieferbetriebs) kommen sollte. Lagerhaltung ist ebenfalls sinnvoll, wenn große Mengen zu niedrigen Preisen beschafft werden können.

Just in Time verzichtet auf Lagerhaltung. Das Material wird direkt für den Herstellungsprozess zu dem Zeitpunkt geliefert, an dem es gebraucht wird und muss so nicht auf Lager gelegt werden. „Just-in-time-Lieferung" heißt somit frei übersetzt „Lieferung zum richtigen Zeitpunkt". Somit entfällt das Lager in der Prozesskette. Der Prozess wird schlanker und schneller, aber auch anfälliger für Störungen, falls das Material eben nicht zum richtigen Zeitpunkt geliefert wird, sondern zu spät.

Voraussetzung für Just-in-time ist also, dass Bestellungen ohne Zeitverzögerung bedient werden. Kommt es zu Versorgungsengpässen, steht evtl. die gesamte Produktion still.

Gerade Automobilhersteller haben zum großen Teil auf Just-in-Time-Belieferung umgestellt und sind damit besonders anfällig für Ausfälle der Automobilzulieferer z.B. durch Streik.

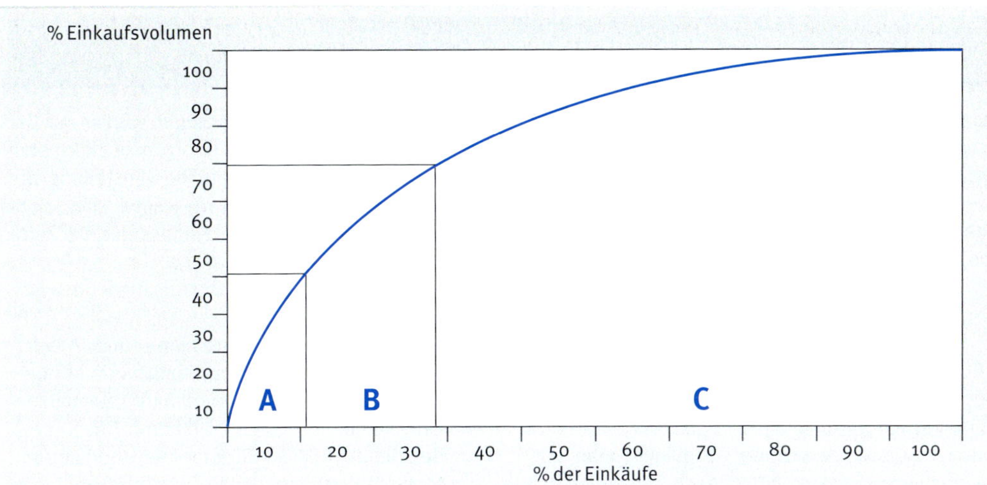

ABC-Analyse

	Produkt A	Produkt B	Produkt C
Variable Kosten:			
Materialkosten	12	9	18
Lohnkosten	21	12	35
Sonstige variable Kosten	2	1	3
Summe variable Kosten	**35**	**22**	**56**
Fixkosten der Produkte	7	7	7
Selbstkosten der Produkte	**42**	**29**	**63**
Es werden folgende Zukaufpreise ermittelt	**38**	**18**	**60**

Vergleich der Zukaufpreise mit den eigenen variablen Kosten.

Man erschließt sich, Produkt B fremd zu beziehen.
Begründung: Die Kosten des Fremdbezuges liegen unter den variablen Kosten der Eigenfertigung.
Fixkosten würden bei Fremdbeschaffung nicht wegfallen.

Beispiel Eigenfertigung oder Fremdbeschaffung

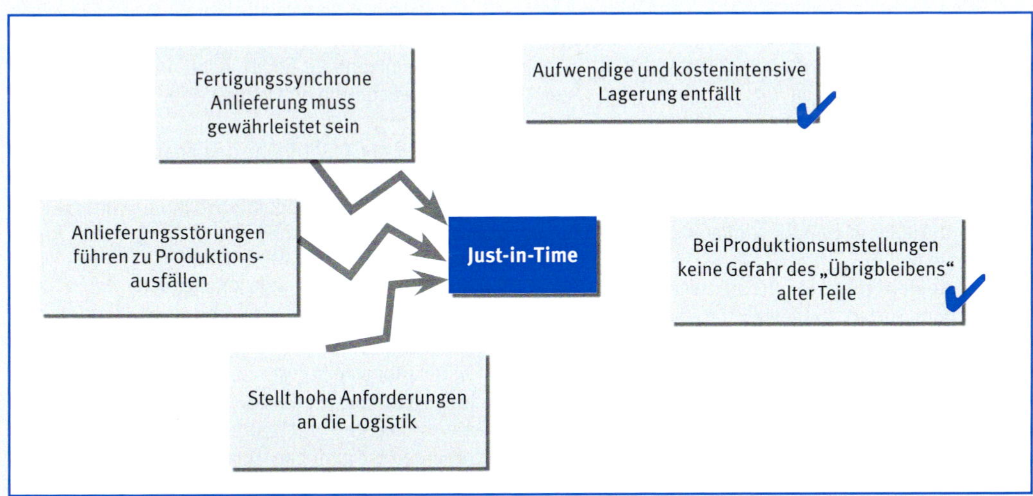

Vor- und Nachteile Just-in-Time

4.3 Langfristige Produktionsplanung

Die langfristige Produktionsplanung ist abhängig von der strategischen Planung eines Unternehmens. Im Rahmen der strategischen Planung werden u.a. Entscheidungen über die Betriebsgröße des Unternehmens (Anzahl Mitarbeiter, Produktionskapazität usw.) und die langfristige Produktpolitik getroffen.

Die langfristige Produktionsplanung legt als Ergebnis dieser strategischen Entscheidungen das langfristige Produktionsprogramm fest, d.h. welche Mengen von welchen Produkten innerhalb eines bestimmten Zeitraums hergestellt werden.

Zwischen diesen einzelnen Teilplänen gibt es gegenseitige Abhängigkeiten und Wechselwirkungen: So ergibt sich aus der langfristigen Produktionsplanung eine notwendige Betriebsgröße. Andererseits ist die bestehende Betriebsgröße, Mitarbeiteranzahl und produktionstechnische Ausstattung eine mögliche Restriktion für die strategische Planung. Gibt es z.B. für eine geplante neue Produktlinie keine freien Produktionskapazitäten, muss die strategische Planung evtl. überdacht werden.

Fertigungsverfahren

Die Festlegung des Fertigungsverfahrens ist ein Teil der langfristigen Produktionsplanung. Die Fertigungsverfahren lassen sich nach der Anzahl der gefertigten Produkte und nach der Organisation der Fertigung einteilen.

- Fertigungsverfahren nach Anzahl der gefertigten Produkte:
  - **Einzelfertigung**: Ein bestimmtes Produkt, z.B. eine Spezialmaschine, wird nach den Plänen des Kunden hergestellt. Jeder Fertigungsprozess ist anders und muss einzeln geplant werden.
  - **Serienfertigung**: Ein Produkt wird in Serie hergestellt. Das heißt, von einem Produkt, z.B. das Modell X, wird eine bestimmte Stückzahl hergestellt, dann wird die Fertigung auf ein anderes Produkt umgestellt, z.B. Modell Y, und dieses wird wieder in einer bestimmten Stückzahl hergestellt.
  - **Sortenfertigung**: Ein Produkt wird in verschiedenen Sorten hergestellt, z.B. verschiedene Papiersorten oder verschiedene Geschmacksrichtungen bei der Herstellung von Bonbons etc. Im Unterschied zur Serienfertigung sind Sorten Produkte, die aus dem gleichen Rohstoff (Papier, Schokolade etc.) hergestellt werden. Sie unterscheiden sich nur in der Form, in der Größe oder im Geschmack.
  - **Massenfertigung**: Ein Produkt wird in großer Stückzahl produziert. Es erfolgt eine gleich bleibende Massenfertigung ohne Umstellung auf ein anderes Produkt. Die Maschinen sind speziell auf das Massenprodukt eingestellt. Der Fertigungsablauf ändert sich nicht.
- Fertigungsverfahren nach Organisation der Fertigung:
  - **Werkstattfertigung**: Maschinen und Arbeitsplätze mit gleichartigen Arbeitsverrichtungen werden an einem Ort („Werkstatt") zusammengefasst z.B. Schlosserei, Dreherei, Fräserei etc. Durchläuft ein Werkstück mehrere Werkstätten, so wirken sich evtl. lange Transportwege, Wartezeiten und evtl. die Notwenigkeit von Zwischenlagern negativ auf die Durchlaufzeit des Werkstücks aus.
  - **Fließfertigung**: Maschinen und Arbeitsplätze orientieren sich am Fertigungsablauf und sind räumlich so angeordert, dass ein Durchlauf des Werkstücks ohne lange Transport- und Wartezeiten gewährleistet ist. Die Fließfertigung kann dabei stark automatisiert und mechanisiert werden. Dies spart Personalkosten, allerdings sind hohe Investitionen notwendig. Der Fertigungsablauf ist relativ starr festgelegt und lässt sich nicht flexibel an Änderungen im Fertigungsablauf anpassen.
  - **Gruppenfertigung**: Kombination von Werkstatt- und Fließfertigung. Einzelne Fertigungsschritte sind als Fließfertigung angeordnet und in Gruppen als Werkstatt zusammengefasst. So werden z.B. die unterschiedlichen Bestandteile eines Möbelstücks in Fließfertigung hergestellt, der Zusammenbau findet dann in der Werkstatt jeweils für die bestimmte Möbelart statt.

Einfluss auf die Kostenhöhe und Kostenstruktur der Produktion

Mit der langfristigen Produktionsplanung wird die Kostenhöhe und Kostenstruktur der Produktion (Anteil der Personal- und Materialkosten bzw. der fixen und variablen Kosten) maßgeblich beeinflusst.

Die Massenfertigung eines Produkts in Fließfertigung erfordert u.U. hohe Investitionen und damit hohe Fixkosten (Abschreibungen und Finanzierungskosten). Andere Verfahren wie Einzel- und Werkstattfertigung erfordern dagegen niedrigere Kapitalkosten. Der Fixkostenanteil ist geringer, aber die Anforderungen an die Qualifikation der Mitarbeiter sind höher und damit auch die Personalkosten (Lohnstückkosten).

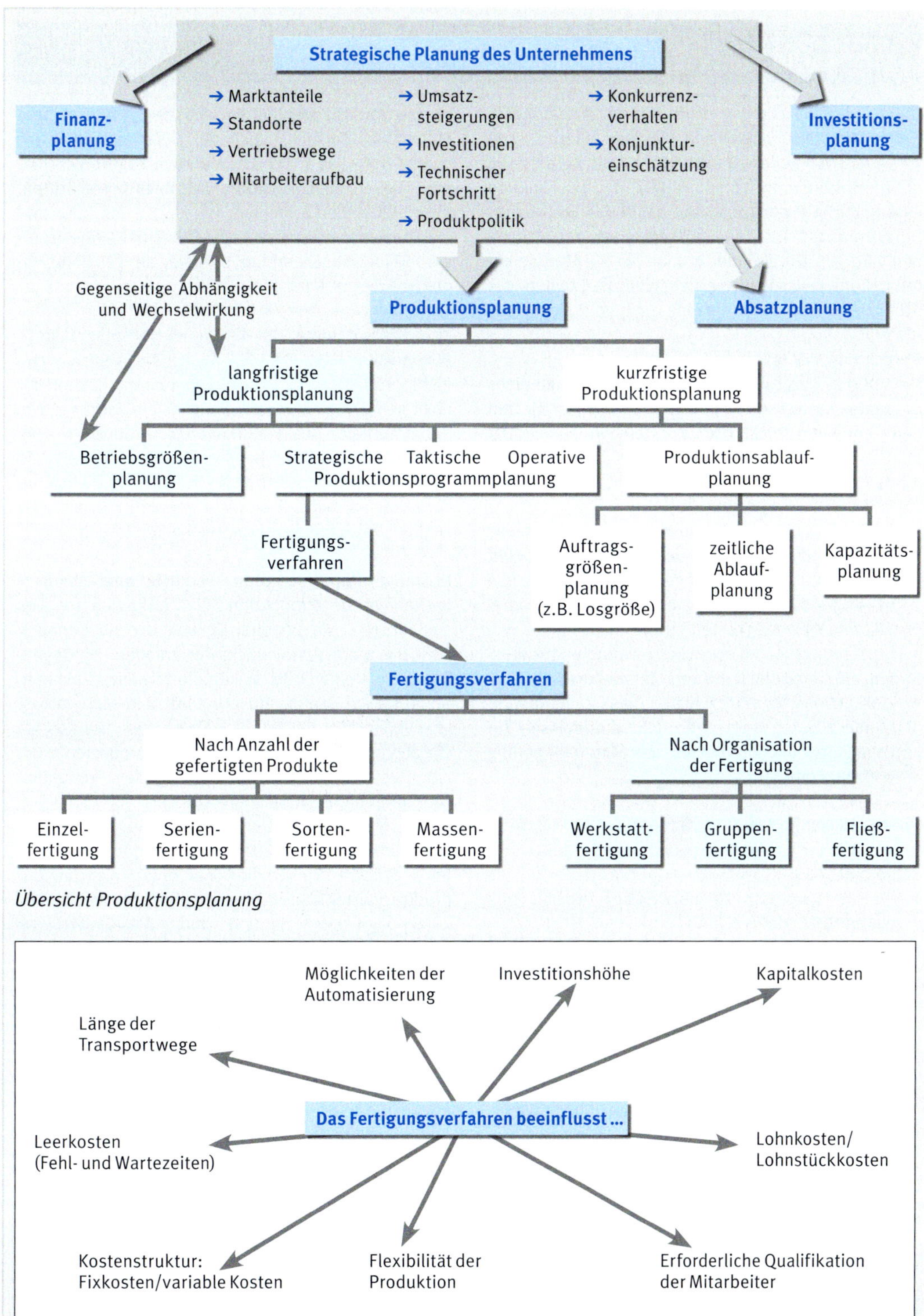

Übersicht Produktionsplanung

Die Auswahl des Fertigungsverfahrens ist eine strategische und langfristige Entscheidung

4.4 Kurzfristige Produktionsplanung

Die Produktionsplanung trifft die Entscheidungen, welche Produkte in welchen Mengen innerhalb der verschiedenen Zeitabschnitte hergestellt werden. Die Arbeitsvorbereitung (eigene Abteilung oder Funktion innerhalb der Produktion) legt dabei das Fertigungsprogramm fest. Die Kapazitätsbelegung der Maschinen wird geplant und die Termine für die Materialbereitstellung festgelegt. Hierbei spielt die Planung der optimalen Losgröße häufig eine wichtige Rolle.

Berechnung der optimalen Losgröße

Die optimale Losgröße ist die Fertigungsmenge eines Produktes, gemessen in Stück, Kilogramm usw., mit den niedrigsten Stückkosten. Zur Berechnung benötigt man:

- Bedarf der Periode: Es sollen z.B. insgesamt 3.000 Stück im Monat hergestellt werden.
- Rüstkosten: Dies sind alle Kosten, die durch das Umrüsten der Maschinen auf ein anderes Produkt verursacht werden. Dazu gehört der Lohn für die benötigte Rüstzeit und die evtl. anfallenden Material- und Werkzeugkosten für das Umrüsten.
- Herstellungskosten pro Stück = variable Stückkosten, z.B. Fertigungslohn und Materialkosten.
- Zinssatz und Lagerkostensatz: Dies ist die Kapitalbindung durch das Lager (z.B. Kreditzinsen für Lagerware) und die Kosten der Materiallagerung (z.B. Lagermiete).

Produktionsablaufplanung, Darstellung im Netzplan

Im Rahmen der Produktionsablaufplanung stellen sich Fragen wie:

- Welche Kapazität ist notwendig? Aktuell und zukünftig?
- Wo gibt es Engpässe? Welcher Engpass engt die Kapazität erheblich ein?
- Wie müssen die Fertigungsprozesse aufeinander abgestimmt sein?

Der Produktionsablauf wird z.B. mit Hilfe eines Netzplans verdeutlicht. Dieser zeigt z.B. den Ablauf der Bearbeitung eines Werkstückes:

- In welcher Reihenfolge werden Bearbeitungsschritte durchgeführt?
- Welche Bearbeitungsschritte können parallel durchgeführt werden?
- Welche Arbeitsschritte setzen die Fertigstellung eines anderen Arbeitsschrittes voraus (Vorgänger-Nachfolger-Beziehungen).

Anhand der Darstellung des Produktionsablaufs als Netzplan können mögliche Engpässe der Produktion veranschaulicht werden. Was passiert z.B. in nebenstehendem Beispiel, wenn der Lieferant von Teil C nicht liefern kann? Die Endmontage zögert sich hinaus. Diese sensible Abfolge von Teilarbeitsschritten, die aufeinander aufbauen, wird auch als kritischer Pfad bezeichnet. Konkret heißt das: Gibt es eine Verzögerung im kritischen Pfad, so gerät die gesamte Produktion dieses Werkstücks in Verzug.

Kapazitätsplanung – Ist die Produktion ausgelastet?

Die meisten Kosten laufen auch dann weiter, wenn nicht produziert wird, sog. Leerkosten, Kosten der nicht genutzten Kapazität. So ist es ein wichtiges Ziel der Produktion, dass durchgängig produziert wird. Stillstand oder Produktionsdrosselung verteuern die Produkte, denn Kosten fallen meist für die gesamte Kapazität an. Wird diese nicht genutzt, müssen jetzt weniger Produkte die gesamten Kosten tragen.

Kostenstruktur Produktion – Fixkostendegression

Im Rahmen der Produktion fallen Fixkosten an. Dies sind Kosten, die unabhängig von der Ausbringung (z.B. die produzierte Stückzahl) anfallen. Im Gegensatz dazu steigen oder sinken die variablen Kosten in Abhängigkeit von der Ausbringung, z.B. Materialkosten. Vereinfacht gesagt, sind fixe Kosten die Kosten, die auch dann anfallen, wenn nichts produziert wird, z.B. Kosten zur Aufrechterhaltung der Produktion (Abschreibungen, Mindestpersonal).

Die Höhe der Fixkosten ist unabhängig von der produzierten Stückzahl. Betrachtet man jedoch die Fixkosten *je Stück,* so sinken diese bei einer Steigerung der produzierten Stückzahl. Diesen Effekt nennt man Fixkostendegression, der z.B. durch Massenfertigung erreicht werden kann.

Vielfach stehen die Unternehmen vor einem Konflikt: Wurde die Produktion stark rationalisiert z.B. durch leistungsstarke Maschinen, führt dies zu einem hohen Fixkostenblock (Abschreibungen, Finanzierungskosten für die Rationalisierung). Bei hoher Stückzahl sinken die Fixkosten pro Stück (Fixkostendegression); muss die Produktion aber zurückgefahren werden, so bleibt dieser einmal aufgebaute hohe Fixkostenblock erhalten und belastet das Ergebnis. Die niedrigere Stückzahl muss die gesamten Fixkosten tragen.

Heute versuchen Unternehmen verstärkt, die Produktionsfixkosten so gering wie möglich zu halten. Produktionsspitzen werden z.B. durch Fremdbeschaffung abgedeckt. So ist ein Trend von fixen zu variablen Kosten zu verzeichnen. Stichwort ist hier: Die „schlanke Produktion" bzw. „Lean Production".

Bedarf der Periode z.B. in Stück	3.000
Rüstkosten	500 €
Herstellungskosten pro Stück	18,00 €
Zins- und Lagerkostensatz	12,00 %
Optimale Losgröße	1.179

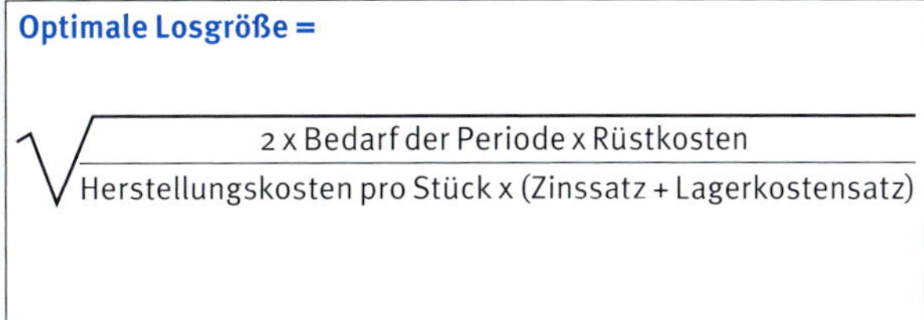

Berechnung der optimalen Losgröße

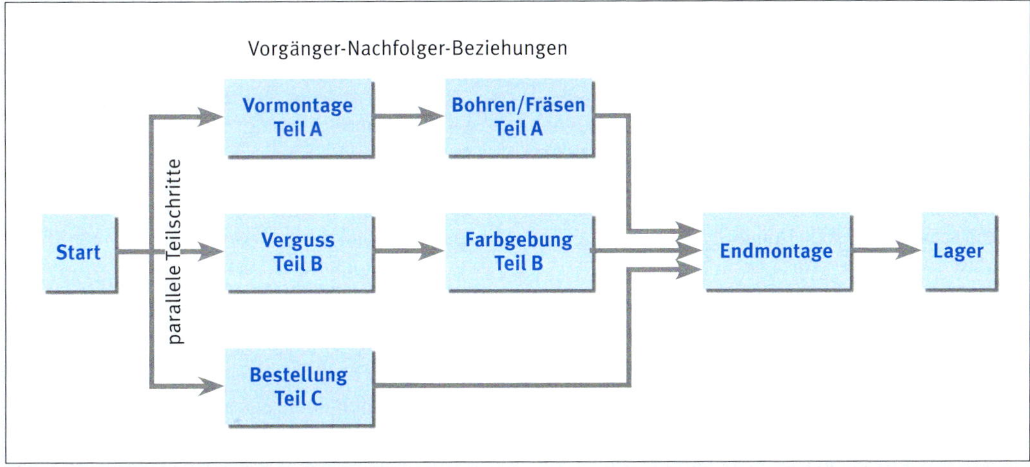

Produktionsablaufplanung: Grundschema Netzplan

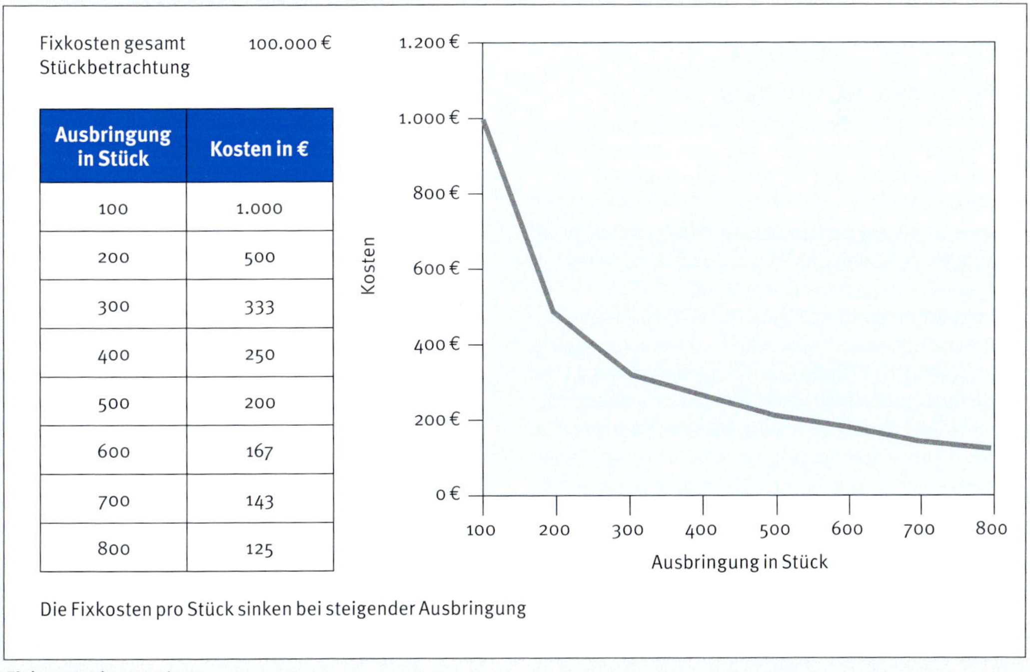

Fixkosten gesamt 100.000 €
Stückbetrachtung

Ausbringung in Stück	Kosten in €
100	1.000
200	500
300	333
400	250
500	200
600	167
700	143
800	125

Die Fixkosten pro Stück sinken bei steigender Ausbringung

Fixkostendegression

4.5 Produktionssteuerung

Die Produktionssteuerung fragt nach der Effizienz der Produktion, nach dem Verhältnis von Input zu Output, z.B. Stückzahl pro Arbeitsstunde. Dabei gibt es zwei mögliche Blickwinkel:

- Technische Sicht: Die Produktion wird mittels technischer Hilfsmittel (z.B. Einsatz computergestützter Produktionssteuerungssysteme) optimiert. Auch kommen mathematische Optimierungsverfahren (Operations Research) zum Einsatz.
- Betriebswirtschaftliche Sicht: Die Produktion wird im Hinblick auf ihre Effizienz z.B. durch Produktionskennzahlen beurteilt.

Hierbei geht es um eine intensive Zusammenarbeit bzw. gegenseitige Unterstützung zwischen dem technischen und betriebswirtschaftlichen Bereich. Ziel ist die Wirtschaftlichkeit der Produktion.

Computergestützte Produktionssteuerung

- PPS-Systeme (Produktionsplanungs- und -steuerungs-Systeme)
  PPS-Systeme unterstützen die Planung und Steuerung der Produktionsprogramme und des Produktionsablaufs. Ziel dieser Systeme ist die Minimierung der Durchlaufzeiten und Lagerbestände bei optimaler Auslastung der vorhandenen Kapazität. Unter Berücksichtigung der erwarteten Kundenaufträge und der zur Verfügung stehenden Kapazitäten wird z.B. die optimale Losgröße berechnet. PPS-Systeme sind branchenabhängig und auf das jeweilige Fertigungsverfahren abgestimmt.
- CIM (Computer Integrated Manufacturing)
  CIM-Systeme bieten noch umfangreichere Funktionalitäten an: Von der computergestützten Konstruktionszeichnung (CAD = Computer Aided Design) bis zur Unterstützung der Qualitätssicherung (CAQ = Computer Aided Quality Assurance).

Produktionssteuerung mittels Operations Research

Operations Research (OR; auch Unternehmensforschung genannt) befasst sich mit der Entwicklung und dem Einsatz mathematischer Modelle zur Lösung von Entscheidungsproblemen. Durch die Abbildung realer Entscheidungsprobleme durch Optimierungs- oder Simulationsmodelle wird versucht, mögliche Lösungen zu berechnen. Konkret unterstützt OR z.B. die kurzfristige Produktionsprogrammplanung bei mehreren Engpässen oder löst Fragen des optimalen Lagerbestandsmanagements. Viele Entscheidungsprobleme können nicht zuverlässig durch ein mathematisches Modell abgebildet werden. So sind der Anwendung von Operations Research Grenzen gesetzt.

Produktionskennzahlen

Produktionskennzahlen (siehe Anhang Kennzahlen) schaffen schnell und komprimiert Transparenz. In der Praxis häufig angewandte Kennzahlen sind:

- Leistung zu Anwesenheit: Sagt aus, wie viel Prozent der physischen Anwesenheit der Mitarbeiter zu verwertbarer Leistung geworden ist. Die Differenz zu 100 Prozent potenziell möglicher Leistung sind unproduktive Zeiten, Ausschussproduktion usw.
- Stückzahl pro Arbeitsstunde: Wie hoch ist der Output pro Stunde? Trotz der Einfachheit der Kennzahl bietet sie eine Fülle von Analysemöglichkeiten: Fällt z.B. der Output, kommt man über die Analyse zu wichtigen Gründen für Unwirtschaftlichkeiten (erhöhter Ausschuss, Verzögerungen der Fertigung, Qualitätsmängel usw.).
- Leerkostenanalyse: Dies sind Kosten nicht genutzter Kapazität. Z.B. laufen die Kosten für Maschinenabschreibungen weiter, auch wenn die Maschinen stillstehen. Auch Personalkosten fallen an, wenn die Mitarbeiter untätig sind (Leerzeiten, z.B. Wartezeit auf Material usw.). Um Leerkosten erst gar nicht entstehen zu lassen, ist es ein wichtiges Ziel der Produktion, durchgängig zu produzieren, d.h. eine möglichst hohe Auslastung zu erreichen.
- Durchlaufzeiten der Produktion: Zeit vom Start in der Fertigung bis ins Auslieferungslager oder zum Versand. Je kürzer diese Zeit, umso weniger Material und damit Kapital wird gebunden. Je schneller die Produkte durch die Produktion geschleust werden, umso weniger Basiskapazität wird benötigt, z.B. weniger Maschinen. Dies spart Finanzierungskosten von Anlagen. Kurze Durchlaufzeiten haben zudem den Vorteil, dass Kundenwünsche schneller bedient werden können. Auch die Lagerhaltung der fertigen Produkte wird minimiert.
- Kosten pro Produktionsminute: Was kostet die Minute in der Produktion einschließlich Personalkosten, Abschreibungen, Reparaturen, sonstigen Kosten? Dies ist eine wesentliche Kalkulationsgrundlage und dient als Vergleich mit der Konkurrenz. Interessant ist zu beobachten, wie sich dieser Wert im Zeitablauf verändert, z.B. nach Lohntariferhöhungen, Preissteigerungen oder auch nach technischer Rationalisierung.

Prinzipiell sind die Methoden der Produktionssteuerung auch auf die Leistungserstellung in Dienstleistungsunternehmen übertragbar. Auch hier erfolgt die Steuerung mittels computerunterstützter Systeme und ist die Leistung ebenfalls mittels Kennzahlen zu beurteilen.

Computer Integrated Manufacturing (CIM):
Integrierte Fertigungsplanung, -steuerung und -durchführung

CAD **Computer Aided Design**	Computergestützte Konstruktion und Zeichnungserstellung
CAP **Computer Aided Planning**	Computergestützte Arbeitsplanung
CAM **Computer Aided Manufacturing**	Computergestützte Fertigungsdurchführung
CAQ **Computer Aided Quality Assurance**	Computergestützte Qualitätssicherung

Überblick über Begriffe im Rahmen der computergestützen Entwicklung und Fertigung

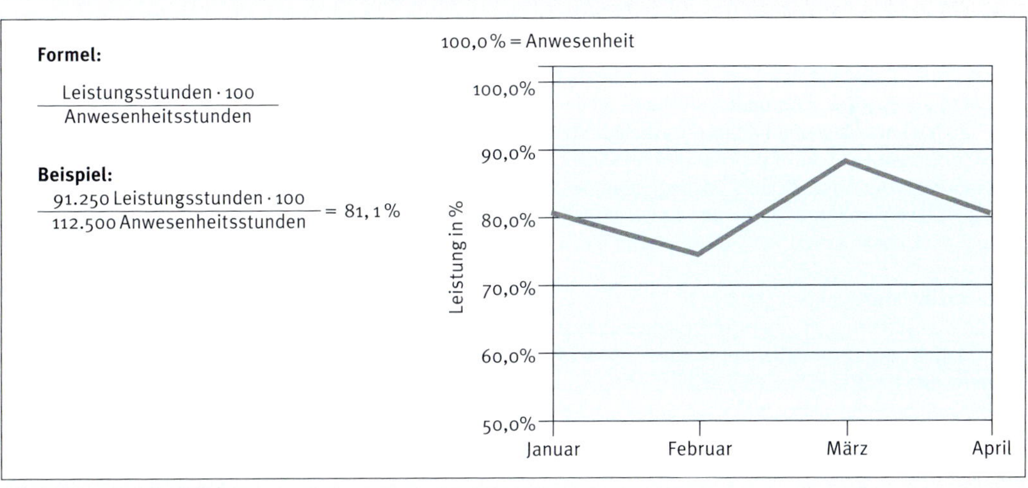

Leistung zu Anwesenheit

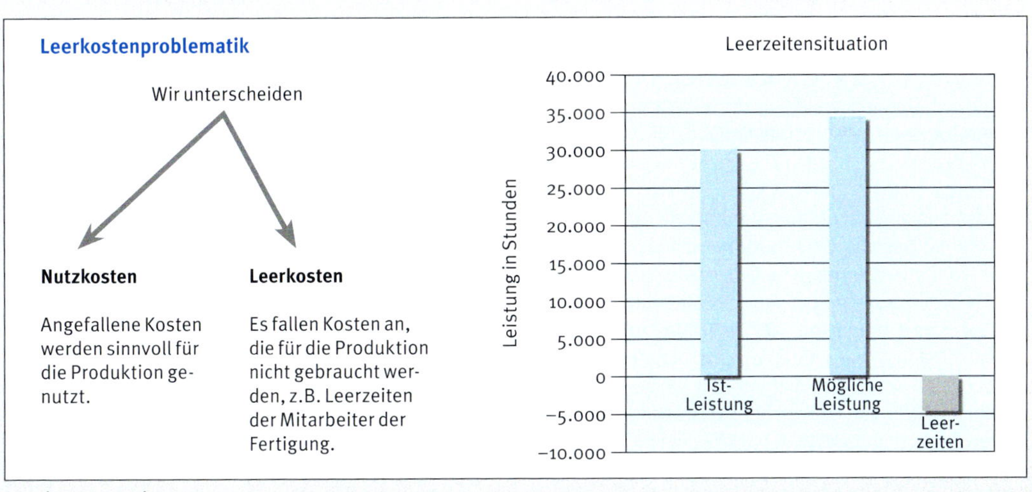

Leerkostenanalyse

4.6 Qualitätsmanagement

Qualitätssicherung/-kontrolle ist schon seit längerem ein eigenständiger Bereich in der Produktionskette. Am bekanntesten ist die sog. Endkontrolle, d.h. fehlerhafte Produkte werden aussortiert, bevor sie das Unternehmen verlassen. Qualitätsmanagement umfasst heute jedoch mehr als nur die Endkontrolle der Produkte. Am Anfang der Entwicklung von Qualitätsmanagement stand eine Prüfkultur, d.h. das fertige Produkt wurde auf Mängel geprüft. Im Laufe der Zeit wurde man auch vorbeugend tätig. War das Produkt am Ende der Produktionskette mangelhaft, so war ein Fehler im Produktionsprozess ja schon geschehen. Durch genaue Untersuchung der Produktionsprozesse versuchte man, die Mängel am Produkt zu verhindern, bevor sie eintreten. So entstand die sog. Prozesskultur. Auch dieser Ansatz wurde mit der Zeit noch erweitert zu einer sog. Verhaltenskultur. Verhaltenskultur bedeutet, dass jeder Mitarbeiter an jeder Stelle im Unternehmen sich Gedanken über die Qualität seiner Arbeitsergebnisse macht und Verbesserungsvorschläge einbringt. Der Total Quality Management-Ansatz steht für diese Verhaltenskultur, die von Qualitätsdenken auf allen Ebenen des Unternehmens geprägt ist.

Total Quality Management (TQM)

Im TQM-Ansatz wird nicht nur die Produktqualität oder die Qualität des Produktionsprozesses betrachtet, sondern das Unternehmen ganzheitlich unter Qualitätsgesichtspunkten betrachtet. Alle Funktionsbereiche werden auf allen Ebenen untersucht und Fragen gestellt, z.B.: Wie funktioniert die innerbetriebliche Kommunikation? Sind die Mitarbeiter mit ihrer Arbeit zufrieden und motiviert? Was kann jeder einzelne Mitarbeiter zum besseren Unternehmenserfolg, zu einer besseren innerbetrieblichen Qualität beitragen? Der TQM-Ansatz geht soweit, jeden Einzelnen für die Erreichung von Qualitätszielen in die Pflicht zu nehmen. Jeder Mitarbeiter ist sein eigener Qualitätsmanager.

Six Sigma

Six Sigma ist ein Begriff aus der Statistik und bezeichnet die sechsfache Standardabweichung innerhalb einer Normalverteilung, also einen sehr kleinen Wert. Ein Herstellungsprozess, der den Qualitätsstandard von Six Sigma erfüllt, hat bei einer Million Vorgänge nur maximal 3,4-mal ein fehlerhaftes Ergebnis. Letztendliches ist damit das Ziel von Six Sigma eine Null-Fehler-Qualität. Die ehrgeizige Zielsetzung der Null-Fehler-Qualität unterscheidet Six Sigma von TQM, aber die Methoden und Werkzeuge sind ähnlich wie beim TQM-Ansatz. So fordert auch der Six-Sigma-Ansatz, dass das Qualitätsdenken bis in die kleinste Organisationseinheit des Unternehmens durchdringen muss, damit Qualitätsziele erreicht werden können.

Werkzeuge des Qualitätsmanagements

Es gibt eine Reihe von Werkzeugen, die das Qualitätsmanagement unterstützen:

- Qualitätszirkel: Eine Gruppe von Mitarbeitern trifft sich regelmäßig, um sich mit Qualitätsfragen im Unternehmen auseinanderzusetzen. Ziel ist das Aufdecken von Schwachstellen und deren Beseitigung. Der Qualitätszirkel setzt sich am besten aus Mitarbeitern verschiedener Abteilungen und Hierarchieebenen zusammen, damit abteilungsübergreifende Prozesse und Qualitätsfragen gelöst werden können. Der Qualitätszirkel sollte sich als Qualitätsmanagement-Team verstehen.
- Betriebliches Vorschlagswesen: Alle Mitarbeiter sind regelmäßig aufgefordert Verbesserungsvorschläge mitzuteilen. Dieses Instrument soll die Mitarbeiter anregen, sich Gedanken über Qualität zu machen. Jeder Mitarbeiter hat ja selbst den besten Einblick in seine Tätigkeit bzw. die Vorgänge und Prozesse in seiner Abteilung. Durch die Belohnung der Verbesserungsvorschläge mit bestimmten Prämien oder einem Qualitätspreis soll ein Anreiz für die Kreativität der Mitarbeiter geschaffen werden. Meist sind es gerade unkonventionelle Vorschläge, die zu einer Qualitätsverbesserung führen.

Normenreihe EN ISO 9000ff

Vor dem Hintergrund der Qualitätsdiskussion wurde die Forderung erhoben, die Qualitätssicherung zu standardisieren. Unternehmen, die diese Standards erfüllen, sollten zertifiziert werden, sodass für Außenstehende, z.B. Kunden, erkennbar ist, dass dieses Unternehmen bestimmte Qualitätsstandards erfüllt. Die Normenreihe EN ISO 9000ff bildet ein System der Qualitätssicherung von Gütern und Dienstleistungen. Es ist jedoch auch wichtig zu wissen, dass die EN ISO-Normenreihe nicht Qualitätsanforderungen an Produkte und Dienstleistungen spezifiziert, sondern dass nur allgemeine Forderungen für Abläufe, Verfahren und deren Dokumentation aufgestellt werden. Ein nicht zertifiziertes Unternehmen hat also nicht zwangsläufig eine schlechtere Produktqualität und ein zertifiziertes Unternehmen hat nicht automatisch eine höhere Produktqualität, nur weil es zertifiziert ist. Die Zertifizierung ist lediglich ein Nachweis bestimmter Prozessdokumentationen und standardisierter Vorgehensmodelle.

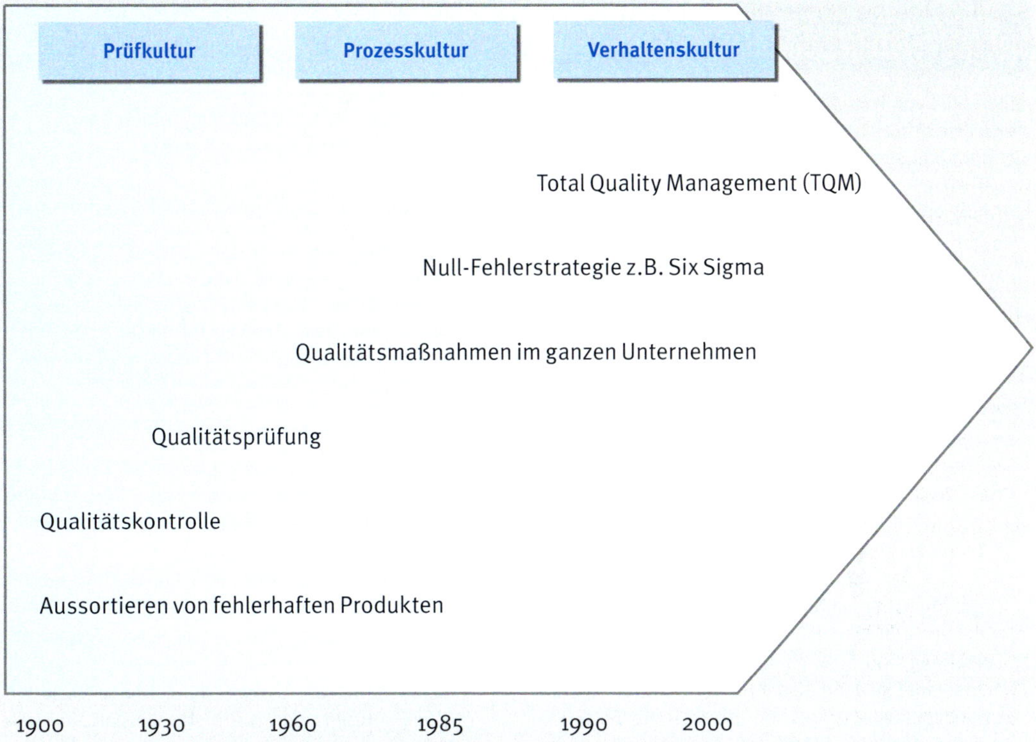

Prüfkultur

Prozesskultur

Verhaltenskultur

Total Quality Management (TQM)

Null-Fehlerstrategie z.B. Six Sigma

Qualitätsmaßnahmen im ganzen Unternehmen

Qualitätsprüfung

Qualitätskontrolle

Aussortieren von fehlerhaften Produkten

1900 1930 1960 1985 1990 2000

Historische Entwicklung des Qualitätsmanagements

Einführungsphasen von Six Sigma		
Phasen	**Aufgaben**	**Ziele**
Identifizieren	Erkennen, Definieren von Geschäftsprozessen	Geschäftsprozess begreifen
Charakterisieren	Messen und Analysieren der Geschäftsprozesse	Stärken und Schwächen herausarbeiten
Optimieren	Verbesserungen der Prozesse ausarbeiten	Prozesse optimal gestalten
Institutionalisieren	Umgestaltung der Prozesse, Verbesserungen realisieren	Integrieren der neuen Prozesse in das Tagesgeschäft

Vorgehensweise bei der Einführung des Qualitätsmanagementsystems Six Sigma

4.7 Forschung und Entwicklung

Im Rahmen von Forschung und Entwicklung, kurz FuE, stehen nicht nur Technologiefragen im Vordergrund. Vielmehr stellen sich auch eine Reihe von betriebwirtschaftlichen Fragen:

1. Die Kosten für Forschung und Entwicklung müssen durch den Umsatz der neuen Produkte gedeckt werden. Ein wesentliches Problem hierbei ist: Produktinnovationen erfordern lange und teure Entwicklungsphasen, aber die Lebenszyklen der Produkte werden immer kürzer. Schaut man sich die Lebenszyklusphasen an:
   - Entwicklungszyklus,
   - Marktzyklus und
   - Nachsorgezyklus,

   dann müssen Entwicklungs- und Nachsorgekosten im immer kürzer werdenden Marktzyklus erwirtschaftet werden. Hier ist die Kostenrechnung gefordert, die Amortisation von Investitionen in neue Produkte zu berechnen. Siehe hierzu auch Abschnitt 7.8 Investitionsrechnungen.
2. Forschung und Entwicklung haben einen wesentlichen Einfluss auf die späteren Produktionskosten der Produkte. Hier werden strategische Entscheidungen für die spätere Kostenentwicklung im Unternehmen gefällt.
3. Unternehmen können Forschung und Entwicklung selbst durchführen, wenn strategisch eine Technologieführerschaft in der Branche angestrebt wird (z.B. Technologieführer in der Unterhaltungsindustrie) oder die Unternehmen verzichten auf eigene Neuentwicklungen und ahmen erfolgreiche Produkte nach (sog. „Me-too-Anbieter, siehe Kapitel 3.2 Unternehmensvision und -strategie).

Was versteht man eigentlich unter Forschung und Entwicklung?

Im Rahmen der FuE unterscheidet man:

- Grundlagenforschung: Ziel ist das Erhalten von naturwissenschaftlichen Erkenntnissen bzw. die Mehrung des Kenntnisstandes. Motivation ist die Neugierde, die Anwendbarkeit steht nicht im Vordergrund. Grundlagenforschung findet vor allem an Universitäten statt.
- Angewandte Forschung: Aufbauend auf der Grundlagenforschung wird in der angewandten Forschung nach verwertbaren Problemlösungen gesucht. Hier findet Forschung mit starkem Praxisbezug statt.
- Entwicklung: Ziel der Entwicklung ist das Auffinden von produktions- und marktfähigen Produkten und Verfahren.

Beispiel: Von der Grundlagenforschung zum konkreten Produkt

In der Grundlagenforschung werden neue chemische Elemente gesucht bzw. erforscht. In der angewandten Forschung passiert die Prüfung hinsichtlich einer konkreten Verwertung, z.B. für einen neuen Kunststoff. In der Entwicklung wird schließlich aus dem neuen Kunststoff ein neues besonders umweltverträgliches Verpackungsmaterial. Der Verkauf dieses konkreten Produktes Verpackungsmaterial muss jetzt alle Vorlaufkosten für Forschung und Entwicklung decken.

Der Kostenblock Forschungs- und Entwicklung ist in den Unternehmen zunehmend gestiegen und er steigt weiter. Umso wichtiger ist die Frage nach der Effektivität von Forschung und Entwicklung:

- Arbeitet die Forschungs- und Entwicklungsabteilung konkret an Kundenaufträgen oder verwertbaren Produkten? Oder wird „auf Verdacht“ geforscht?
- Werden die Kosten für Forschung und Entwicklung laufend verfolgt und als Projekte geführt, die sich amortisieren müssen?
- Ist das Unternehmen in Hinblick auf Forschung und Entwicklung auf dem aktuellsten Stand?
- Was ist der Markttrend und an welchen Produktinnovationen arbeitet die Konkurrenz? Wie sieht evtl. das Produkt aus, das das Unternehmen in drei Jahren verkaufen will? Kurz: Sind die strategischen Weichen für Produktneuentwicklungen richtig gestellt?

Life Cycle Costing (Lebenszykluskostenrechnung)

Die Fragen nach der Effektivität von Forschung und Entwicklung soll das neue Kostenrechnungsinstrument „Life Cycle Costing“ beantworten. Seine Grundidee ist: Die Produkte müssen von Anfang an in ihrem ganzen Lebenszyklus betrachtet und gerechnet werden, von den Forschungs- und Entwicklungskosten über Markteinführungskosten, Produktionskosten, Garantiekosten bis hin zu evtl. Verschrottungskosten. Die wesentliche Erkenntnis des Life Cycle Costing ist, dass durch Forschung und insbesondere Entwicklung die Kosten eines Produktes zum großen Teil bereits festgelegt sind. So hängen z.B. die Herstellungskosten eines neuen Verpackungsmaterials wesentlich vom verarbeiteten Material, der Verarbeitungstechnologie, von Entsorgungsfragen usw. ab. All diese Fragen sind bereits im Entwicklungsprozess zu beantworten.

Forschungskategorie	Forschungsziel
Grundlagenforschung	Vermehrung des Wissenstandes in Hinblick auf eine mögliche zukünftige Verwertung
Angewandte Forschung	Gedankliche Gestaltung einer verwertbaren Produktidee
Entwicklung	Konkretisierung der Produktidee durch Schaffung eines neuen und verbesserten Produktes oder Verfahrens

Überblick über Begriffe der Forschung und Entwicklung

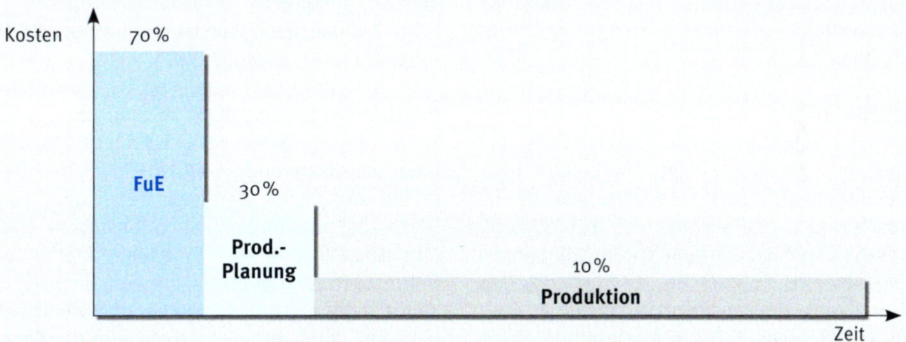

Starke Beeinflussung bzw. Festlegung der Kosten durch Forschung und Entwicklung zu Beginn des Produktlebenszyklus

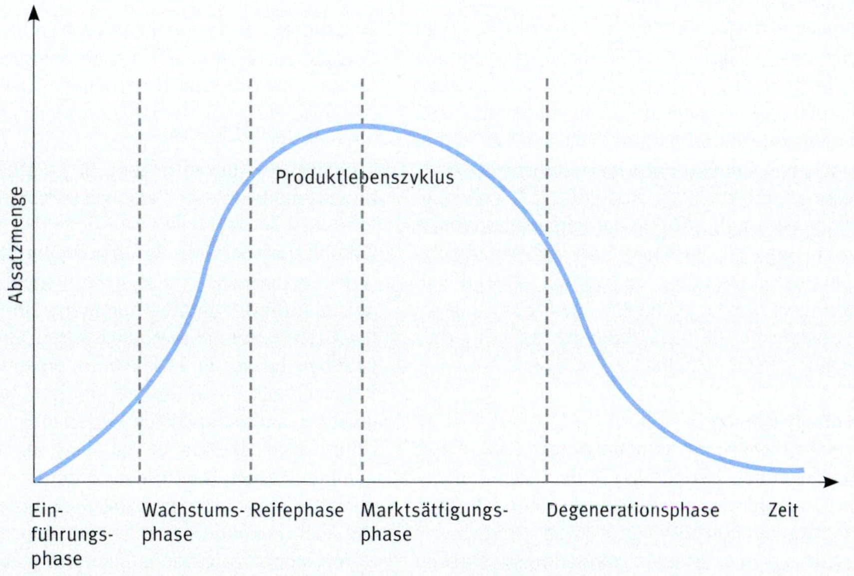

Life Cycle Costing: Betrachtung aller Kosten während des Produktlebenszyklus

5 Personalwesen

5.1 Überblick

Die Mitarbeiter eines Unternehmens, auch „Human Ressources" genannt, sind das wichtigste Kapital eines Unternehmens – zumindest steht es so in vielen Leitbildern und Imagebroschüren der Unternehmen. Die Verfügbarkeit von qualifizierten und motivierten Mitarbeiterinnen und Mitarbeitern wird als der wesentliche Erfolgsfaktor eines Unternehmens für die Zukunft betrachtet. Ziel des Personalwesens ist es einerseits, rechtzeitig und in ausreichender Qualität Mitarbeiter zur Erfüllung der Unternehmensziele bereitstellen und andererseits auch Strukturen zu schaffen, die es ermöglichen, dass der Einzelne seine Leistungsfähigkeit, Leistungsbereitschaft und Leistungsmöglichkeit entfalten kann.

Führungsstile

Führungskräfte/Vorgesetzte haben die Weisungs- und Kontrollbefugnis gegenüber den Mitarbeitern ihrer Organisationseinheit. Die Art und Weise, wie sie die Mitarbeiter führen, kennzeichnet den Führungsstil. Hierbei gibt es sehr unterschiedliche Ausprägungen von einer sehr engen Führung der Mitarbeiter bis hin zu der Gewährung eines großen Entscheidungsspielraums für die Mitarbeiter. Der Führungsstil in einem Unternehmen beeinflusst wesentlich das Betriebsklima und die Motivation.

Personalbedarf und -auswahl

Der Personalbedarf ergibt sich aus der strategischen und operativen Planung des Unternehmens. Künftige Personalentwicklungen werden in der strategischen Personalplanung gedanklich vorweggenommen, z.B. welchen Personalbedarf hat das Unternehmen in drei oder fünf Jahren. Zudem erfolgt eine jährliche Abschätzung des zukünftigen Personalbedarfs als Teil der operativen Jahresplanung. Wird in der Personalbedarfsermittlung festgestellt, dass das Unternehmen zusätzliche Mitarbeiter benötigt, so werden anhand von Anforderungsprofilen geeignete Bewerber ausgewählt. Besteht ein Personalüberhang, so führt dies evtl. zu einem Personalabbau.

Personalentwicklung

Die wirtschaftlichen Rahmenbedingungen ändern sich ständig: Die Kundenbedürfnisse ändern sich, technologische Innovationen verändern die Marktchancen und vor allem der Konkurrenzdruck wächst: Stichwort Globalisierung. Aus diesen Veränderungen ergeben sich ganz neue Anforderungen an die Mitarbeiter und damit für die Personalentwicklung. Ständiges Lernen wird von den Mitarbeitern verlangt. Besondere Bedeutung hat die Förderung und Entwicklung einer ausgeprägten Kunden- und Serviceorientierung bei den Mitarbeitern. Auch Eigenverantwortung und Kostenbewusstsein werden zunehmend gestärkt.

Arbeitsentgelt

Mit Arbeitsentgelt werden die aus nichtselbstständiger Arbeit erzielten Einkünfte bezeichnet. Arbeitsentgelt ist das Bruttoentgelt, das sich aus dem an den Arbeitnehmer ausbezahlten Nettoentgeltbetrag und den vom Arbeitgeber einbehaltenen öffentlich-rechtlichen Lohnabzügen (Lohnsteuer und Sozialversicherungsbeiträge) zusammensetzt.

Interessenvertretung der Arbeitnehmer

Teil der Personalarbeit ist die Zusammenarbeit mit der Interessenvertretung der Arbeitnehmer, dem Betriebsrat (in öffentlichen Betrieben Personalrat genannt). Dieser hat vielfältige Informationsrechte und auch Mitbestimmungsrechte. Grundlage hierfür ist das Betriebsverfassungsgesetz. In einem Unternehmen, in dem mindestens 100 Arbeitnehmer ständig beschäftigt sind, kann der Betriebsrat zudem einen Wirtschaftsausschuss bilden. Dieser hat einen Unterrichtungsanspruch über die wirtschaftlichen Angelegenheiten im Betrieb.

Transparenz durch Personalkennzahlen

Personalkosten sind in fast allen Unternehmen, insbesondere im Dienstleistungsbereich, der größte Kostenblock. Personalkennzahlen tragen zur Transparenz über diesen Kostenblock bei. Hierbei gibt es unterschiedlichste Auswertungen z.B. zur Mitarbeiterqualität, -produktivität und Personalkostenstruktur.

Zukunftsperspektiven der Mitarbeiterführung

Das Personalwesen muss sich um zukünftige Trends der Mitarbeiterführung kümmern. Die Mitarbeiter erwarten heute mehr Möglichkeiten, Beruf- und Privatleben besser in Einklang zu bringen (Work-Life-Balance), z.B. durch flexible Arbeitszeiten und -organisation. Zudem erwarten Mitarbeiter verstärkt eine Unternehmenskultur, in der Wert auf gute interne Kommunikation, Mitarbeiterförderung und Beteiligung der Mitarbeiter an Entscheidungen gelegt wird. Um auch in Zukunft qualifizierte Mitarbeiter für das Unternehmen zu gewinnen, muss der Führungsstil in einem Unternehmen diesen Erwartungen der Mitarbeiter entsprechen.

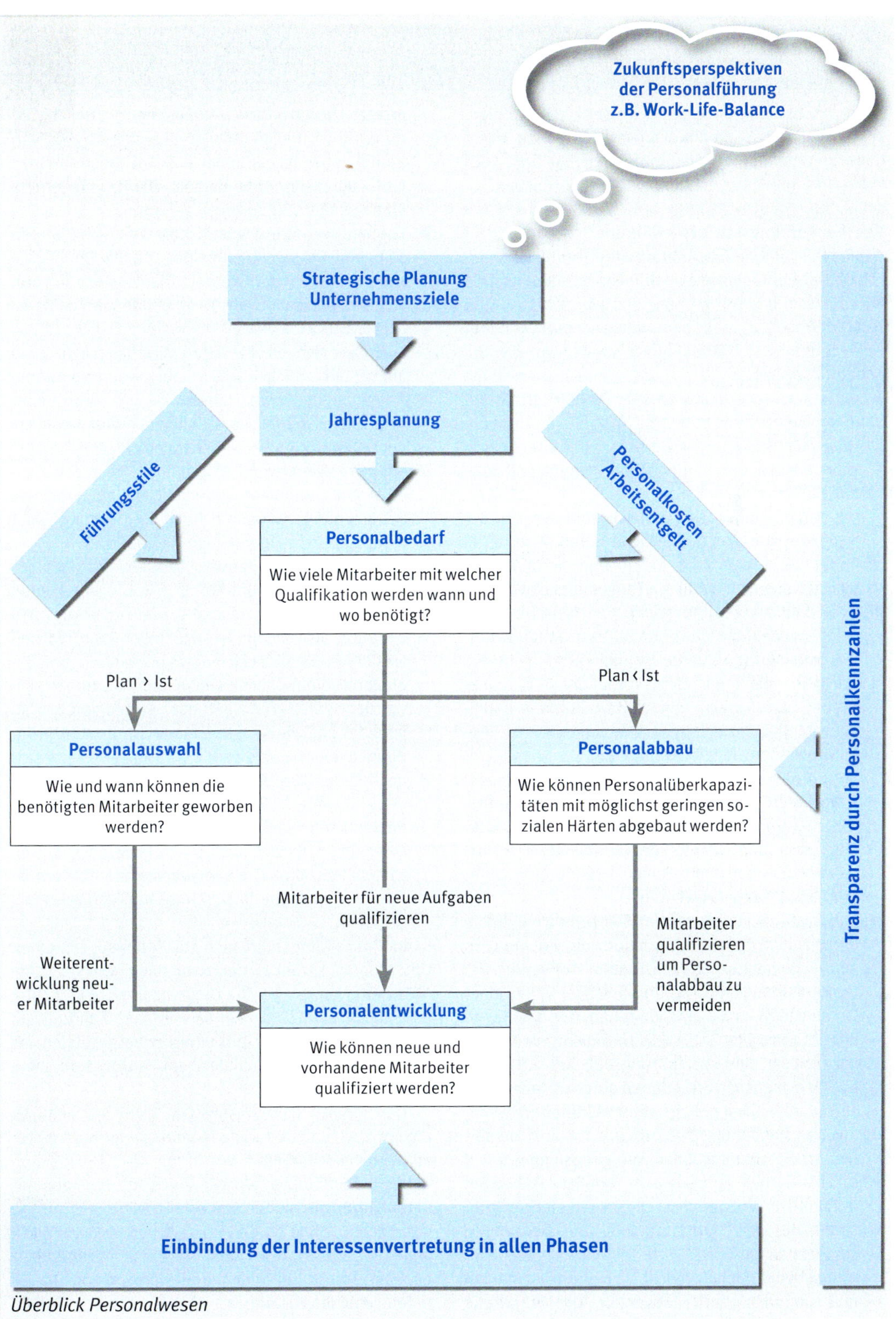

Überblick Personalwesen

5.2 Führungsstile
5.2-1 Grundlagen

Führungsstil meint die Art und Weise, wie sich Vorgesetzte gegenüber ihren weisungsgebundenen Mitarbeitern verhalten, um die Unternehmens- bzw. Leistungsziele ihrer Organisationseinheit zu erreichen.

Welcher Führungsstil ist zielführend?

Die Frage im Rahmen der Mitarbeiterführung ist regelmäßig, wie Führungsziele im Sinne von Leistungs- und Mitarbeiterorientierung umgesetzt werden. Hier gibt es Modetrends, in mehr oder weniger abgewandelter Form dreht es sich aber immer wieder um die folgenden Klassiker:

- Patriarchalischer Führungsstil: Der Patriarch sieht in der Belegschaft „seine Kinder", die an der Führung nicht beteiligt werden, sondern eher gehorchen müssen. Dafür gibt es Belohnungen und Strafen. Im Gegenzug sorgt der Patriarch im Idealfall für die Mitarbeiter. Dieser Führungsstil war in der Nachkriegswirtschaft nicht selten und auch heute findet man ihn immer noch weit verbreitet in kleineren, vor allem aber in Familienunternehmen.
- Charismatischer Führungsstil: Charisma bedeutet Gnadengabe. Man führt durch Ausstrahlungskraft. Die Beteiligung anderer an der Führung ist nur schwach, meist gar nicht vorhanden. Charismatische Führungspersönlichkeiten können häufig hohe Motivation erzeugen. Sie verstehen es, ihre Mitarbeiter zu begeistern und von der Wichtigkeit ihrer Arbeit zu überzeugen. Von daher kann dieser Führungsstil sehr positiv wirken. Negativ wird es jedoch, wenn nicht viel hinter dem Charisma steckt und unter dem Mantel der strahlenden, allwissenden Führungskraft Fehlentscheidungen unter den Teppich gekehrt werden.
- Autokratischer Führungsstil: Hier steht weniger die Person im Vordergrund, sondern die Position. Es wird argumentiert, dass Disziplin notwendig ist, um eine Organisation zu führen. An der Spitze einer Organisation muss jemand stehen, der das Sagen hat. Widerspruch und Kritik sind nicht erwünscht. Letztlich ist dies ein Führungsstil, der z.B. beim Militär in manchen Situationen durchaus angemessen ist. Aber dieser Stil gewährt Mitarbeitern wenig eigenen Handlungsspielraum und ist so in modernen Arbeitsorganisationen weniger geeignet.
- Bürokratischer Führungsstil: Ähnlich wie beim autokratischen System ist dieser Stil stark organisationsbezogen. Arbeitsabläufe und Befugnisse sind genau geregelt. Viele Instanzen, viele Führungsebenen, viele Regeln. Eine Führung ist manchmal gar nicht mehr notwendig. Die Bürokratie ersetzt Führung (bzw. Management). Dieser Führungsstil ist im Öffentlichen Dienst noch weit verbreitet, obwohl es immer stärkere Bestrebungen gibt, auch im Öffentlichen Dienst modernere Managementstrukturen einzuführen.
- Kooperativer Führungsstil: Hier wird sich von einseitigen Führungsstilen gelöst und alle Beteiligten sollen eingebunden werden, idealerweise in Form eines demokratischen Willensbildungsprozesses. Dieser Stil wird aktuell favorisiert. Er geht davon aus, dass sich mit mündigen Mitarbeitern die Ziele am besten erreichen lassen, auch wenn die interne Abstimmung etwas länger dauert. Mitarbeiter setzten sich mehr für die Ziele ein, hinter denen sie auch stehen können. Negativ wird dieser Führungsstil trotz allem, wenn er in einem „Besprechungsunwesen" untergeht. Jeder Mitarbeiter hetzt von Besprechung zu Besprechung und kommt nicht mehr zu seinen eigentlichen Aufgaben.
- Laissez faire-Führungsstil: „Laissez faire" ist Französisch und heißt übersetzt „Die Dinge schleifen lassen/Sich gehen lassen". Dieser Führungsstil bedeutet also salopp gesagt: Jeder kann machen was er will. Es bildet sich eine spontane Organisationsform, die möglicherweise ideal ist, da sie sich vor dem Hintergrund aktueller Probleme eben so gebildet hat wie sie ist. Gerade bei Existenzgründungen findet man diesen Führungsstil. Es hat sich noch keine klare Arbeitsorganisation herausgebildet und jeder macht engagiert das, was er/sie am besten kann. Nach einer anfänglichen Pionierphase empfiehlt es sich aber, etwas klarere Strukturen zu schaffen, da bei einem wachsenden Unternehmen sonst der Überblick schnell verloren geht.

In der Praxis findet man auch Mischformen, z.B. einen Unternehmensgründer der zwar mit Charisma seine Mitarbeiter führt, aber die Dinge noch nicht so richtig im Griff hat und damit ein Laissez faire-Führungsstil vorherrscht. Oder ein bürokratischer Vorgesetzter, der ganz nach dem patriarchalischem Führungsstil seine Mitarbeiter führt.

Den idealen Führungsstil gibt es nicht, denn es kommt auch immer auf die Mentalität der Mitarbeiter an. Manche Mitarbeiter wollen gar nicht in Entscheidungen eingebunden werden, nach Art des kooperativen Führungsstils. Sie wollen einfach nur ihren Job gut machen, ohne große Diskussionen. Andere Mitarbeiter haben ein großes Interesse daran, bei ihren Aufgabenstellungen mitreden und wenn möglich auch mitentscheiden zu können.

	Sinkende Lenkung durch die Führungskraft Steigender Entscheidungsspielraum der Mitarbeiter					
Führung durch ...	**Gebot**	**Persönlichkeit**	**Befehl / Anweisungen**	**Exakte Regeln**	**Kooperation**	**Keine Führung**
Charakterisierung	Der „Vater" befiehlt, die Kinder gehorchen. System von Strafen und Belohnungen. Kaum Führungsbeteiligung der Mitarbeiter.	Man führt durch „Ausstrahlung", Persönlichkeit. Beteiligung bzw. Mitsprache der Mitarbeiter weniger ausgeprägt.	„Militärischer" Führungsstil. Wer an der Spitze steht, hat das „Sagen". Wenig Handlungsspielraum für die Mitarbeiter.	Alles ist genau geregelt. Viele Führungsebenen. Bürokratie ersetzt evtl. sogar eine Führung. Wenig Spielraum für eigene Entscheidungen oder Kreativität.	Einbindung aller Beteiligten. Managemententscheidungen werden idealerweise abgestimmt. Mitarbeiter stehen hinter den Zielen.	„Die Dinge schleifen lassen". Keine klare Organisation. Unter Umständen schnelle oder gar keine Entscheidungen.
Bezeichnung	**Patriarchalisch**	**Charismatisch**	**Autokratisch**	**Bürokratisch**	**Kooperativ**	**Laissez-faire**

Übersicht Führungsstile

Bezeichnung Führungsstil	In welcher Art und Weise erfolgt die Anweisung der Mitarbeiter?	In welcher Art und Weise erfolgt eine Kontrolle der Arbeitsleistung der Mitarbeiter?	In welchem Umfang gibt der Vorgesetzte Informationen an seine Mitarbeiter weiter?
Patriarchalisch	Die Anweisung erfolgt väterlich, von oben herab.	Eine Kontrolle erfolgt mal mehr mal weniger, je nachdem wie stark das Vertrauen in den Mitarbeiter ist.	Meist gibt der Vorgesetzte keine Informationen weiter.
Charismatisch	Die Anweisung erfolgt mit persönlichem Nachdruck und Überzeugungskraft.	Eine Kontrolle erfolgt mal mehr mal weniger, je nachdem wie stark das Vertrauen in den Mitarbeiter ist; evtl. erfolgt keine Kontrolle.	Meist werden Informationen offen weitergegeben, manchmal aber auch nur an die persönlich bevorzugten Mitarbeiter.
Autokratisch	Die Anweisung wird im „Befehlston" weitergegeben.	Regelmäßige Kontrolle	Nur die für die Aufgabenerfüllung notwendigen Informationen werden weitergegeben.
Bürokratisch	Die Anweisung erfolgt umständlich über vielfältige Regelungen und Zuständigkeitsbereiche.	Die Kontrolle der Mitarbeiter ist durch ein umfangreiches Regelwerk an sich vorgegeben.	Die Informationen werden nach einem festgelegten Dienstweg weitergegeben.
Kooperativ	Die Anweisung erfolgt durch die Vorgabe von Zielen und Leistungsvereinbarungen.	Kontrolle der vereinbarten Ziele	Alle Informationen werden selbstverständlich weitergegeben.
Laissez-faire	Der Mitarbeiter kann über die Art seiner Tätigkeit ganz allein entscheiden.	Keine Kontrolle	Jeder Mitarbeiter besorgt sich die Informationen irgendwie selbst.

Weitere Aspekte des Führungsverhaltens der unterschiedlichen Führungsstile.

5.2-2 Motivation als Führungsaufgabe

Wie kann man Mitarbeiter motivieren? Schon in der Antike gab es unterschiedliche Vorstellungen über die richtige und optimale Personalführung. Der ältere Cato (234 bis 149 v. Chr.) z.B. forderte eine strenge Führung der Sklaven (Angst und Bestrafung), während Varro (116 bis 27 v. Chr.), ein Zeitgenosse Caesars, schon das Prinzip der Motivation erkannte. Er schlug Belohnungen für die Sklaven bei guten Leistungen vor, um deren Leistungsbereitschaft zu steigern.

Die Bedürfnispyramide nach Maslow

Nach Abraham Maslow beruhen die vielfältigen Motive menschlichen Handelns auf fünf Hierarchien der Bedürfnisse, die nach der Dringlichkeit ihrer Befriedigung unterteilt sind. Am dringendsten ist es für einen Menschen, seine physiologischen Bedürfnisse zu befriedigen. Ohne Essen und Trinken wird er nicht lange überleben. Nicht ganz so dringend, aber wichtig für die Existenzsicherung sind ein Dach über den Kopf und soziale Absicherung im Alter oder bei Krankheit. Und so geht es weiter nach oben in der Bedürfnispyramide bis zu den Selbstverwirklichungsbedürfnissen, die nicht überlebensnotwenig sind, aber jeder Mensch strebt nach Selbstentfaltung. Der springende Punkt bei dieser Theorie ist, dass z.B. ein Mitarbeiter kaum durch eine Weiterbildungsmaßnahme (Ebene Selbstverwirklichung) motiviert werden kann, wenn es ihm an genügend Geld fehlt, sich eine vernünftige Wohnung zu leisten (Ebene Sicherheitsbedürfnis, evtl. auch Wertschätzungsbedürfnis: Wohnung als Status). Mehr Motivation würde in diesem Fall ein finanzieller Bonus bewirken. Ein Defizit bei einem der „Basisbedürfnisse" wirkt stärker als ein Defizit bei der obersten Ebene der Selbstverwirklichungsbedürfnisse.

Motivation durch flexible Gestaltung der Arbeitsorganisation

- Job Rotation: Job Rotation bezeichnet einen systematischen Arbeitsplatzwechsel, z.B. wechselt ein Mitarbeiter der Finanzbuchhaltung zwischen Kreditoren- und Debitorenbuchhaltung und verschafft sich Einblick in angrenzende Themengebiete, z.B. den Einkauf. Der gewonnene Einblick in die betrieblichen Zusammenhänge wirkt motivierend und soll den Platz der eigenen Arbeitsleistung innerhalb der betrieblichen Funktionsabläufe verdeutlichen.
- Job Enlargement: Bei diesem Modell werden die Aufgaben eines Arbeitsplatzes erweitert. Die Vergrößerung der Vielfältigkeit des Tätigkeitsspektrums soll die Arbeit für den einzelnen Arbeitnehmer abwechslungsreicher gestalten.

Beispiel: Motivation durch Job Enlargement

In der Abteilung Kundenbetreuung eines Baumarktes wird die Aufgabenteilung neu strukturiert. Vorher gab es je eine Stelle für Glückwunschbriefe (zehnjährige Kundentreue, Kundengeburtstag, Muttertag etc.), eine für Kundenbeschwerden und eine für die Anfragen zu Produktinformationen. Die Zusammenlegung der Aufgaben hatte zur Folge, dass nun jeder Mitarbeiter der Abteilung Kundenbetreuung alle drei Tätigkeitsfelder abdeckt. Die Kunden wurden anhand einer alphabetischen Reihenfolge zwischen den Mitarbeitern aufgeteilt. Die bisherige Eintönigkeit der Aufgabe wurde so vielfältiger und reizvoller für die Mitarbeiter. Insbesondere die Mitarbeiter, die bisher nur für Kundenbeschwerden zuständig waren, freuten sich, auch einmal einen Glückwunschbrief zu versenden.

Job Enrichment: Während beim Modell des Job Enlargement gleichartige Tätigkeiten zusammengefasst werden um die Arbeit für den einzelnen Mitarbeiter abwechslungsreicher zu gestalten, wird beim Job Enrichment gezielt das Aufgabenspektrum aufgewertet. Dies geschieht durch eine Erhöhung an Verantwortungskompetenz und Entscheidungsspielraum für den einzelnen Mitarbeiter. Um auf das vorgenannte Beispiel zurückzukommen, könnten die Mitarbeiter der Kundenbetreuung auch zusätzlich über Preisnachlässe von bis zu 25 Prozent des Verkaufspreises selbstständig entscheiden. Bisher wurden alle Preisnachlässe von dem Vorgesetzten entschieden.

- Teilautonome Gruppenarbeit: Eine sich selbst steuernde Kleingruppe übernimmt eine komplexe Aufgabenstellung in eigener Verantwortung. Die Produktionsarbeitsgruppe organisiert sich selbstregelnd. Führungsaufgaben wie Arbeitsvorbereitung, Arbeitsorganisation und Qualitätskontrolle werden von der Gruppe in Eigenregie übernommen.

Mitarbeiterbefragung

In der Praxis werden zunehmend Mitarbeiterbefragungen durchgeführt, um die Motivation der Mitarbeiter zu messen. Abgefragt wird die Zufriedenheit mit dem Betriebsklima, der Personalführung, den Arbeitsbedingungen etc. Die Anonymität der Befragten muss gewährleistet werden, damit offene Antworten auch zu Missständen im Unternehmen ohne Nachteile für den Befragten möglich sind. Aus den gegebenen Antworten lässt sich dann eine Art „Motivationsbarometer" der Mitarbeiter darstellen.

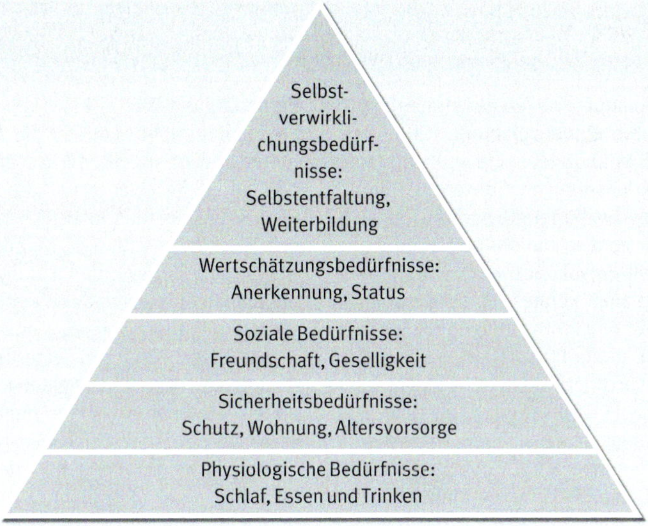

Selbst-
verwirkli-
chungsbedürf-
nisse:
Selbstentfaltung,
Weiterbildung

Wertschätzungsbedürfnisse:
Anerkennung, Status

Soziale Bedürfnisse:
Freundschaft, Geselligkeit

Sicherheitsbedürfnisse:
Schutz, Wohnung, Altersvorsorge

Physiologische Bedürfnisse:
Schlaf, Essen und Trinken

Bedürfnispyramide nach Maslow

Fragebogen zur Mitarbeiterzufriedenheit	**Sehr zufrieden**	**Zufrieden**	**Neutral**	**Unzufrieden**	**Sehr unzufrieden**
1. Betriebsklima: Ich bin in Bezug auf ...					
das Verhältnis zu Kollegen der eigenen Abteilung	5	5	3	1	1
das Verhältnis zu Kollegen anderer Abteilungen	4	5	2	2	2
das Verhältnis zur eigenen Führungskraft	1	8	3	3	0
das Betriebsklima generell im Unternehmen	2	10	2	1	0
2. Arbeitsorganisation: Ich bin in Bezug auf ...					
die Transparenz von Verantwortlichkeiten	0	0	6	6	3
die Transparenz von Entscheidungen	0	1	9	2	2
die Personaleinsatzplanung	0	4	6	3	2
die Unterstützung durch Verwaltung / Sekretariat	1	1	6	4	3
3. Personalführung: Ich bin in Bezug auf ...					
die für mich zuständige Führungskraft	3	4	8	0	0
die Ansprechbarkeit der Führungskräfte	1	3	10	1	0
die Anerkennung von Leistungen	2	7	6	0	0
die Mitsprachemöglichkeit bei Entscheidungen	0	4	9	1	1
4. Arbeitsentgelt: Ich bin in Bezug auf ...					
mein Gehalt	0	7	5	4	0
die freiwilligen Sozialleistungen	0	7	3	4	1
das Erfolgsbeteiligungsmodell	0	9	2	2	2
die Zahlung von Prämien	0	7	4	2	2
Anzahl Nennungen gesamt	**19**	**82**	**84**	**36**	**19**

Beispiel Mitarbeiterfragebogen

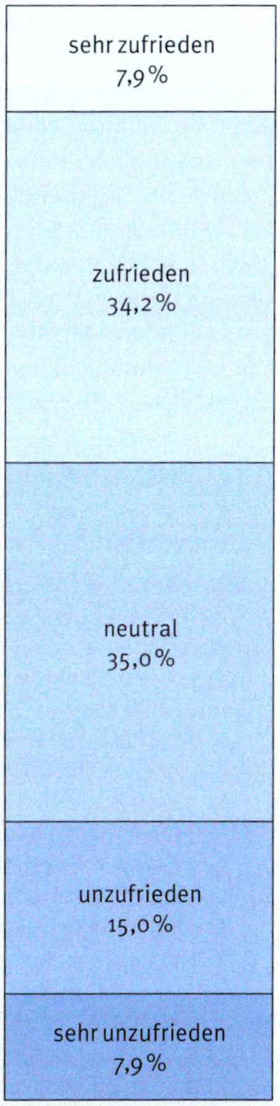

Motivationsbarometer
sehr zufrieden 7,9 %
zufrieden 34,2 %
neutral 35,0 %
unzufrieden 15,0 %
sehr unzufrieden 7,9 %

Motivationsbarometer

5.3 Personalbedarf und -auswahl

Die Personalbedarfsplanung ist Teil der strategischen und operativen Unternehmensplanung. Grundlage von Personalbedarfsrechnungen sind z.B. geplante Umsätze und Produktionsmengen. So werden zukünftige Auftragsstunden bzw. benötigte personelle Kapazität berechnet. Hier geht es um das sog. produktive Personal. Den Verwaltungsbereich wird man mit dieser Methode kaum planen können, es sei denn, man hat Bezugsgröße (z.B. Anzahl Buchungen, Einstellungen, Telefonate usw). In die Planung des Personalbedarfs muss die Zeitverzögerung zwischen dem Zeitpunkt, an dem man den Personalbedarf feststellt, und der vollen Einsatzfähigkeit des neuen Mitarbeiters beachtet werden. Personalsuche, Kündigungsfristen beim vorherigen Arbeitgeber, Einarbeitungszeit können sich auf bis zu 1,5 Jahre addieren.

Szenarien für den künftigen Personalbedarf

Ein Szenario ist ein Planspiel nach dem Motto: „Was wäre wenn...?“. Welche Auswirkungen hat es z.B. auf den Personalbedarf, wenn der Vertrieb nächstes Jahr einen Großauftrag an Land ziehen würde? Wie könnte der zusätzliche Personalbedarf gedeckt werden: Zusätzliche Mitarbeiter, Überstunden, freie Mitarbeiter, Zeitarbeitsfirma? Im Rahmen der Personalbedarfsplanung sollten mehrere Szenarien durchgespielt werden, z.B. wie sich der Personalbedarf im besten bzw. schlechtesten Fall entwickeln könnte. Man nennt dies Szenarien für den „Best Case“ = günstigsten und den „Worst Case “ = schlechtest anzunehmenden Fall.

Beispiel: Alternativen zur Einstellung neuer Mitarbeiter

In einem größeren metallverarbeitenden Unternehmen war man verunsichert: Die Personalbedarfsrechnung ergab einen zusätzlichen Personalbedarf, die zukünftige Auftragslage war aber ungewiss. Sollte man nun neue Mitarbeiter trotz dieser unsicheren Prognose einstellen? Man entschloss sich, erst zu prüfen, wie mit dem vorhandenen Personal die benötigten Kapazitäten abgedeckt werden können:

- Die bestehenden Mitarbeiter machen Überstunden um Auftragsspitzen abzudecken.
- Sind die Kapazitäten trotzdem voll ausgelastet, werden Aufträge an Subunternehmer vergeben.
- Man holt Angebote für die Beschäftigung von zeitlich befristetem Fremdpersonal ein, z.B. Mitarbeiter einer Zeitarbeitsfirma oder freie Mitarbeiter.
- Die Möglichkeit wird geprüft, bestehende Mitarbeiter so zu qualifizieren, dass sie noch zusätzliche Aufgaben übernehmen können.

Personalauswahl

Personalauswahl bedeutet die Auswahl eines geeigneten Bewerbers für die Besetzung einer frei werdenden Stelle oder einer neu geschaffenen Stelle. Freie Stellen werden zusätzlich intern ausgeschrieben, damit schon beschäftigte Mitarbeiter die Möglichkeit haben, sich zu bewerben. Für diese bedeutet die freie Stelle evtl. Aufstiegsmöglichkeiten oder einen interessanten Aufgabenwechsel.

Die Entscheidung für einen neuen Mitarbeiter ist eine langfristige Entscheidung. Die Auswahl eines neuen Mitarbeiters sollte daher ähnlich sorgfältig getroffen werden wie eine Investitionsentscheidung in dieser Größenordnung z.B. in der Höhe des Jahresgehalts des neuen Mitarbeiters.

Anforderungsprofil

In einem Anforderungsprofil werden die Anforderungen an die zu besetzende Stelle konkretisiert. Hierzu gehören Anforderungen an die fachliche Kompetenz ebenso wie an die soziale Kompetenz z.B. die Teamfähigkeit eines Bewerbers.

Die Gruppierung in vier Kompetenzbereiche hat sich in der Praxis bewährt:

- Persönlichkeitskompetenz: Die Persönlichkeitskompetenz beschreibt Anforderungen wie die selbstständige Arbeitsweise, die geforderte Initiative und Flexibilität. Zudem wird festgehalten, ob der neue Mitarbeiter Führungsverantwortung übernehmen soll.
- Soziale Kompetenz: Unter die soziale Kompetenz fallen die sog. „soft skills“, d.h. die Eigenschaften und das Verhalten einer Person, die das reibungslose „miteinander arbeiten können“ fördern. Hierzu gehört z.B., dass der Mitarbeiter aufgeschlossen ist, sich in Gespräche einbringt, Informationen und Ideen an andere weitergibt, mit Kritik umgehen kann und motiviert ist.
- Methodische Kompetenz: Bei der methodischen Kompetenz geht es um das Beherrschen gängiger Arbeitsmethoden, z.B. zielgerichtetes Vorgehen, das Beherrschen unterschiedlicher Präsentationstechniken/Medien und z.B. Methoden des Projektmanagements.
- Fachliche Kompetenz: Die Beurteilung der fachlichen Kompetenz geschieht anhand der geforderten Aufgaben und Tätigkeiten der Stelle.

Berechnung der benötigten Kapazitäten

	Stunden
Benötigte Auftragszeiten	**32.500**
Ausschuss/Nacharbeit	1.500
Reklamationen	500
Sonstige unproduktive Zeiten	4.500
Sonstiges	500
Summe unproduktive Zeiten	7.000
Benötigte Zeit	**39.500**

Berechnung der Anwesenheit

Pro Mitarbeiter	Stunden
Bezahlte Zeiten	**2.036**
Davon:	
– Urlaub	218
– Feiertage	94
– Krankheit	78
– Sonstige Fehlzeiten	8
= Anwesenheit	**1.638**

Berechnung des Personalbedarfs

	Stunden
Benötigte Zeit	39.500
Durchschnittliche Anwesenheit	1.638
Benötigte Mitarbeiter	**24,1**

Die Zahl der benötigten Mitarbeiter wird mit der Zahl der bereits beschäftigten Mitarbeiter verglichen. Ergebnis: Es müssen zusätzliche Mitarbeiter eingestellt werden oder evtl. Mitarbeiter abgebaut werden.

Beispiel einer Personalbedarfsrechnung (Jahresbetrachtung)

	Erforderliche Ausprägung für die Stelle
Persönlichkeitskompetenz	
Initiative	4
Flexibilität	4
Führung	2
Soziale Kompetenz	
Kommunikation	5
Teamfähigkeit	5
Motivation	4
Methodische Kompetenz	
Zielgerichtetes Vorgehen	4
Präsentation	3
Projektmanagement	2
Fachliche Kompetenz	
Marketingkenntnisse	5
Branchenwissen	2
Grundwissen BWL	3

1 = Das Kriterium ist für die Stelle nicht sehr bedeutend.
2 = Das Kriterium sollte vom Mitarbeiter erfüllt werden.
3 = Das Kriterium ist wichtig für die Ausübung der Tätigkeit.
4 = Diese Anforderung sollte im hohem Maße erfüllt werden.
5 = Die Erfüllung dieser Anforderung ist für die Tätigkeit unerlässlich.

Anforderungsprofil Marketingassistent/in

5.4 Personalentwicklung

Von den Mitarbeitern wird heute ständiges Lernen verlangt. Die Entwicklung einer ausgeprägten Kunden- und Serviceorientierung hilft dem Unternehmen bei steigender Konkurrenz sich am Markt zu behaupten. Auch die Stärkung von Eigenverantwortung und Kostenbewusstsein wird zunehmend bei den Mitarbeitern gefordert und gefördert. Personalentwicklungsmaßnahmen sollen nicht nur sicherstellen, dass die Leistungsfähigkeit des Mitarbeiters weiterentwickelt wird, sondern Qualifizierungsmaßnahmen stellen auch ein Anreizsystem für die Mitarbeiter dar. Die gebotenen Möglichkeiten der Weiterbildung sollen die Mitarbeiter motivieren und ihrem Bedürfnis nach persönlicher Weiterentwicklung entgegenkommen.

Jährliches Beurteilungsgespräch

Das jährliche Beurteilungsgespräch ist ein Instrument der Personalentwicklung und dient der Diskussion zwischen dem Mitarbeiter und seiner Führungskraft über die persönliche mittel- und langfristige Entwicklung des Mitarbeiters. Das Gespräch besteht in der Regel aus zwei einander ergänzenden Gesprächsteilen: Der erste Teil befasst sich mit der Beurteilung der Leistungen des Mitarbeiters in der Vergangenheit, der zweite Gesprächsteil legt die Weichen für die Zukunft fest. In diesem zweiten Gesprächsteil werden auch die Weiterbildungsmaßnahmen für den Mitarbeiter festgelegt. Konkret werden z.B. die folgenden Inhalte besprochen:

- Zielvereinbarungen des letzten Beurteilungsgesprächs,
- Einschätzung der Fähigkeiten und Fertigkeiten des Mitarbeiters,
- Aufgabenschwerpunkte im nächsten Jahr,
- Zielvereinbarung für das kommende Jahr,
- Weiterbildungs- und Qualifizierungsmaßnahmen,
- weitere Perspektive für den Werdegang.

Die jährlichen Mitarbeitergespräche bilden die Basis für eine umfassende Karriere- und Nachfolgeplanung im Unternehmen.

Personalportfolio

Eine Personalportfolioanalyse geht noch einen Schritt weiter als ein individuelles Beurteilungsgespräch: Für das Unternehmen als Ganzes wird beurteilt, welches Know-how, welches Mitarbeiterpotenzial vorhanden ist. Es wird analysiert, ob die Qualifikationen der Mitarbeiter auch zu den zukünftigen Anforderungen, die an das Unternehmen gestellt werden, passen usw. Notwendige Maßnahmen der Personalentwicklung können aus dieser Analyse abgeleitet werden.

Die Portfolioanalyse ist eine seit Jahren gängige Methode, die vorwiegend im Marketing angewendet wird (siehe auch Kapitel 6.4 Produktpolitik). Dort wird ein Produkt nach seinem Marktanteil und Marktwachstum beurteilt. Man geht davon aus, dass dies wesentliche strategische Eckdaten sind.

Übertragen auf das Personalwesen werden die Mitarbeiter in der Praxis meist nach den Kriterien Leistung und Potenzial beurteilt:

- ▶ Unter Leistung versteht man landläufig die Arbeitsleistung, z.B. Qualität und/oder Menge der Arbeitsergebnisse.
- ▶ Potenzial hat ein Mitarbeiter, wenn er lernbereit ist, Qualifikationen mitbringt, wenn in der Zukunft positive Impulse von dem Mitarbeiter zu erwarten sind.

Orientiert man sich an diesen beiden Kriterien, so wird meist mit folgenden Klassifizierungen gearbeitet:

- Workhorses: Die „Arbeitspferde“ des Betriebes. Hohe Leistung, allerdings niedriges Potenzial. Kritisch, wenn der Betrieb innovativ in die Zukunft gehen will. Zwar sind fleißige Leute an Bord, können aber zukünftige Aufgaben bewältigt werden?
- Stars: Die will jeder. Hohe Leistung und hohes Potenzial.
- Problem Employees: Hier wird zwar ein hohes Potenzial gesehen, die Mitarbeiter „sind aber noch nicht auf Leistung“. Potenziale konnten noch nicht umgesetzt werden und auch ist es ungewiss, ob dies bei diesen Mitarbeitern gelingen wird. Es kann also Probleme geben.
- Deadwood: Niedrige Leistung, wenig Potenziale. Die Übersetzung ist schwierig, im Wörterbuch findet man „Reisig“, „Plunder“. Meist sind dies Mitarbeiter von denen sich das Unternehmen gerne trennen würde.
  Die Aufgabe der Personalentwicklung ist, diese Mitarbeiter, die vielleicht schon innerlich mit dem Unternehmen abgeschlossen haben, wieder neu zu motivieren und zu qualifizieren.

Mit Hilfe des Personalportfolios kann das ganze Spektrum der Personalentwicklung eines Unternehmens dargestellt werden: Weiterbildungsmaßnahmen für einzelne Gruppen bzw. Abteilungen können genauso abgebildet werden wie Einzelmaßnahmen.

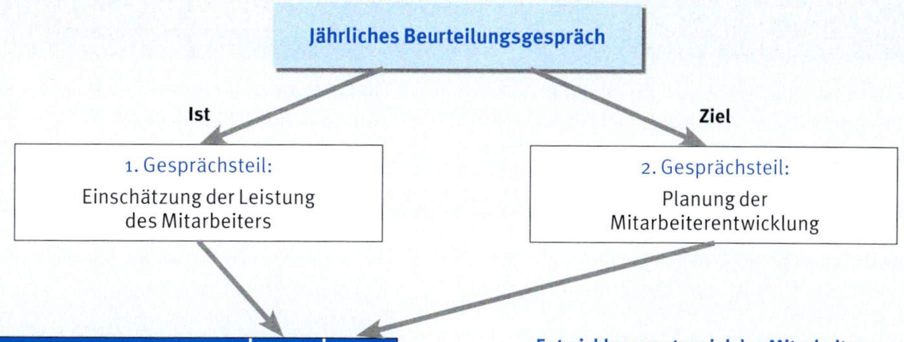

Jährliches Beurteilungsgespräch

Ist — **1. Gesprächsteil:** Einschätzung der Leistung des Mitarbeiters

Ziel — **2. Gesprächsteil:** Planung der Mitarbeiterentwicklung

Kriterien für die Beurteilung	Ist	Ziel
Fachliche Kompetenz	3	5
Zielgerichtetes Vorgehen	2	5
Teamfähigkeit	4	5
Motivation	4	5
Führungsqualitäten	3	5
Kundenfreundlichkeit	5	5
Durchschnitt	3,5	5,0

1 = Der Mitarbeiter erfüllt das Kriterium in keiner Weise.

2 = Der Mitarbeiter erfüllt das Kriterium in geringem Maße.

3 = Der Mitarbeiter erfüllt das Kriterium befriedigend. Es gibt jedoch ein Verbesserungspotenzial.

4 = Der Mitarbeiter erfüllt das Kriterium gut.

5 = Der Mitarbeiter erfüllt das Kriterium sehr gut.

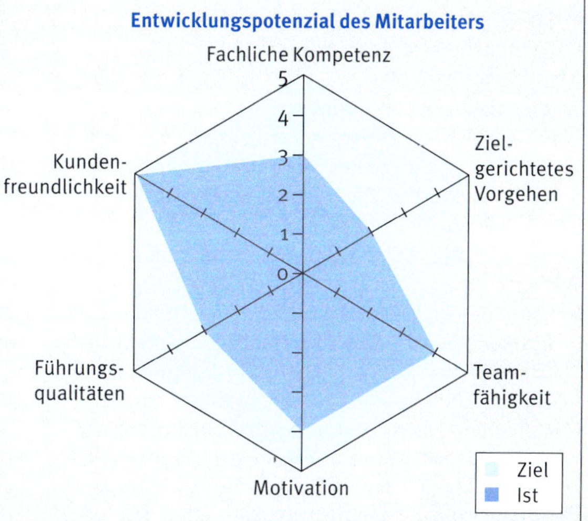

Entwicklungspotenzial des Mitarbeiters

Jährliches Beurteilungsgespräch

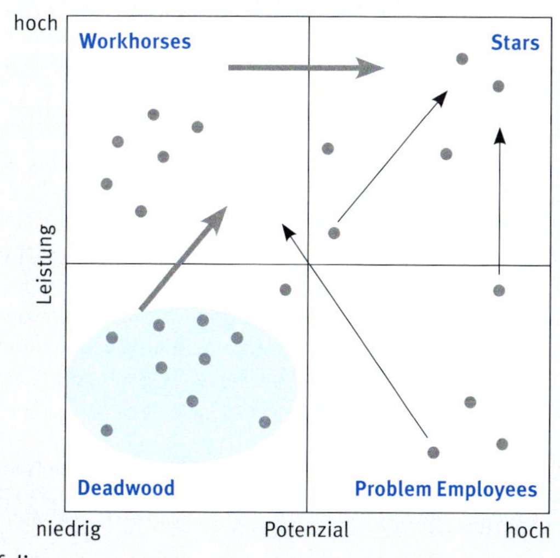

Die Pfeile zeigen die Zielrichtung, in der sich die Mitarbeiter entwickeln sollen.

Personalportfolio

5.5 Arbeitsentgelt
5.5-1 Grundlagen

Unter Arbeitsentgelt versteht man die aus nichtselbstständiger Arbeit erzielte Vergütung. Es ist die Gegenleistung des Arbeitgebers für die vom Arbeitnehmer erbrachte Arbeitsleistung. Hierbei gibt es eine Vielfalt von Begriffen für unterschiedliche Berufsgruppen:

- Mit Lohn wird traditionell die Vergütung der gewerblich Beschäftigten, der Arbeiter, bezeichnet.
- Bei Gehältern ist meist die Entgeltform der Angestellten gemeint.
- Die Vergütung von Beamten heißt Besoldung.
- Ein Künstler wiederum bekommt eine Gage.

Unterschiedliche Lohnformen:

Löhne werden unterteilt in Fertigungslöhne (direkt einem Produkt zugeordnet) und Hilfslöhne, die nicht direkt einem Produkt zugerechnet werden können.

Zudem wird zwischen Zeitlöhnen und Leistungslöhnen unterschieden:

- ▶ Zeitlöhne: Beim Zeitlohn wird die Anwesenheitszeit (Stunde, Woche, Monat) bezahlt. Es besteht kein unmittelbarer Zusammenhang zur Leistung. Damit gibt es keinen Anreiz für quantitative Leistungssteigerung und es besteht evtl. das Risiko von Minderleistungen. Um dem entgegenzuwirken, werden zum Zeitlohn bisweilen auch Leistungszulagen bezahlt. Diese Leistungszulagen sollen Motivationsanreize für Leistungssteigerungen schaffen.
- ▶ Leistungslöhne:
  - **Prämienlohn**: Zusätzlich zu einem vereinbarten Grundlohn wird eine leistungsabhängige Prämie bezahlt. Die Höhe der Prämie richtet sich nach bestimmten Kriterien, z.B.:
    - *Mengenprämien:* Die erreichte Leistungsmenge z.B. produzierte Stück pro Stunde liegt über der vereinbarten Sollmenge.
    - *Güteprämien:* Die Qualität der Leistung ist überdurchschnittlich.
    - *Ersparnisprämien:* Hier werden Kosteneinsparungen belohnt, z.B. die Senkung von Fehlzeiten oder Materialverbrauch.
    - *Terminprämien:* Dies sind Prämien für die Einhaltung oder Unterschreitung von vereinbarten Fertigstellungsterminen.
    - *Nutzungsprämien:* Die verbesserte Ausnutzung der vorhandenen Produktionskapazitäten wird belohnt.
    - *Sorgfaltsprämien:* Diese Prämien werden z.B. für die vorbildliche Einhaltung von Vorschriften oder eine Senkung von Arbeitsunfällen bezahlt.
  - **Akkordlohn**: Der Arbeitnehmer wird ausschließlich leistungsabhängig bezahlt:
    - *Geldakkord:* Ein festgelegter Geldbetrag wird z.B. je produziertem Stück gezahlt.
    - *Zeitakkord:* Für eine Leistung wird eine bestimmte Zeit vorgegeben. Arbeitet der Arbeitnehmer schneller, verdient er auch entsprechend mehr Geld.

  Der Akkordlohn ist dort anwendbar, wo es sich um regelmäßig wiederkehrende Arbeitsabläufe handelt, die vom Ergebnis und von der Bearbeitungsdauer eindeutig vorhersehbar und messbar sind.

Personalnebenkosten

In der Betriebswirtschaftslehre spricht man von Personalkosten. Dazu zählt das Bruttogehalt einschließlich aller Zulagen (z.B. Alterszulage) und Zuschlägen (z.B. Mehrarbeitszuschläge) sowie die Personalnebenkosten. Personalnebenkosten im engeren Sinne sind die gesetzlichen und freiwilligen sozialen Aufwendungen sowie die sonstigen Personalkosten. Gesetzliche soziale Aufwendungen werden auch allgemein als Arbeitgeberanteil an den Sozialbeiträgen bezeichnet (Renten-, Kranken- und Arbeitslosenversicherung). Freiwillige soziale Aufwendungen sind z.B. Essensgeldzuschuss, Kantine, Beteiligung des Arbeitgebers an den Umzugskosten des Arbeitnehmers etc. Darüber hinaus gehören zu den Personalnebenkosten die sonstigen Personalkosten wie Urlaubs- und Weihnachtsgelder etc. Zu den Personalnebenkosten in einem weiter gefassten Sinne zählen auch die bezahlten Ausfallzeiten z.B. Lohnfortzahlung im Krankheitsfall, Urlaubs- und Feiertagslöhne und sonstige bezahlte Ausfallzeiten z.B. für Weiterbildung.

Grundsätze der Entlohnung

„Gleiches Geld für gleiche Arbeit!“ lautet ein Entlohnungsgrundsatz (arbeitsrechtlicher Gleichbehandlungsgrundsatz).

Dieser Grundsatz bedeutet: Für gleiche oder gleichwertige Arbeit darf nicht ohne sachlichen Grund eine geringere Vergütung vereinbart werden. Die Forderung nach Gleichbehandlung von Männern und Frauen erlaubt zudem keine Bevorzugung bzw. Benachteiligung aufgrund des Geschlechts des Arbeitnehmers.

Es gilt auch: Grundsätzlich sollte die Höhe des Arbeitsentgelts dem Wert der geleisteten Arbeit entsprechen (Lohngerechtigkeit).

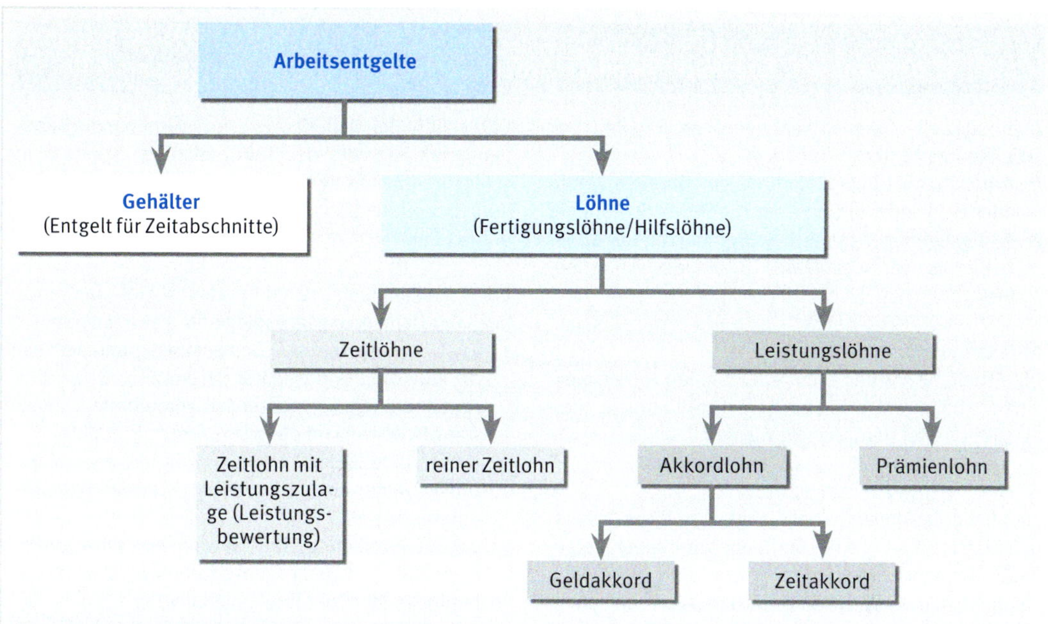

Überblick Arbeitsentgelte

Personalnebenkosten im engeren Sinne		**im weiteren Sinne**
Gesetzliche und tarifvertragliche Sozialkosten z.B. Arbeitgeberanteile an der • Krankenversicherung • Rentenversicherung • Arbeitslosenversicherung • Unfallversicherung	Freiwillige und sonstige Personalkosten z.B. • Pensionszusagen • Fahrtkostenzuschuss • Essensgeldzuschuss • Umzugskosten • Weihnachtsgeld • Urlaubsgeld	Bezahlte Ausfallzeiten z.B. • Lohnfortzahlung im Krankheitsfall • Urlaubslöhne • Feiertagslöhne • Tarifliche Ausfallzeiten (z.B. Heirat, Umzug) • Sonstige Ausfallzeiten (z.B. Weiterbildung)

Überblick Personalnebenkosten

Bruttogehalt	30.000 €
+ Arbeitgeberanteil:	
Rentenversicherung	3.261 €
Arbeitslosenversicherung	1.104 €
Kranken- / Pflegeversicherung	2.717 €
+ Freiwillige und sonstige Personalkosten	
Weihnachtsgeld	2.500 €
Urlaubsgeld	1.000 €
Fahrtkosten- / Essensgeldzuschuss	467 €
Beiträge zur Berufsgenossenschaft	650 €
Sonstige tarifl. und gesetzl. Sozialkosten	650 €
Sonstige freiwillige Sozialkosten	500 €
Summe Personalkosten	**42.849 €**

Im Bruttogehalt enthalten: die Personalnebenkosten im weiteren Sinne, d.h. bezahlte Ausfallzeiten für Urlaub, Feiertage, Krankheit etc.

Beispiel: Was ein Mitarbeiter kostet (Jahresbetrachtung)

5.5-2 Arbeitsentgelt: Spezielle Themen – Arbeitswertung, Erfolgsbeteiligungsmodelle

Zwei spezielle Themenstellungen im Rahmen der Arbeitsentgelte sind:

- Arbeitsbewertung: Staffelung der Arbeitsentgelte nach Schwierigkeitsgrad der Arbeitsverrichtungen;
- Erfolgsbeteiligungsmodelle: Beteiligung der Mitarbeiter am wirtschaftlichen Erfolg des Unternehmens.

Arbeitsbewertung

Die Arbeitsbewertung ermittelt für jeden Arbeitsplatz einen Arbeitswert, d.h. ein „gerechtes" Entgelt. Hierbei gibt es zwei Herangehensweisen:

1. Analytische Arbeitsbewertung

Zuerst werden die einzelnen Tätigkeiten eines Arbeitsplatzes detailliert in einer Stellenbeschreibung festgehalten. Im Anschluss werden die ermittelten einzelnen Tätigkeitsmerkmale und Anforderungen an einen Arbeitsplatz bewertet.

Hierzu werden folgende Anforderungsarten herangezogen:

- Geistige Anforderungen,
- Körperliche Belastungen,
- Verantwortung ,
- Arbeitsbedingungen.

2. Summarische Arbeitsbewertung

Durch den Vergleich aller Arbeitsplätze in einem Unternehmen werden vergleichbare Anforderungsprofile in einer Rangfolge (Rangfolgeverfahren) oder zu Lohngruppen (Lohngruppenverfahren) zusammengefasst. In der Praxis wird am häufigsten das Lohngruppenverfahren angewandt. Basis für die Eingruppierung sind in vielen Fällen Tarifverträge, die Entgeltgruppenmerkmale enthalten und Richtbeispiele vorgeben. Die Arbeitsbewertung hat hier die Aufgabe, jeden betrieblichen Arbeitsplatz in einer tarifvertraglich vereinbarten Lohngruppe einzuordnen.

Erfolgsbeteiligungsmodelle

Üblicherweise sind am Gewinn und Verlust eines Unternehmens nur die Kapitalgeber beteiligt. Bei Erfolgsbeteiligungsmodellen wird die menschliche Arbeitskraft wie eine Einbringung einer „Kapitalbeteiligung" behandelt. Der Mitarbeiter bringt seine menschliche Arbeitsleistung in das Unternehmen ein und ist somit Bestandteil des Unternehmens. Mit seinem Arbeitseinsatz trägt der Mitarbeiter zum Erfolg des Unternehmens bei und soll somit auch am Unternehmenserfolg teilhaben.

Erfolgsbeteiligung bedeutet jedoch nicht nur die Beteiligung am Gewinn des Unternehmens, sondern in schlechten Zeiten kann dies auch eine Verlustbeteiligung bedeuten. Sie stellt daher kein sicheres Arbeitsentgelt dar.

Erfolgsbeteiligungssysteme unterscheidet man meist nach der Bemessungsgrundlage für die Beteiligung:

1. Leistungsbeteiligung: Bemessungsgrundlage ist die Quantität und Qualität der Arbeitsleistung des Arbeitnehmers, gemessen an vereinbarten Zielen wie z.B. der Anzahl der produzierten Produkte.
2. Umsatzbeteiligung: Bemessungsgrundlage ist der Umsatz einer Geschäftseinheit oder des Gesamtunternehmens.
3. Gewinnbeteiligung: Der Gewinn eines Unternehmens dient als Bemessungsgrundlage. Dies ist die häufigste Form der Erfolgsbeteiligung.

Art der Auszahlung

Die unterschiedlichen Beteiligungsmodelle werden auch nach der Art der Auszahlung unterschieden:

- Zahlung eines bestimmten Betrags auf das Bankkonto des Mitarbeiters.
- Kapitalbeteiligung, z.B. Belegschaftsaktien,
- Option auf eine Kapitalbeteiligung. In der Praxis am häufigsten: Aktienoptionen. Der Mitarbeiter hat das Recht, eine gewisse Anzahl der Aktien des Unternehmens innerhalb einer bestimmten Frist zu fest vereinbarten Konditionen aus eignen Mitteln zu erwerben.

In vielen Branchen sind Erfolgsbeteiligungsmodelle üblich.

In Dienstleistungsunternehmen (Unternehmensberatungen, Vertriebsorganisationen, Werbeagenturen, etc.) wird oftmals zusätzlich zu einem Grundgehalt ein am Unternehmenserfolg orientiertes, variables Entgelt bezahlt. Dazu wird am Ende des Jahres festgestellt, ob das angestrebte (und meist in Jahresgesprächen zum Kriterium erklärten) Unternehmensziel (Umsatz, Deckungsbeitrag, Gewinn) erreicht wurde oder nicht. Bei Erfüllung wird die Erfolgsbeteiligung ausbezahlt. Wurde das Unternehmensziel nicht erreicht, so wird evtl. weniger oder kein variabler Anteil ausbezahlt.

Methode	Analytische Arbeitsbewertung	Summarische Arbeitsbewertung
Reihung: Arbeitsverrichtungen werden nach Schwierigkeitsgrad in absteigender Reihenfolge geordnet.	**Rangreihenverfahren:** Ordnet jede einzelne Anforderungsart (z.B. geistige Anforderungen) nach ihrem Schwierigkeitsgrad in eine Rangfolge.	**Rangfolgeverfahren:** Ordnet alle Verrichtungen nach ihrem Schwierigkeitsgrad in eine Rangfolge.
Stufung: Anforderungsstufen werden festgelegt. Unterschiedliche Arbeitsverrichtungen gleicher Schwierigkeit werden der gleichen Stufe zugeteilt.	**Stufenwertzahlverfahren:** Jede Anforderungsart wird nach ihrem Schwierigkeitsgrad in eine vorher festgelegte Anforderungsstufe eingeordnet.	**Lohngruppenverfahren:** Alle Verrichtungen werden gemäß ihrer Schwierigkeit in Lohngruppen eingestuft.

Wird in der Praxis am häufigsten angewendet

Verfahren zur Arbeitsbewertung

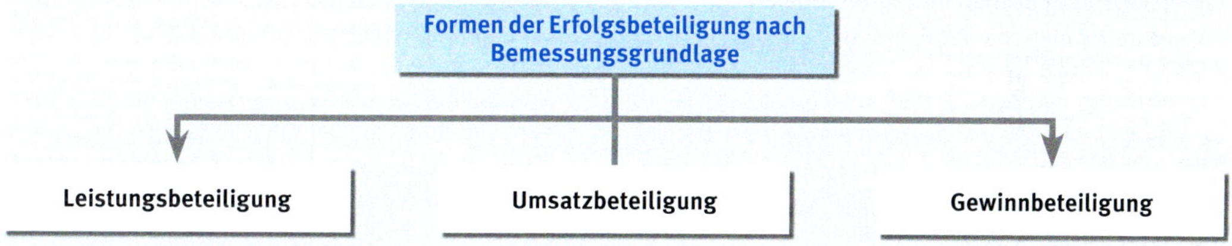

Formen der Erfolgsbeteiligung nach Bemessungsgrundlage

Leistungsbeteiligung

Umsatzbeteiligung

Gewinnbeteiligung

Erfolgsbeteiligungsmodelle

Vorteile

Vorteil: Die Fluktuation wird gesenkt.

Vorteil: Förderung der Motivation und Leistungsbereitschaft der Mitarbeiter.

Vorteil: Arbeitnehmer = Partner des Unternehmers, gemeinsame Erzielung des Unternehmenserfolgs.

Erfolgsbeteiligungsmodelle

Nachteile

Nachteil: Kein sicheres Entgelt.

Nachteil: Gute Mitarbeiter wollen evtl. nur mehr bei ertragsstarken Unternehmen arbeiten. Wie erhalten u.a. Non-Profit-Organisationen noch qualifizierte Mitarbeiter?

Nachteil: Beteiligung an evtl. Verlusten des Unternehmens.

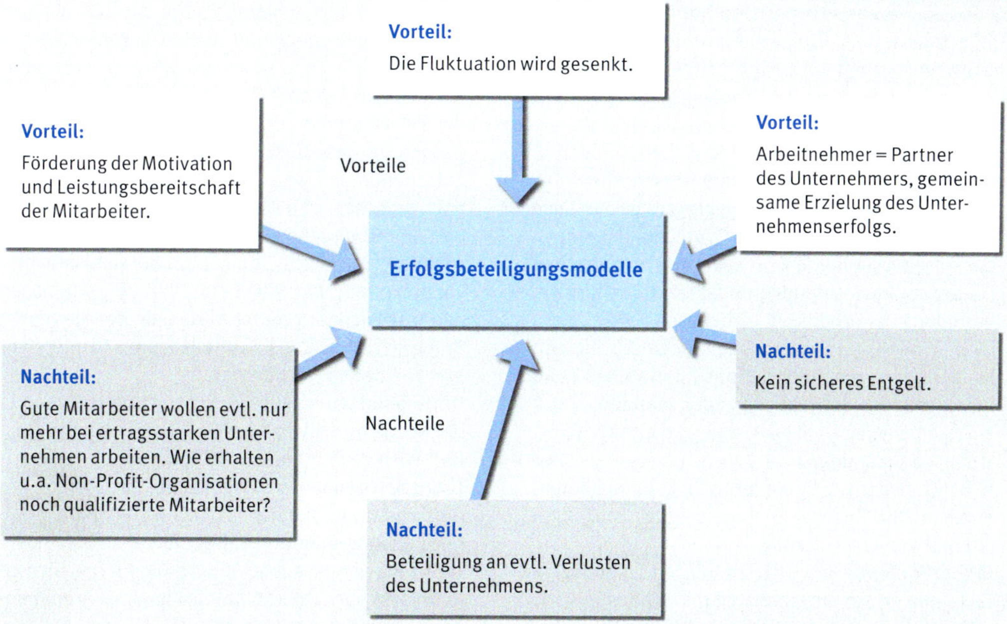

Vor- und Nachteile von Erfolgsbeteiligungsmodellen

5.6 Interessenvertretung

Der Grundgedanke der Interessenvertretung ist die Mitbestimmung, d.h. die Arbeitnehmer fordern eine Beteiligung an den betrieblichen Entscheidungsprozessen. Die Mitbestimmung erfolgt dabei auf zwei Wegen:

1. Die Mitbestimmung im Betrieb (auch arbeitsrechtliche Mitbestimmung genannt): Gesetzliche Grundlagen sind das Betriebsverfassungsgesetz und das Tarifrecht.
2. Die Mitbestimmung im Unternehmen: Gesetzliche Grundlagen sind das Montan-Mitbestimmungsgesetz, das Mitbestimmungsgesetz und das Drittelbeteiligungsgesetz.

Unterscheidung Betrieb und Unternehmen

Ein Unternehmen ist eine rechtlich selbstständige organisatorische Einheit. Ein Unternehmen (z.B. eine GmbH) kann mit dem Betrieb deckungsgleich sein, wenn das Unternehmen nur aus einem Betrieb besteht. Ein Unternehmen kann aber auch aus mehreren Betrieben/Betriebsstätten bestehen, für die dann meist ein eigener Betriebsrat gewählt wird.

Mitbestimmung im Betrieb

Die betriebliche Mitbestimmung regelt die Mitwirkung der Arbeitnehmer in Einzelfragen des betrieblichen Arbeitslebens. Die Arbeitnehmer wählen hierzu einen Betriebsrat. Voraussetzung: Der Betrieb beschäftigt ständig mindestens fünf Arbeitsnehmer. Grundlage der Zusammenarbeit mit dem Arbeitgeber ist die vom Gesetz geforderte „vertrauensvolle Zusammenarbeit zum Wohle der Arbeitnehmer und des Betriebes".

Die drei Teilbereiche der betrieblichen Mitbestimmung nach dem Betriebsverfassungsgesetz sind:

1. Mitbestimmung in sozialen Angelegenheiten: Diese betrifft im Wesentlichen die Rahmenbedingungen der Arbeitsleistung, z.B. Fragen der betrieblichen Lohngestaltung, Urlaubsgrundsätze, Überstunden, Verteilung der Arbeitszeit, Arbeitsschutz etc.
2. Mitbestimmung in personellen Angelegenheiten: Es geht hier um Informations-, Beratungs- und Vetorechte des Betriebsrats in den Punkten:
   - Allgemeine personelle Angelegenheiten, z.B. Personalplanung,
   - Berufsbildung, z.B. Weiterbildungsmaßnahmen,
   - personelle Einzelmaßnahmen, z.B. Einstellung, Kündigung, Versetzung.
3. Mitbestimmung in wirtschaftlichen Angelegenheiten: In einem Unternehmen mit mindestens 100 ständig beschäftigten Arbeitnehmern kann der Betriebsrat einen Wirtschaftsausschuss einrichten. Der Wirtschaftsausschuss hat umfangreiche Informationsrechte über die wirtschaftliche Lage des Unternehmens.

Mitbestimmung im Unternehmen

Die unternehmerische Mitbestimmung erfolgt über die Wahl von Arbeitnehmervertretern in den Aufsichtsrat. Die wichtigste Funktion des Aufsichtsrats ist die Überwachung und Wahl des Vorstands. Somit haben die Arbeitnehmer eine indirekte Einflussmöglichkeit auf den Vorstand und damit auf die Unternehmenspolitik. Die unternehmerische Mitbestimmung ist unterschiedlich ausgeprägt, je nach gesetzlicher Grundlage:

- Montan-Mitbestimmungsgesetz: Gilt für Montanunternehmen (Eisen- und Stahlindustrie) in der Rechtsform einer AG oder GmbH mit mehr als 1.000 Arbeitnehmern. Die Mitbestimmung der Arbeitnehmer wird durch die paritätische Besetzung des Aufsichtsrats, d.h. durch die gleiche Anzahl von Anteilseignervertretern und Arbeitnehmervertretern ausgeübt. Ein weiteres Aufsichtsratsmitglied (der „Unparteiische") wird von allen Aufsichtsratsmitgliedern gewählt.
- Mitbestimmungsgesetz: Gilt für Unternehmen in der Rechtsform einer AG, KGaA, GmbH und für Erwerbs- und Wirtschaftsgenossenschaften mit mehr als 2.000 Arbeitnehmern. Ausgeschlossen sind Montanbetriebe und Tendenzbetriebe (Betriebe, die politischen, wissenschaftlichen oder konfessionellen Zwecken dienen). Die Mitbestimmung der Arbeitnehmer erfolgt durch die paritätische Besetzung des Aufsichtsrats. Gibt es jedoch bei Entscheidungen des Aufsichtsrates ein Stimmenpatt zwischen den Vertretern der Anteilseigener und der Arbeitnehmer, so hat der Aufsichtsratsvorsitzende eine zweite Stimme. Da der Aufsichtsratsvorsitzende in der Regel eher von den Interessen der Anteilseigner geleitet wird, bedeutet dies einen Stimmenvorteil für die Anteilseigner. Man spricht hier von der sog. „Unterparität".
- Drittelbeteiligungsgesetz: Gilt für Unternehmen in der Rechtsform einer AG, KGaA, GmbH, für Erwerbs- und Wirtschaftsgenossenschaften. Auch für Versicherungsvereine auf Gegenseitigkeit, sofern ein Aufsichtsrat vorhanden ist. Das Gesetz gilt erst ab 500 Arbeitnehmern (außer für eine vor dem 10.8.1994 eingetragene AG und KGaA). Das Sitzverhältnis im Aufsichtsrat (Anteilseigner zu Arbeitnehmern) beträgt 2:1. Man spricht hier von der sog. „Drittelparität".

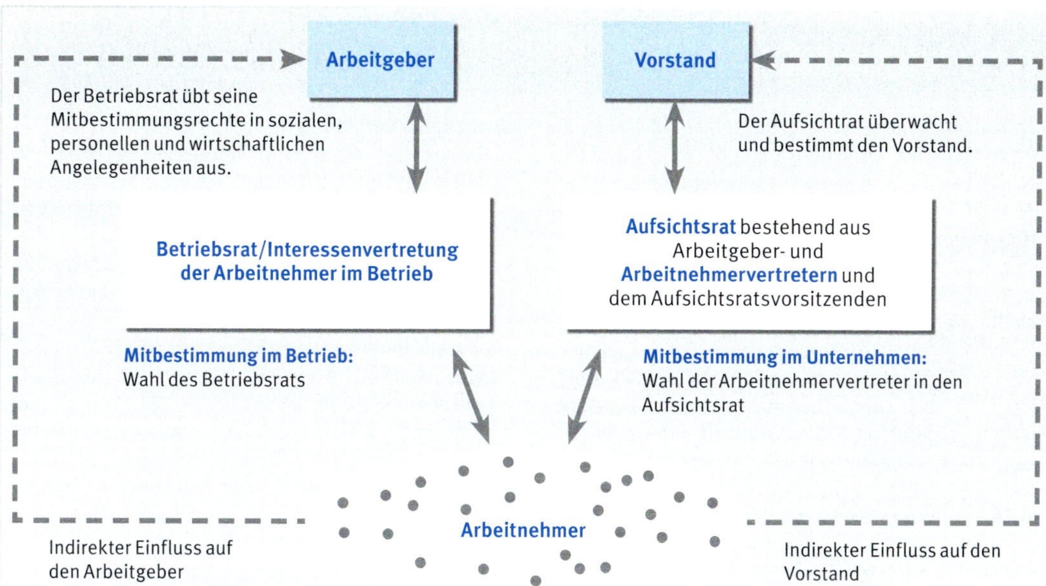

Mitbestimmung im Überblick

	Geschichtliche Sachverhalte
1848	Ein erster Schritt: Die verfassungsgebende Nationalversammlung behandelte den Entwurf einer Gewerbeordnung, der die Bildung von Fabrikausschüssen mit Mitspracherechten für die Arbeitnehmerschaft vorsieht.
1916	Gesetz über den Vaterländischen Hilfsdienst: Bildung von Arbeiterausschüssen bzw. Angestelltenausschüssen in kriegswichtigen gewerblichen Betrieben mit mehr als 50 Beschäftigten.
1920	Betriebsrätegesetz: Durchbruch zu einer Betriebsverfassung im heutigen Sinne. Betriebe mit mehr als 20 Beschäftigten errichteten einen Betriebsrat mit Mitbestimmungsrechten in sozialen, personellen und wirtschaftlichen Angelegenheiten.
1933	Vorläufiges Ende der Mitbestimmung: Das Gesetz zur Ordnung der nationalen Arbeit setzt das Betriebsrätegesetz außer Kraft.
1945/1946	Ein Neuanfang: Das Kontrollratsgesetz Nr. 22 setzt einheitliche Maßstäbe zur Bildung und Tätigkeit von Betriebsräten.
1951	Montan-Mitbestimmungsgesetz: Gesetz über die Mitbestimmung der Arbeitnehmer in den Aufsichtsräten und Vorständen der Unternehmen des Bergbaus und der Eisen und Stahl erzeugenden Industrie.
1952	Vorläufige Abrundung der Gesetzgebung zur Mitbestimmung: Betriebsverfassungsgesetz
1972	Neufassung des Betriebsverfassungsgesetzes: Verbesserung bei den Beteiligungsrechten des Betriebsrats in sozialen, personellen und wirtschaftlichen Angelegenheiten.
1976	Das Mitbestimmungsgesetz führt eine Mitbestimmung auf der Unternehmensebene außerhalb der Montanindustrie in Kapitalgesellschaften mit mehr als 2.000 Beschäftigten ein.
2001	Gesetz zur Reform des Betriebsverfassungsgesetzes: Neuregelungen zur Errichtung von Betriebsräten, Betriebsratswahl, Anzahl der Betriebsräte usw.
2002	Gesetz zur Vereinfachung der Wahl der Arbeitnehmervertreter in den Aufsichtsrat: Vereinfachung der Wahlverfahren im Rahmen der unternehmerischen Mitbestimmung.

Geschichte der Interessenvertretung

5.7 Personalkennzahlen

Kennzahlen helfen, sich schnell einen Überblick zu verschaffen. Sie verdichten betriebliche Fakten, setzen Zahlen in Beziehung. Für Unternehmen ist es besonders interessant, Kennzahlen im Zeitablauf zu beobachten. Wie entwickeln sich z.B. die Lohnkosten pro geleistete Stunde? Damit sind Personalkennzahlen im Personalbereich wichtige Eckdaten für die Wirtschaftlichkeit des Unternehmens. Interessant sind auch weitergehende Interpretationen der Kennzahlen, z.B. die Fluktuationsrate. Fluktuation kostet Geld: Neues Personal muss beschafft werden, angelernt werden usw. Aber die Fluktuationsrate kann mehr aussagen: Wie zufrieden sind die Mitarbeiter? So kann man Rückschlüsse auf das Betriebsklima ziehen, wenn die Fluktuationsrate im Laufe der Zeit steigt.

Kennzahlen der Mitarbeiterqualität und -zufriedenheit

- Anteil qualifizierter Mitarbeiter: Wer als qualifizierter Mitarbeiter definiert wird, ist unternehmensindividuell festzulegen. Das können z.B. Facharbeiter sein, Meister, Techniker oder Akademiker. Die Frage ist hierbei: Hat das Unternehmen die Mitarbeiter, mit denen es die Anforderungen der Zukunft bewältigen kann?
- Weiterbildung: Je nach Unternehmen ist Weiterbildung mehr oder weniger wichtig.
  - **Entwicklung Weiterbildungsmaßnahmen:** Wie viele Weiterbildungsmaßnahmen gibt es?
  - **Kosten der Weiterbildung**: Was kostet die Weiterbildung? Hierfür gibt es in vielen Unternehmen ein für Weiterbildung reserviertes Budget.

  Mit der Interpretation dieser Kennzahl muss man vorsichtig sein. Wenn z.B. ein Unternehmen laufend viel weiterbildet, kann dies bedeuten, dass es sehr an Weiterbildung interessiert ist. Es kann aber auch bedeuten, dass es viele unqualifizierte Mitarbeiter eingestellt hat und nun vor dem Problem steht, dass diese den zukünftigen Anforderungen nicht mehr nachkommen. Ein anderes Unternehmen bildet vielleicht in geringem Umfang weiter, hat aber einen hervorragenden Mitarbeiterstamm.
- Verbesserungsvorschläge: Kommen Anregungen aus den eigenen Reihen? Denken die Mitarbeiter mit? Schlecht, wenn keine Vorschläge kommen oder diese zurückgehen. Warum fällt den Mitarbeitern nichts mehr ein? Und wieder hinter die Kennzahl schauen: Geht die Motivation zurück?
- Fluktuation: Wie hoch ist die Fluktuation, wie entwickelt sie sich im Zeitvergleich, warum verlassen die Mitarbeiter das Unternehmen?

Kennzahlen der Mitarbeiterproduktivität

- Umsatz pro Mitarbeiter: Interessant ist hier vor allem der Vergleich mit anderen Unternehmen bzw. der Vergleich mit dem Durchschnittswert der eigenen Branche.
- Leistung zu Anwesenheit: Wenn die Mitarbeiter da sind, bedeutet das noch nicht, dass auch in der Zeit Leistung passiert. Diese Kennzahl fragt danach, wie viel der Anwesenheit auch tatsächlich Leistung wird. Wenn es z.B. nur 80 Prozent sind: Was machen die Mitarbeiter in der restlichen Zeit? Warten auf Material, Minderauslastung, Maschinenausfälle usw.? (siehe auch 4.5 Produktionssteuerung).
- Krankenstand: Wie viel Zeit fällt durch Krankheit aus?

Kennzahlen zu den Mitabeiterkosten

- Personalkosten
  - **Kosten des Personalwesens**: Was kostet die Betreuung des Personal z.B. durch das Personalbüro in Prozent zu den Gesamtkosten des Unternehmens? Das sind z.B. die Gehälter der Personalsachbearbeiter, Abschreibungen im Personalbüro usw. Der Branchenverband hat evtl. Durchschnittszahlen für diesen Bereich. Liegt das Unternehmen im Schnitt?
  - **Personalkostenentwicklung**: Wie entwickeln sich die Personalkosten im Zeitablauf? Oft sind dies über 50 Prozent der Gesamtkosten, insbesondere in Dienstleistungsunternehmen.
- Überstundenentwicklung: Überstunden entstehen oft durch organisatorische Mängel und nicht immer durch eine erhöhte Auftragslage.
  - **Absolut in Stunden**: Beobachtung der Überstunden über das ganze Jahr. Wohin geht die Entwicklung? Gibt es saisonale Schwankungen, z.B. wenn im Sommer vermehrt Überstunden durch Urlaubsvertretung entstehen?
  - **Kostenentwicklung**: Welche Kostenbelastung hat das Unternehmen durch die Überstunden?
- Lohnkosten pro Leistungsstunde: Lohnkosten absolut sagen zunächst nicht viel aus. Setzt man sie aber in Beziehung zur Leistung, sieht man, wie sich die Kosten im Verhältnis zur Leistung entwickeln. Eine wichtige Kennzahl.

Insgesamt wird heute vom Personalwesen mehr verlangt als nur reine Personalverwaltung. Personalcontrolling durch die Auswertung von Personalkennzahlen spielt eine immer größere Rolle im modernen Personalwesen.

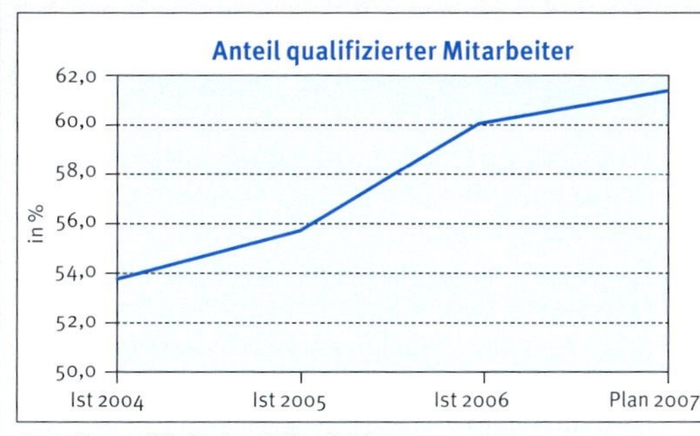

Formel:

$$\frac{\text{Anzahl Facharbeiter, Techniker usw. (je nach Sichtweise des Unternehmens)}}{\text{Gesamtzahl der Mitarbeiter}} \cdot 100$$

Ist 2004	Ist 2005	Ist 2006	Plan 2007
35	38	45	49
65	68	75	80
53,8 %	**55,9 %**	**60,0 %**	**61,3 %**

Anteil qualifizierter Mitarbeiter

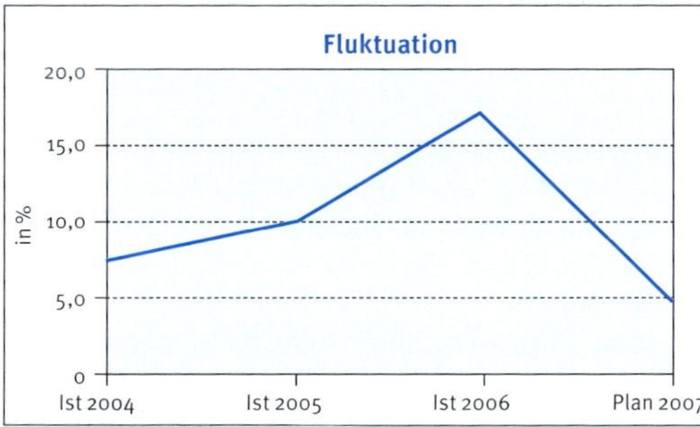

Formel:

$$\frac{\text{Anzahl Kündigungen}}{\text{Gesamtzahl der Mitarbeiter}} \cdot 100$$

Ist 2004	Ist 2005	Ist 2006	Plan 2007
5	7	13	4
65	68	75	80
7,7 %	**10,3 %**	**17,3 %**	**5,0 %**

Fluktuation

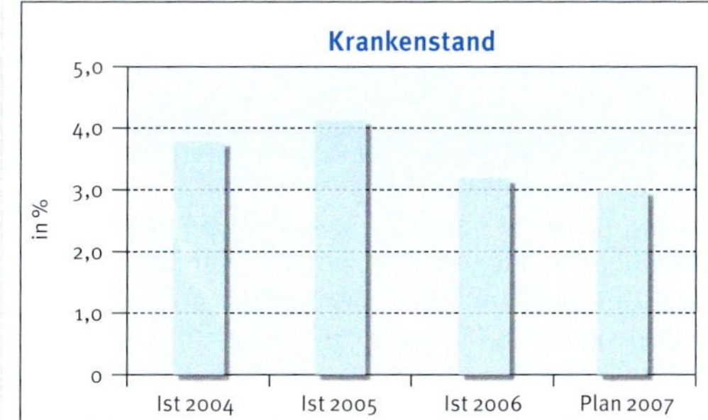

Formel:

$$\frac{\text{Anzahl Krankheitsstunden}}{\text{Anwesenheitsstunden}} \cdot 100$$

Ist 2004	Ist 2005	Ist 2006	Plan 2007
3.600	4.200	3.650	3.600
97.500	102.000	112.500	120.000
3,7 %	**4,1 %**	**3,2 %**	**3,0 %**

Krankenstand

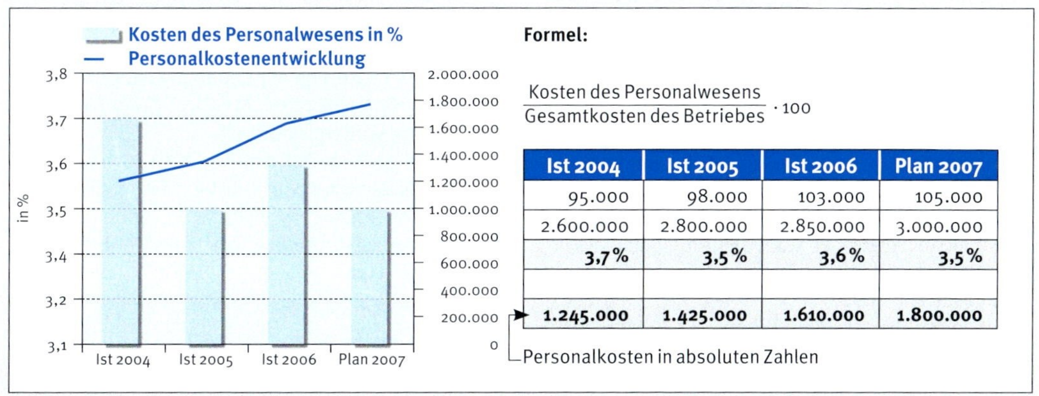

Formel:

$$\frac{\text{Kosten des Personalwesens}}{\text{Gesamtkosten des Betriebes}} \cdot 100$$

Ist 2004	Ist 2005	Ist 2006	Plan 2007
95.000	98.000	103.000	105.000
2.600.000	2.800.000	2.850.000	3.000.000
3,7 %	**3,5 %**	**3,6 %**	**3,5 %**
1.245.000	**1.425.000**	**1.610.000**	**1.800.000**

Personalkosten in absoluten Zahlen

Personalkosten

5.8 Zukunftsperspektiven

Die Tätigkeitsschwerpunkte in der Personalarbeit werden sich verändern: Weg von den reinen Verwaltungsaufgaben hin zu mehr Beratung und Serviceleistungen für die Mitarbeiter.

Die reinen Verwaltungstätigkeiten werden zunehmend durch Outsourcing (Fremdvergabe) oder Offshoring (räumliche Verlagerung von Leistungen in Niedriglohnländer) aus dem Unternehmen ausgelagert oder unternehmensintern in Shared Service-Einheiten zentralisiert.

Shared Service Center sind Organisationseinheiten, die interne Dienstleistungen zur gemeinsamen Nutzung innerhalb eines Unternehmens zur Verfügung stellen. Personalsachbearbeiter werden zunehmend zu Karriereberatern für Führungskräfte und Mitarbeiter. Auch die Planung und das Controlling werden im Personalbereich immer wichtiger. So erfordert die Tätigkeit im Personalwesen qualifizierte Mitarbeiter, die sich mehr als Personalberater denn als Personalverwalter oder Sachbearbeiter verstehen.

Work-Life-Balance

Der Trend in der Personalführung geht in Richtung stärkere Mitarbeiterorientierung. Motivierte und zufriedene Mitarbeiter erbringen bessere Leistungen für das Unternehmen und sind seltener krank.

Work-Life-Balance ist ein Konzept, das die Mitarbeiterzufriedenheit steigern soll. Es steht für ein ausgewogenes Gleichgewicht zwischen Arbeit und Privatleben. Mögliche Maßnahmen des Arbeitgebers sind z.B.:

- flexible Arbeitszeiten, z.B. Gleitzeit, Möglichkeiten eines Sabbaticals (einer „Auszeit" z.B. von drei bis sechs Monaten), Teilzeitangebote, Jahresarbeitszeit,
- flexible Arbeitsorganisation und Arbeitsort (Telearbeit),
- Kinderbetreuungsmaßnahmen,
- Wiedereingliederungsmaßnahmen nach einer Berufspause.

Folgende Vorteile bietet eine bessere Vereinbarkeit von Arbeit und Privatem für das Unternehmen:

- Personalgewinnung: Für neue Mitarbeiter kann es ein Kriterium bei der Wahl des Arbeitgebers sein, dass dieser Maßnahmen zur besseren Work-Life-Balance anbietet.
- Erhöhung der Mitarbeiterbindung: Die Mitarbeiter schätzen die Maßnahmen des Work-Life-Balance und entwickeln eine höhere Loyalität dem Arbeitgeber gegenüber. So wird Fluktuation vermieden.
- Arbeitsproduktivität: Zufriedene Arbeitnehmerinnen und Arbeitnehmer sind motivierter, produktiver und flexibler.
- Reduktion von Fehlzeiten: Die Zahl der Krankheitstage sinkt – teils aufgrund der Entlastung der Mitarbeiter, zum Beispiel durch Kinderbetreuungsmöglichkeiten, teils aufgrund einer gesteigerten Loyalität gegenüber dem Arbeitgeber.
- Verbessertes Image: Ein Unternehmen, das sich um die Work-Life-Balance seiner Mitarbeiter kümmert, verbessert sein soziales Image bei seinen Kunden und insgesamt in der Öffentlichkeit.

Trend zu „Soft Skills"

Während früher das fachliche Know-how z.B. eines Bewerbers für eine freie Stelle im Unternehmen allein entscheidend war, wird heute auch wert auf sog. „Soft Skills" gelegt.

„Soft Skills" sind bestimmte Fähigkeiten und Verhaltensweisen, die man auch als soziale Kompetenz und Persönlichkeitskompetenz eines Mitarbeiters bezeichnet. Ergänzend hat ein Bewerber oder Mitarbeiter auch „Hard Skills", darunter wird das fachliche Know-how eines Mitarbeiters und sein Methodenkompetenz verstanden.

Es gibt eine lange Liste der „Soft Skills", hierzu gehören Eigenschaften wie z.B. Belastbarkeit, Kundenorientierung, Teamfähigkeit, Durchsetzungsvermögen, Einfühlungsvermögen, Motivation, Konfliktmanagement, Gewissenhaftigkeit, Flexibilität, Improvisationsgabe, Entscheidungsfreude, Selbstorganisation, Selbstdisziplin, Pünktlichkeit usw.

Abhängig von dem Aufgabenspektrum eines Mitarbeiters ist mal die eine, mal die andere Eigenschaft von hoher Bedeutung. Von Mitarbeitern, die Kundenkontakt haben, wird grundsätzlich eine hohe Kundenorientierung, Servicebereitschaft und Einfühlungsvermögen in die Wünsche der Kunden verlangt, während in anderen Bereichen evtl. Kreativität und Einsatzbereitschaft im Vordergrund steht.

Und die „Hard Skills" sind natürlich auch weiterhin wichtig. Bei Bewerbern für eine freie Stelle, die dasselbe fachliche Know-how mitbringen, kann aber die jeweilige Aufprägung der „Soft Skills" entscheidend sein.

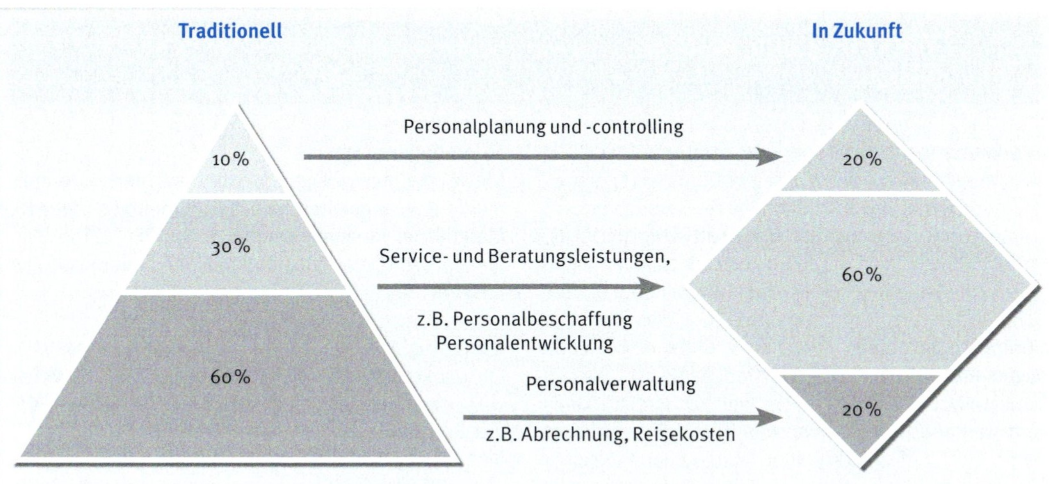

Entwicklung der Tätigkeitsschwerpunkte im Personalwesen

Work-Life-Balance

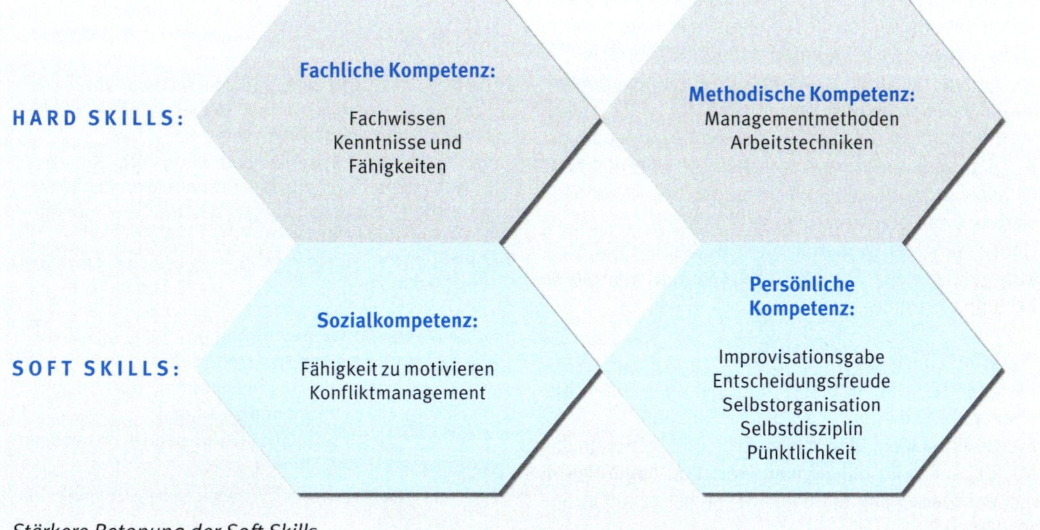

Stärkere Betonung der Soft Skills

6 Marketing und Vertrieb
6.1 Überblick

Marketing bedeutet, dass das Unternehmen alle Anstrengungen auf den Markt (engl. „market") richtet. Und der Markt, das sind die Kunden. Gerade vor dem Hintergrund zunehmender Marktsättigung und Austauschbarkeit der Produkte und Dienstleistungen gewinnt Marketing immer mehr an Bedeutung. Die Grundfrage des Marketing lautet: „Was will der Kunde?". Der Käufer entscheidet unter dem vielfältigen Produkt- und Dienstleistungsangebot, was er konsumiert und damit auch, welches Unternehmen am Markt besteht oder welches vom Markt verdrängt wird. Der Käufer entscheidet letztendlich mit seiner Kaufentscheidung, welche Arbeitsplätze sicher sind und welche nicht. Die Art und Weise, wie Produkte und Dienstleistungen an den Absatzmarkt, d.h. an die Kunden verkauft/abgesetzt werden, wird als Distribution oder Vertrieb bezeichnet.

Die klassische Marketingdefinition lautet:
Marketing ist Kundenorientierung als durchgängiges Denkschema. Es orientiert alle betrieblichen Funktionen auf den Markt hin.

Vom Verkäufermarkt zum Käufermarkt

Wenn ein Mangel an Produkten und Dienstleistungen herrscht, spricht man von einem sog. „ungesättigten Markt" oder „Verkäufermarkt", da die wesentlichen Einflussmöglichkeiten beim Verkäufer liegen. Die Nachfrage ist höher als das Angebot. Diese Situation eines Verkäufermarktes gab es in Deutschland zu den Zeiten des sog. Wirtschaftswunders nach dem 2. Weltkrieg. Heute ist die Situation anders: Es herrscht ein weitgehend gesättigter Markt, der auch als „Käufermarkt" bezeichnet wird. Das Angebot ist meist größer als die Nachfrage und so wird der Kunde stark umworben. Der Konkurrenzdruck zwischen den Unternehmen ist hoch und wird weiter wachsen, Stichwort: Globalisierung und Osterweiterung der europäischen Union. Um so wichtiger werden in diesem Käufermarkt Marketingaktivitäten, um als Unternehmen am Markt bestehen zu können.

Marktforschung

Die Marktforschung liefert Informationen über die Marktgegebenheiten, z.B. die konjunkturellen Rahmenbedingungen, die Konkurrenz und generell die Marktchancen für die eigenen Produkte. Somit liefert die Marktforschung die Basis für Entscheidungen im Marketing.

Marketingstrategien

Die Marketingstrategien werden aus den Unternehmenszielen abgeleitet. Ist das Unternehmensziel z.B., Marktführer in einem Bereich zu werden, so werden die Marketingstrategien entsprechend auf dieses Ziel ausgerichtet.

Marketing-Mix

Im Marketing-Mix werden die Marketingstrategien weiter konkretisiert. Es geht um die Ausrichtung der vier Bereiche:

- Produktpolitik: Welche Produkte werden angeboten? Welche Eigenschaften sollen diese Produkte haben?
- Preispolitik: Bietet das Unternehmen zu hohen oder niedrigen Preisen an? Die sonstigen Konditionen wie Rabatte, Zahlungs- und Lieferbedingungen werden festgelegt.
- Distributionspolitik: Es wird über die Vertriebswege entschieden, z.B. Direktvertrieb an den Kunden. Das Internet bietet hier ganz neue Möglichkeiten, Stichwort: E-Commerce.
- Kommunikationspolitik: Hier geht es darum, den potenziellen Kunden zum Kauf des Produktes zu motivieren. Instrumente der Kommunikationspolitik sind Werbung, Verkaufsförderung und Öffentlichkeitsarbeit (Public Relations, kurz PR).

Beispiel: Von den Unternehmenszielen zu konkreten Marketinginstrumenten

Das Unternehmensziel eines Textilherstellers ist: „Wir wollen führender Spezialanbieter für hochwertige Sportbekleidung sein".
Darauf aufbauend wird die Marketingstrategie zur Steigerung des Marktanteils in Deutschland für die Marke „Snow Spirit" entwickelt.
Im Marketing-Mix wird weiter detailliert, wie dies erreicht werden soll, z.B. ist eine neue Werbekampagne geplant, die das Image als hochwertiger Markenhersteller stäken soll.
Zudem wird ein neuer Vertriebsweg erschlossen, nämlich der Verkauf über das Internet (E-Commerce).

Als konkrete Marketinginstrumente werden die folgenden Maßnahmen gestartet:

- Anzeigenkampagne in Zeitschriften, die Themenschwerpunkte Freizeit und Sport und
- Aufbau eines Internetportals für den Direktvertrieb der Waren an den Kunden.

Unternehmensführung / Unternehmensziele
Beschaffungs-
markt
Beschaffung
Leistungs-
erstellung
Marketing/
Vertrieb
Absatzmarkt

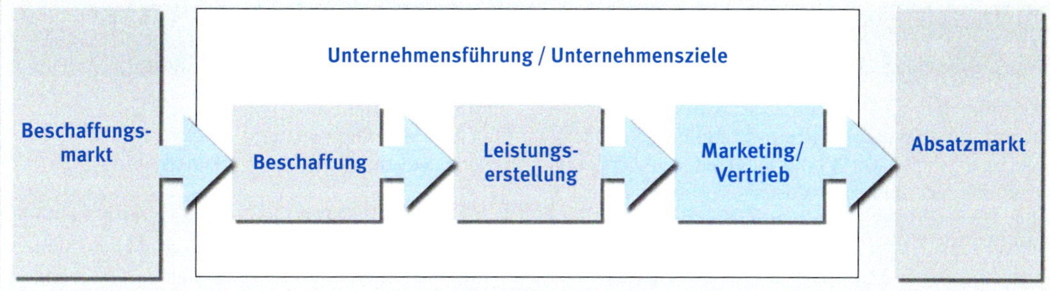

Marketing/Vertrieb: Einordnung in die betrieblichen Leistungsprozesse

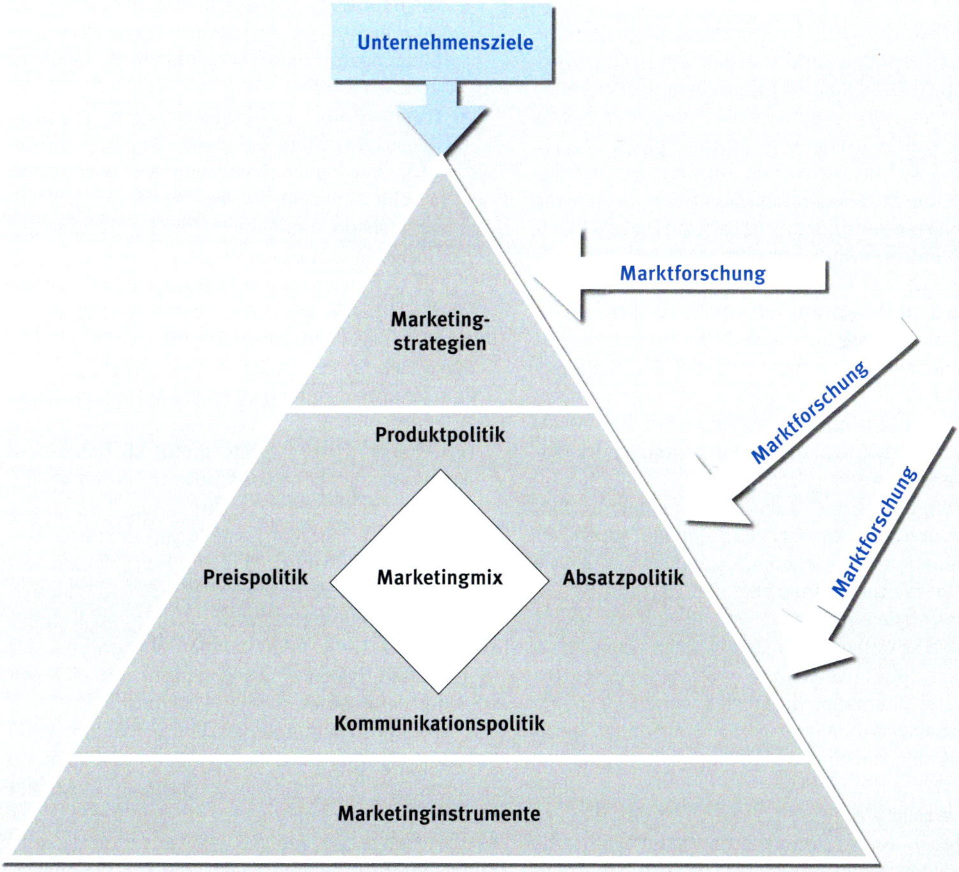

Unternehmensziele
Marktforschung
Marktforschung
Marktforschung
Marketing-
strategien
Produktpolitik
Preispolitik
Marketingmix
Absatzpolitik
Kommunikationspolitik
Marketinginstrumente

Überblick über die Teilbereiche des Marketing

6.2 Marktforschung

Aufgabe der Marktforschung ist es, Informationen über das Marktgeschehen und das Unternehmensumfeld zu gewinnen. Die Marktstellung der bestehenden Produkte soll ebenso eingeschätzt werden wie auch die Chancen für Produktneuentwicklungen. Diese Informationen bilden die Grundlage für die Absatzplanung.

Absatzplanung

Unter Absatz versteht man die abgesetzte Menge eines Produktes oder die Inanspruchnahme von Dienstleistungen. Absatzplanung bedeutet die Planung der Produktmengen oder Dienstleistungskapazitäten, die in einem zukünftigen Zeitraum verkauft/abgesetzt werden sollen. Hierzu soll die Marktforschung die notwendigen Informationen liefern. So ist der zukünftige Absatz abhängig von externen und internen Einflussgrößen:

- Externe Einflussgrößen:
  - **Volkswirtschaftliche Rahmenbedingungen**: In welcher Konjunkturphase befindet sich die Wirtschaft, boomt die Wirtschaft gerade oder befindet man sich inmitten einer Rezession? Haben die Käufer Lust auf Konsum oder sparen sie eher ihr Geld? Hier kommt es auch auf die Branche an: Günstige Regenschirme kann man zu jeder Zeit verkaufen, für den Absatz von Luxusartikeln und Markenwaren ist eine schlechte Konjunkturlage eher hemmend.
  - **Konkurrenzanalyse**: Wie stark ist die Konkurrenz? Wer ist Marktführer? Wie ist das Preisniveau der Konkurrenzprodukte? Die Marktforschung stellt hier Vergleiche zwischen den verschiedenen Anbietern an. Wo liegen die Stärken und Schwächen der untersuchten Unternehmen?
  - **Zielgruppen**: Wie ist das Kaufverhalten der Zielgruppe? Wie können neue Kunden gewonnen werden und bestehende Kunden gehalten werden? Welchen Trends folgt die Zielgruppe?
- Interne Einflussgrößen:
  Die interne Unternehmenssituation ist ebenso eine Einflussgröße auf den Absatz: Welche Produktmenge kann überhaupt produziert werden? Gibt es Lagerbestände? Müssen evtl. Investitionen getätigt werden, um eine höhere Produktionsmenge zu erreichen und kann sich das Unternehmen das leisten? Welches Werbebudget kann für das Produkt ausgeben werden? Und welche Produkte versprechen einen hohen Umsatz, welche sollten aus dem Sortiment genommen werden?

Informationsquellen

Zur Informationsgewinnung stehen der Marktforschung zwei mögliche Herangehensweisen zur Verfügung:

- Primärforschung (Feldforschung, Field Research): Hier geht es um Informationen aus erster Hand. Informationen werden gezielt erstmals erhoben. Als Werkzeuge dienen der Primärforschung:
  - **Befragungen**, z.B. die Befragung von Branchenexperten, Mitarbeitern, Lieferanten, bestimmter Zielgruppen oder bestehender Kunden.
  - **Beobachtungen**, z.B. die Beobachtung des Kaufverhaltens von Kunden in einem Test-Supermarkt. Im Gegensatz zur Befragung ist die Beobachtung nicht auf die Auskunftsbereitschaft der Konsumenten angewiesen. Die Repräsentanz der Ergebnisse wird nicht durch auskunftsunwillige Konsumenten beeinträchtigt. Die Beobachtung beschränkt sich allerdings auf rein äußerliche Merkmale. Kaufmotive oder Meinungen können nur durch Befragungen erhoben werden.
  - **Experimente**, z.B. wird einer Gruppe von zufällig ausgewählten Personen ein neuer Werbespot vorgespielt. Dann wird z.B. getestet, an welche Aussagen in dem Werbespot sich die Versuchspersonen nach einer bestimmten Zeit noch erinnern können.
- Sekundärforschung (Desk Research): Im Rahmen der Sekundärforschung wird auf bereits bestehende Informationen zurückgegriffen, z.B. auf Verbandsinformationen, Zeitschriften, sonstige Veröffentlichungen, Datenbanken etc. Marktforschungsinstitute bieten sog. Verbraucherpanels an: Ein Verbraucherpanel ist eine große Stichprobe von Konsumenten, z.B. 10.000 Fälle. Diese protokollieren kontinuierlich ihre Einkäufe. Aus diesen Daten können z. B. die Marktanteile verschiedener Marken ermittelt werden und die Verschiebung von Marktanteilen zwischen verschiedenen Anbietern. In der Sekundärfoschung werden auch unternehmensinterne Informationen ausgewertet, z.B. Umsatzstatistiken, Schriftwechsel mit Kunden, Daten der Kostenrechnung, Lagerbestände etc.

Aus Zeit- und Kostengründen wird ein Unternehmen immer erst versuchen, Informationen aus bereits bestehendem Datenmaterial zu gewinnen (Sekundärfoschung). Darauf aufbauend werden in der Praxis oft Mitarbeiterbefragungen, z.B. der Vertriebsmitarbeiter durchgeführt, um deren Erfahrungen im Kundenkontakt zu nutzen.

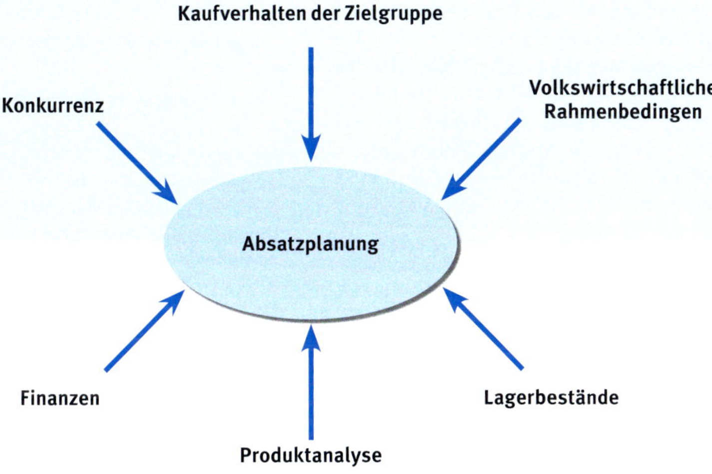

Marktforschung liefert die Informationsgrundlage für die Absatzplanung

	Primärforschung	Sekundärforschung
Externe Informationsquellen	– Kundenbefragungen – Lieferantenbefragungen – Befragung von Branchenexperten – Beobachtung des Kaufverhaltens von Konsumenten – Experimente, z.B. Testen von Zeitschriftenanzeigen	– Amtliche Statistiken – Verbandsinformationen – Zeitungen, Zeitschriften – Sonstige Veröffentlichungen – Datenbanken – Verbraucherpanels von Marktforschungsinstituten
Unternehmensinterne Informationsquellen	Mitarbeiterbefragung, speziell der Mitarbeiter, die Kontakt zu den Kunden haben, z.B. – Vertriebsmitarbeiter – Mitarbeiter, die Reklamationen bearbeiten – Mitarbeiter der Debitorenbuchhaltung – Kundendienst etc. – Berichte der Mitarbeiter von besuchten Messen und Tagungen	– Umsatzstatistik – Schriftwechsel mit Kunden – Kundendatei – Daten der Kostenrechnung – Daten der Buchhaltung – Auftragseingangsstatistik – Lagerbestände – Betriebsstatistik

Informationsquellen der Marktforschung

6.3 Marketingstrategien
6.3-1 Marktfeldstrategien

Die strategische Planung eines Unternehmens umfasst auch Marketingstrategien. Auf welchen Märkten und mit welchen Produkten will das Unternehmen in die Zukunft gehen? Wie soll der Marktanteil in ein, drei oder fünf Jahren sein? Wie soll er erreicht werden? Mit welchen Marketingstrategien werden die Unternehmensziele erreicht? Generell unterscheidet man vier mögliche Stoßrichtungen der Marketingstrategien:

- Marktfeldstrategien: Mit welchen Produkten möchte sich das Unternehmen auf welchen Märkten präsentieren?
- Marktstimulierungsstrategien: Werden die Produkte über einen Preiskampf oder über die Herausstellung besonderer Qualitätsmerkmale verkauft?
- Marktsegmentierungsstrategien: Welche Zielgruppen sollen angesprochen werden?
- Marktgebietsstrategien: Werden die Produkte z.B. regional, national oder international angeboten?

Marktfeldstrategien (Produkt-Markt-Kombination)

Im Rahmen der Marktfeldstrategien wird entschieden, ob das Unternehmen mit den bestehenden Produkten und/oder mit Produktneuentwicklungen in die Zukunft gehen will. Darüber hinaus wird festgelegt, ob der bestehende Markt bearbeitet wird und/oder auch neue Märkte erschlossen werden sollen. Aus Kombination beider Fragen (bestehende und/oder neue Produkte, bestehender und/oder neuer Markt) ergeben sich vier mögliche Produkt-Markt-Kombinationen:

- Marktdurchdringung: Ein bestehendes Produkt soll in einem bestehenden Markt mit einer höheren Absatzmenge verkauft werden. Der Markt wird besser ausgeschöpft. Dies wird z.B. durch Umsatzsteigerungen bei den bestehenden Kunden erreicht. Durch Mengenrabatte soll der Kunde zu einem höheren Kaufvolumen motiviert werden, da der Preis pro Stück durch den Mengenrabatt sinkt. Zudem wird versucht Wettbewerber vom Markt zu verdrängen, indem durch besondere Preis- oder Sonderaktionen neue Kunden gewonnen werden.

Beispiel für Marktdurchdringung

(Prämien und Rabatte als Anreiz)

Ein Versandhandelshaus bietet seinen Kunden Freundschaftsprämien an, wenn der Kunde in seinem Freundes- und Bekanntenkreis neue Kunden für das Versandhaus gewinnt. Zudem gibt es besondere Treue-Rabatte, die bewirken sollen, dass der Kunde Stammkunde bleibt und in Zukunft noch mehr bei diesem Versandhandel kauft.

- Marktentwicklung: Ein bestehendes Produkt wird in neue, bisher nicht bearbeitete Märkte getragen. Die Aktivitäten werden auf ein neues Absatzgebiet ausgedehnt oder auf eine neue Zielgruppe.

Beispiele für Marktentwicklung

Ein Unternehmen, das in München ansässig ist, eröffnet eine Zweigstelle in Stuttgart (räumliche Ausdehnung des Absatzgebietes).
Ein Uhrenhersteller, der bisher nur für Privatkunden Uhren hergestellt hat, möchte Firmenkunden dadurch gewinnen, indem er das Firmenlogo auf das Ziffernblatt der Uhr prägt (Erschließung einer neuen Zielgruppe).

- Produktentwicklung: Entwicklung neuer Produkte für einen bereits bestehenden Markt. Hierbei kann es sich um völlig neue Produkte handeln, aber auch die Abwandlung, d.h. eine neue Variante eines bestehenden Produktes z.B. neues Design, neue Farbe, neue Formel etc.

Beispiele für Produktentwicklung

Club Med erfand den Cluburlaub und schuf damit eine völlig neue Art des Urlaubs.
Ein Schokoladenhersteller goss seine Tafel Schokolade in eine neue Form und kreierte so den Schokoriegel (Produktdifferenzierung).

- Diversifikation: Ein für das Unternehmen neues Produkt wird auf einem neuen Markt angeboten. Hierbei unterscheidet man:
  - **Horizontale Diversifikation**: Das neue Produkt ergänzt das bestehende Produktsortiment.
  - **Vertikale Diversifikation**: Das neue Produkt gehört einer vor- oder nachgelagerten Absatzstufe an.
  - **Laterale Diversifikation**: Das neue Produkt steht in keinem Zusammenhang zu den bestehendem Produktsortiment.

Beispiele für Diversifikation

Ein Versicherungsunternehmen kauft einen Finanzdienstleistungsanbieter, dies schafft einen sog. „Synergieeffekt“, da sich beide Leistungen (Versicherung und Finanzberatung) gut ergänzen (horizontale Diversifikation). Ein Reiseveranstalter kauft eine Hotelkette, um zukünftig „alles aus einer Hand“ anbieten zu können (vertikale Diversifikation). Ein Baumarkt bietet auch Fertiggerichte an (laterale Diversifikation).

Marktfeldstrategien
(Produkt-Markt-Kombinationen)

Welche Produkte werden auf welchen Märkten platziert?

Marktstimulierungs-strategien

Kostenführer oder Qualitätsführer?

Marktsegmentierungs-strategien

Welche Zielgruppe?

Marktgebietsstrategien

In welchen Gebieten agiert das Unternehmen?
(z.B. regional, national, international)

Verschiedene Ausprägungen der Marketingstrategien

	Bestehender Markt	**Neuer Markt**
Bestehendes Produkt	**Marktdurchdringung** – Umsatzsteigerung – Verdrängung des Wettbewerbs	**Marktentwicklung** – Erschließung neuer Märkte z.B. national oder international – Erschließung einer neuen Zielgruppe
Neues Produkt	**Produktentwicklung** – Neues Produkt – Produktdifferenzierung	**Diversifikation** – Horizontal – Vertikal – Lateral

Produkt-Markt-Matrix nach Ansoff (Marktfeldstrategien)

6.3-2 Weitere Marketingstrategien

Neben den möglichen Produkt-Markt-Kombinationen gibt es noch weitere strategische Ansatzpunkte für das Marketing.

Marktstimulierungsstrategien

Für die Marktstimulierungsstrategien (auch Marktimpulsstrategien genannt) gibt es zwei Ausprägungen, wobei manche Unternehmen sich auch im Mittelfeld zwischen diesen beiden Extrempunkten bewegen.

- Preis-Mengen-Strategie: Nach dieser Strategie wird die Kostenführerschaft angestrebt, d.h. man will zu günstigeren Preisen als die Konkurrenz anbieten. Dazu muss das Unternehmen günstiger als die Konkurrenz produzieren können. Das Unternehmen benötigt z.B. einen Vorsprung bei Einkauf und Beschaffung und geringe Kosten für Marketing und Verwaltung. Durch hohe Absatzmengen wird eine Fixkostendegression angestrebt (siehe dazu auch Abschnitt 4.4 Kurzfristige Produktionsplanung) und damit hat das Unternehmen geringere Produktionskosten.

Beispiel für eine Preis-Mengen-Strategie

Im Einzelhandel gibt es sog. „No-Name"-Produkte, auch „weiße Produkte" genannt (da die Verpackung in schlichtem Weiß gehalten ist). Für diese Produkte wird keine Werbung gemacht. Sie werden einzig und allein über den günstigen Preis verkauft.

Risiko: Wenn Unternehmen einer Branche untereinander einen Preiskampf führen, wird versucht durch besonders attraktive Preise sich gegenseitig aus dem Markt zu drängen. Am Ende werden einige Unternehmen diesen harten Preiskampf nicht überstehen.

- Präferenzstrategie: Im Gegensatz zur Preis-Mengen-Strategie soll ein möglichst hoher Absatz nicht über niedrige Preise erreicht werden, sondern durch besondere Qualität. Das Unternehmen strebt die Qualitätsführerschaft an, d.h. das Unternehmen will zu einer besseren Qualität als die Konkurrenz anbieten.

  Hierzu wird häufig eine „Marke" aufgebaut. Eine Marke steht für ein Produkt oder ein Unternehmen, z.B. Maggi für Suppenprodukte, Coca-Cola für das alkoholfreie Erfrischungsgetränk, Swatch für Uhren oder Studiosus für Studienreisen. Durch die Marke soll sich ein Produkt von anderen Produkten abheben. Der Kunde soll Qualität, guten Service und ein bestimmtes Image mit der Marke verbinden (z.B. Freiheit und Abenteuerlust bei bestimmten Zigarettenmarken).

  Eine Marke muss leicht wieder erkennbar sein und eine immer gleich bleibende Qualität garantieren. Die Marke soll dem Kunden die Sicherheit vermitteln, mit dem Kauf dieser Marke ganz bestimmte bekannte Eigenschaften in bewährt hoher Qualität zu erwerben. Der Kunde soll immer wieder „seine Marke" kaufen.

  Daraus erklärt sich auch der Begriff „Präferenzstrategie", der Kunde soll seiner Marke präferieren, also gegenüber anderen Produkten bevorzugen.

Marktsegmentierungsstrategien

Um potenzielle Kunden besser bewerben zu können, werden diese in sog. Zielgruppen unterteilt bzw. „segmentiert". Ein bestimmtes Marktsegment steht für eine bestimmte Zielgruppe, die man ansprechen möchte. Da gibt es beispielsweise die Yuppies (Young Urban Professionals = berufstätige junge Leute, die in einer Stadt wohnen) oder die Woopies (Well off older People = finanziell gut gestellte Senioren) etc., die dann entsprechend zielgruppenspezifisch angesprochen werden, z.B. durch Werbung in Zeitschriften, die diese Zielgruppen bevorzugt lesen.

Bei der Marktsegmentierungsstrategie kann man zwischen zwei Alternativen wählen:

- Man segmentiert den Markt für die Kommunikation nicht, d.h. man bewirbt die große Masse aller Kunden z.B. über Fernsehspots oder Anzeigen in hochauflagigen Zeitungen/Zeitschriften. Dies ist eine geeignete Strategie bei Massenartikeln des täglichen Bedarfs, z.B. Duschgels, Fertiggerichten etc. Trotz Streuverlusten ist die Werbung in der angesprochen Zielgruppe hinreichend wirksam.
- Der andere Weg ist, bestimmte Marktsegmente, also Kundengruppen, durch die Werbung gezielt anzusprechen.

Marktgebietsstrategien

Diese Marketingstrategie klärt, auf welchen Märkten sich das Unternehmen platzieren möchte. Ist das Unternehmen z.B. ein lokaler Anbieter und möchte dies auch bleiben oder möchte man sich ein Standbein z.B. im europäischen Markt schaffen? Andere Unternehmen streben z.B. an, ein „Global Player" zu werden, d.h. ein international tätiges Unternehmen.

Mögliche Marktgebietsstrategien sind das Agieren auf dem

- internationalen Markt,
- europäischen Markt,
- nationalen Markt,
- regionalen Markt.

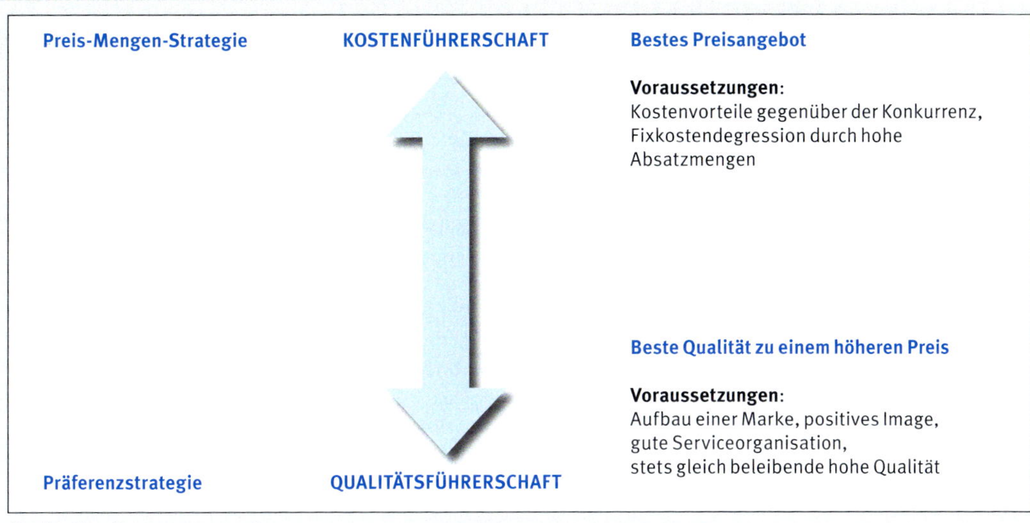

Marktstimulierungsstrategien

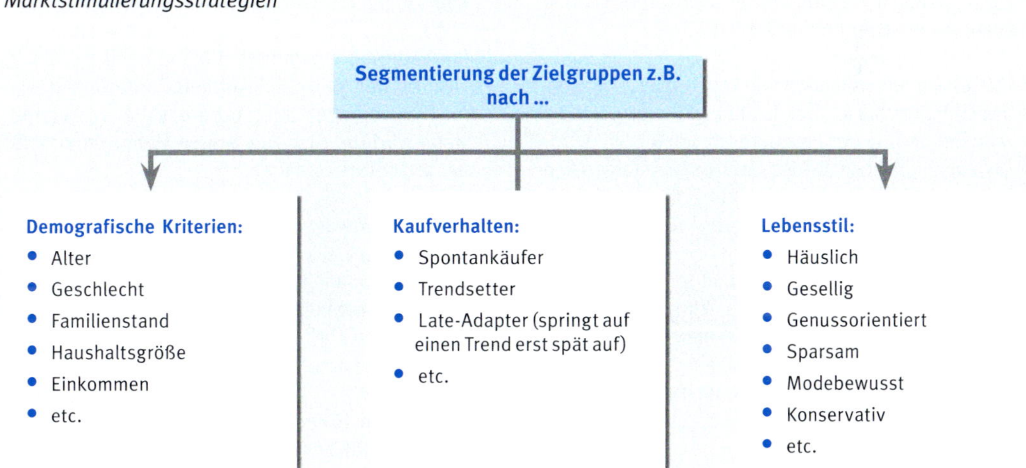

Kriterien zur Marktsegmentierung

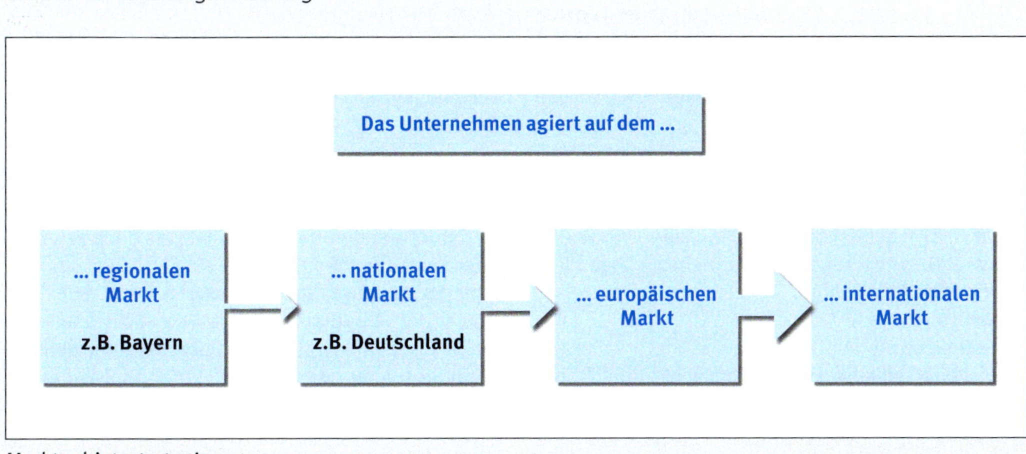

Marktgebietsstrategien

6.4 Produktpolitik
6.4-1 Produktanalyse

Im Rahmen der Produktpolitik erfolgt als erster Schritt die Produktanalyse: Hat das Unternehmen Produkte/Leistungen, mit denen es auch in Zukunft erfolgreich sein wird? Wichtige Hilfsmittel sind hier die Produktlebenszyklusanalyse und die Portfolioanalyse.

Produktlebenszyklusanalyse

Dieses Konzept geht davon aus, dass jedes Produkt einen Lebenszyklus von der Markteinführung bis zum Auslauf hat. Dies gilt für ganze Produktgruppen, z.B. sind Digitalkameras vielleicht noch in der Wachstumsphase, Personalcomputer eventuell schon in der Sättigungsphase, während Schreibmaschinen mit Sicherheit eine veraltete Technik darstellen. Auch einzelne Produkte unterliegen diesem Zyklus, z.B. Automobilmodelle werden eingeführt, reifen und werden schließlich durch ein neues Modell ersetzt.

So unterscheidet man folgende Lebenszyklusphasen:

- Einführungsphase: Der Lebenszyklus beginnt mit der Einführung des Produktes in den Markt.
- Wachstumsphase: Die Absatzmengen steigen kontinuierlich, das Produkt kommt bei den Käufern an. Werbemaßnahmen unterstützen die Wachstumsphase des Produktes.
- Reifephase: Das Produkt kommt gut an im Markt. Die Absatzmengen sind hoch, können aber noch durch Werbemaßnahmen gesteigert werden.
- Sättigungsphase: Keine Steigerung der Absatzmenge mehr möglich. Der Markt ist gesättigt.
- Veralterungsphase: Die Absatzzahlen gehen zurück.
- „Tod“: Das Produkt wird vom Markt genommen.

Falls sich einige Produkte dem Ende ihres Lebenszyklusses nähern, sollten andere schon entsprechend in „den Startlöchern“ stehen.

Jedes Produkt hat seinen eigenen Verlauf des Lebenszyklusses. Einige Produkte schaffen es gar nicht in den Markt (sog. Flops), andere haben lange Lebenszyklen (z.B. Waschmittel) und verlängern diesen evtl. noch durch sog. Relaunchs oder Face-liftings („jetzt mit neuer Frischeformel“). Andere Produkte haben evtl. einen Lebenszyklus, der zwischendurch z.B. Boomphasen erfährt.

Portfolioanalyse

Dies ist eine seit Jahren mit Erfolg angewandte Methode. Ziel ist die Beurteilung eines Produktes nach seiner Stellung im Markt.

Die klassische Vorgehensweise ist, ein Produkt nach seinem Marktanteil und Marktwachstum zu beurteilen. Man geht davon aus, dass dies wesentliche strategische Eckdaten sind.

Je nachdem wo es positioniert ist, kann ein Produkt folgendes sein:

- Question Marks
  Die Fragezeichen. Zunächst hat das Produkt einen geringen Marktanteil, befindet sich aber auf einem Wachstumsmarkt. Das Produkt hat Chancen, aber auch Risiken. Hat es das Zeug zu einem „Star“ oder driftet es zu den „Poor Dogs“? Denken Sie an z.B. Energy-Drinks. Neue Getränke haben sicherlich einen Wachstumsmarkt, aber ist dies evtl. eine Modewelle? Wird dieses Getränk ein Star oder ein Poor Dog?
- Stars
  Produkte mit einem hohen Marktanteil auf einem wachsenden Markt. Ein Wermutstropfen allerdings: Auch Stars haben ihren Lebenszyklus und irgendwann wird der Star zum armen Hund. Dann heißt es, neue Stars zu haben.
- Cash Cows
  Die Melkkühe des Unternehmens. Hier wird richtig Geld verdient. Sie haben einen hohen Marktanteil, hier kann man abschöpfen. Allerdings sind die Cash Cows sehr in der Nähe der Poor Dogs. So wird überall versucht, möglichst lange ein Produkt als Cash Cow zu erhalten.
- Poor Dogs
  Die „armen Hunde“. Vielleicht haben diese Produkte einmal bessere Zeiten gesehen. Auf jeden Fall: Sie haben wenig Marktanteil und kein Marktwachstum.

Portfoliodarstellung und Lebenszyklusanalyse sind Verwandte. Eine Cash Cow wird selten am Anfang des Lebenszyklusses stehen, eher im Mittelfeld oder am Ende.

Vorgehensweise bei der Analyse

In der Praxis bildet man Gruppen z.B. von Mitarbeitern oder Kunden. Man zeichnet das Lebenszyklus- oder Portfolioschema z.B. auf ein Flip-Chart oder auf eine Metaplanwand. Systematisch geht man jetzt durch die Produktpalette und kennzeichnet z.B. durch Klebepunkte die Positionierung des jeweiligen Produktes oder der Leistung. Ergebnis ist die Einschätzung der Produkte. Jetzt lautet die Frage: Mit welcher Produktstrategie geht das Unternehmen in die Zukunft?

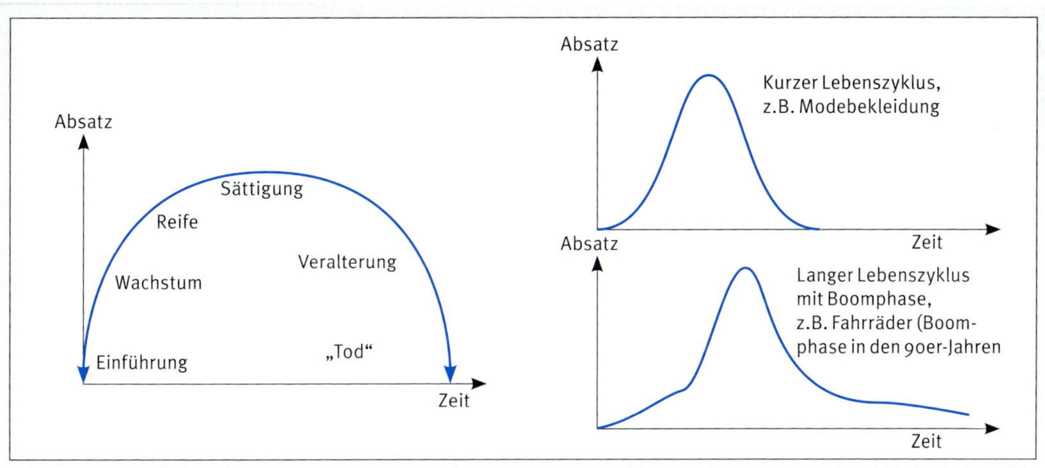

Produktlebenszyklus von Produkten

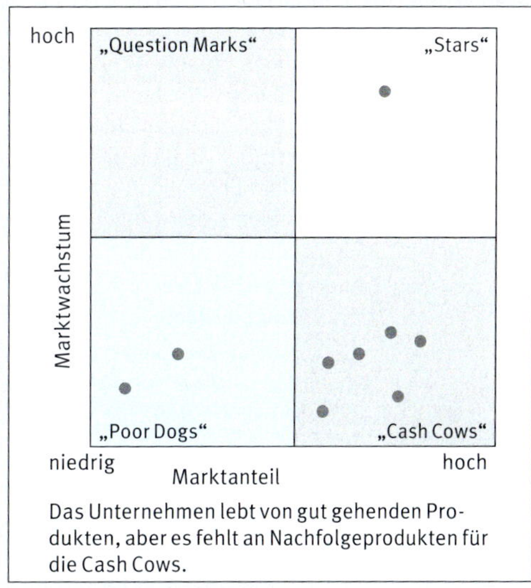

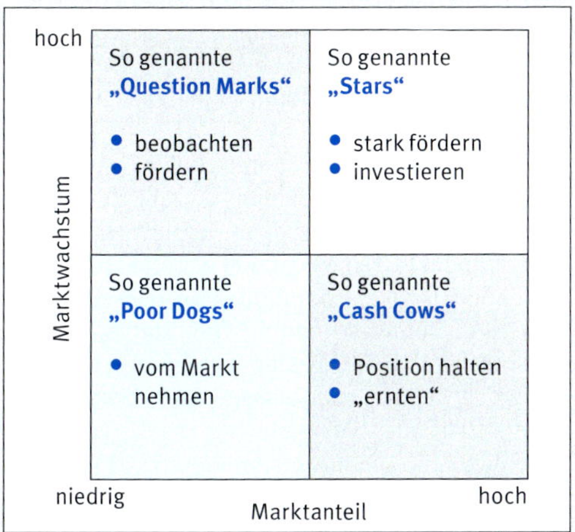

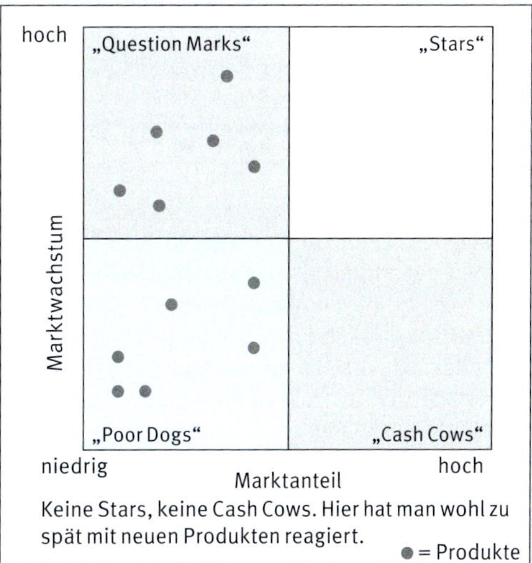

Portfolioanalyseschema mit Anwendungsbeispielen

6.4 Produktpolitik
6.4-2 Instrumente

Aufbauend auf den Erkenntnissen der Produktanalyse kommen nun die Instrumente der Produktpolitik zum Einsatz. Im engeren Sinn sind dies:

1. Produktneuentwicklung/-innovation

Die Entwicklung und Einführung neuer Produkte ist für ein Unternehmen kostspielig und mit Risiken verbunden. Vor einer Produktneuentwicklung wird daher intensiv Marktforschung betrieben: Hat das neue Produkt Chancen am Markt erfolgreich zu sein? Die Investitionen in Produktneuentwicklungen müssen sich rentieren. Erst muss jedoch eine neue Produktidee gefunden werden. Hier kommen in der Praxis häufig Kreativitätstechniken zum Einsatz. Am beliebtesten ist hier das sog. „Brainstorming": Der Kerngedanke des Brainstormings ist, dass man kreative Gedanken z.B. für die Lösung eines bestimmten Problems, zuerst freien Lauf lässt. Auch die „unmöglichsten" Ideen dürfen genannt werden. Erst nach der Sammlung der Ideen wird jede einzelne daraufhin untersucht, wie hilfreich sie für die Lösung des Problems sein kann.

Beispiel: Erfindung des Klettverschlusses durch Brainstorming

Man machte sich Gedanken um eine neue Art von Verschluss bzw. Verbindungsmöglichkeit von Materialien. Ein Mitarbeiter hatte die zuerst abwegig wirkende Idee, dass man zwei Arten von Holzwürmern züchten sollte, die miteinander verfeindet sind. Wenn diese Holzwürmer sich dann gegenseitig im Kampf festhalten, könnte man damit zwei Holzstämme fest miteinander verbinden. Ganz im Sinne des wertfreien Sammelns von Ideen wurde die Idee nicht verworfen, sondern weiter darüber nachgedacht, welche Stoffe eine ähnliche Eigenschaft hätten, wie zwei miteinander verfeindete Holzwürmerarten – so wurde letztendlich der Klettverschluss erfunden.

2. Produktvariation

Für die Produktvariation bzw. Produktänderungen gibt es viele Ansatzpunkte, von den technischen Eigenschaften des Produktes, dem Design, den Qualitätsmerkmalen bis hin zur Verpackung usw. Dabei gibt es folgende Möglichkeiten:

- Produktvereinfachung: Das Produkt wird einfacher gestaltet, um es z.B. zu einem günstigeren Preis anbieten zu können.
- Produktverbesserung: Bestimmte Eigenschaften des Produktes (z.B. Anwendbarkeit, Verpackung, technische Funktionen etc.) werden verbessert.
- Produktweiterentwicklung: Auf Basis des vorhandenen Produktkonzeptes werden bestimmte Eigenschaften weiterentwickelt. Im Softwarebereich spricht man z.B. von „Updates".
- Produktdifferenzierung: Das Produkt bleibt im Wesentlichen dasselbe, es wird nur auf bestimmte Zielgruppen abgestimmt, z.B. in der Farbe, Design oder der Verpackung.

Ziel der Produktvariation ist immer, den Lebenszyklus des Produktes zu verlängern. Insbesondere bei den „Cash Cows", den Produkten mit hohem Marktanteil, versucht man in der Praxis oft einen sog. „Relaunch": Indem man eine kleine Änderung an dem Produkt vornimmt oder eine Verbesserung des Produktes erfindet, wird versucht, die Absatzzahlen zu steigern. Im Waschmittelbereich ist dies gut zu beobachten: Da wirbt man mit „Jetzt noch weißer" oder „Neue Formel", um der Hausfrau den Eindruck zu vermitteln, dass das Waschmittel „Jetzt noch besser" sei.

3. Produkteliminierung

Produkte, die nicht mehr marktgerecht sind, die am Ende ihres Produktlebenszyklusses stehen und keinen ausreichenden Deckungsbeitrag mehr erbringen, werden aus dem Markt genommen.

Zur Produktpolitik im weiteren Sinne zählt man die Instrumente:

1. Sortimentspolitik: Hier unterscheidet man zwischen der Sortimentsbereite (Anzahl der unterschiedlichen Produktgruppen, z.B. Waschmittel, Pflegeprodukte, Hygieneartikel etc.) und der Sortimentstiefe (Artikel einer Produktgruppe, z.B. Voll-, Fein- und Buntwaschmittel). Das Sortiment wird entsprechend der Marketingstrategie z.B. standardisiert, erweitert, spezialisiert, nach Zielgruppen differenziert oder bereinigt.
2. Markenpolitik: Um aus einem Produkt eine Marke zu machen, muss es eindeutig von der Konkurrenz abgesetzt werden durch Farbe, Design, einen besonderem Schriftzug etc.
3. Verpackungspolitik: Besonders im Konsumgüterbereich ist neben der Produktqualität eine ansprechende Verpackung entscheidend für den Verkaufserfolg eines Produktes.
4. Servicepolitik: Über guten Service kann sich das Unternehmen gegenüber der Konkurrenz profilieren. Beim Kauf achten viele Kunden auf einen guten Kundendienst und den Umfang der Garantieleistungen.

PRODUKTPOLITIK (im engeren Sinne)	
Instrumente:	**Beschreibung:**
1. Produktneuentwicklung/-innovation:	Entwicklung neuer Produktideen
2. Produktvariation:	
• Produktvereinfachung:	Vereinfachung der Funktionen, Design, Verpackung etc.
• Produktverbesserung:	Verbesserung der Qualität, Funktionalitäten etc.
• Produktweiterentwicklung:	Entwicklung neuer Modelle, Eigenschaften etc.
• Produktdifferenzierung:	Multiplikation einer Produktidee und deren Einsatz für unterschiedliche Zielgruppen
3. Produkteliminierung:	Produkt wird vom Markt genommen (z.B. Poor Dog)

PRODUKTPOLITIK (im weiteren Sinne)	
Instrumente:	**Beschreibung:**
1. Sortimentspolitik:	
• Sortimentsstandardisierung:	Vereinheitlichung des Sortiments (z.B. Design)
• Sortimentserweiterung:	Erweiterung der Sortimentsbereite und/oder -tiefe
• Spezialisierung:	Konzentration auf wenige Produkte
• Sortimentsdifferenzierung:	Unterschiedliche Gestaltung je nach Zielgruppe
• Sortimentsbereinigung	Herausnahme von Produkten aus dem Sortiment
2. Markenpolitik:	Herausstellung des Produkts gegenüber Konkurrenzprodukten, z.B. durch besondere Qualität
3. Verpackungspolitik:	Gestaltung des Erscheinungsbildes eines Produktes
4. Servicepolitik:	Gestaltung der Serviceleistungen z.B. Kundendienst

Instrumente der Produktpolitik

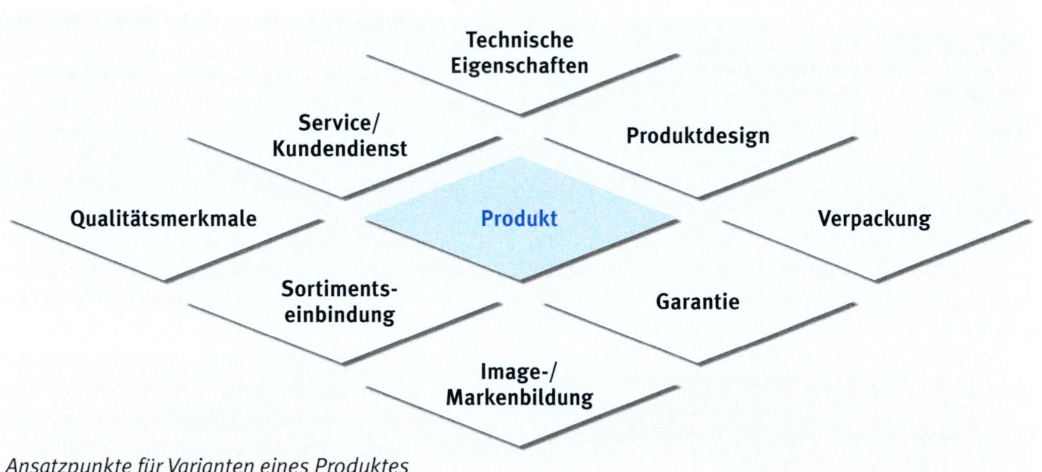

Ansatzpunkte für Varianten eines Produktes

6.5 Preispolitik
6.5-1 Preisstrategien

Die Preisgestaltung ist eine wichtige Marketingaufgabe. Preise können nicht völlig frei gestaltet werden, sie müssen zumindest langfristig über den Kosten liegen.

Der Preisfindungsprozess hat mehrere Einflussfaktoren:

- Strategische Aspekte: Marktpositionierung, Image. Wer ein gutes Image hat, kann auch gute Preise verlangen.
- Marktumfeld: Das Unternehmen orientiert sich z.B. an den Preisen der Konkurrenz oder versucht diese zu unterbieten (Preiskampf).
- Nachfragesituation: Kunden, Marktvolumen, Marktwachstum. Bei hoher Kundenzahl kann man eher höhere Preise durchsetzen.
- Preiselastizitäten: Wie reagiert der Markt auf Preisänderungen? Haben z.B. schon kleinste Preissteigerungen Absatzeinbrüche zur Folge?
- Kunden: Was ist dem Kunden die Leistung wert? Beim sog. Target Costing (siehe auch Kapitel 8.15 Moderne Kostenrechnungsmethoden) werden aus dem Preis, den der Kunde bereit ist zu bezahlen, die Zielkosten für das Produkt abgeleitet.
- Kostensituation: Fixe und variable Kosten der Leistung. Wie hoch müssen die Preise ausfallen, um die Kosten (langfristige Preisuntergrenze), zumindest die variablen Kosten (kurzfristige Preisuntergrenze) zu decken? Wie hoch müssen die Preise sein, um Gewinn zu erwirtschaften?

Preis-Absatz-Funktion

Ein wichtiges Instrument ist hier die Preis-Absatz-Funktion, bei der es um den Zusammenhang zwischen Preis und Absatz geht. Grundsätzlich gilt: Je niedriger der Preis, umso höher der Absatz (elastischer Markt). Aber wie elastisch ist die Preis-Absatz-Funktion? Es gibt auch Produkte z.B. Luxusartikel, Designermöbel/-kleidung, bei denen erhebliche Preissenkungen kaum Einfluss auf den Absatz haben (unelastischer Markt).

Mögliche Preisstrategien sind:

1. Abschöpfungspreispolitik: Auch scimming-pricing genannt. Mit dieser Strategie wird in der Einführungsphase eines Produktes ein relativ hoher Preis gefordert. Der Markt wird „abgeschöpft". Mit zunehmender Erschließung des Marktes ist ein derartiger Preis durch zunehmenden Konkurrenzdruck oft nicht mehr durchsetzbar. Diese Preisstrategie wird häufig bei innovativen technischen Artikeln (z.B. Digitalkameras) gefahren.
2. Penetrationspreispolitik: Mit dieser Strategie sollen mit relativ niedrigen Einstiegspreisen schnell große bzw. Massenmärkte erschlossen werden. Durch niedrige Preise sollen potentielle Konkurrenten abgeschreckt werden. Möglicherweise kann in einer späteren Phase durch fehlende Konkurrenz und/oder verkaufsunterstützende Maßnahmen der Preis angehoben werden.
3. Preisdifferenzierungspolitik: Hier wird eine gespaltene Preispolitik betrieben. Dieselben Produkte haben auf unterschiedlichen Märkten bzw. für unterschiedliche Zielgruppen unterschiedliche Preise. Hierzu müssen sich die einzelnen Absatzsegmente eindeutig abgrenzen lassen.
   Möglich ist die Differenzierung nach den folgenden Kriterien:
   - **Räumlich**: Auf dem französischen Markt ist ein Schweizer Käse nicht zu dem teuren Preis abzusetzen, wie es in Deutschland möglich ist. Auch die Kaufkraft einzelner Märkte ist unterschiedlich: Was der eine Markt bezahlen kann, ist auf dem anderen zu dem Preis nicht abzusetzen. So machte ein Brillenhersteller Länderpreise in Abhängigkeit der Kaufkraft in den einzelnen Ländern. Bei zunehmend globalisierten Märkten wird eine räumliche Preisdifferenzierung allerdings immer schwerer.
   - **Zeitlich**: Vor- und Nachsaisonpreise sind im Tourismus z.B. günstiger als die Preise der Hochsaison
   - **Mengenabhängig**: Unterschiedliche Preise für Groß- und Kleinabnehmer.
   - **Kundenspezifisch**: Preisnachlässe für Schüler/Studenten oder Senioren.
4. Preispolitischer Ausgleich (Mischkalkulation): Hier werden Preisentscheidungen nicht nur im Hinblick auf das einzelne Produkt, sondern auf das gesamte Sortiment getroffen. Verluste werden z.B. bei einzelnen Produkten hingenommen (Lockvogelangebote) und durch entsprechende Gewinnbringer ausgeglichen. Man macht eine so genannte Mischkalkulation.
   Typisch ist dies beispielsweise für den Einzelhandel, wo an bestimmten Produkten nichts mehr verdient und dies durch andere Produkte ausgeglichen wird.

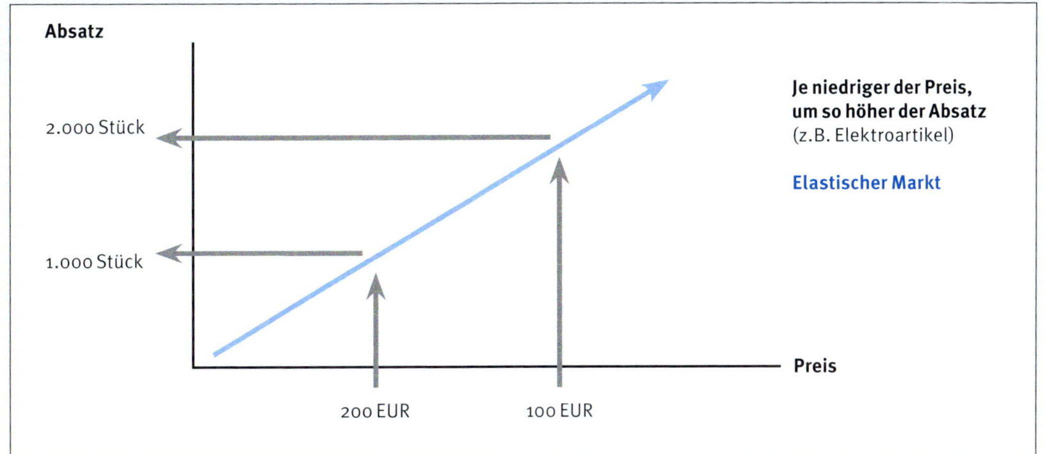

Preis-Absatz-Funktion in einem elastischen Markt

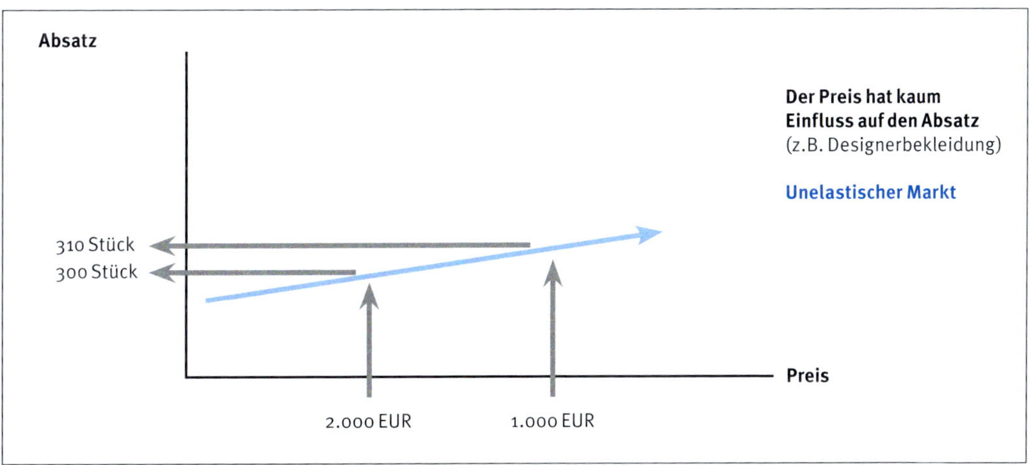

Preis-Absatz-Funktion in einem unelastischen Markt

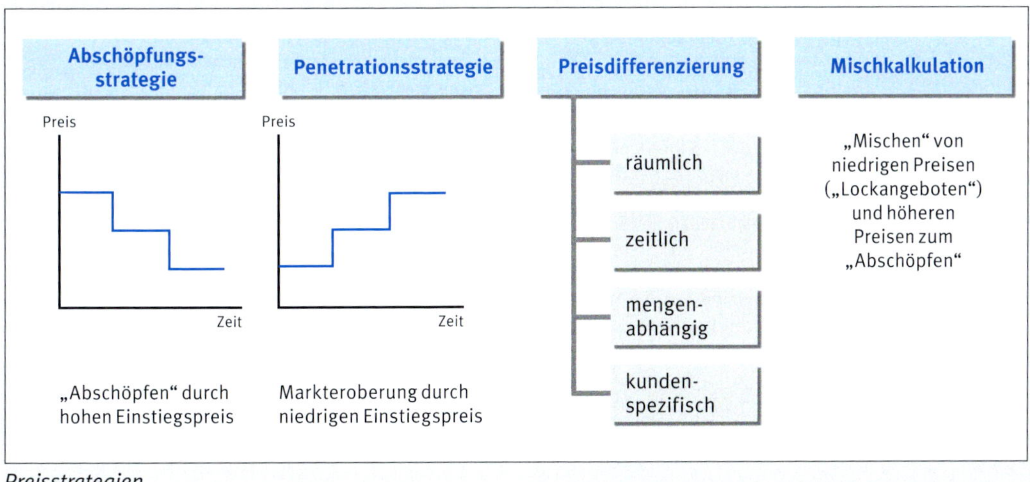

Preisstrategien

6.5 Preispolitik
6.5-2 Konditionenpolitik

Preispolitik wird auch Kontrahierungspolitik (Kontrahierung = Vertragsschluss) genannt, da es um mehr als die Preisgestaltung geht. Auch Rabattpolitik, Lieferungs- und Zahlungsbedingungen (die Konditionen eines Kaufvertrags) sind ein Teil der Preispolitik. Diese speziellen Aspekte der Preispolitik werden auch Konditionenpolitik genannt. Gestaltungselemente der Konditionenpolitik sind Preisnachlässe, Lieferungs- und Zahlungsbedingungen und sonstige Konditionen.

Preisnachlässe

- Standardrabatte: Rabatte, die regelmäßig gegeben werden, z.B. gestaffelt nach Kundengruppen, Branchen, Absatzgebieten usw.
- Barzahlungsrabatt: Rabatte für Barzahlung
- Naturalrabatte: Dies sind keine Preisnachlässe im eigentlichen Sinn, sondern es werden Rabatte in Form von Waren oder Dienstleistungen gegeben (z.B. bei Kauf von 10 Stück = 1 Stück gratis)
- Mengenrabatt: Rabatt für große Absatzmengen
- Frühbezugsrabatt: z.B. Frühbucherrabatt bei Urlaubsreisen
- Saisonabschläge: Saisonbedingte Abschläge, z.B. Preisabschläge nach dem Winter für Winterreifen
- Treuerabatt: Spezielle Rabatte für Stammkunden
- Sonderrabatte: z.B. Personalrabatt
- Aktionsrabatte: Rabatte auf Grund einer Verkaufsaktion, Firmenjubiläum usw.
- Skonto: Preisnachlass bei schneller Zahlung des Kunden
- Bonus: Dieser wird meist am Jahresende gezahlt, wenn z.B. eine bestimmte Umsatzhöhe erreicht wurde.

Beispiel: Preispolitik ohne Preisnachlässe bei einem Sportschuhhersteller

Ein Sportschuhhersteller betreibt eine Preispolitik ganz ohne Rabatte oder sonstige Preisnachlässe. Dieser Hersteller argumentiert: „Wir haben qualitativ hochwertige Sportschuhe. Wir sind nicht der Billiganbieter. Unsere Produkte gibt es nur zu dem von uns festgelegten Preis. Wir verhandeln nicht. Ein Schuhladen, der unsere Sportschuhe billiger anbietet, wird nicht mehr von uns beliefert." Da dieser Sportschuhhersteller eine bekannte und bei den Kunden beliebte Marke vertritt, werden die harten Preisvorgaben von den Läden akzeptiert. Der Hersteller muss keine Erlösschmälerungen durch Preisnachlässe hinnehmen. Andererseits investiert der Hersteller enorme Summen in Werbung und Öffentlichkeitsarbeit, um die Attraktivität seine hochpreisigen Schuhe zu erhalten.

Lieferungs- und Zahlungsbedingungen

Lieferungs- und Zahlungsbedingungen sind weitere Gestaltungselemente der Konditionenpolitik und werden meist in den Allgemeinen Geschäftsbedingungen (AGB) festgehalten.

- Lieferungsbedingungen legen die näheren Einzelheiten der Vertragsabwicklung fest, z.B. die Art der Verpackung, den Liefertermin, den Erfüllungsort etc. Wer übernimmt z.B. die Bezugskosten/Transportkosten? Käufer oder Verkäufer?
  Insbesondere im Außenhandel ist die Vereinbarung über den Übergang der Ware wichtig, da damit auf die Lieferrisiken vom Verkäufer auf den Käufer übergehen. Dies wird vielfach in den so genannten Incoterms geregelt.
- Zahlungsbedingungen legen Zahlungsort und -zeitpunkt fest.

Beispiel: Lieferungsbedingungen im Versandhandel

Mussten die Kunden früher falsch gelieferte oder nicht gewünschte Ware bei einem Versandhandelshaus auf eigene Kosten zurücksenden, so gibt es heute fast nur noch kostenlose Rücksendeaufkleber. Ein Versandhandelshaus fing damit an, die Kosten der Rücksendungen für den Kunden zu übernehmen. Dies wurde von den Kunden so gut angenommen, dass heute kein großes Versandhandelshaus mehr um diese Vergünstigung für die Kunden herumkommt.

Sonstige Konditionen regeln

Dazu gehören beispielsweise

- Rücktritt/Rücknahmen: Manchmal wird die Leistung als Ganzes oder Teile der Leistung zurückgenommen.
- Gutschriften: Können aus verschiedensten Gründen anfallen, z.B. bei verspäteter Lieferung.
- Gewährleistungen: Dies sind die Garantieleistungen.
- Nacharbeiten: Zusätzliche Arbeiten, damit der Kunde die vereinbarte Leistung erhält.

Diese Aufzählung der sonstigen Konditionen ist nicht abschließend. Aufgrund der Vertragsfreiheit können weitere Konditionen im Kaufvertrag bzw. in den AGB festgehalten werden.

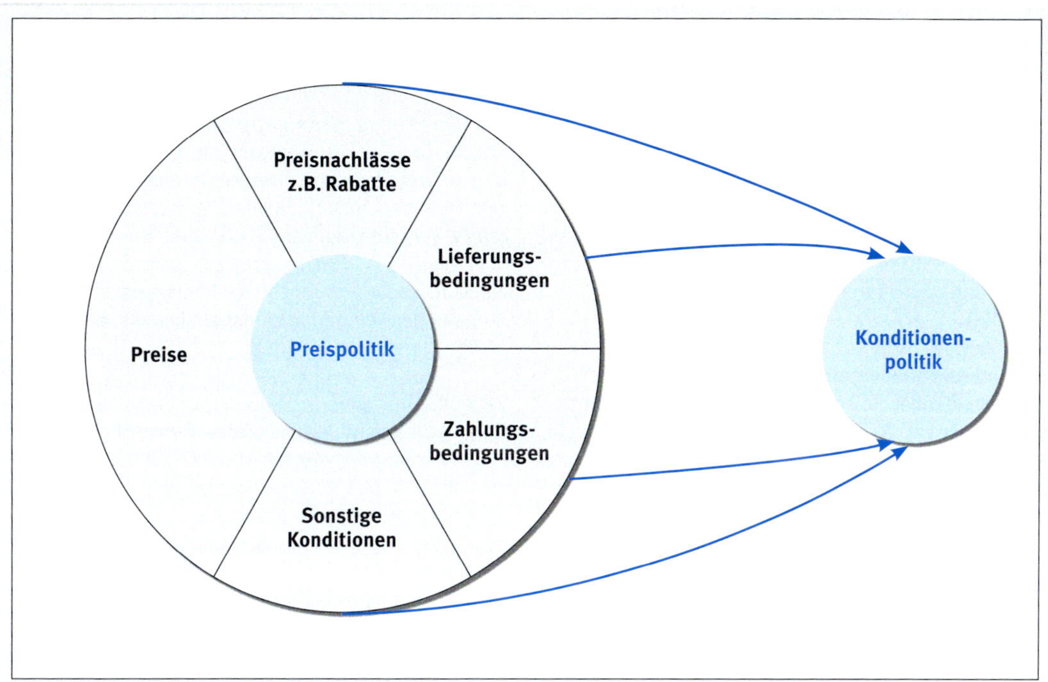

Preisnachlässe
z.B. Rabatte
Lieferungs-
bedingungen
Preise
Preispolitik
Zahlungs-
bedingungen
Sonstige
Konditionen
Konditionen-
politik

Konditionenpolitik, Teil der Preispolitik

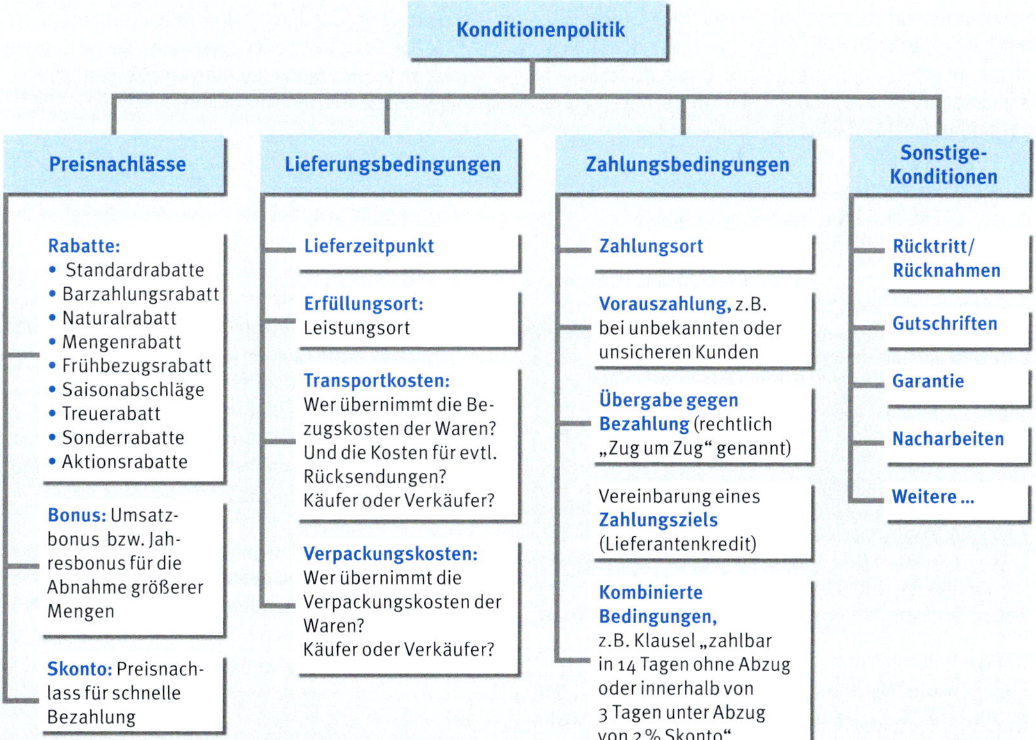

Konditionenpolitik
Preisnachlässe
Rabatte:
• Standardrabatte
• Barzahlungsrabatt
• Naturalrabatt
• Mengenrabatt
• Frühbezugsrabatt
• Saisonabschläge
• Treuerabatt
• Sonderrabatte
• Aktionsrabatte
Bonus: Umsatzbonus bzw. Jahresbonus für die Abnahme größerer Mengen
Skonto: Preisnachlass für schnelle Bezahlung
Lieferungsbedingungen
Lieferzeitpunkt
Erfüllungsort: Leistungsort
Transportkosten: Wer übernimmt die Bezugskosten der Waren? Und die Kosten für evtl. Rücksendungen? Käufer oder Verkäufer?
Verpackungskosten: Wer übernimmt die Verpackungskosten der Waren? Käufer oder Verkäufer?
Zahlungsbedingungen
Zahlungsort
Vorauszahlung, z.B. bei unbekannten oder unsicheren Kunden
Übergabe gegen Bezahlung (rechtlich „Zug um Zug“ genannt)
Vereinbarung eines Zahlungsziels (Lieferantenkredit)
Kombinierte Bedingungen, z.B. Klausel „zahlbar in 14 Tagen ohne Abzug oder innerhalb von 3 Tagen unter Abzug von 2 % Skonto“
Sonstige-
Konditionen
Rücktritt/
Rücknahmen
Gutschriften
Garantie
Nacharbeiten
Weitere ...

Gestaltungsmöglichkeiten der Konditionenpolitik

6.6 Kommunikationspolitik

6.6-1 Grundlagen

Die Kommunikationspolitik ist wohl das Maßnahmenpaket innerhalb des Marketing, das am ehesten von der Öffentlichkeit wahrgenommen wird. Hier geht es darum, den potenziellen Kunden zum Kauf des Produktes zu motivieren. Instrumente der Kommunikationspolitik sind im Wesentlichen Werbung, Verkaufsförderung und Öffentlichkeitsarbeit (Public Relations, kurz PR).

Was ist Kommunikation?

Das ganze Leben ist Kommunikation. Wir kommunizieren unentwegt. Auch wenn wir nichts sagen, spricht unser Gesichtsausdruck oder unsere Körperhaltung Bände über die Art und Weise, wie wir uns gerade fühlen, oder was wir von dem halten, was gerade von jemandem gesagt wird. Im Berufsleben wie im Privatleben spielt Kommunikation eine wesentliche Rolle. Sehen wir uns an, wie das Grundmodell der Kommunikation aussieht. Das Sender-Empfänger-Modell veranschaulicht, wie Kommunikation abläuft. Der Sender sendet eine Nachricht an den Empfänger. Hört sich trivial an, aber im täglichen Leben können dabei auch eine Menge Missverständnisse auftreten, indem der Sender etwas anders sagt, als er eigentlich meint. Weitere Störungen können sein, dass der Empfänger etwas akustisch falsch hört oder etwas anderes versteht, als der Sender ausdrücken wollte. Diese unbeabsichtigten Störungen der Kommunikation nennt man Verzerrungswinkel.

Beispiel für Verzerrungswinkel: Plakataktion von Benetton

Benetton warb vor einigen Jahren mit provozierenden Plakaten: AIDS-Tote, überfüllte Flüchtlingsboote, tote Soldaten etc. Benetton wollte auf soziale Missstände aufmerksam machen und sich als sozial engagiertes Unternehmen darstellen. Bei einigen Kunden ging diese Plakataktion gehörig schief. Sie sagten: „Ich will keine Benettonkleidung mehr anziehen oder kaufen. Ich muss dann immer an diese schrecklichen Bilder denken." Hier ging wohl mit dem, was Benetton mit der Werbung bewirken wollte, und dem, was beim Kunden ankam, mächtig etwas schief.
Was auch dazu führte, dass diese Plakataktion schnell vom Markt genommen wurde.

Unique Selling Proposition (USP)

In Zeiten der Wachstumsschwäche und wachsender Konkurrenz ist es besonders wichtig, sein Unternehmen oder sein Produkt gegenüber vergleichbaren Unternehmen und Produkten besonders herauszustellen. Hierzu muss man ein sog. Alleinstellungsmerkmal finden. Genau dies bedeutet die Entwicklung einer USP = Unique Selling Proposition (englisch für „einzigartiges Verkaufsargument"). USP ist dieses „einzigartige Verkaufsargument", das den Kunden davon überzeugt, das Produkt eines bestimmten Unternehmens zu kaufen und nicht zur Konkurrenz zu gehen. Aufgabe der Kommunikationspolitik ist es, diese USP an den Kunden zu vermitteln.

Verkaufsförderung

Unter Verkaufsförderung (Sales Promotion) werden eine Vielzahl von verkaufsunterstützenden Maßnahmen am Ort des Verkaufs verstanden. Dabei unterscheidet man zwischen Maßnahmen, die den Kunden direkt, den Handel oder das Verkaufspersonal beeinflussen:

- Konsumentenorientierte Verkaufsförderung:
  - Kostenlose Produktproben,
  - Sonderpreisaktionen,
  - Produktdemonstrationen,
  - Preisausschreiben im Verkaufsladen mit Sammelbox für die Teilnahmescheine,
  - attraktive Zugaben („drei Stück nehmen, zwei Stück bezahlen" oder „beim Kauf dieser Schuhe erhalten Sie ein Schuhpflegemittel gratis").
- Handelsorientierte Verkaufsförderung:
  - Händlerschulung,
  - Preisnachlässe oder Naturalrabatte für den Handel,
  - Unterstützung bei der Schaufenstergestaltung oder Ladeneinrichtung,
  - Produktspezifische Verkaufsständer,
  - Werbekostenzuschüsse für gemeinsame Werbeaktionen (Anzeigen die das Produkt und den Händler beim Kunden bekannt machen sollen).
- Verkaufspersonalorientierte Verkaufsförderung:
  - Gewährung von Prämien und Boni,
  - Verkäufertreffen, Informationsveranstaltungen,
  - Bereitstellung von Verkaufsunterlagen, Handbüchern.

Verkaufsförderung hat einen kurzfristigen Charakter. Der Kunde ist in einem Geschäft und soll durch besondere Maßnahmen (besonderer Präsentation der Produkte, spezielle Ansprache durch das Verkaufspersonal etc.) zum Kauf bewogen werden.

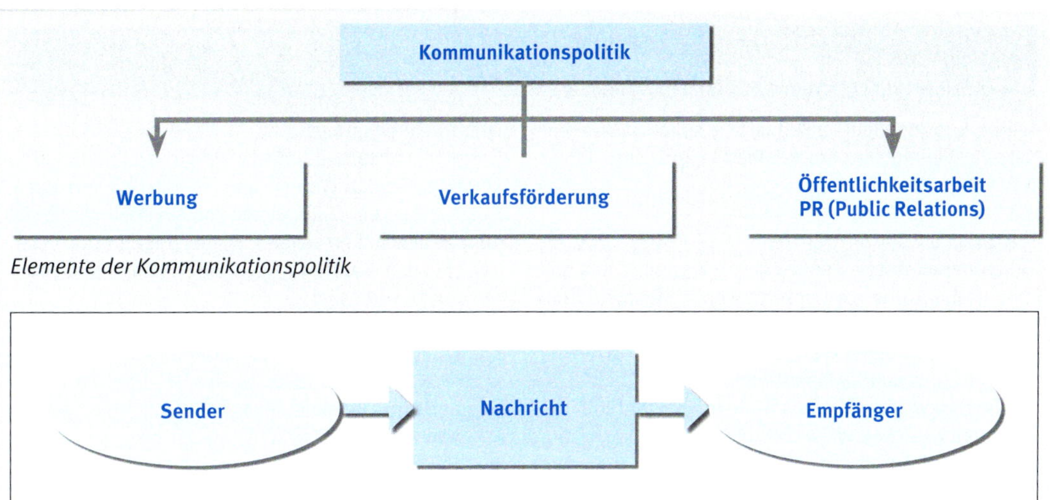

Elemente der Kommunikationspolitik

Grundmodell der Kommunikation: Sender-Empfänger-Modell

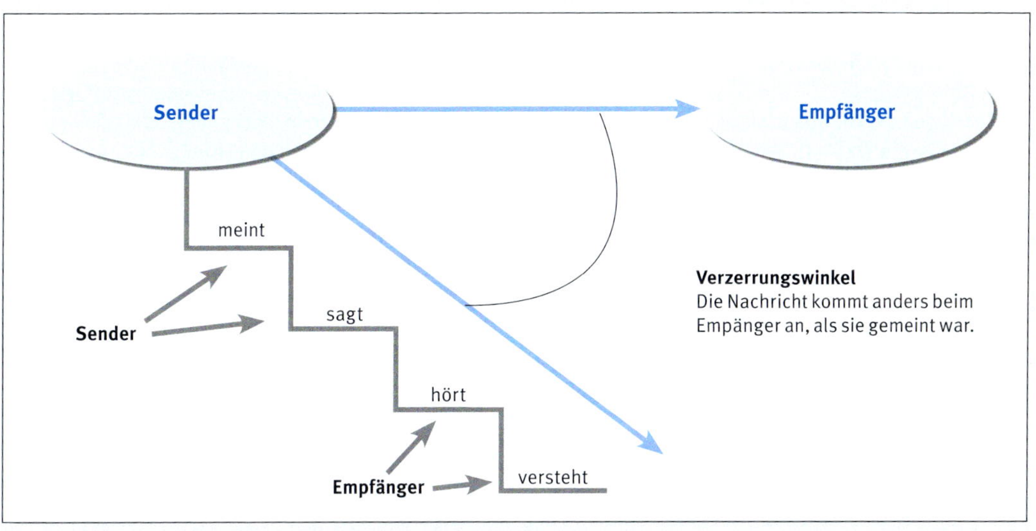

Störungen der Kommunikation: Verzerrungswinkel

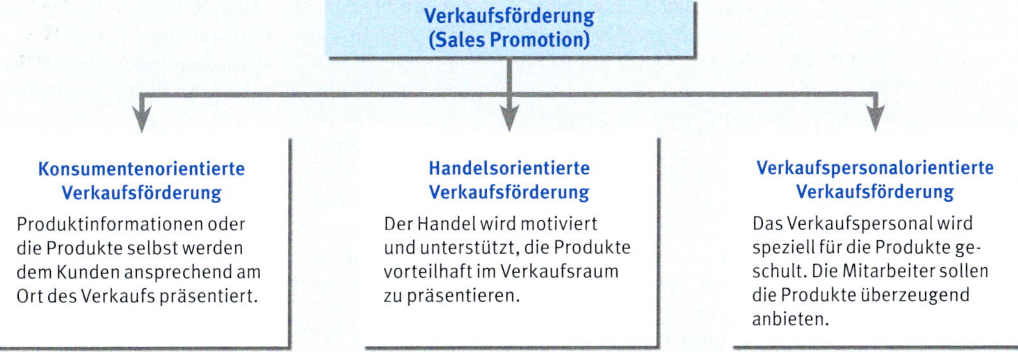

Unterschiedliche Ansatzpunkte der Verkaufsförderung

6.6-2 Kommunikationspolitik: Werbung und Öffentlichkeitsarbeit

Werbung und Öffentlichkeitsarbeit sollen im Gegensatz zur Verkaufsförderung einen langfristigen Effekt bei den Kunden erzielen.

Werbung

Durch den Einsatz einer Reihe von Werbemedien soll eine große Anzahl von potenziellen Abnehmern zum Kauf angeregt werden. Man unterscheidet Werbemittel und Werbeträger. Werbemittel sind z.B. Anzeigen, Fernseh- und Rundfunkspots und Plakate. Werbeträger ist das Medium, in oder auf dem das Werbemittel erscheint z.B. Zeitung, Zeitschriften, Fernsehen, Rundfunk oder Plakatsäulen. Werbung will eine möglichst große Breitenwirkung erzielen z.B. durch die Werbeträger Fernsehen oder große Tageszeitungen.

- Werbeziele

  Ziel der Werbung ist der Verkauf von Produkten und Dienstleistungen.

  Wie Werbung idealerweise wirkt, zeigt das bekannte AIDA-Schema:

  Zuerst soll die Werbung, z.B. eine Anzeige oder ein Fernsehspot, Aufmerksamkeit (= **A**ttention) erregen. Als Werbewirkung reicht dies aber nicht aus. Der Kunde soll auch auf das Produkt neugierig gemacht werden (**I**nterest). Die USP, das Alleinstellungsmerkmal des Produktes, soll dem Kunden vermittelt werden, so dass im nächsten Schritt der konkrete Kaufwunsch entsteht (**D**esire). Schließlich soll der Kunde handeln (**A**ction) und das Produkt kaufen.

  Dies geschieht direkt, z.B. indem die Telefonnummer einer Bestellhotline angegeben ist, durch Rücksendeschein für das Abrufen weiterer Produktinformationen oder z.B. zeitlich später bei dem nächsten Einkaufsbummel. Man spricht in diesem Zusammenhang von einem Responseelement.

- Werbeerfolgskontrolle

  Es war Henry Ford, der einmal sinngemäß sagte: „Ich weiß, dass ich die Hälfte meines Werbebudgets zum Fenster hinauswerfe. Ich weiß nur nicht welche Hälfte."

  Daher führen viele Unternehmen eine Werbeerfolgskontrolle durch. Die Frage lautet: Wie stellt ein Unternehmen fest, dass Werbemaßnahmen zu einem höheren Umsatz geführt haben? Man untersucht z.B., ob es eine statistische Abhängigkeit zwischen Werbeaufwand und Umsatz gibt. Eine in der Praxis gängige Methode ist es auch, Neukunden zu befragen, wie sie auf das Unternehmen oder Produkt aufmerksam geworden sind.

Öffentlichkeitsarbeit

Öffentlichkeitsarbeit, auch Public Relations (PR) genannt, ist das Werben um öffentliches Vertrauen. Durch geeignete Maßnahmen soll ein positives Firmenimage geschaffen werden, das letztendlich dazu dienen soll, den Markterfolg des Unternehmens zu erhalten und zu verbessern.

Maßnahmen der Öffentlichkeitsarbeit sind z.B.:

- Pflege guter Kontakte zu den Medien: Informationen und Themenanregungen an die Presse, Funk und Fernsehen, Pressenkonferenzen,
- Öffnung des Unternehmens für die Öffentlichkeit: Betriebsbesichtigungen, „Tag der offenen Tür",
- Corporate Identity: Eine Corporate Identity soll dem Kunden ein positives Firmenimage bzw. Produktimage vermitteln. Maßnahmen hierzu sind:
  - **Corporate Design**: Für das Produkt oder Unternehmen steht ein bestimmtes Logo, es gibt Firmenfarben. Alle Veröffentlichungen tragen das Logo und sind in den Firmenfarben gehalten.
  - **Corporate Communication**: Ein bestimmtes Logo steht für das Unternehmen, das in allen Anzeigen, Fernsehsport etc. enthalten ist.
  - **Corporate Behaviour**: Ein stets freundliches Auftreten soll Aushängeschild des Unternehmens sein.

  Durch diese Maßnahmen soll der Kunde ein positives Gesamtbild „Corporate Image" des Unternehmens verinnerlichen.
- Sponsoring: Sponsoring ist eine weitere Möglichkeit, ein Unternehmen oder Produkt dem Kunden in einem positiven Sinnzusammenhang zu demonstrieren. Sehr beliebt ist hierbei das Sportsponsoring. Es wird nicht nur von Unternehmen, die Sportartikel herstellen, betrieben, sondern auch von Unternehmen, die sich davon ein sportlich flottes Image versprechen. Auch Kultursponsoring oder Sozial Sponsoring sind Formen des Sponsoring.
- Product Placement: Produkte werden in einem Film oder einer Fernsehsendung platziert (z.B. ein neues Automobilmodell in einem James-Bond-Film) oder man engagiert Prominente, die das Produkt (z.B. Kleidung, Schmuck, Sonnenbrillen) bei einem öffentlichen Auftritt tragen. Der Kunde, der das Produkt an einem Prominenten sieht, soll bewusst oder unbewusst ein positives Image mit diesem Produkt verbinden.

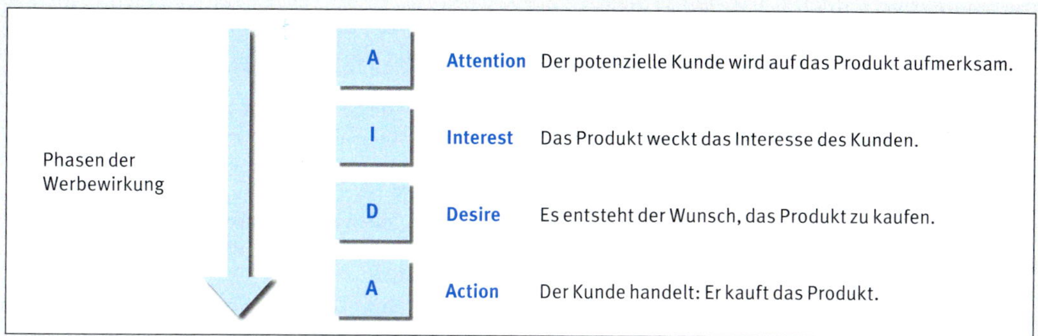

AIDA-Modell: Vier Phasen der Werbewirkung

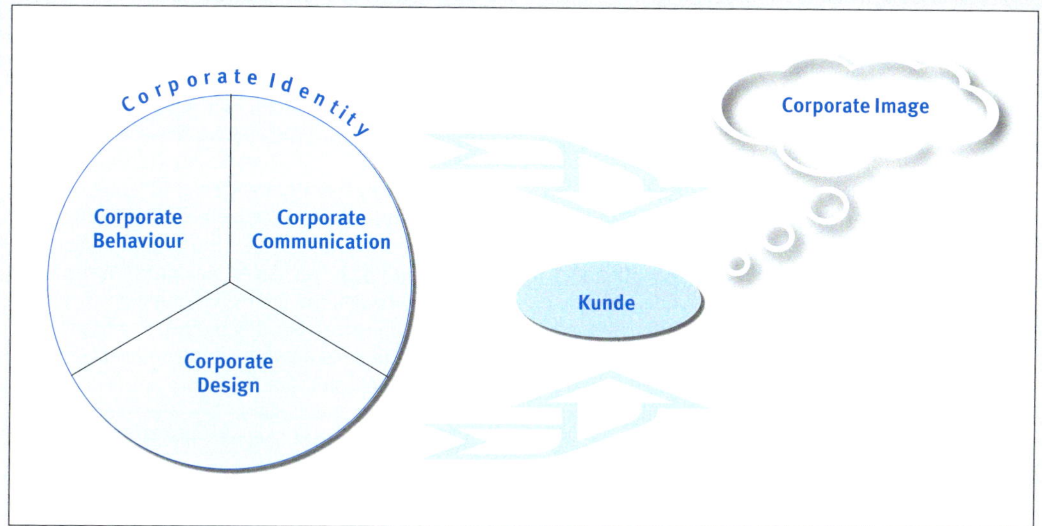

Corporate Identity

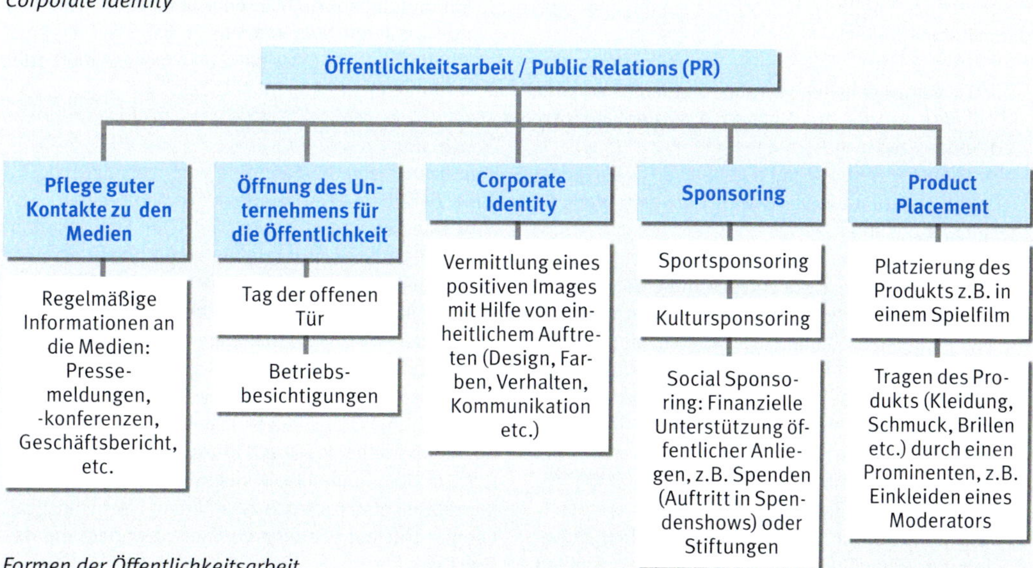

Formen der Öffentlichkeitsarbeit

6.7 Distributionspolitik
6.7-1 Grundlagen

Die Distributionspolitik, auch Absatzpolitik genannt, legt die Absatzkanäle/Vertriebswege fest. Geht man über den direkten Absatz/Direktvertrieb an den Kunden heran (z.B. Versandhäuser oder Vertriebsniederlassungen des Herstellers) oder schaltet man Absatzmittler, z.B. Groß- und Einzelhandel, ein? Das Internet, das World Wide Web, bietet in diesem Zusammenhang ganz neue Möglichkeiten für die Unternehmen. Das Internet unterstützt den direkten Verkauf an den Kunden.

Im Rahmen der Distributionspolitik geht es auch um die Entscheidung, wie hoch die Lieferbereitschaft ist: Muss gewährleistet sein, dass der Kunde das Produkt notfalls innerhalb von 24 Stunden erhält (wie z.B. bei Arzneimitteln) oder genügt eine Lieferbereitschaft von z.B. fünf Tagen?

Direkter und indirekter Absatz

Beim direkten Absatzkanal verkauft der Hersteller direkt an den Endabnehmer ohne Einsatz unternehmensfremder Absatzmittler. Indirekter Absatz bedeutet, dass zwischen Hersteller und Kunden rechtlich selbstständige Absatzmittler in den Vertriebsweg eingebunden werden. Hierbei kann eine beliebige Anzahl von Zwischenstufen gewählt werden. Am häufigsten ist das Einbinden eines Einzelhändlers, Handelsvertreters oder Maklers. Je nach Branche kommt noch die Absatzstufe des Großhandels dazu.

Für die Auswahl des geeigneten Vertriebsweges (direkter oder indirekter Absatz) werden folgende Kriterien herangezogen:

- Vertriebskosten: Sollen die Vertriebskosten möglichst gering gehalten werden, empfiehlt sich der indirekte Absatz über Absatzvermittler. Für den direkten Absatz müsste der Hersteller eine eigene Vertriebsorganisation mit eigenen Vertriebsniederlassungen gründen. Dies würde eine hohe Kapitalbindung bedeuten.
- Einflussmöglichkeiten des Herstellers: Legt ein Hersteller großen Wert auf den direkten Kundenkontakt, den direkten Zugang zu Informationen über seine Kunden und deren Kundenwünsche, so bietet sich der direkte Absatz an. Der Hersteller hat großen Einfluss auf den direkten Absatzkanal und kann seine Vorstellungen von Kundenbetreuung und Servicequalität in die Praxis umsetzen. Bei dem indirekten Absatz sind die Einflussmöglichkeiten des Herstellers deutlich geringer.
- Distributionsweite: Eine flächendeckende Distribution von Produkten ist eher durch den indirekten Absatz gewährleistet, da hier ein schon bestehendes Vertriebsnetz genutzt wird. Ein eigenes Vertriebsnetz aufzubauen ist möglich aber kapitalintensiv. Versandhandel und der Verkauf über Internet (E-Commerce) bieten die Möglichkeit einen relativ kostengünstigen direkten Absatzkanal aufzubauen.
- Produkteigenschaften: Handelt es sich um erklärungsbedürftige Produkte, wird man eher zum direkten Absatz neigen, z.B. bei dem Verkauf einer Segelyacht. Manche Absatzmittler sind jedoch auch gut in den Produkterläuterungen geschult, z. B. Apotheker oder Reisebüromitarbeiter, sodass auch erklärungsbedürftige Produkte in einem darauf spezialisierten indirekten Absatzweg verkauft werden können. Problemlose Massenartikel werden eher durch indirekten Absatz vertrieben.
- Vertriebswege der Konkurrenz: Ein Unternehmen kann sich an dem Absatzkanal der Konkurrenz orientieren oder sich dadurch von der Konkurrenz abheben, dass es einen anderen Absatzkanal wählt. Beispiel: Die meisten Hersteller von Pflegeprodukten setzen auf den indirekten Absatz. Yves Rocher z.B. setzt auf den direkten Absatz, um sich von der Konkurrenz abzusetzen.
- Stellung des Herstellers: In einer monopolähnlichen Stellung als Spezialanbieter wird ein Hersteller den direkten Absatzweg wählen, ein Hersteller von Massenwaren, der unter hohem Konkurrenzdruck steht, eher den indirekten Absatzweg. Ein Herstellen von Markenartikeln kann den einen oder anderen Weg wählen: Er baut sein eigenes Vertriebsnetz auf, das die Marke repräsentiert oder wählt den indirekten Absatzweg.

Franchising

Beim Franchising besteht eine enge vertragliche Bindung zwischen dem Hersteller (Franchisegeber) und dem Händler (Franchisenehmer). Der Franchisenehmer ist rechtlich selbstständig, sein Handeln ist aber durch die geschäftspolitischen Vorgaben des Franchisegebers stark eingeschränkt. So gibt der Franchisegeber Werbemaßnahmen, Produktqualitäten, Verkaufskonzept, Lieferungs- und Zahlungsbedingungen bis hin zur Ausstattung der Geschäftsräume vor. Der Franchisenehmer zahlt eine bestimmte Gebühr für die Übernahe des Geschäftskonzeptes des Herstellers. Für den Kunden ist in vielen Fällen ein Franchisekonzept nicht als solches zu erkennen. Der Franchisenehmer tritt auf wie eine Verkaufsniederlassung des Herstellers.

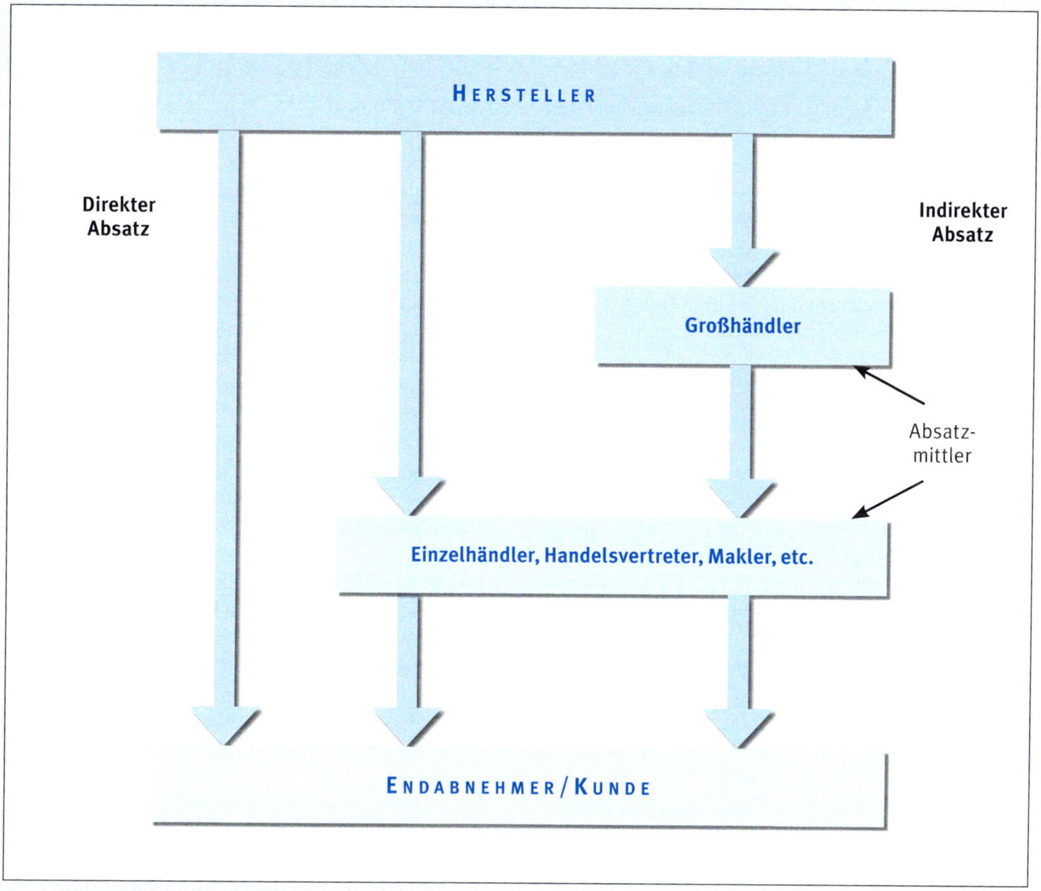

HERSTELLER

Direkter Absatz

Indirekter Absatz

Großhändler

Absatz-mittler

Einzelhändler, Handelsvertreter, Makler, etc.

ENDABNEHMER / KUNDE

Absatzkanäle/Vertriebswege

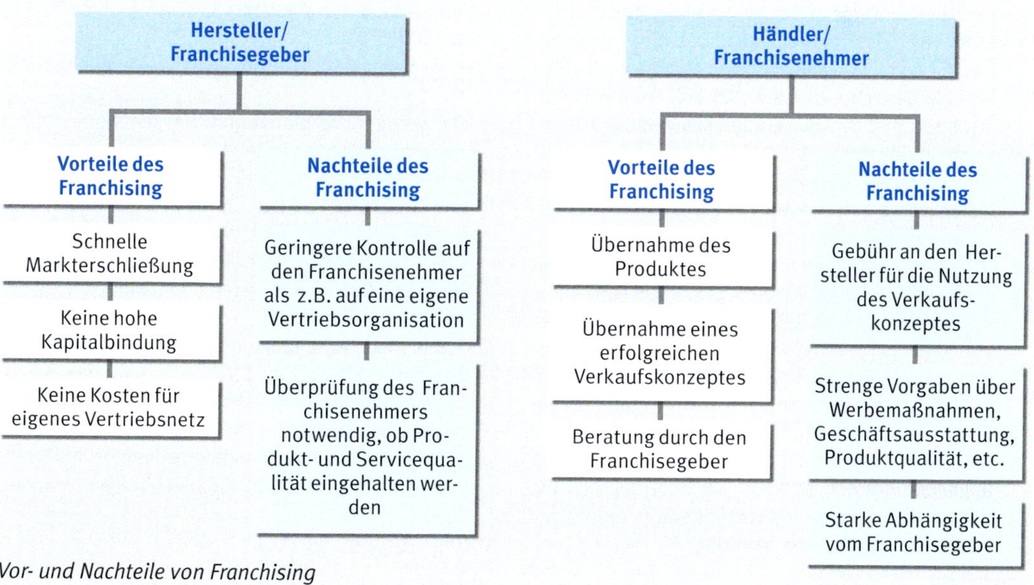

Vor- und Nachteile von Franchising

6.7-2 Distributionspolitik: E-Commerce

Mit E-Commerce werden Geschäfte bezeichnet, die über das Internet abgewickelt werden. Der Oberbegriff hierzu wird als E-Business bezeichnet, das alle geschäftlichen Transaktionen im Internet umfasst. Während E-Procurement die elektronische Beschaffung bezeichnet (Einkauf des Unternehmens bei seinen Lieferanten), ist mit E-Commerce die Geschäftsbeziehung zwischen Unternehmen und Endabnehmern gemeint. E-Commerce ist eine neue Form des Direktvertriebs.

Grundidee ist, dass Käufer und Verkäufer von Waren und Dienstleistungen über das Internet kommunizieren können. Beide tauschen Informationen über die Ware und den Kaufwunsch aus. Der Verkäufer bietet Informationen über seine Produkte und deren Preis an. Der Käufer kann sich umfassend informieren und seinen Kaufwunsch direkt über das Internet abwickeln. Er füllt hierzu z.B. ein Bestellformular aus, welches er an den Verkäufer über das Internet übermittelt. Der Verkäufer verschickt dann die Produkte an den Käufer und dieser bezahlt dafür den vereinbarten Preis per Rechnung, Bankeinzug oder Kreditkarte.

Die Vorteile des E-Commerce für ein Unternehmen sind:

- Erfüllung des Kundenwunsches: Viele Kunden wünschen sich einen stressfreien Einkauf von zu Hause aus, zumindest umfassende Produktinformationen auf der Homepage des Unternehmens.
- Steigerung der Kundenzufriedenheit: Der Kunde kann bequem von zu Hause aus einkaufen
- Erhöhung des Firmenimages: Das Unternehmen, das E-Commerce anbietet, gilt als fortschrittlich und auf der Höhe der Zeit. Ein eigenes Unternehmensportal ist für viele Firmen schon ein Muss.
- Erschließung neuer Absatzkanäle: E-Commerce ist eine kostengünstige Form des Direktvertriebs. Es bietet sich als Alternative zu den bisherigen Vertriebswegen des Unternehmens an.
- Gewinnung von Neukunden: Durch das Internet erschließt ein Unternehmen evtl. eine ganz neue Zielgruppe, die sich bisher nicht für das Produkt oder das Unternehmen interessiert hat.
- Umsatzsteigerung: Als Vorreiter im Bereich E-Commerce kann ein Unternehmen sich von der Konkurrenz abheben und seine Umsätze erhöhen.
- Kosteneinsparungen: Kaufen immer mehr Kunden über das Internet, so kann ein Unternehmen die Kapazitäten der anderen Vertriebswege reduzieren und so Einsparungen realisieren.

Onlineshop

Der Onlineshop stellt Waren im Internet direkt zum Verkauf bereit. Besonders bekannte Formen des Internethandels sind Buch- und Musikversand und Internetauktionen.

Internethändler haben den Vorteil, dass sie keinen physischen Verkaufsraum brauchen, dieser steht virtuell als Internetseite zur Verfügung. Auch brauchen Onlineshops häufig keinen oder nur wenig Lagerraum, da sie eine Lieferung direkt vom Hersteller veranlassen können bzw. die Waren je nach Bedarf bestellen können. Die eingesparten Fixkosten können dann an den Verbraucher weitergegeben werden.

Gewinner dieses Trends sind neben den Onlineshops vor allem Logistikunternehmen und Zustelldienste, während Einzelhändler oft die Verlierer dieser Entwicklung sind.

Auch die IT-Branche profitiert von diesem Trend, da sie passende Software für die Erstellung von Internetportalen verkauft oder das Betreiben dieser Internetportale anbietet.

Ausgewählte Formen des Online-Shop-Business:

1. B2B, Business to Business, Unternehmen zu Unternehmen:
   Hier geht es um die Geschäftsbeziehungen zwischen Unternehmen und Lieferanten über das Internet (E-Procurement). (Wie auch bei den folgenden Bezeichnungen ist es übrigens formal korrekt und üblich, das „to" in B-to-B, wie es eigentlich heißt, durch die Zahl 2 zu ersetzen, also B2B zu sagen.)
2. B2C Business to Consumer, Unternehmen zu Kunde:
   Der Verkauf von Waren und Dienstleistungen über das Internet hat in den letzten Jahren einen rasanten Aufschwung erlebt. Der Kunde geht nicht mehr in ein Geschäft, sondern in den Onlineshop. Dort erhält er umfassende Produktinformationen und kann die gewünschten Waren in einen elektronischen „Warenkorb" legen und damit zur „Kasse" gehen.
3. C2C Consumer to Consumer, Kunde zu Kunde:
   Hiermit sind Käufe und Verkäufe zwischen Privatleuten gemeint. Online-Aktionshäuser und Tauschbörsen im Internet erfreuen sich zunehmender Beliebtheit. Mancher Kunde wird damit zum „Powerkäufer", der wie ein selbstständiger Händler agiert.

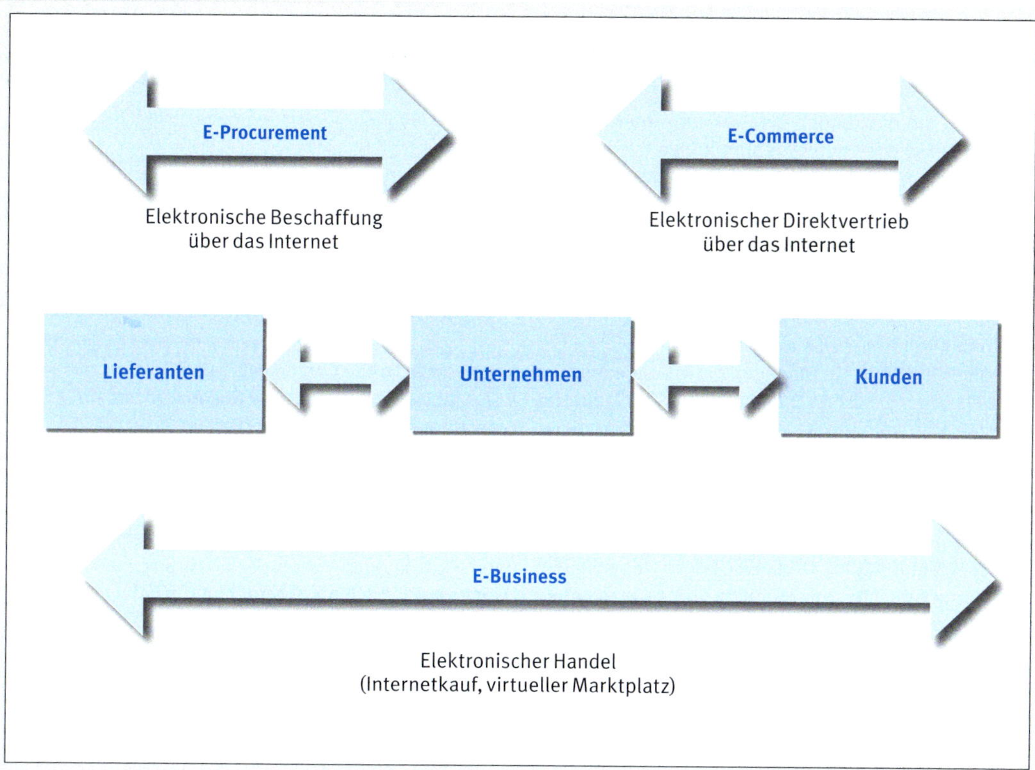

Überblick E-Business

Consumer (Kunde)		
C2C	Consumer-to-Consumer	Verbraucher zu Verbraucher
C2B	Consumer-to-Business	Verbraucher zu Unternehmen
C2A	Consumer-to-Administration	Verbraucher zu Regierung

Business (Verkäufer, Unternehmen)		
B2C	Business-to-Consumer	Unternehmen zu Verbraucher
B2B	Business-to-Business	Unternehmen zu Unternehmen
B2A	Business-to-Administration	Unternehmen zu öffentl. Verwaltung
B2E	Business-to-Employee	Unternehmen zu Mitarbeiter

Administration (Regierung), manchmal auch als Government (G) bezeichnet		
A2C	Administration-to-Consumer	Regierung zu Verbraucher
A2B	Administration-to-Business	Regierung zu Unternehmen
A2A	Administration-to-Administration	Regierung zu Regierung

Übersicht über die Formen des E-Business

6.8 Neue Marketingansätze

Der Markt um die Kunden ist stark umkämpft und so sind immer wieder neue kreative Ideen gefragt, um Produkte am Markt zu platzieren. Neue Kunden sollen geworben werden und diese sollen an das Produkt oder das Unternehmen gebunden werden. Die neueren Marketingansätze versuchen gerade die Kundenbindung zu erhöhen.

Customer Relationship Management (CRM)

Customer Relationship Management ist die englische Bezeichnung für die Verwaltung von Kundenbeziehungen, z.B. werden die Daten der Kunden in einer Kundendatenbank gespeichert und daraus Erkenntnisse über das Marktgeschehen gewonnen.

Aber der Gedanke des CRM geht noch viel weiter: Die Idealvorstellung des Customer Relationship Management (CRM) ist, dass es eine lebenslange Beziehung zwischen Unternehmen und Kunden geben soll. Dann werden die Daten genutzt, um dem Kunden z.B. später neue Angebote zu schicken oder ein erneutes Kundengespräch gut informiert führen zu können.

Hintergrund ist die Erkenntnis, dass es wesentlich günstiger ist, einen bestehenden Kunden als Stammkunden zu halten, als immer wieder neue Kunden gewinnen zu müssen. Somit begreift das CRM den Kunden nicht als Einmalkäufer eines bestimmten Produktes oder einer Dienstleistung, sondern als „Kunden auf Lebenszeit". Wie könnte so eine lebenslange Kundenbeziehung im Einzelnen aussehen?

Beispiel: Ein Versicherungsunternehmen plant ein umfassendes CRM

Ein großes Versicherungsunternehmen mit Tochterfirmen der Finanzdienstleistung stellte sich ein umfassendes CRM-Konzept so vor: Bei Geburt bekommt das Kind z.B. ein Sparkonto bei der Bank (Tochterfirma der Versicherung). Wird das Kind älter, kommen Versicherungen und eventuell auch schon ein Bausparvertrag hinzu. Dann beginnt das inzwischen erwachsene Kind eine Ausbildung und tritt ins Berufsleben ein. Der „Dienstleister aus einer Hand" bietet einen Berufsstarterkredit für die erste eigene Bude und zudem die Berufsunfähigkeitsversicherung. Später wird geheiratet, es kommt zur Baufinanzierung des Häuschens und eine Lebensversicherung, um die junge Familie abzusichern. Dann denkt man an private Altersvorsorge usw. usw. Lebenslang soll dieser Kunde seine Bedürfnisse und Probleme hinsichtlich Geldanlage, Finanzierung und Versicherungsbedarf mit Hilfe dieser Unternehmensgruppe lösen. So war die Vision dieses Unternehmens.

Um die Geschichte abzuschließen: Diese Vision wurde, zumindest bis jetzt, noch nicht verwirklicht, da das Unternehmen den Kunden hierzu ein Honorar für „Lebensberatung" in Rechnung stellen wollte. Die Kunden akzeptierten diese zusätzliche Gebühr nicht und wechselten zu den Geldinstituten und Versicherungen, bei denen sie gratis beraten wurden.

„One Face to the Customer"

Das Motto „One Face to the Customer" bedeutet, dass der Kunde nicht von unterschiedlichen Verkäufern und Sachbearbeitern für unterschiedliche Produkte und Dienstleistungen bedient wird, sondern speziell nur von seinem Kundenberater, egal ob es um Kauf, Reklamation oder Servicedienstleitungen geht. Viel zu oft mussten Kunden schon die Erfahrung machen, dass eine Hand in einem Unternehmen nicht weiß was die andere tut. Wurden dem Kunden beim Kauf noch große Versprechungen vom Vertriebsmitarbeiter gemacht, so steht der Kunde bei Reklamationen eventuell etwas unfreundlicheren Mitarbeitern gegenüber und die Buchhaltung mahnt, obwohl die Ware längst zurückgeschickt wurde usw.

In diesem Sinne bedeutet das Motto, dass die Freundlichkeit und der Service des Unternehmens immer gleich gut sein muss und der Kunde möglichst von dem gleichen Mitarbeiter betreut wird, egal um welches Anliegen es geht.

Cross Selling

Der Gedanke des Cross Selling ist ganz einfach: Man hat einem Kunden ein Produkt oder eine Dienstleistung verkauft. Jetzt überlegt man: Welches Produkt oder welche Dienstleistung könnte man dem Kunden noch zusätzlich anbieten? Kein neuer Gedanke, denken Sie vielleicht, aber heutzutage richten sich immer mehr Unternehmen nach diesem Gedanken und bilden z.B. strategische Allianzen oder ähnliche Unternehmenskooperationen, um ihre Produkte im Verbund an den Kunden zu bringen.

Beispiele für Cross Selling:

Die Anwendung des Cross Selling beginnt z.B. im Hotel, in dem Sie auch einen Mietwagen für die Zeit ihres Aufenthalts buchen können. Oder die Bank, die Ihnen neben der Kreditvergabe auch eine Lebensversicherung vermittelt. Oder es wird Ihnen beim Kauf eines Babysicherheitssitzes für das Auto zusätzlich Babybekleidung angeboten.

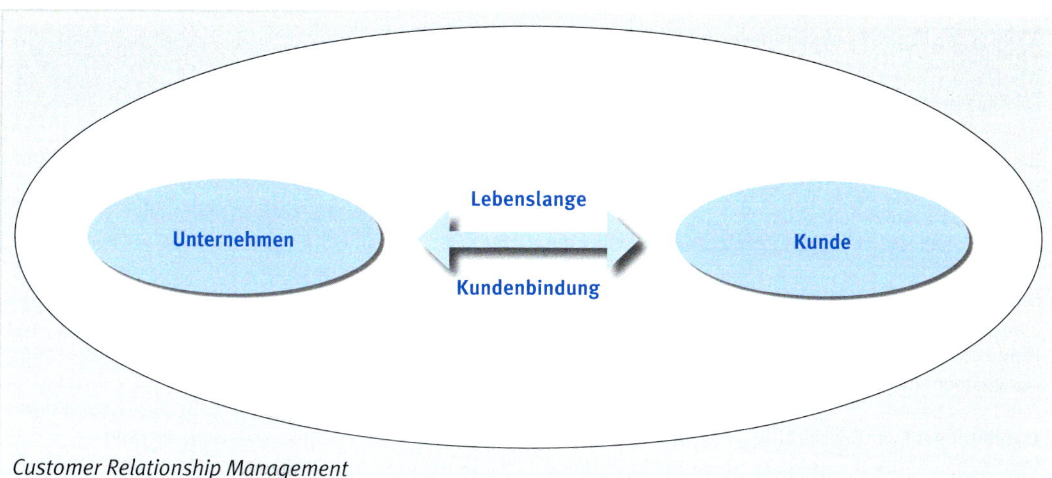

Customer Relationship Management

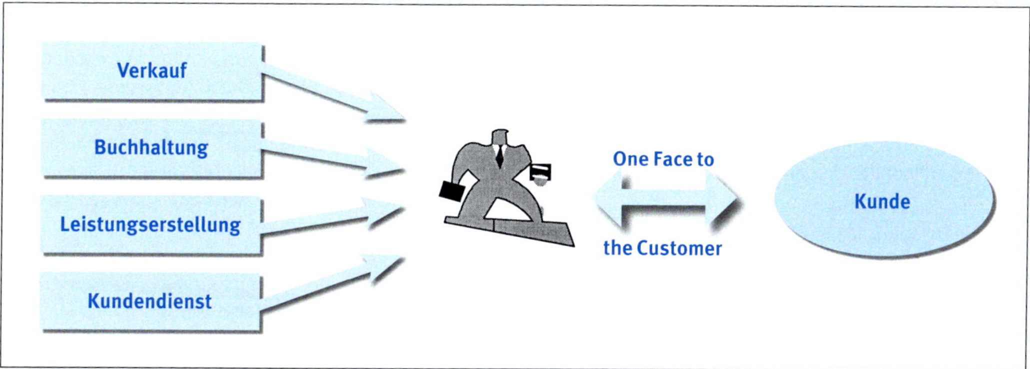

Ein Kundenbetreuer für alle Anliegen des Kunden: „One Face to the Customer"

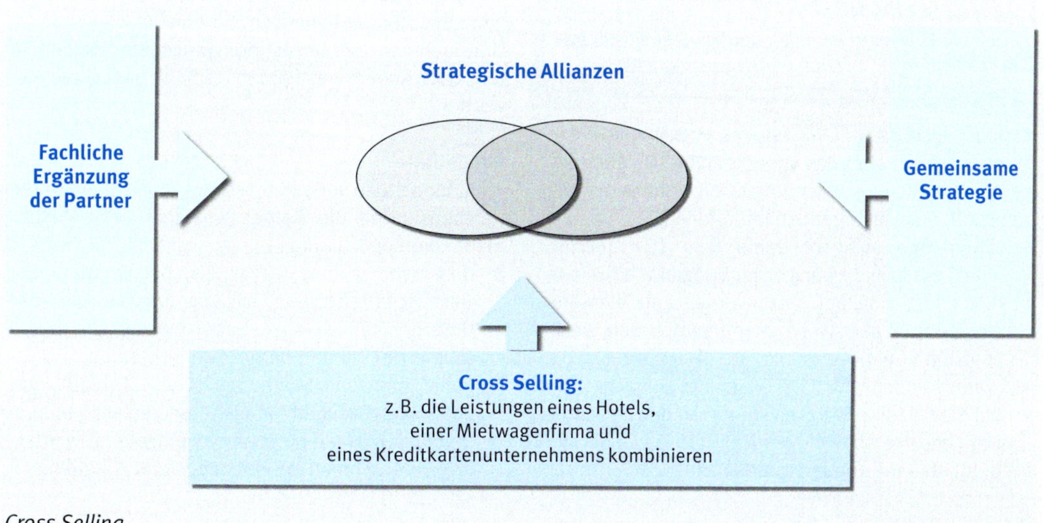

Cross Selling

7 Finanzierung und Investition

7.1 Überblick

Bei Finanz- und Investitionsfragen geht es um die existenziellen Eckdaten im Unternehmen.

- Ist das Unternehmen „finanziell gesund"?
- Geht man mit den richtigen Investitionen in die Zukunft?

Diese Fragen sind als Managemententscheidungen „ganz oben" angesiedelt und die Unternehmensführung muss sich um eine Finanz- und Investitionsplanung kümmern.

Liquidität geht vor Rentabilität

Vorrangiges Unternehmensziel ist es meist, Gewinne zu erwirtschaften und damit in Abhängigkeit vom eingesetzten Kapitel eine gute Rentabilität zu erwirtschaften. Es gilt die Basisformel:

$$\frac{\text{Gewinn} \cdot 100}{\text{eingesetztes Kapital}} \text{ z.B. } \frac{250.000 \text{ EUR} \cdot 100}{3.000.000 \text{ EUR}} = \mathbf{8{,}3\ \%\ Rendite}$$

Aber zwischen den Zielen Maximierung von Gewinn/ Rentabilität und Liquidität (Zahlungsfähigkeit) kann es einen Zielkonflikt geben.

Beispiel: Rentabilität hoch, aber die Liquidität bleibt auf der Strecke

Ein Unternehmen der Optikbranche hatte in Erwartung guter Exportgeschäfte große Summen in neue Produktionsanlagen investiert. Jede neue Investition brachte lt. Planung jedes Jahr rund 15 % Rendite. Die Finanzierung verschlang hohe Eigenmittel und es mussten Bankkredite aufgenommen werden. Leider flossen die Umsätze aber zäher als erwartet und trotz guter Gewinne mussten zur Sicherung der Liquidität erneut Kredite aufgenommen werden. Ergebnis: Gerade noch an der Insolvenz „vorbeigeschrammt".

Es kann also passieren, dass zwar Gewinne eingefahren werden, aber das Unternehmen trotzdem seinen finanziellen Verpflichtungen nicht nachkommen kann, z.B. auch in folgenden Situationen:

- Langfristige Anlagen: Damit kein EUR „herumliegt", wird Geld zwar gewinnbringend, aber langfristig fest angelegt. Jetzt werden gute Renditen eingefahren, aber wehe, man benötigt nun dieses angelegte Geld!
- „Faule Kunden": Man hat Geschäfte gemacht, ohne auf die Zahlungsfähigkeit seiner Kunden zu achten. Die Umsätze sind eingebucht (die Gewinne sind gut!), aber die Kunden zahlen nicht!
- Mangelnde Finanzplanung: Zwar macht man gute Geschäfte, aber die Einnahmen und Ausgaben sind nicht abgestimmt. Plötzlich fehlt Geld!

So muss die Liquidität ganz vorn im Zielsystem des Unternehmens bleiben.

Finanzierung

Finanzierungsfragen begleiten das Unternehmen während des gesamten Lebenszyklusses.

- Anfangsfinanzierung: In der Startphase des Unternehmens wird naturgemäß Geld benötigt.
- Laufendes Geschäft: Aber auch das laufende Geschäft muss finanziert werden. Dies passiert durch den Umsatzprozess, der die laufenden Kosten decken muss und idealerweise auch schon z.B. Investitionen finanzieren kann. Problematisch kann es werden, wenn durch das laufende Geschäft die Finanzierung nicht mehr bewältigt werden kann.
- Planung und Kontrolle durch den Finanzplan: Die finanzielle Situation muss durch eine Finanzplanung regelmäßig beobachtet werden. So werden Engpässe erkannt und bei Bedarf können Finanzmaßnahmen eingeleitet werden.

Investitionen

Die Frage nach den richtigen Investitionen ist letztlich eine Wirtschaftlichkeitsrechnung. Neben allen rein technischen Fragen muss immer bedacht werden, ob sich die Investition „unter dem Strich rechnet". Dazu gibt es eine Reihe von verschiedenen Investitionsrechenmethoden. Aber auch Risikoaspekte, Umweltfragen usw. sind zu bedenken. So empfiehlt es sich, im Unternehmen ein „Investitionsprocedere" einzurichten, nach dem Investitionen geplant und gerechnet werden.

Sonderfälle

Auch für seltene Vorkommnisse im Leben eines Unternehmens muss die Betriebswirtschaftslehre Instrumente bieten:

- ▶ Unternehmensbewertung: Z.B. bei Verkauf oder Gesellschafterwechsel will man wissen, was das Unternehmen wert ist. Dabei müssen die Erwartungen der Zukunft berücksichtigt werden.
- ▶ Sanierung: Eine Sanierung ist ein „Notfall". Das „normale" Geschäft hat nicht wie geplant geklappt und jetzt müssen Maßnahmen eingeleitet werden, das Unternehmen in seinem Bestand zu retten.

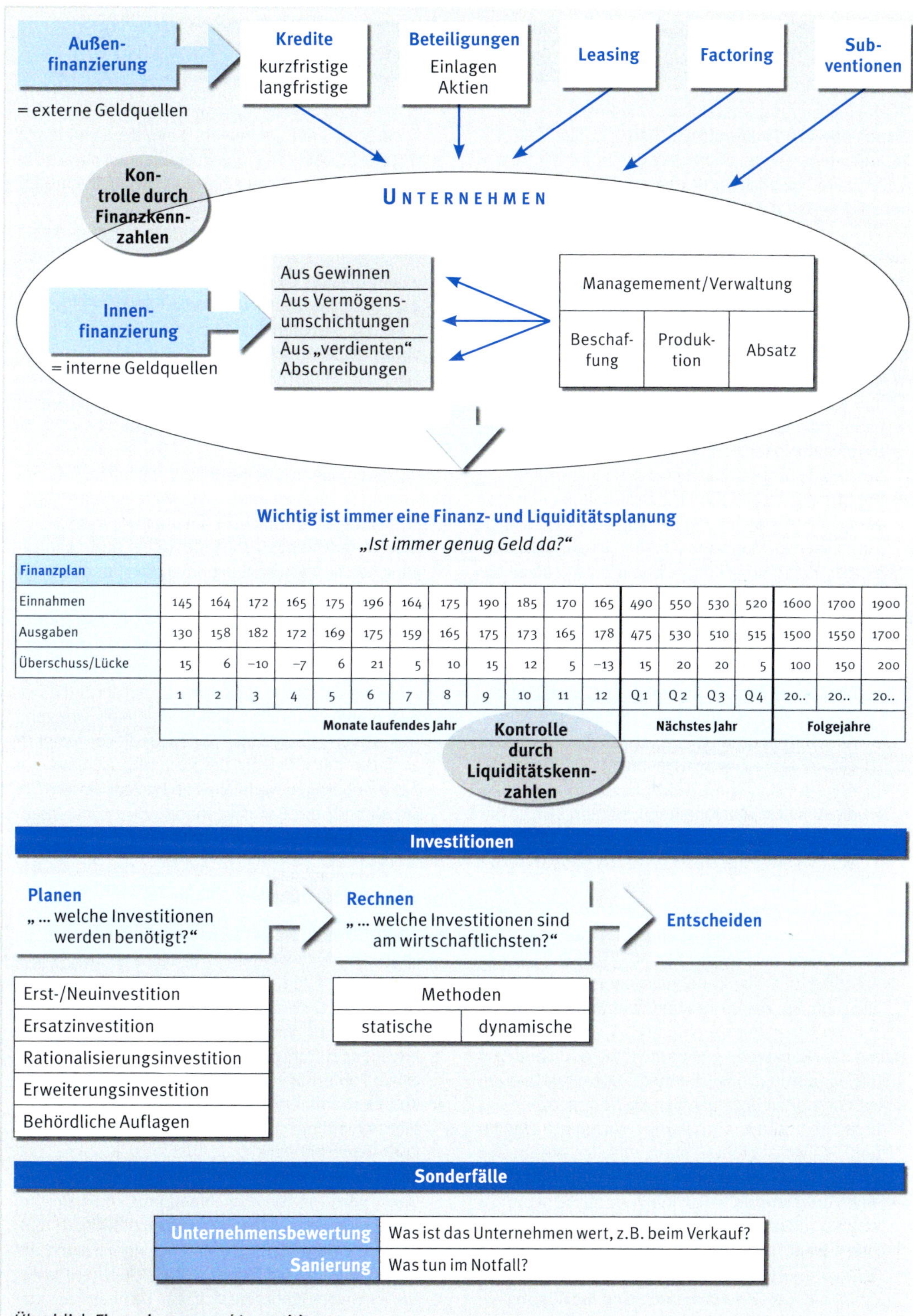

Finanzplan																			
Einnahmen	145	164	172	165	175	196	164	175	190	185	170	165	490	550	530	520	1600	1700	1900
Ausgaben	130	158	182	172	169	175	159	165	175	173	165	178	475	530	510	515	1500	1550	1700
Überschuss/Lücke	15	6	−10	−7	6	21	5	10	15	12	5	−13	15	20	20	5	100	150	200
	1	2	3	4	5	6	7	8	9	10	11	12	Q1	Q2	Q3	Q4	20..	20..	20..
	Monate laufendes Jahr												Nächstes Jahr				Folgejahre		

Überblick Finanzierung und Investition

7.2 Finanzierung
7.2-1 Teil 1

Unter Finanzierung versteht man die Beschaffung und Disposition von Finanzmitteln. Dabei sollen Ziele wie Kapitalbereitstellung, Sicherung der Liquidität, finanzielle Unabhängigkeit unter wirtschaftlichen Gesichtspunkten realisiert werden, also möglichst effizient.

Außenfinanzierung: Geld von außerhalb des Unternehmens

Es wird dem Unternehmen Geld von außen, z.B. vom Kapitalmarkt zugeführt.

- Beteiligungs- bzw. Einlagenfinanzierung: Zum einen können bereits vorhandene Anteilseigner ihre Kapitaleinlage erhöhen, zum anderen können neue Anteilseigner aufgenommen werden. Die Beteiligungsfinanzierung ist stark abhängig von der Rechtsform (s. Abschnitt 2.2 Rechtsformen).
- Kreditfinanzierung: Kreditfinanzierung ist eine der gängigsten Finanzierungsformen. Im Wesentlichen unterscheidet man kurz-, mittel- und langfristige Kredite. Kurzfristige Kredite haben eine Laufzeit bis zu einem Jahr, mittelfristige bis zu ca. 3–4 Jahren.
  Darlehensarten: Es gibt viele Methoden, ein Darlehen zu berechnen. Weit verbreitet sind
  - **Abzahlungsdarlehen**: Getilgt wird ein gleichbleibender Betrag. So sinken im Zeitablauf die Zinsen. Die Belastung sinkt im Laufe der Zeit.
  - **Annuitätendarlehen**: Es wird ein gleichbleibender Jahresbetrag errechnet. Die Zinsen verringern sich tilgungsbedingt von Jahr zu Jahr. Da die Annuität konstant bleibt, steigert sich so der jährliche Tilgungsbetrag. Im letzten Jahr wird das Darlehen abgelöst.
  - **Festdarlehen**: Während der Laufzeit werden lediglich Zinsen gezahlt. Getilgt wird am Ende der Darlehensdauer in einer Summe.

  Häufig wird mit einem Disagio gearbeitet, einem Abschlag auf die Darlehenssumme (quasi erste Zinszahlung). Die Rückzahlung beträgt 100 Prozent.

Neben dem Bankkredit gibt es eine Reihe von anderen Kreditfinanzierungsmöglichkeiten. Allerdings stehen einige nur großen Unternehmen zur Verfügung.

- Industrieschuldverschreibung (Anleihe, Obligation): Langfristiges Darlehen, welches ein großes Unternehmen an der Börse aufnimmt. Dazu erfolgt eine Aufteilung in Teilschuldverschreibungen. So können private und institutionelle Kapitalgeber „gesammelt" werden, die je einen Zins erhalten.
- Gewinnschuldverschreibung: Neben dem Zins erhält hier der Schuldner noch eine Beteiligung am Gewinn des Unternehmens.
- Wandelschuldverschreibung: Hier wird neben den Rechten aus der „normalen" Schuldverschreibung verbrieft, dass der Inhaber ein Umtauschrecht in Aktien hat (Wandelanleihe) oder Bezugsrechte für Aktien erhält (Optionsanleihe).
- Zero-Bonds: Während der Laufzeit erfolgt keine Zinszahlung, sondern die Zero-Bonds werden mit einem Disagio (Abschlag) ausgegeben, aber dann zum Nennwert, also zum vollen Wert getilgt. Die Differenz zwischen Ausgabe- und Rückgabewert ist der Ertrag für den Anleger.
- Schuldscheindarlehen: Dies ist eine Kreditform, die ohne Zwischenschaltung der Börse durch einen individuellen Vertrag zustande kommt.

Neben langfristigen Krediten können vor allem kleinere Unternehmen auch Handels- bzw. Warenkredite, Geldkredite und die Kreditleihe in Anspruch nehmen.

- Kundenanzahlung: Insbesondere bei Auftragsfertigung kann eine Anzahlung durch den Kunden plausibel begründet werden.
- Lieferantenkredit: Die empfangene Leistung wird erst später gezahlt, man verzichtet z.B. auf die Skontonutzung. Allerdings ist der Skontoverzicht ein sehr teurer Kredit! Man erkauft sich z.B. bei der Zahlungsbedingung „2 Prozent Skonto innerhalb von zehn Tagen oder 30 Tage netto" einen Kredit von lediglich 20 Tagen mit 2 Prozent der Rechnungssumme. Auf das Jahr bezogen wären dies 36 Prozent Zinsen! Der Zinssatz für die Beanspruchung eines Lieferantenkredits berechnet sich nach folgender Formel:

$$\frac{\text{Skontosatz} \cdot 360}{\text{Zahlungsfrist} - \text{Skontofrist}} \quad \text{z.B.} \quad \frac{2 \cdot 360}{30 - 10} = \mathbf{36\ \%}$$

- Wechselkredit: Beim Wechselkredit kann ebenfalls später bezahlt werden. Drei Monate und länger sind nicht selten. Der Vorteil bei Wechselzahlung liegt für die Lieferanten darin, dass Wechsel sichere Papiere sind. Wird ein Wechsel nicht bezahlt, kommt es zum sog. Wechselprotest. Schnell kommt es zur Forderungseintreibung beim Kunden.
- Kontokorrentkredit: Hier kann ohne Formalitäten eine Kreditlinie ausgeschöpft werden. Vorsicht: Kontokorrentkredite sind meist teure Kredite.
- Lombardkredit: Dies ist ein Beleihungskredit, die Bank wird quasi zum Pfandhaus. Bewegliche, marktgängige Vermögensgegenstände, z.B. Schmuck werden verpfändet. Gängig ist auch der Warenlombard, die Überlassung gekaufter Waren. Die Zinsen orientieren sich am Lombardsatz der Deutschen Bundesbank.

Außenfinanzierung			Innenfinanzierung			
Beteiligungs-finanzierung	Kreditfinanzierung		Subventions-finanzierung	Überschussfinanzierung		Finanzierung aus Vermögens-umschichtung
	langfristige Kredit-finanzierung	kurzfristige Kredit-finanzierung		Selbst-finanzierung	Finanzierung aus Abschreibungen und Rückstellungen	
Zuführung v. haftendem Kapital durch Aufnahme neuer Gesellschafter, durch Aktienemission usw.	z.B. langfristige Bankkredite, Schuldscheindarlehen, Anleihen usw.	z.B. Kontokorrentkredit, Lieferantenkredit, Lombardkredit, Kundenanzahlungen usw.	z.B. Investitionszulagen, Förderkredite usw.	Einbehaltung von erwirtschafteten Gewinnen	Zurückbehaltung von erwirtschafteten Abschreibungen und Rückstellungsgegenwerten	Veräußerung von Vermögen des Unternehmens, z.B. Grundstücke, Anlagen usw.
	Sonderformen: Leasing, Factoring					

Finanzierungsformen

KREDITE

Langfristige	Langfristige Bankkredite	Industrieschuldverschreibung	Gewinnschuldverschreibung	Wandelschuldverschreibung	Zero-Bonds	Schuldscheindarlehen

Kurzfristige	Handels-/Warenkredite		Geldkredite (Darlehen)			Kreditleihe		
	Kundenanzahlung	Lieferantenkredite	Kontokorrentkredit	Lombardkredit	Diskontkredit	Akzeptkredit	Umkehrwechsel	Avalkredit

Darlehensberechnungen

Abzahlungsdarlehen

Darlehenssumme Laufzeit/Jahre Auszahlung	100.000 5 97.500	Disagio % Zins % Tilgung p.a.	2,50 % 5,50 % 20.000

Jahre	Anfangsbestand Darlehen €	Zinsen €	Tilgung €	Zinsen u. Tilgung €	Endbestand Darlehen €
1	100.000	5.500	20.000	25.500	80.000
2	80.000	4.400	20.000	24.400	60.000
3	60.000	3.300	20.000	23.300	40.000
4	40.000	2.200	20.000	22.200	20.000
5	20.000	1.100	20.000	21.100	0
Summen	---	16.500	100.000	116.500	---

Darlehensberechnungen

Annuitätendarlehen

Darlehenssumme Laufzeit/Jahre Auszahlung Disagio %	100.000 5 97.500 2,50 %	Zins % Tilgung % Annuität %	5,50 % 18,00 % 23,50 %

Jahre	Anfangsbestand Darlehen	Zinsen	Tilgung	Annuität	Endbestand Darlehen
1	100.000	5.500	18.000	23.500	82.000
2	82.000	4.510	18.990	23.500	63.010
3	63.010	3.466	20.034	23.500	42.976
4	42.976	2.364	21.136	23.500	21.839
5	21.839	1.201	21.839	23.040	0
Summen	---	17.040	100.000	117.040	---

Kreditarten: Abzahlungs- und Annuitätendarlehen (Praxisbeispiele)

7.2-2 Finanzierung Teil 2

- Diskontkredit: Hier erfolgt der Verkauf von Wechseln vor Fälligkeit an eine Bank. Die Zinsen orientieren sich an dem Diskontsatz der Deutschen Bundesbank.
- Akzeptkredit: Man macht das Wechselgeschäft mit seiner Bank, d.h. hinter dem Wechsel steht letztlich die Bank, was den Wechsel in hohem Maße marktfähig macht.
- Umkehrwechsel: Dies ist ein Scheck-Wechsel-Tauschverfahren. Es wird mit Scheck unter Ausnutzung von Skonto gezahlt. Gleichzeitig wird ein Wechsel vom Lieferanten ausgestellt, mit dem über die Bank die Ausnutzung des Skontos vom Kunden finanziert wird.
- Avalkredit: Die Bank gibt eine Bürgschaft für eine Verpflichtung des Bankkunden gegenüber Dritten und erhält dafür eine Avalprovision.

Grundsätzlich: Voraussetzung für Kredite ist immer die Kreditwürdigkeit des Unternehmens bzw. das Einbringen von Sicherheiten.

Rating: Von zunehmender Bedeutung wird das Rating. Hier wird die Bonität (Kreditwürdigkeit) des Unternehmens von der Bank oder von Ratingagenturen eingehend geprüft. Das Unternehmen wird einer Ratingklasse zugeteilt, die letztlich darüber entscheidet, ob der Kredit gewährt wird, aber auch, wie hoch die Zinsen ausfallen (geringere Bonität = höhere Zinsen).

- ▶ Leasing und Factoring: Leasing ist ein langfristiges Mieten von Gegenständen des Anlagevermögens. Dies schont Eigenmittel, die wiederum dann für andere Ziele im Unternehmen verwandt werden können. Unter Umständen kann Leasing auch steuerliche Vorteile für das Unternehmen haben.

  Beim Factoring werden Forderungen des Unternehmens an seine Kunden vor Fälligkeit an einen Factor verkauft. Normalerweise muss man mit dem Geldeingang warten, bis die Forderung fällig ist, z.B. 30 Tage nach Lieferung. Verkauft man diese Forderung, bekommt man sofort, natürlich gegen eine Factoringgebühr, das Geld aus der Forderung. Der sog. Factor übernimmt neben der Finanzierungsfunktion häufig weitere Serviceleistungen wie z.B. das Mahnwesen oder den Inkassodienst.
- ▶ Subventionsfinanzierung: Unternehmen werden von Bund, Ländern, Gemeinden usw. subventioniert. Die Formen der Subventionen sind vielfältig. Sie reichen von direkten Zuschüssen, zinsgünstigen Darlehen über Investitionszulagen bis hin zur Übernahme von Infrastrukturaufwendungen (z.B. Übernahme der Kosten der Zubringerstraße).

Innenfinanzierung: Gelder aus dem Unternehmen

Es werden interne Finanzmittel genutzt, die sich aus dem Gewinn oder aus dem Vermögen des Unternehmens selber ergeben.

- ▶ Überschussfinanzierung
  - **Selbstfinanzierung**: Dabei wird der entstandene Gewinn als Geldzufluss zur Finanzierung genutzt, z.B. um Investitionen zu finanzieren. Die Idee dabei ist, dass der Gewinn nicht an die Anteilseigner des Unternehmens ausgeschüttet wird, sondern dem Unternehmen erhalten bleibt. Man unterscheidet jetzt
    - *Offene Selbstfinanzierung:* Der Teil, der vom erwirtschafteten Gewinn nach Ausschüttung zur Finanzierung zur Verfügung steht.
    - *Stille Selbstfinanzierung:* Es wurden stille Reserven gebildet (s. Kapitel 8 Rechnungswesen), die den ausschüttungsfähigen Gewinn reduzieren. Der tatsächlich vorhandene, aber nicht ausgeschüttete Gewinn steht zur Finanzierung zur Verfügung.
  - **Finanzierung aus Abschreibungen**: Werden die in die Preise einkalkulierten Abschreibungen durch den Verkaufspreis erlöst, fließt Geld in das Unternehmen, dem keine Ausgaben gegenüberstehen. Die so „verdienten" Abschreibungen stehen dann als Finanzierungspotenzial zur Verfügung bzw. die Anlage kann nach Ende der Abschreibungsdauer durch die Abschreibungen der Vergangenheit finanziert werden.
  - **Finanzierung aus Rückstellungen**: Die in die Preise einkalkulierten Rückstellungsraten stehen bis zur Auflösung bzw. Zahlung der Rückstellung als Finanzpotenzial zur Verfügung. Dieser Effekt wird insbesondere bei Pensionsrückstellung wirksam.
- ▶ Vermögensumschichtung: Hierbei wird ein Teil des Vermögens des Unternehmens verkauft.

Welche Form der Finanzierung gewählt wird, ist von mehreren Faktoren abhängig:

- Bietet die Rechtsform Möglichkeiten zur Aufnahme von Gesellschaftern? Sind überhaupt weitere Gesellschafter erwünscht?
- Besteht die Möglichkeit, eine der vielfältigen Kreditmöglichkeiten zu wählen? Gibt es Sicherheiten, ist die Zinsbelastung wirtschaftlich akzeptabel?

Ist eine Finanzierung aus „eigener Kraft" möglich, z.B. über erwirtschaftete Gewinne? Ist es günstig, Vermögen zu verkaufen (z.B. bei hohen Immobilienpreisen)? Bieten sich Alternativen (Leasing oder Factoring) an?

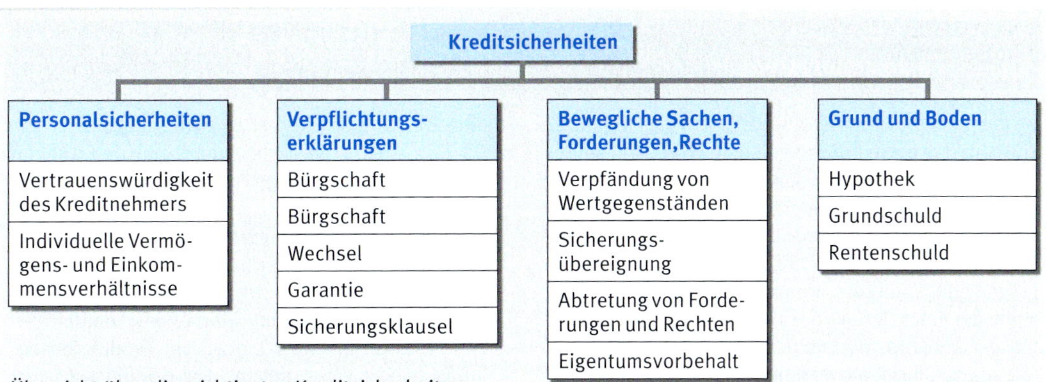

Übersicht über die wichtigsten Kreditsicherheiten

Ratingklassen				
Standard & Poor´s	**Moody´s**	**Fitch**	**Entspricht etwa der Schulnote**	**Erläuterungen**
AAA	Aaa	AAA	1+	**außergewöhnlich gut**: Höchste Bonität, geringstes Ausfallrisiko
AA+ AA AA–	Aa1 Aa2 Aa3	AA+ AA AA-	1	**exzellent**: Hohe Qualität, hohe Zahlungswahrscheinlichkeit
A+ A A–	A1 A2 A3	A+ A A–	2	**gut**: angemessene Deckung von Zins und Tilgung, viele gute Investmentattribute; aber auch Elemente, die sich bei veränderter Wirtschaftsentwicklung negativ auswirken können
BBB+ BBB BBB–	Baa1 Baa2 Baa3	BBB+ BBB BBB–	3	**befriedigend**: Angemessene Deckung von Zins und Tilgung, aber auch spekulative Elemente oder mangelnder Schutz gegen wirtschaftliche Veränderungen
BB+ BB BB-	Ba1 Ba2 Ba3	BB+ BB BB–	3–4	**ausreichend**, aber verbunden mit einem Fragezeichen: sehr mäßige Deckung von Zins und Tilgung, auch in gutem wirtschaftlichen Umfeld; anfällig für Zahlungsverzug
B+ B B–	B1 B2 B3	B+ B B–	4	**mangelhaft**: geringe Sicherung von Zins und Tilgung; stark anfällig für Zahlungsverzug
CCC+ CCC CCC–	Caa1 Caa2 Caa3	CCC+ CCC CCC–	4	**sehr mangelhaf**t: niedrigste Qualität, geringster Anlegerschutz, in akuter Gefahr eines Zahlungsverzuges, Insolvenz absehbar
CC	Ca	CC	5	**ungenügend**: hochspekulativ, Vertragsverletzung wahrscheinlich
C	C	C	5–	**extrem ungenügend**: niedrigste Klasse, bereits Zahlungsverzug
SD/D	–	DDD/DD/D	6	**zahlungsunfähig**: In Zahlungsverzug

Übersicht über die Ratingklassen der drei großen internationalen Ratingagenturen

Offene Selbstfinanzierung	
Tatsächlicher Gewinn	1000
50 % Gewinnausschüttung	500
Verbleib offene Selbstfinanzierung	500

Stille Selbstfinanzierung	
Tatsächlicher Gewinn	1000
Gebildete stille Rücklage	400
Ausgewiesener Gewinn	600
50 % Gewinnausschüttung	300
Verbleib offene Selbstfinanzierung	300

Offene und stille Selbstfinanzierung

Innenfinanzierung aus Abschreibungen					
Jahr (31.12.)	2007	2008	2009	2010	2011
Investitionen	1000				**1000**
Abschreibungen pro Jahr	200	200	200	200	200
Abschreibung kumuliert	200	400	600	800	**1000**
Nach 5 Jahren ist die neue Investition finanziert (verdient)					

Überschussfinanzierung aus „verdienter“ Abschreibung

7.3 Finanzierungsregeln

Im Rahmen der Finanzierung stellt sich die Frage, welche Struktur diese aufweisen sollte. Wie hoch sollten die Relationen Eigen-/Fremdkapital sein oder wie sollte das Vermögen des Unternehmens (Aktivseite der Bilanz) finanziert sein? Hier haben sich eine Reihe von Kapitalstrukturregeln bzw. Finanzierungsempfehlungen gebildet. Diese beschäftigen sich nicht mit der Höhe der Finanzierung oder einzelnen Finanzierungsformen, sondern mit der Zusammensetzung des Kapitalbedarfs. Ziel ist die Minimierung der Finanzierungskosten und Wahrung der Zahlungsfähigkeit.

Vertikale Kapitalstrukturregel

Die vertikalen Finanzierungsregeln betrachten die Passivseite der Bilanz, das Eigen- und Fremdkapital: Je höher der Eigenkapitalanteil, desto besser die Finanzierungsstruktur. Denn Eigenkapital steht im Prinzip „ewig" zur Verfügung und wird in der Regel nicht zurückgefordert. Fremdkapital muss irgendwann zurückgezahlt werden und dann muss dafür Liquidität vorhanden sein. Ein überwiegend fremd finanziertes Unternehmen finanziert sich darüber hinaus auch teuer, da Kredite Zinsen nach sich ziehen.

Eigenkapital dient als Risikoträger und fängt Verluste auf. Je höher das Eigenkapital, desto höhere Verluste kann sich das Unternehmen „leisten". Denn Verluste werden zunächst „intern" durch die Eigenkapitalgeber getragen bzw. diese verzichten auf Ausschüttungen oder ganz auf ihr Eigenkapital. Fazit: Hohes Eigenkapital gibt dem Unternehmen Sicherheit.

In ihrer strengsten Form hält die vertikale Kapitalstrukturregel ein 1 : 1-Verhältnis von Eigen- und Fremdkapital für erstrebenswert. In der Praxis findet man ein derartiges Verhältnis nicht oft. Die Realität liegt häufig beim Faktor 1 : 4 (branchen- und rechtformabhängig).

Horizontale Kapitalstrukturregel

Hier wird gefordert, dass langfristig gebundenes Vermögen (z.B. Anlagevermögen) auch langfristig zu finanzieren ist. Finanziert man z.B. Anlagevermögen kurzfristig, kann es sein, dass kurzfristige Kredite fällig sind bevor ein entsprechender Zahlungsfluss durch die Anlagen erwirtschaftet werden konnte. Populär ist in diesem Zusammenhang die sog. „Goldene Bilanzregel". Sie fordert in ihrer strengen Auslegung, dass das Anlagevermögen durch Eigenkapital finanziert wird, also 100 % Anlagendeckung. Im Allgemeinen wird aber schon ein Deckungsgrad in Deutschland und Österreich von 50 % bis 60 % als ausreichend bezeichnet (sehr branchen- und rechtsformabhängig). Die Praxis sieht also anders aus. In der weiten Fassung der Goldenen Bilanzregel wird neben dem Anlagevermögen auch das langfristige Umlaufvermögen und auf der Passivseite das langfristige Fremdkapital betrachtet.

Kritik an den Finanzierungsregeln

Theorie und Praxis üben Kritik an diesen Regeln:

- Zu allgemein: Bei den starren Regeln werden Branchenzugehörigkeit und Vermögensstruktur vernachlässigt. Ein anlageintensiver Produktionsbetrieb bedarf einer anderen Finanzierungsstruktur als ein vorratsintensiver Handelsbetrieb.
- Praxisfremd: Die Regeln werden von den Unternehmen schon lange nicht mehr eingehalten. So wird eine Beurteilung nach diesen Regeln fraglich.
- Unzuverlässig: Die Regeln sind in zweierlei Hinsicht problematisch:
  - Die Einhaltung der Regeln garantiert nicht die Sicherung der Zahlungsfähigkeit. So können evtl. Forderungen nicht eingetrieben werden oder größere Investitionsprojekte scheitern.
  - Die Missachtung der Regeln führt nicht zwingend zur Insolvenz. Wenn jeweils genügend und sicher Anschlusskredite möglich sind, kann auch ein sehr geringer Eigenkapitalanteil und die Missachtung von Finanzierungsfristen oder der „Goldenen Regeln) auf lange Sicht unschädlich bleiben (wie die Praxis zeigt).
- Nicht im Einklang mit den Unternehmenszielen: Die Erhöhung der Eigenkapitalrendite ist ein weit verbreitetes Unternehmensziel. Dieses kann durch Missachtung der Finanzierungsregeln gefördert werden, indem durch vermehrte Aufnahme von Fremdkapital die Eigenkapitalrendite gesteigert wird (Leverageeffekt).

Der Leverageeffekt: Hebelwirkung der Fremdkapitalfinanzierung

Ggf. gibt es eine „Hebelwirkung" (Leverage = Hebelkraft) der Fremdfinanzierung (z.B. durch Bankdarlehen). Liegt die Rendite einer Investition über den Kreditzinsen, hat es sich gelohnt, diesen Kredit aufzunehmen. So kann eine weitere Verschuldung durchaus sinnvoll sein. Es gibt aber auch die gefährliche umgekehrte Hebelwirkung, denn die Eigenkapitalrentabilität sinkt entsprechend bei unrentablen Investitionen.

Es gibt noch weitere finanzmathematische Modelle zur Finanzierung, die versuchen, die Eigenkapitalquote zu optimieren, ohne dabei die Liquidität zu gefährden. In der Praxis sind sie noch nicht weit verbreitet, weil sie teils recht theoretischer Natur sind.

Aktiva	Bilanz		Passiva				
			1 : 1	1 : 2	1 : 3	10 : 1
Anlagevermögen	900	Eigenkapital	600	400	300	109
Umlaufvermögen	300	Fremdkapital	600	800	900	1.091
Bilanzsumme	1.200	Bilanzsumme	1.200	1.200	1.200	1.200

1: 1: Das Eigenkapital ist genauso hoch wie das Fremdkapital (erstrebenswert)
1: 2: Das Eigenkapital beträgt noch 50 % des Fremdkapitals (solide)
1: 3: Das Eigenkapital beträgt noch 33 % des Fremdkapitals (noch o.k., in der Praxis häufig anzutreffen)
1: 4: Das Eigenkapital beträgt lediglich 10 % des Fremdkapitals (kritisch!)

Vertikale Finanzierungsregeln

Horizontale Betrachtungsweise

Aktiva	Bilanz		Passiva				
			1	2	3	4
Anlagevermögen	**900**	Eigenkapital	**900**	**700**	**800**	**100**
Langfristiges Umlaufvermögen	**100**	Langfristiges Fremdkapital	100	**200**	**200**	**200**
Kurzfristiges Umlaufvermögen	200	Kurzfristiges Fremdkapital	200	300	200	900
Summe Umlaufvermögen	300	Summe Fremdkapital	300	500	400	1.100
Bilanzsumme	1.200	Bilanzsumme	**1.200**	**1.200**	**1.200**	**1.200**

Situation 1: Das Anlagevermögen ist voll durch das Eigenkapital gedeckt (o.k.)
Situation 2: Das Anlagevermögen ist durch das Eigenkapital u. langfristiges Fremdkapital langfristig finanziert (o.k.)
Situation 3: Anlagevermögen und langfristiges Umlaufvermögen sind langfristig finanziert (o.k.)
Situation 4: Anlagevermögen und langfristiges Umlaufvermögen sind weitestgehend kurzfristig finanziert (kritisch!)

Horizontale Finanzierungsregeln

Aktiva	Bilanz	Passiva
Anlagevermögen		Eigenkapital
Langfristiges Umlaufvermögen		Langfristiges Fremdkapital
Kurzfristiges Umlaufvermögen		Kurzfristiges Fremdkapital

Goldene Bilanzregel (weite Fassung)

	Ausgangs-position	Es wird eine Investition von 1.000 € getätigt					
		Rendite der Investition gleich dem Kreditzins		Rendite der Investition höher als der Kreditzins		Rendite der Investition geringer als der Kreditzins	
		Invest.	Situation neu	Invest.	Situation neu	Invest.	Situation neu
Eigenkapital	2.000	0	2.000	0	2.000	0	2.000
Fremdkapital	0	1.000	1.000	1.000	1.000	1.000	1.000
Gesamtkapital	2.000	1.000	3.000	1.000	3.000	1.000	3.000
Gewinn vor Fremdkapitalzinsen	200	80	280	140	340	50	250
Fremdkapitalzinsen	0	80	80	90	90	70	70
Gewinn nach Fremdkapitalzinsen	200	0	200	50	250	−20	180
Eigenkapitalrentabilität	**10,0%**		**10,0%**		**12,5%**		**9,0%**
Gesamtkapitalrentabilität	10,0%		6,7%		8,3%		6,0%
Kreditzinssatz Rendite der Investition		8,0 % 0,0 %		9,0 % 5,0 %		7,0 % −2,0 %	
		Die Eigenkapital-rentabilität verändert sich nicht		Positive Hebelwirkung! Durch mehr Fremd-kapital steigert sich die Eigenkapitalrentabilität		Negative Hebelwirkung! Durch mehr Fremd-kapital sinkt die Eigenkapitalrentabilität	

Der Leverage-Effekt

7.4 Aktien als Finanzierungsinstrumente

Die Aktie spielt bei der Finanzierung zumindest von größeren Unternehmen eine zentrale Rolle. An der Börse notierte Aktiengesellschaften haben die Möglichkeit, Aktien zu „emissieren“ (auszugeben) und sich damit aus einem großen Kreis potenzieller Anleger mit Finanzmitteln zu versorgen.

Wie funktioniert die Aktie als Finanzierungsinstrument?

Da das Grundkapital einer Aktiengesellschaft in viele kleine Teilbeträge aufgeteilt wird, ist eine Beteiligung bereits mit geringem Kapital möglich, Kapital kann weit gestreut werden.

Die Schritte der Aktienfinanzierung:

Ein Unternehmen benötigt Finanzmittel, z.B. um zu expandieren.

- Man entschließt sich, dieses Geld an der Börse zu holen. Das Grundkapital soll erhöht werden.
- Diese Kapitalerhöhung von z.B. 10 Mio EUR wird z.B. in 2 Mio Aktien à 5,– EUR Nennwert aufgeteilt. Diese 2 Mio Aktien sollen an der Börse an Einzelanleger und institutionelle Anleger (Banken, Fondsgesellschaften) verkauft werden.

  Jetzt kommt der zusätzliche Finanzeffekt:
- Man möchte mehr Geld als die 10 Mio EUR Kapitalerhöhung bekommen, indem man versucht, die Aktien über dem Nennwert zu verkaufen. Dazu wird argumentiert:
  - Das Unternehmen hat hervorragende Zukunftschancen, die Aktien werden steigen.
  - Das Unternehmen ist im Markt „gut aufgestellt“, wird zukünftig gute Renditen erwirtschaften und hohe Dividenden auswerfen.
  - Das Image des Unternehmens ist gut und die Aktien werden gut wiederverkaufbar sein.
  - ... und einiges mehr.
- Der Wert des Unternehmens wird in komplizierten Verfahren ermittelt und man argumentiert nun, dass die Aktie mit Nennwert 5,– EUR z.B. 15,– EUR Unternehmenswert repräsentiert und versucht mit diesem Emissionspreis (Ausgabepreis der Aktien) die Aktien zu verkaufen. Gelingt dies, kommt mehr Geld in die Kasse der Gesellschaft, als die Kapitalerhöhung ausmacht, nämlich im Beispielfall 30 Mio EUR. Nun ist das Kapital um 10 Mio EUR erhöht worden, 20 Mio EUR wandern in eine sog. Kapitalrücklage, stehen aber voll zur Verfügung.

Unter Kapitalmaßnahmen versteht man in diesem Zusammenhang alle Formen der Kapitalerhöhung, aber auch die Möglichkeit der Kapitalherabsetzungen.

Was gibt es für Aktien?

Aktie ist nicht gleich Aktie. Je nach Aktienform gibt es Differenzen hinsichtlich Veräußerbarkeit der Aktie oder Stimmrecht.

- Stammaktien: Dies ist die Mehrzahl der Aktien. Diese Aktiengattung ist sozusagen die „normale“ Aktie mit allen Rechten, insbesondere dem Stimmrecht.
- Vorzugsaktien: Inhaber dieser Aktien erhalten eine höhere Dividende als z.B. Stammaktionäre. In der Praxis ist diese höhere Dividende allerdings regelmäßig recht gering und bewegt sich im Cent-Bereich, vielleicht 2 Cent pro Aktie. Der Nachteil ist, dass in der Regel mit dieser leicht höheren Dividende auf das Stimmrecht verzichtet werden muss.
- Inhaberaktien: Inhaberaktien können jederzeit vom Aktieneigentümer ohne Rücksprache mit der Gesellschaft oder anderen Einschränkungen verkauft werden. Sie sind somit frei handelbar.
- Namensaktien: Im Gegensatz zur Inhaberaktie lauten Namensaktien auf den Namen des Aktionärs. Dieser wird im Aktienbuch bzw. neuerdings Aktienregister der Gesellschaft registriert (Name, Geburtsdatum, Adresse). Die Übertragung bzw. der Verkauf einer Namensaktie ist komplizierter als bei der Inhaberaktie.
- Nennbetragsaktie: Hier lautet die Aktie auf einen festen, in EUR auszudrückenden Nennbetrag, z.B. 5,– oder 10,– EUR. Dies ist der Anteil der einzelnen Aktie am Grundkapital.
- Stückaktie: Alternativ zur Nennbetragsaktie können Stückaktien ausgegeben werden. Diese lauten auf keinen Nennbetrag. Sie repräsentieren jeweils einen gleichen Anteil am Grundkapital. So repräsentiert eine Stückaktie z.B. 1/5.000.000 des Grundkapitals.

Stückaktien wie auch Nennbetragsaktien sind sowohl als Inhaber- als auch als Namensaktien möglich.

Darüber hinaus gibt es noch einige Sonderformen von Papieren, die allerdings keine Aktien sind, wie z.B. Wandelschuldverschreibungen.

Durch diese Form der Finanzierung lässt das Unternehmen maßgeblichen Einfluss auf seine Willensbildung von außen zu. Denn letztlich entscheidet das Gremium der Aktionäre, die Hauptversammlung, über die Geschäftspolitik des Unternehmens.

Bilanz vor Ausgabe von Aktien			
Aktivseite der Bilanz		Passivseite der Bilanz	
Gebäude/Maschinen	200	Grundkapital	200
Vorräte	100		
Kundenforderungen	200	Verbindlichkeiten	400
Liquide Mittel	100		
Bilanzsumme	**600**	**Bilanzsumme**	**600**

Bilanz nach Ausgabe von Aktien			
Aktivseite der Bilanz		Passivseite der Bilanz	
Gebäude/Maschinen	200	Grundkapital	300
Vorräte	100	Kapitalrücklage	200
Kundenforderungen	200	Verbindlichkeiten	400
Liquide Mittel	400		
Bilanzsumme	**900**	**Bilanzsumme**	**900**

Aus Übersichtlichkeitsgründen stark vereinfachtes Rechenbeispiel

Die Gesellschaft verkauft an der Börse Aktien im Wert von 300
= 20 Aktien zum Nennwert von 5 EURO für 15 EURO pro Aktie

Der Gesellschaft sind auf diese Weise liquide Mittel von 300 zugeflossen, während sich das Grundkapital lediglich um 100 erhöht hat

Effekte der Aktienausgabe

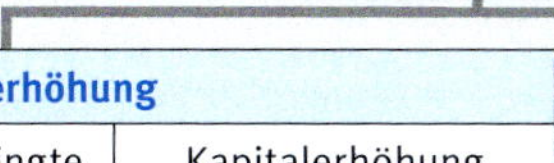

Kapitalerhöhung und Kapitalherabsetzung

Aktienformen

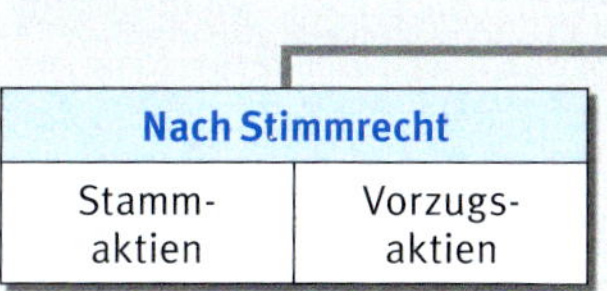

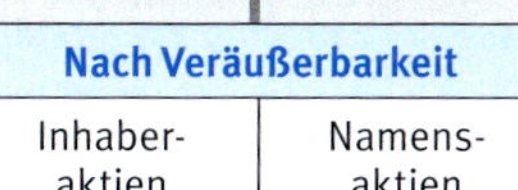

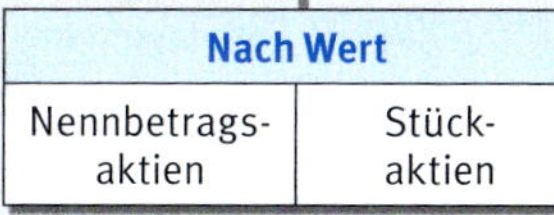

Einteilung der Aktien

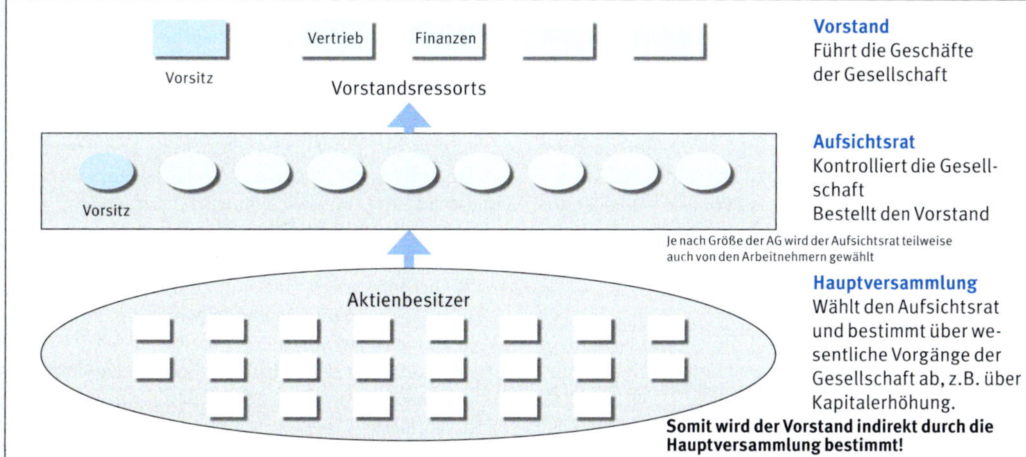

Willensbildung in der Aktiengesellschaft

7.5 Finanz- und Liquiditätsplanung

Die Finanzplanung sorgt dafür, dass immer genügend finanzielle Mittel vorhanden sind, sei es, um den laufenden Betrieb aufrecht zu erhalten oder neue Investitionen oder andere Aktivitäten des Unternehmens (z.B. Eroberung neuer Märkte) zu finanzieren.
Sie soll aber auf der anderen Seite auch verhindern, dass sich zu viele liquide Mittel ansammeln, die zu geringe Zinsen erbringen.

Inhalt des Finanzplanes

Es werden alle Zahlungsströme des Unternehmens erfasst:

- Umsätze und sonstige Leistungen und Kosten,
- Ausgaben für Investitionen und ggf. Einnahmen aus Anlageverkäufen,
- Kredite und andere Einnahmen aus Finanzierungsquellen und deren Tilgungen,
- Gewinnausschüttungen und Privatentnahmen.

Dabei ist eine Finanzplanung

- kurzfristig: bis zu ca. drei Monaten,
- mittelfristig: bis zu einem Jahr oder
- langfristig: über ein Jahr bis hin zur strategischen Langzeitplanung über mehrere Jahre.

Wie wird ein Finanzplan aufgestellt?

Grundlage ist die Planung des Unternehmens bzw. die verschiedenen Teilplanungen: Umsatz-/Kostenplanung, Investitionsplanung, Kapitalbedarfsplanung usw. Die Ein- und Ausgaben aus diesen Plänen werden in die Finanzplanung übernommen. Es sind dabei einige Modifikationen notwendig:

- So dürfen Planungspositionen nicht übernommen werden, die zwar als Aufwand ergebniswirksam sind, bei denen aber keine Ausgaben fließen, z.B. Rückstellungen und Abschreibungen.
- Abgegrenzte Positionen sind nach ihren ausgabewirksamen Terminen zu erfassen.
  Hintergrund dafür ist das Folgende: In Buchhaltung und Kostenrechnung werden Positionen aufwandsmäßig auf Monate verteilt, obwohl sie vielleicht nur einmal im Jahr als Ausgabe anfallen, z.B. Weihnachtsgelder.

Wichtig ist die Monatsaufteilung:
Der Jahresfinanzplan sollte auf die einzelnen Monate „runtergebrochen" werden, damit unterjährige Finanzlücken sichtbar werden.

Beispiel: Überschuss am Jahresende, aber Engpass in der Mitte des Jahres

Ein Betriebsinhaber erstellte seinen Finanzplan für das kommende Jahr. Er freute sich über den nach Plan erwartbaren Überschuss am Ende des nächsten Jahres. Im Juli kam das Erwachen: Es drohte das Geld auszugehen, man musste eiligst mit der Bank und den Gläubigern in Verhandlung treten, damit überhaupt noch Löhne gezahlt werden konnten. Was war geschehen? Man hatte größere unterjährige Zahlungsverpflichtungen übersehen. Auch wenn man über das Jahr gesehen einen Überschuss hatte, gab es unterjährig erhebliche Liquiditätslücken.

Nicht immer ist man mit der „1. Fassung" der Planung zufrieden (Lücken, Geld liegt zu lange zinslos auf Konten etc.). Jetzt gilt es, den Finanzplan zu „kneten", Positionen zu verschieben und so zu optimieren.

Liquiditätsanalyse

In der Praxis wird gern mit Liquiditätskennzahlen gearbeitet. Dabei stellt man Vermögenswerte, die schnell „flüssig" gemacht werden können, kurzfristigen Verbindlichkeiten gegenüber. Der Gedanke: Kurzfristige Verbindlichkeiten sind aktuelle Zahlungsverpflichtungen, die bedient werden müssen. Es werden landläufig drei Liquiditätsgrade unterschieden:

- Liquidität 1. Grades: Untersucht wird, was sofort für die Liquidität zur Verfügung steht (Kassenbestand, Bankkonto incl. Schecks, Wechsel usw.). Kein Unternehmen wird zu 100 % die kurzfristigen Verbindlichkeiten flüssig haben. 10–20 % sind schon als gut anzusehen, aber es kommt auf die Fälligkeiten der kurzfristigen Verbindlichkeiten an.
- Liquidität 2. Grades: Jetzt werden Forderungen an Kunden neben den sofort flüssigen Mitteln mit einbezogen. Hintergrund: Man argumentiert, dass Forderungen rechtliche Verpflichtungen sind und demnächst als „Cash" eintreffen. Hier kann man als Deckung schon eher die 100 % anpeilen.
- Liquidität 3. Grades: Nun wird argumentiert, dass auch Vorräte demnächst flüssig werden (freilich nur wenn sie verkauft werden können). Hier kann es Richtung 120 % Deckung gehen. Zu hohe Werte signalisieren hohe Bestände (wiederum negativ).

So nimmt die Liquiditätssicherheit von Grad 1 bis 3 ständig ab. Man wird sich z.B. bei der Liquidität III genau anschauen, was die Ergebnisse „wirklich wert" sind. **Vorsicht**: Die Bilanzdaten sind Stichtagswerte z.B. am 31.12. eines Jahres. Einige Tage später kann die Liquiditätssituation schon ganz anders aussehen!

Jahresplanung
Umsätze + sonstige Leistungen = Leistung
– Kosten
= Ergebnis

Übernahme in den Finanzplan

nur (!) einnahmewirksame und ausgabewirksame Positionen (z.B. keine Übernahme von Kosten, die nicht ausgabewirksam sind, z.B. Abschreibungen)

Jahresfinanzplan
Einnahmen lfd. Geschäft – Ausgaben lfd. Geschäft
– Investitionen +/– Kreditaufnahme/-tilgung +/– Sonstiges
= Finanzplan

Erstellung eines Finanzplanes

	Monate laufendes Jahr													
	1	**2**	**3**	**4**	**5**	**6**	**7**	**8**	**9**	**10**	**11**	**12**	**Summe**	**Folgejahr**
Bestand an flüssigen Mitteln	25	33	48	17	7	20	79	–1	26	54	66	–16	---	33
Einnahmen:														
Umsatztätigkeit	155	170	145	140	190	170	150	175	195	160	135	215	2.000	2.500
Verkauf von Betriebsvermögen	0	0	10	0	0	0	0	0	0	0	0	5	15	20
Sonstige Einnahmen	10	7	10	7	7	10	11	10	8	11	7	8	106	125
Kreditaufnahme	0	0	50	0	0	0	0	0	50	0	50	0	150	200
Einlagen (z.B. Privateinlagen)	0	0	0	0	0	100	0	0	0	0	0	0	100	0
Summe Einnahmen	**165**	**177**	**215**	**147**	**197**	**280**	**161**	**185**	**253**	**171**	**192**	**228**	**2.371**	**2.845**
Ausgaben:														
Materialkosten	20	18	21	20	22	21	13	19	22	19	23	22	240	300
Personalkosten	95	95	97	99	99	130	101	101	101	101	202	101	1.322	1.600
Sonstige Kosten	37	44	48	33	58	60	32	33	47	34	44	49	519	500
Investitionen	0	0	75	0	0	0	0	0	50	0	0	0	125	150
Kredittilgungen	0	0	0	0	0	0	90	0	0	0	0	0	90	100
Privatentnahmen	5	5	5	5	5	10	5	5	5	5	5	7	67	75
Summe Ausgaben	**157**	**162**	**246**	**157**	**184**	**221**	**241**	**158**	**225**	**159**	**274**	**179**	**2.363**	**2.725**
Liquiditätsüberschuss/-Lücke	**33**	**48**	**17**	**7**	**20**	**79**	**–1**	**26**	**54**	**66**	**–16**	**33**	**---**	**153**

Finanzplan (Praxisbeispiel)

Daten für die Liquiditätsanalyse	
aus der Aktivseite der Bilanz	
Roh-, Hilfs- und Betriebsstoffe	227
Unfertige und fertige Erzeugnisse	103
Summe Vorräte	**330**
Forderungen aus Lieferungen und Leistungen (L+L)	327
Sonstige Vermögensgegenstände	207
Wertpapiere	490
Flüssige Mittel	216
Summe Umlaufvermögen	**1.570**

aus der Passivseite der Bilanz	
Bilanzgewinn	198
Rückstellungen	900
Verbindlichkeiten aus Lieferungen	
Leistungen (L+L)	127
Sonstige Verbindlichkeiten	587

Berechnung kurzfr. Verbindlichkeiten	
Verbindlichkeiten aus L+L	127
+ Sonstige Verbindlichkeiten	587
+ 50% der Rückstellungen	450
+ Bilanzgewinn	198
Summe	**1.362**

Liquidität 1. Grades $= \frac{\text{Flüssige Mittel} \cdot 100}{\text{Kurzfristige Verbindlichkeiten}}$

Flüssige Mittel / Kurzfristige Verb. $= \frac{216 \cdot 100}{1.362} = 15,9\%$

Liquidität 2. Grades $= \frac{\text{Flüssige Mittel + Ford. L+L} \cdot 100}{\text{Kurzfristige Verbindlichkeiten}}$

Flüssige Mittel + Ford. aus L+L / Kurzfristige Verb. $= \frac{543 \cdot 100}{1.362} = 39,9\%$

Liquidität 3. Grades $= \frac{\text{Umlaufvermögen} \cdot 100}{\text{Kurzfristige Verbindlichkeiten}}$

Umlaufvermögen / Kurzfristige Verb. $= \frac{1.570 \cdot 100}{1.362} = 115,3\%$

Liquiditätskennzahlen (Praxisbeispiel)

7.6 Wichtige Finanzkennzahlen

Kennzahlen sind ein verbreitetes Instrument, den Finanzbereich transparent zu machen und zu steuern. Ein wichtiger Fokus liegt auf der Risikoanalyse. Kennzahlen werden gebildet, indem Zahlen in Beziehung gesetzt werden und so Aussagekraft erhöht wird.

Cashflow: Was fließt an Geld in die Kasse bzw. aufs Konto?

Der Cashflow (frei übersetzt = Kassenzufluss) ist ein Indikator für die Finanzkraft des Unternehmens. Denn der Gewinn fließt nicht in voller Höhe als Einnahme („Cash") in die Kasse, da darin Abschreibungen, Rückstellungen usw. enthalten sind. Obwohl kein Geld fließt und der Gewinn gedrückt wird, ist das Geld noch im Unternehmen und steht für Finanzierungen (Neuinvestitionen, Schuldentilgung) zur Vefügung. Der Cashflow wird in seiner Grundstruktur wie folgt berechnet:

Gewinn + Abschreibungen + Rückstellungen = Cashflow

In der Praxis findet man weitere Posten. Dem Gewinn werden alle Aufwendungen *zugeschlagen (+)*, die nicht Cash sind: Einstellungen in Rücklagen, Erhöhung des Gewinnvortrages, Abschreibungen, Erhöhung von Wertberichtigungen, Erhöhung Sonderposten mit Rücklageanteil, Erhöhung der Rückstellungen, Bestandsminderung an Erzeugnissen, periodenfremde und außerordentliche Aufwendungen.

Es werden aber auch alle Erträge *abgezogen (–)*, wo kein Geld geflossen ist: Entnahme aus Rücklagen, Minderung des Gewinnvortrages, Auflösung von Wertberichtigungen, Minderung der Sonderposten mit Rücklageanteil, Auflösung von Rückstellungen, Bestandserhöhungen, aktivierte Eigenleistungen, periodenfremde und außerordentliche Erträge.

Free Cashflow: Dies ist ein erweiterter Cashflow, bei dem schon eine Verwendung berücksichtigt wird wie z.B. der Teil des „Cash", der investiert wird oder Erhöhungen von Kundenforderungen. Das Ergebnis ist ein Wert z.B. für Ausschüttungen oder z.B. eine Cash-Reserve.

Verschuldungsgrad: In welcher Höhe ist fremd finanziert?

Je höher die Fremdfinanzierung, desto höher das Risiko für das Unternehmen, denn Fremdkapital muss zurückgezahlt werden. Auch steigt das Risiko der Kapitalbeschaffung: Je mehr Schulden man hat, umso schwieriger die Kreditbeschaffung. Weiteres Risiko: Bei hohem Fremdkapitalanteil muss man auch in „schlechten Zeiten", also in ertragsschwachen Jahren, Zinsen und Tilgung zahlen.

Schuldtilgungsdauer

Hier wird analysiert, in wie vielen Jahren das Unternehmen aus eigener Leistungskraft seine Schulden zurückzahlen kann. Wie oft (wie viele Jahre) muss der letzte Jahres-Cashflow erarbeitet werden, damit die Schulden zurückbezahlt sind?

Investitionsdeckung: Stimmt die Investitionshöhe?

In welchem Ausmaß können Investitionen aus Abschreibungen finanziert werden? Ausgangspunkt ist, dass die Abschreibungen über die Preise wieder „hereinkommen", da sie in das Produkt als Kosten kalkuliert wurden. Ein Wert von mind. 100 % deutet an, dass die Neuinvestitionen über Abschreibungen finanziert werden konnten. Über 100 % bedeuten allerdings auch, dass mehr abgeschrieben als investiert wurde. Im Unternehmen wird der Wertverlust (Abschreibung) nicht durch Neuinvestition ausgeglichen. Im Laufe der Zeit verliert das Unternehmen dadurch seine Substanz. Deswegen die grobe Formel für die Höhe von Neuinvestitionen: Investitionen = Abschreibungen.

Working Capital: Ist sicher finanziert worden?

Ist das Working Capital positiv, übersteigt das Umlaufvermögen die kurzfristigen Verbindlichkeiten. Ein Teil des Umlaufvermögens wurde langfristig finanziert. Das bringt Sicherheit. Negatives Working Capital bedeutet, dass ein Teil des Anlagevermögens kurzfristig finanziert wurde. Liquiditätsgefahr! Je höher das Working Capital, umso solider die Finanzierung.

Return on Investment: Stimmt die Rentabilität?

Die eingesetzten Mittel (Eigen-/Fremdkapital) muss einen „Return" (Rückfluss) erwirtschaften. Die Kennzahl setzt sich aus mehreren Komponenten zusammen, die schon für sich gesehen interessant sind: Umsatzrentabilität und Kapitalumschlagshäufigkeit.

Die Umsatzrentabilität beantwortet die Frage, wie viel Gewinn der Umsatz „abwirft". denn es wäre Unsinn, „Umsatz um jeden Preis" erzielen zu wollen. Der Kapitalumschlag zeigt, wie intensiv das eingesetzte Kapital im Unternehmen genutzt wird. Eine Umschlaghäufigkeit von 2 bedeutet z.B. dass mit einem EURO Kapital zwei EURO an Umsatz erzielt wurden. Je höher der Kapitalumschlag, desto geringer der Kapitalbedarf. Denn das Kapital wird öfter umgeschlagen. Die Rendite des gesamten Kapitaleinsatzes wird also (auch) durch die Umsatzrendite und die Umschlagshäufigkeit beschrieben. Durch die weitere Differenzierung sieht man, an welchen Hebeln und Schrauben man drehen kann oder muss, um den ROI zu beeinflussen.

Direkte Ermittlung			
Umsatz	3.280.000	→	3.280.000
Aktivierte Eigenleistungen	68.000		---
Bestandserhöhungen	70.000	**Übernahme**	---
Bestandsminderungen	−35.000	**nur der**	---
Sonstige betriebliche Erträge	24.000	**Cash-Positionen**	24.000
Auflösung Rückstellungen	45.000	→	---
Summe Erträge	**3.452.000**		**3.304.000**
Materialaufwand	470.000	→	470.000
Personalaufwand	1.780.000	→	1.780.000
Abschreibungen	240.000		---
Zinsen	35.000	→	35.000
Sonstiger betrieblicher Aufwand	655.000	→	655.000
Erhöhung Rückstellungen	75.000		---
Summe Aufwendungen	**3.255.000**		**2.940.000**
Gewinn	**197.000**	**Cashflow**	**364.000**

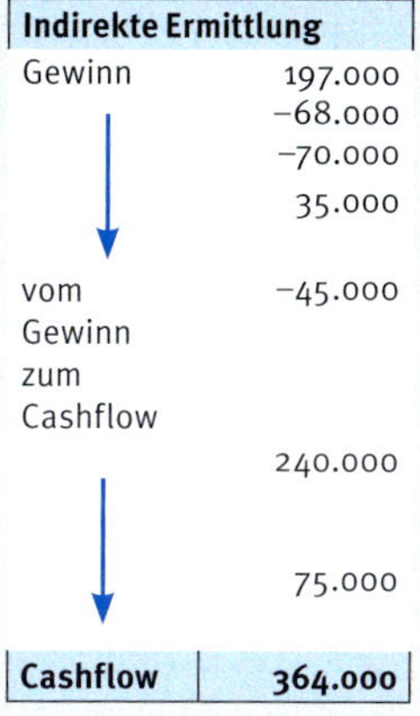

Indirekte Ermittlung	
Gewinn	197.000
	−68.000
	−70.000
	35.000
vom	−45.000
Gewinn	
zum	
Cashflow	
	240.000
	75.000
Cashflow	**364.000**

Ermittlung Cashflow

Cashflow	364.000
−/+ Investitionen	−120.000
−/+ Erhöhung/Minderung Umlaufvermögen	−15.000
=Free Cashflow	**229.000**

Ermittlung Free Cashflow

Aktiva	**Bilanz**		**Passiva**
Anlagevermögen	270	Eigenkapital	220
davon Neuinvestitionen	40		
Umlaufvermögen		Fremdkapital	
– langfristig	20	– langfristig	160
– kurzfristig	240	– kurzfristig	180
Flüssige Mittel	30		
Bilanzsumme	**560**	**Bilanzsumme**	**560**

Gewinn- und Verlustrechnung	
Umsatz	470
Materialkosten	160
Personalkosten	200
Abschreibungen	50
Sonstige Kosten	40
Gewinn	20
Cashflow (Gewinn + Abschr.)	**70**

Verschuldungsgrad	**Schuldtilgungsdauer/Jahre**	**Investitionsdeckung**	**Working Capital**
$\frac{\text{Fremdkapital} \cdot 100}{\text{Bilanzsumme}}$	$\frac{\text{Fremdkapital} - \text{flüssige Mittel}}{\text{Jahres-Cashflow}}$	$\frac{\text{Abschreibungen} - 100}{\text{Investitionssumme}}$	Kurzfristiges Umlaufvermögen – kurzfristiges Fremdkapital = Working Capital
$\frac{340 \cdot 100}{560} = 60{,}7\,\%$	$\frac{340 - 30}{70} = 4{,}4$ Jahre	$\frac{50 \cdot 100}{40} = 125{,}0\,\%$	240 − 180 = 60 EUR

Finanzkennzahlen

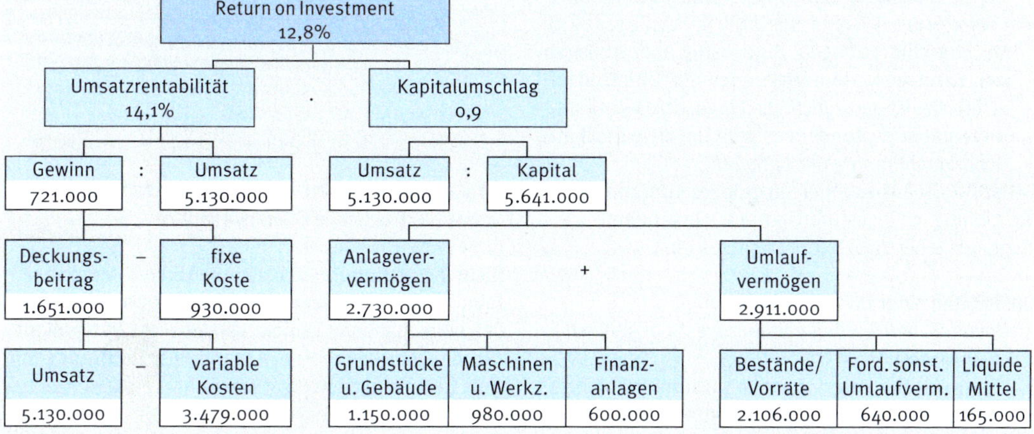

Ermittlung Return on Investment

7.7 Investitionsplanung

Investitionen entscheiden wesentlich mit über die Zukunft des Unternehmens. Mit Investitionsentscheidungen wird auch der künftige Kostenanfall gesteuert. Darüber hinaus binden sie Mittel, die schwer wieder freizusetzen sind. Dies bedeutet, dass falsche Investitionsentscheidungen ein hohes Risiko darstellen.

Was ist eine Investition?

Oft hört man: „Wir investieren in den Markt". Damit soll vielleicht gesagt werden, dass z.B. Kundenbetreuung gefördert wird. Oder: „Wir investieren in das Personal". Das bedeutet dann Personaleinstellung. Hier wird der Begriff Investition falsch angewandt.

Eine Investition ist die Beschaffung von Betriebsmitteln, die zum Anlagevermögens des Betriebes zählen.

Eng betrachtet ist alles, was nicht Anlagevermögen wird, keine Investition. Vor allem in größeren Unternehmen ist es sinnvoll, die Investitionen einzuteilen, damit die Entscheider wissen, in welche Richtung die Investition geht. Folgende Gliederung ist verbreitet:

- Erst- oder Neuinvestition: Zum Beispiel bei Gründung des Unternehmens
- Ersatzinvestition: Ein defektes Betriebsmittel wird ersetzt. Die Definition Ersatzinvestition ist oft problematisch, denn häufig wird mit der Ersatzinvestition gleichzeitig eine Rationalisierung oder Erweiterung vorgenommen.
- Rationalisierungsinvestition: Ein Betriebsmittel wird durch ein wirtschaftlicheres ersetzt. So kann das Leistungsvermögen der neuen Anlage besser sein oder es werden Kosten gespart.
- Erweiterungsinvestition: Erweiterung des Betriebsmittelbestandes. Es wird erwartet, dass die Leistung des Unternehmens gesteigert wird. Verbunden sind damit oft Rationalisierungsinvestitionen.
- Investition auf Grund behördlicher Auflagen: Z.B. Umweltschutzauflagen, regelmäßig aber Auflagen der Berufsgenossenschaft oder der Gewerbeaufsicht. Hier ist meist nicht die Frage, ob die Investition rentabel ist, sondern es geht um die wirtschaftliche Durchführung der Auflagen.

In der Praxis, insbesondere in größeren Unternehmen, wird häufig mit Investitionsanträgen gearbeitet.
Gegenteil einer Investition: Desinvestition.

Basisdaten einer Investitionsplanung

Im Wesentlichen werden vor der Investitionsentscheidung analysiert:

1. Die Investitionshöhe: Dies ist nicht nur die Ausgabe für die eigentliche Investition, z.B. die Maschine. Häufig kommen eine Reihe von weiteren Ausgaben dazu (die gern vergessen werden). Z.B. Zinsen für die Finanzierung der Investition, bauliche Maßnahmen, Personalschulung usw.
2. Die laufenden Kosten bzw. Ein- und Ausgaben der Investition: Investitionen sind langfristig zu beurteilen. So muss die gesamte Laufzeit der Investition in das Kalkül mit einbezogen werden: Personalkosten, Mieten, Versicherungen usw.
   Anmerkung: Dabei ist idealerweise zu trennen in Kosten und Ein- und Ausgaben. Eine Investition kann Kosten verursachen, z.B. Abschreibungen, die aber später keine Ausgaben mehr nach sich ziehen. Diese Trennung ist insbesondere für die Investitionsrechnungen wichtig (siehe dazu das nächsten Kapitel über statische Methoden; diese arbeiten mit Abschreibungen, dynamische Methoden jedoch nur mit Ein- und Ausgaben).

Entscheidungskriterien für die richtige Investition

Meist wird es ein Rechenvorgang sein, der zur Entscheidung für eine Investition führt. Faktoren wie Wirtschaftlichkeit oder Risiko sind zu berücksichtigen (siehe Investitionsrechenmethoden im nächsten Kapitel). Auch Finanzierungskosten (Zinsen) machen häufig einen Großteil der Investitionsausgaben aus.

> **Beispiel: Fehlinvestition**
>
> Ein Werkzeugbauer legte sich eine hochmoderne Fräsmaschine zu. Sie war rund dreimal so schnell wie die alte Maschine. Was übersehen wurde: Die alte Maschine war bereits abgeschrieben und verursachte keine Kosten mehr. Die neue Anlage musste mittels Kredit teuer finanziert werden und lief voll in die Kosten (Abschreibungen!). Zudem lag die Auslastung der Anlage nur bei ca. 40 %. Fazit: Diese Hochtechnologie begeisterte zwar die Techniker des Unternehmens, nicht aber den kaufmännischen Geschäftsführer. Es gelang nicht, dass sich die Fräsmaschine amortisierte, sprich, die Kosten konnten über die Preise nicht eingefahren werden. Fehlinvestition!

Man denke auch an qualitative Faktoren, wie z.B. Umweltverträglichkeit der Investition.

Nicht investieren? Auch das kann eine Möglichkeit sein. Vielleicht rechnet sich die Investition nicht oder das wirtschaftliche Umfeld stimmt nicht (Konjunkturflaute). Oder – und dies ist immer als Überlegung mit einzubeziehen: Kann die gewünschte Leistung eventuell durch Zukauf oder Fremdvergabe günstig beschafft werden?

Einteilung von Investitionen

Erst- oder Neuinvestition	Ersatzinvestition	Rationalisierungsinvestition	Erweiterungsinvestition	Behördliche Auflagen

Übergänge fließend

Investitionsarten

Investitionsprojekt:	Kunststoffvergussanlage				Nutzungsdauer:		8 Jahre			
	Invest. höhe		**Ermittlung der laufenden Kosten bzw. der Ein- und Ausgaben**							
			1. Jahr	**2. Jahr**	**3. Jahr**	**4. Jahr**	**5. Jahr**	**6. Jahr**	**7. Jahr**	**8. Jahr**
Anschaffungskosten	180.000	AfA	22.500	22.500	22.500	22.500	22.500	22.500	22.500	22.500
Anschaffungsnebenkosten	10.000	AfA	1.250	1.250	1.250	1.250	1.250	1.250	1.250	1.250
Entwicklungskosten	0	AfA	0	0	0	0	0	0	0	0
Zinsen	0		6.000	6.000	6.000	6.000	6.000	6.000	6.000	6.000
Beratungskosten	0		0	0	0	0	0	0	0	0
Bauliche Maßnahmen	10.000	AfA	1.250	1.250	1.250	1.250	1.250	1.250	1.250	1.250
Anpassungskosten	0		0	0	0	0	0	0	0	0
Schulungskosten	0		0	0	0	0	0	0	0	0
Anlaufkosten	0		0	0	0	0	0	0	0	0
Markteinführungskosten	0		0	0	0	0	0	0	0	0
Material-/Betriebskosten	0		13.000	30.000	30.000	33.000	35.000	30.000	30.000	10.000
Personalkosten	0		60.000	63.600	65.500	67.500	69.500	71.600	73.700	38.000
Anlagemieten/Raumkosten	0		0	0	0	0	0	0	0	0
Instandhaltung/Wartung	0		3.000	3.000	4.000	3.000	6.000	4.000	3.000	500
Versicherungen	0		0	0	0	0	0	0	0	0
Sonstiges	0		7.000	7.500	7.500	7.500	8.000	8.000	8.000	7.000
Summe Kosten	**200.000**		**114.000**	**135.100**	**138.000**	**142.000**	**149.500**	**144.600**	**145.700**	**86.500**
Summe Ein- u. Ausgaben	**200.000**		**89.000**	**110.100**	**113.000**	**117.000**	**124.500**	**119.600**	**120.700**	**61.500**
AfA = Abschreibungen (**A**bsetzung **f**ür **A**bnutzung) = keine Ausgaben										
Einnahmen aus der Investition										
Umsätze			125.350	149.615	152.950	157.550	166.175	160.540	161.805	137.425
Sonstige Einnahmen			0	0	0	0	0	0	0	0
Gesamteinnahmen			**125.350**	**149.615**	**152.950**	**157.550**	**166.175**	**160.540**	**161.805**	**137.425**
Liquidationserlös										5.000

Basisdaten für die Investitionsplanung

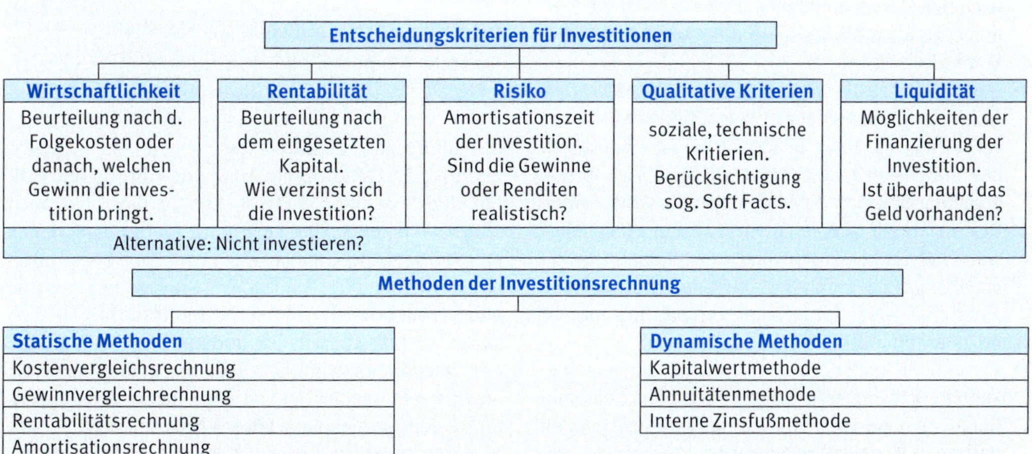

Kriterien für Investitionsentscheidungen

7.8 Investitionsrechnungen

7.8-1 Statische Rechnungen

Statische Investitionsrechenmethoden gehören zu den einfacheren Methoden der Investitionsrechnungen und sind relativ schnell gerechnet. Deswegen sind sie in der Praxis weit verbreitet. Im Wesentlichen benötigt man lediglich drei Eckdaten:

1. Kosten der Investition: Dies ist nicht der Anschaffungswert, sondern es sind die Kosten, die über die Laufzeit der Investition anfallen, z.B. Abschreibungen, Personalkosten, Wartung usw.
2. Investiertes Kapital für die Investition: Anschaffungswert einschließlich aller Nebenkosten, die aufgewandt werden müssen, um die Investition in einen funktionsfähigen Zustand zu bringen.
3. Umsatz mit der Investition: Idealerweise (häufig allerdings nicht möglich) wird einer Investition der dadurch verursachte Umsatz zugerechnet.

Mit diesen Eckdaten kann man dann die wesentlichen statischen Methoden berechnen.

Überblick über die Methoden

- Kostenvergleichsrechnung: Hier werden die Kosten der Investition über die Laufzeit der Anlage gegenübergestellt. Die Alternative mit den niedrigsten Gesamtkosten bekommt den Zuschlag. Diese Methode kommt vor allem bei Ersatzinvestitionen oder behördlichen Auflagen in Frage. Ferner bei allen Investitionen, bei denen ein Umsatz oder Gewinn nicht direkt der Investition zugerechnet werden kann. Denn meistens ist es so, dass sich der Gewinn nicht aus einer einzigen Investition ergibt, sondern aus der Leistung des Gesamtunternehmens. Und die Gewinne auf die einzelnen Anlagen bzw. Investitionen zu verteilen ist problematisch bzw. oft nicht möglich. Deswegen ist die Kostenvergleichsmethode eine sehr weit verbreitete Methode.
- Gewinnvergleichsrechnung: Hier werden die Gewinne verschiedener Investitionsalternativen verglichen. Zuschlag bekommt die Alternative mit der höchsten Gewinnerwartung. Wie schon erwähnt, ist es oft schwer, einer Investition einen Gewinn direkt zuzurechnen. Einfach ist es dies, wenn mit der Investition ein zurechenbarer Gewinn erzielt wird, z.B. wenn die Investition die Gründung einer Zweigstelle ist oder ein Produkt nur mit der bestimmten Investition produziert wird.
- Rentabilitätsrechnung: Der Gewinn als absolute Zahl ist nicht immer aussagekräftig, denn es kommt darauf an, wie viel Kapital aufgewandt werden musste, um den Gewinn zu erwirtschaften. Jetzt wird der Gewinn zusätzlich ins Verhältnis zum eingesetzten Kapital gesetzt. Die Investitionsalternative bekommt den Zuschlag, die am rentabelsten ist (höchste Verzinsung des investierten Kapitals). Ist die Rentabilität der Investition schlecht, kann überlegt werden, ob das Kapital nicht besser angelegt werden kann als in Form einer Investition.
- Amortisationsrechnung: Wann wird sich die Investition amortisieren, in welchem Zeitraum fließt das Kapital durch Gewinne und Abschreibungen wieder zurück? Die Alternative mit der schnellsten Amortisationszeit bekommt den Zuschlag.

  Hintergrund: Der Rückfluss, die Einnahmen („Cash“) der Investition sind höher als der Gewinn, da im Gewinn Abschreibungen negativ berücksichtigt sind. Deswegen ermittelt man die Amortisationsdauer mittels Gewinn + Abschreibungen. Man macht also hier eine „Cash“-Betrachtung. Frage dabei: Wann ist das ausgegebene Geld wieder zurückgeflossen?

  Sind Gewinne nicht ermittelbar, nimmt man statt dessen z.B. Kosteneinsparungen.

  Wichtig: Je schneller die Amortisation, desto risikoloser ist die Investition.

  Kurze Amortisationszeit = geringes Risiko

  Denn je schneller das Geld „wieder drin ist“ um so geringer das Risiko, dass noch etwas passiert und später die Investition doch noch im Ganzen fehlschlägt.

Es empfiehlt sich, nicht nur mit einer Methode zu rechnen. Die statischen Methoden sind alle ähnlich aufgebaut. Die Ergebnisse des Vergleiches mehrerer Methoden schaffen Planungssicherheit.

Nachteile statischer Methoden

Statische Methoden berücksichtigen nicht die Zinseffekte über die Laufzeit der Investition. Sie vernachlässigen, was spätere Einnahmen und Ausgaben aus der Investition zum Zeitpunkt der Investition – nämlich heute – „wert sind“. Denn wer heute z.B. 100.000 EUR für eine Investition ausgibt, könnte das Geld auch alternativ anlegen, z.B. langfristig auf der Bank. Jedes Jahr würden Zins- und Zinseszins anfallen. Diese alternativen Einnahmen sind aber genau genommen bei einer Investitionsrechnung zu berücksichtigen, das bedeutet: Eine spätere Ein- und Ausgabe ist heute bei der Investitionsrechnung zu einem geringeren Wert anzusetzen. Bei den dynamischen Investitionsrechenmethoden werden diese Effekte berücksichtigt.

Hinweis: Investitionsrechenmethoden sind auch auf Projektrechnungen anwendbar (siehe Abschnitt 3.8).

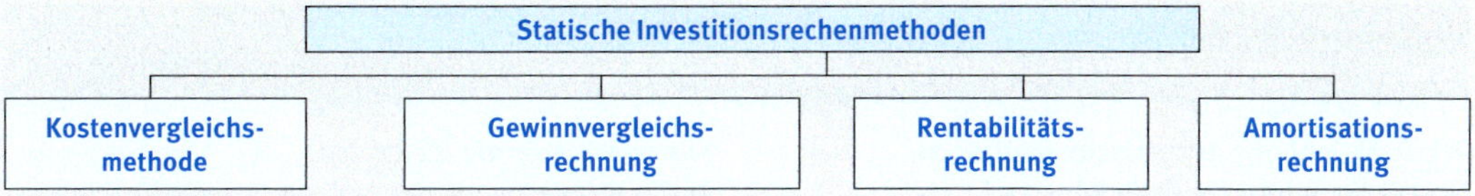

Statische Investitionsrechenmethoden

- Kostenvergleichsmethode
- Gewinnvergleichsrechnung
- Rentabilitätsrechnung
- Amortisationsrechnung

Statische Investitionsrechenmethoden

Kostenvergleichsrechnung über die Laufzeit der Anlage			
Investitionsprojekt: **Nutzungsdauer:**	**Kunststoffvergussanlage** **8 Jahre**		
	Investitionsalternativen		
	A	**B**	**C**
Abschreibungen	200.000	240.000	160.000
Zinsen	48.000	60.000	40.000
Beratungskosten	0	3.000	0
Anpassungskosten	0	0	5.000
Schulungskosten	0	5.000	0
Anlaufkosten	0	0	0
Markteinführungskosten	0	0	0
Material-/Betriebskosten	211.000	185.000	211.000
Personalkosten	509.400	480.000	540.000
Anlagemieten/Raumkosten	0	0	0
Instandhaltung/Wartung	26.500	35.000	15.000
Versicherungen	0	0	0
Sonstiges	60.500	65.000	80.000
Summe Kosten	**1.055.400**	**1.073.000**	**1.051.000**

Nach der Kostenvergleichsmethode müsste die Entscheidung für die Anlage C ausfallen. Aber:

Gewinnvergleichs-/Rentabilitäts- und Amortisationsrechnung Betrachtung jeweils für ein Jahr (Durchschnitt oder repräsentatives Jahr)			
Investitionsprojekt: **Nutzungsdauer:**	**Kunststoffvergussanlage** **8 Jahre**		
	Investitionsalternativen		
	A	**B**	**C**
Investiertes Kapitel	**200.000**	**240.000**	**160.000**
Umsatz	**151.400**	**151.400**	**135.000**
Abschreibungen	25.000	30.000	20.000
Zinsen	6.000	7.500	5.000
Beratungskosten		375	0
Anpassungskosten		0	625
Schulungskosten		625	0
Anlaufkosten		0	0
Markteinführungskosten		0	0
Material-/Betriebskosten	26.400	23.100	26.400
Personalkosten	63.700	60.000	67.500
Anlagemieten/Raumkosten		0	0
Instandhaltung/Wartung	3.300	4.300	1.875
Versicherungen		0	0
Sonstiges	7.600	8.100	10.000
Summe Kosten	**132.000**	**134.000**	**131.400**
Gewinn Formel: Umsatz · Kosten	**19.400**	**17.400**	**3.600**
Rentabilität Formel: $\frac{\text{Gewinn} \cdot 100}{\text{Investiertes Kapital}}$	**9,7 %**	**7,3 %**	**2,3 %**
Amortisationszeit in Jahren	**4,5**	**5,1**	**6,8**
Formel: $\frac{\text{Investiertes Kapital}}{\text{Gewinn + Abschreibungen}}$	44.400	47.400	23.600

Problem: Die Anlage C hat eine geringere Kapazität und kann damit nur geringere Umsätze realisieren.

Die Anlage A erwirtschaftet die höchsten Gewinne, die höchste Rentabilität und amortisiert sich am schnellsten.

Entscheidung für A!

Statische Investitionsrechenmethoden (Praxisbeispiele)

7.8-2 Investitionsrechnungen: Dynamische Rechnungen

Wie funktionieren dynamische Methoden: Schritt für Schritt die Grundidee

1. Wenn man in fünf Jahren einen Betrag von 50 T EUR bezahlen muss, braucht dieser Betrag nicht schon heute aufgebracht werden. Bis zur Fälligkeit kann man damit arbeiten, mit *Zins und Zinseszins.*
2. Heute sind diese 50 T EUR um den abgezinsten Wert „weniger wert“. Für die 50 T EUR müssen bei einem Zinsatz von 5 Prozent heute nur 39.176 EUR angelegt werden.
3. Umgekehrt: Wenn man in fünf Jahren eine Zahlung von 50 T EUR aus einer Investition erwartet, darf man nicht rechnen, als ob der Betrag schon zur Verfügung stünde, sondern muss ihn auf heute abzinsen. Die in fünf Jahren zu erwarteten 50 T EUR sind heute bei 5 % Zinssatz lediglich 39.176 EUR wert.

Für die dynamischen Investitionsrechnungen bedeutet das, dass man nicht mit Werten rechnet, die in späteren Jahren anfallen. Man vergleicht spätere Ein- und Auszahlungen aus Investitionen mit dem Wert, der – mit Zins und Zinseszins gerechnet – genau diesen Ein- und Auszahlungen heute entspricht. Frage also: Was sind spätere Ein- und Auszahlungen heute (zum Investitionszeitpunkt) wert?

Was sind in diesem Zusammenhang Barwert und Kapitalwert? Der Barwert ist die auf den aktuellen Zeitpunkt der Investition abgezinste Zahlung. Man nehme also die spätere Einnahme und zinse sie (mit folgender Formel) mit Zins- und Zinseszins ab:

$\frac{1}{(1+i)^t}$, dabei i = Zinssatz und t = Zeit (z.B. Jahre).

Üblich ist in diesem Zusammenhang das Arbeiten mit Barwerttabellen (siehe Anhang).

Kapitalwert: Es werden für die Investitionslaufzeit alle Einnahmen und Ausgaben geplant. Dadurch ergeben sich pro Jahr Überschüsse oder evtl. Fehlbeträge. Diese Werte werden pro Jahr abgezinst. Der Kapitalwert ist also die Summe der Barwerte (s. Beispiel).

Welcher Zins ist anzusetzen?

- Meist orientiert man sich am Kapitalmarkt plus einem Risikoaufschlag. Bringt z.B. eine sichere Anlage 6,5 Prozent, wird man einen Aufschlag wollen, wenn das Geld ins Unternehmen investiert wird.
- Ferner kann man vergleichbare Anlagen, Produkte, Investitionen im Unternehmen heranziehen.
- Weiterer Maßstab sind die Ziele des Unternehmens, z.B. eine Kapitalrendite von zwölf Prozent. Ist dies das Ziel für das gesamte Unternehmen, will man auch mit einer Investition dieses Ziel erreichen.

Überblick über die Methoden

- Kapitalwertmethode: Maßstab dieser Methode ist der Kapitalwert der Investition. Je höher der Kapitalwert bei gegebenen Kalkulationszinsfuß, desto höher die Verzinsung des eingesetzten Kapitals und damit die Rentabilität der Investition. Die Abzinsung erfolgt mit dem Zinssatz, der als Mindestverzinsung gewünscht wird. Ist der Kapitalwert einer Investition = Null, wird gerade noch die gewünschte Mindestverzinsung erreicht. Je höher der Kapitalwert, desto vorteilhafter die Investition.

Die Kapitalwertmethode ist das Grundmodell, auf dem alle anderen Methoden aufbauen.

- Annuitätenmethode: Der Kapitalwert ist eine Endwertbetrachtung. Die Annuitätenmethode betrachtet das Jahr. Unter Annuität wird der durchschnittliche jährliche Einzahlungsüberschuss verstanden. Dabei rechnet diese Methode den Kapitalwert in gleich große jährliche Zahlungen um, der Kapitalwert wird also periodisiert, d.h. unter Verrechnung von Zinseszinsen gleichmäßig auf die gesamte Investitionsperiode verteilt. Diese Methode ist eine Variante der Kapitalwertmethode. Sie führt letztlich zum gleichen Ergebnis. Maßstab dieser Methode ist die Annuität. Je höher die Annuität bei gegebenen Kalkulationszinsfuß ist, desto höher ist der jährliche Einnahmenüberschuss.
  Die Berechnung erfolgt mit Wiedergewinnungsfaktoren, die sich als reziproker Wert der Rentenbarwertfaktoren ergeben. Somit kann man auf Rentenbarwerttabellen zurückgreifen (siehe Anhang).
- Interne Zinsfußmethode: Hier wird jetzt auf Basis abgezinster Ein- und Ausgaben der Zinsfuß gesucht, der zu einem Kapitalwert von Null führt: Der interne Zinsfuß. Stehen jetzt mehrere Investitionsalternativen zur Auswahl, entscheidet man sich für die Methode mit dem höchsten internen Zinsfuß.

Unsicherheiten dynamischer Methoden

Bei den Ergebnissen ist immer zu berücksichtigen, dass die Planungsgenauigkeit im Laufe der Jahre immer mehr abnimmt: Wer weiß, was z.B. in fünf Jahren ist, welche Ein- und Ausgaben dann anfallen. Unsicher auch der Zinsfuß. Ändert sich der Kapitalmarktzins wesentlich, stimmen eventuell die Eckdaten für die Investitionsentscheidungen nicht mehr. Somit sind auch dynamische Methoden mit Unsicherheiten behaftet und lediglich Näherungslösungen.

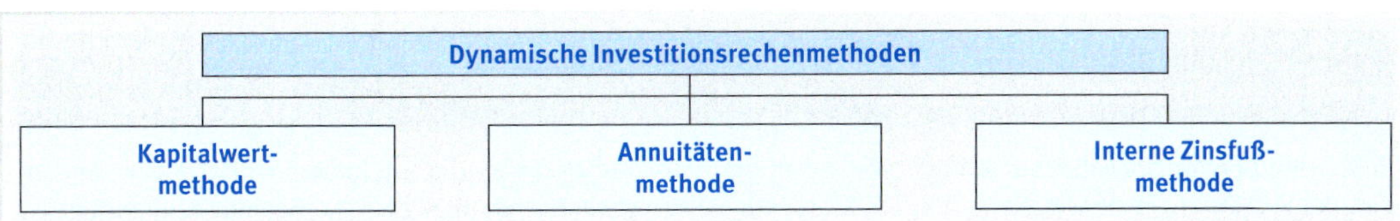

Dynamische Investitionsrechenmethoden

Kapitalwertmethode					
Anschaffungswert		200.000	Nutzungsdauer/Jahre	8	Kapitalwert
Liquidationserlös		5.000	Kalkulationszinssatz	10,00 %	31.246
Jahr	**Einnahmen**	**Ausgaben**	**Überschüsse**	**Barwerte**	**Abzinsungsfaktoren**
0	Anschaffungswert	200.000	−200.000	−200.000	1,000000
1	125.350	89.000	36.350	33.045	0,909091
2	149.615	110.100	39.515	32.657	0,826446
3	152.950	113.000	39.950	30.015	0,751315
4	157.550	117.000	40.550	27.696	0,683013
5	166.175	124.500	41.675	25.877	0,620921
6	160.540	119.600	40.940	23.110	0,564474
7	161.805	120.700	41.105	21.093	0,513158
8	137.425	61.500	75.925	35.420	0,466507
Liquidationserlös					
8	5.000		5.000	2.333	0,466507
Summe	1.216.410	1.055.400	161.010	31.246	

Der Kapitalwert ist größer Null. Es wird mehr als die gewünschte Mindestverzinsung erreicht. Die Investition ist rentabel.

Annuitätenmethode					
Anschaffungswert		200.000	Nutzungsdauer/Jahre	8	Annuität
Liquidationserlös		5.000	Kalkulationszinssatz	10,00 %	5.857
Jahr	**Einnahmen**	**Ausgaben**	**Überschüsse**	**Barwerte**	**Abzinsungsfaktoren**
0	Anschaffungswert	200.000	−200.000	−200.000	1,000000
1	125.350	89.000	36.350	33.045	0,909091
2	149.615	110.100	39.515	32.657	0,826446
3	152.950	113.000	39.950	30.015	0,751315
4	157.550	117.000	40.550	27.696	0,683013
5	166.175	124.500	41.675	25.877	0,620921
6	160.540	119.600	40.940	23.110	0,564474
7	161.805	120.700	41.105	21.093	0,513158
8	137.425	61.500	75.925	35.420	0,466507
Liquidationserlös					
8	5.000		5.000	2.333	0,466507
					Wiedergewinnungsfaktor
Summe	1.216.410	1.055.400	161.010	31.246	5,334926

Die Annuität ist größer Null. Die Investition ist rentabel.

Interne Zinsfußmethode					
Anschaffungswert		200.000	Nutzungsdauer/Jahr	8	Int. Zinsfuß
Liquidationserlös		5.000		13,8 %	13,8 %
Jahr	**Einnahmen**	**Ausgaben**	**Überschüsse**	**Barwerte**	**Abzinsungsfaktoren**
0	Anschaffungswert	200.000	-200.000	-200.000	1,000000
1	125.350	89.000	36.350	31.949	0,878917
2	149.615	110.100	39.515	30.525	0,772495
3	152.950	113.000	39.950	27.124	0,678959
4	157.550	117.000	40.550	24.198	0,596748
5	166.175	124.500	41.675	21.858	0,524492
6	160.540	119.600	40.940	18.873	0,460985
7	161.805	120.700	41.105	16.654	0,405168
8	137.425	61.500	75.925	27.038	0,356109
Liquidationserlös					
8	5.000		5.000	1.781	0,356109
Summe	**1.216.410**	**1.055.400**	**161.010**	**0**	

Bei einem Kapitalwert von Null beträgt der interne Zinsfuß 13,8 %. Wenn dieser Wert die gewünschte Verzinsung ist oder über der gewünschten Verzinsung liegt, kann investiert werden.

Dynamische Investitionsrechenmethoden (Praxisbeispiele)

7.9 Unternehmensbewertung

Eine Unternehmensbewertung erfolgt relativ selten, z.B. bei Verkäufen, Fusionen, Sanierungen, Kreditwürdigkeitsprüfungen usw. Sie ist eine Art Gutachten, das in der Regel von Experten (z.B. Wirtschaftsprüfern, Gutachtern) erbracht wird. Frage ist: Was ist das Unternehmen als Ganzes wert? Dies ist regelmäßig schwer zu beantworten, denn es sind z.B. folgende Tatbestände zu berücksichtigen:

- Der Wert der Unternehmenssubstanz, z.B. Maschinen, Grundstücke usw.,
- Schulden des Unternehmens,
- Kundenstamm des Unternehmens,
- Börsenwert oder andere Marktbeurteilungen des Unternehmens,
- Zukünftige Erträge des Unternehmens,
- Soft Facts wie Mitarbeiter-Know-how usw.

So haben sich eine Reihe von konkurrierenden Verfahren entwickelt. Kein Verfahren führt zu einem „objektiv richtigen" Ergebnis. Die sichersten Ergebnisse wird man erzielen, wenn die Bewertung gleichzeitig mit mehreren Methoden vorgenommen wird. Es gibt lt. Rechtssprechung keine vorgeschriebene oder empfohlene Methode. Aktuell werden von Verbänden und Fachleuten die Zukunftserfolgsmodelle präferiert.

Methoden der Unternehmensbewertung

Im Folgenden werden die Grundlagen dargestellt. Bei jeder Methode gibt tiefergehende Variationen.

- Comparable Company Approach: Man orientiert sich (to approach = sich nähern) an vergleichbaren (comparable) Unternehmen. Das zu bewertende Unternehmen wird über Kenngrößen (Multiplikatoren) mit anderen Unternehmen in Beziehung gesetzt. Ausgangsfrage ist: „Wie teuer sind vergleichbare Unternehmen?" Die einfachste Methode ist dabei, den Umsatz oder den Gewinn eines Unternehmens mit branchenüblichen Multiplikatoren zu multiplizieren, wofür es Tabellen gibt.
  Üblich ist auch als Multiplikationsbasis das Kurs-/Gewinn-Verhältnis von Aktiengesellschaften. Insgesamt ist die Methode skeptisch zu beurteilen weil sie von Vergangenheitswerten ausgeht und die Beurteilungsbasis momentane Marktwerte sind. Es werden keine zukunftsorientierten fundamentalen sondern letztlich zufällige Werte ermittelt.
- Substanzwertorienterte Modelle: Der Substanzwert wird auch Reproduktions- oder Rekonstruktionswert genannt. Ausgangspunkt ist das Vermögen des Unternehmens, das in der Bewertung „nachgebaut" wird. Verkürzt gesagt, bedeutet dies, der Wert des Unternehmens sind die Vermögensgegenstände abzüglich der Schulden. Allerdings ist noch ein separater sog. Good will zu berücksichtigen, denn der Veräußerer eines Unternehmens will auch Faktoren wie Image des Unternehmens, Kundenstamm, Mitarbeiter-Know-how, Standortqualität, Produktionsgeheimnisse usw. bezahlt bekommen. Sind materielles Vermögen und Schulden noch relativ genau festzustellen, bleibt regelmäßig das Problem der Bewertung des Good wills.
- Zukunftserfolgsmodelle: Ausgangsbasis ist die Frage: „Welche Erträge wird das Unternehmen zukünftig erwirtschaften?" Die einfachste Form ist hierbei das Ertragswertverfahren. Dabei werden durchschnittliche, aktuelle, vor allem aber geplante Gewinne mit einem Kalkulationszinssatz abgezinst. Ziel ist die Ermittlung eines sog. nachhaltigen Gewinns (der Zukunftswert). Hintergrund: Es wird ein Wert ermittelt, auf dessen Basis ein jährlicher Gewinn erwirtschaftet wird, ähnlich einer Geldanlage, die jährlich Zinsen bringt. Kennt man die jährlichen Zinsen (in unserem Fall den Gewinn), wird daraus der Wert der Geldanlage (in unserem Fall der Unternehmenswert) ermittelt.
  Komplizierter ist die Discounted Cashflow-Methode. Dabei werden geplante sog. Free Cashflows (siehe Kapitel 7.6) mit einem Kalkulationszinssatz abgezinst (Ermittlung von Barwerten, siehe Kapitel 7.8 Investitionsrechnungen). Es wird ein Wert ermittelt, der den langjährig zu erwartenden Erträgen entspricht (Fortführungswert) und liquide Mittel und Finanzschulden werden berücksichtigt. Das Ergebnis ist der Unternehmenswert.
  Auch wenn diese Methode beliebt und verbreitet ist, bleiben Unsicherheiten. So wird die Planung zukünftiger Cashflows immer unsicher bleiben, der Kapitalisierungszinsfuß bleibt eine unsichere Größe und auch ein Fortführungswert ist ungewiss. Wer weiß schon, was z.B. in acht Jahren ist?

Eine rechentechnische Unternehmensbewertung wird immer nur die Basis z.B. beim Kauf bzw. Verkauf eines Unternehmens sein. Letztlich wird der endgültige Preis eines Unternehmens immer eine Frage der Einschätzung des Marktes, der strategischen Interessen von Käufer und Verkäufer und intensiver Verkaufsverhandlungen sein.

Anmerkung: Alle nebenstehenden Beispiel sind vereinfacht dargestellte Basismethoden. In der Praxis wird komplizierter mit diversen Zu- und Abschlägen bzw. weiteren Differenzierungen gearbeitet.

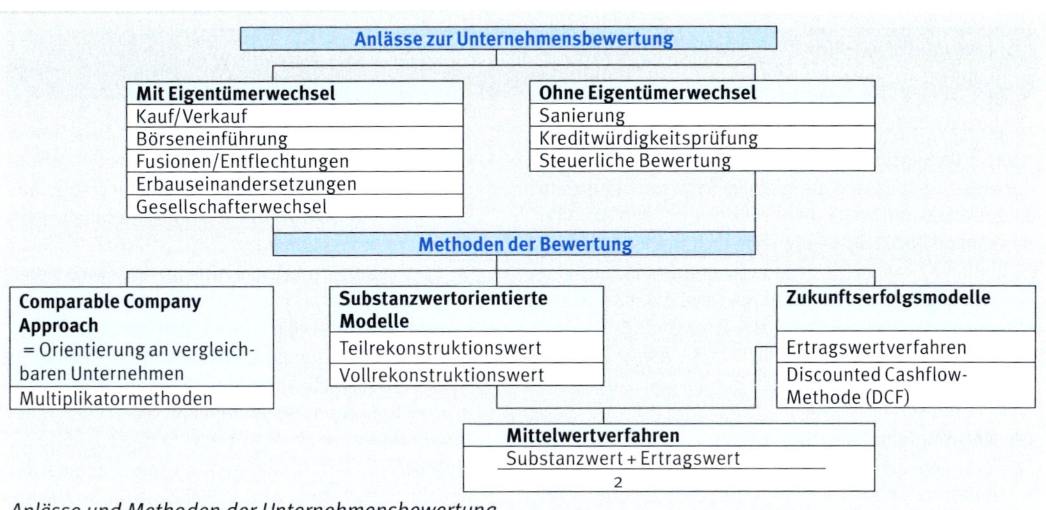

Anlässe und Methoden der Unternehmensbewertung

Bewertung der XYZ-GmbH zum 31.12.2005	Kurs-/Gewinn-Verhältnis	
Vergleichsunternehmen A Vergleichsunternehmen B	11 13	Vergleichsbasis: Aktiengesellschaften der Branche des zu bewertenden Unternehmens Aktienkurs: 33 EUR. Gewinn pro Aktie: 3 EUR Aktienkurs: 13 EUR. Gewinn pro Aktie: 1 EUR
Durchschnitt Vergleichsunternehmen	12	(11 + 13) : 2
Gewinn des zu bewertenden Unternehmens	195.000	
Wert des zu bewertenden Unternehmens	**2.340.000**	12 · 195.000 = 2.340.000

Multiplikatormethode

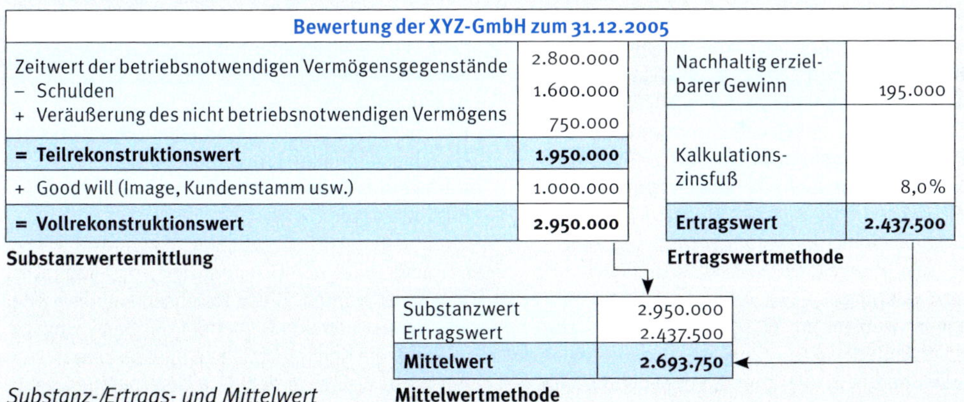

Bewertung der XYZ-GmbH zum 31.12.2005

Zeitwert der betriebsnotwendigen Vermögensgegenstände	2.800.000
– Schulden	1.600.000
+ Veräußerung des nicht betriebsnotwendigen Vermögens	750.000
= Teilrekonstruktionswert	**1.950.000**
+ Good will (Image, Kundenstamm usw.)	1.000.000
= Vollrekonstruktionswert	**2.950.000**

Substanzwertermittlung

Nachhaltig erzielbarer Gewinn	195.000
Kalkulationszinsfuß	8,0 %
Ertragswert	**2.437.500**

Ertragswertmethode

Substanzwert	2.950.000
Ertragswert	2.437.500
Mittelwert	**2.693.750**

Mittelwertmethode

Substanz-/Ertrags- und Mittelwert

Bewertung der XYZ-GmbH zum 31.12.2005		**Betrachtung Ende 2005**	**Plan 2006**	**Plan 2007**	**Plan 2008**	**Plan 2009**	**Plan 2010**	**Fortführungswert**
Betriebsergebnis nach Unternehmenssteuern, vor Zinsen			195.000	210.000	240.000	260.000	280.000	
+ Abschreibungen			300.000	310.000	320.000	320.000	320.000	
– Investitionen			280.000	300.000	310.000	310.000	300.000	
– Erhöhung Umlaufvermögen			15.000	5.000	15.000	5.000	5.000	
= Free Cashflow			200.000	215.000	235.000	265.000	295.000	3.685.000
Abzinsungsfaktoren	8 %		0,926	0,857	0,794	0,735	0,681	0,681
Barwerte		3.459.568	185.185	184.328	186.551	194.783	200.772	2.507.949
+ börsenfähige Wertpapiere		662.000						
– Finanzschulden		1.600.000						
= Unternehmenswert		**2.521.568**						

Ermittlung des Unternehmenswertes nach der Discounted Cashflow-Methode

7.10 Sanierung des Unternehmens

Ist ein Unternehmen in Schwierigkeiten geraten, soll eine Sanierung dazu dienen, die Leistungsfähigkeit wieder herzustellen. Dabei bezeichnet Sanierung (aus dem Lateinischen und bedeutet im weitesten Sinne Heilung) die Summe der Maßnahmen, das Unternehmen wieder gesunden zu lassen. Die Gründe für eine Sanierung können innerbetrieblichen Ursprungs sein, z.B. schlechtes Management oder falsche Finanzierung. Oder es sind externe Gründe verantwortlich, z.B. Konjunktureinbruch. In der Praxis ist es oft ein Bündel von Gründen.

Die Notwendigkeit von Sanierungen

Sanierungen sind immer dann notwendig, wenn

- das Unternehmen aktuell überschuldet oder zahlungsunfähig ist. Jetzt kann versucht werden, durch eine Sanierung ein Insolvenzverfahren (früher Konkurs) zu verhindern. Aber auch nach Eröffnung eines Insolvenzverfahrens können Sanierungsschritte eingeleitet werden, um das Unternehmen wieder lebensfähig zu machen.
- die Krise des Unternehmens akut ist und man ohne weitere Eingriffe ernste Krisen befürchtet, z.B. die oben angeführte Zahlungsunfähigkeit.
- sich Probleme andeuten, die das Unternehmen in eine Krise bringen können. Z.B. weil sich die Kennzahlen verschlechtern oder wesentliche Eckdaten ungünstig entwickeln, z.B. der Absatz/Umsatz nach unten geht oder die Kosten nach oben.

Sanierung ist immer „Chefsache": entweder ist das (alte) Management gefragt oder ein neues Management übernimmt nach Eintritt in das Unternehmen die Sanierung oder es kann auch z.B. ein Insolvenzverwalter sein, der die Sanierung verantwortlich begleitet.

Arten der Sanierung

Sanierungen werden im Wesentlichen unter zwei Aspekten diskutiert:

1. Restrukturierung, Turnaround, Beseitigung von Mängeln in Organisation, Ablauf, Produktion, Absatz usw.
   Je nach Problemlage werden die Mängel betriebswirtschaftlich untersucht. Gängig ist der Begriff Turnaround geworden.
   Er soll das Unternehmen „umdrehen", was meist mit einem Austausch des Managements verbunden ist. Restrukturierung bedeutet ebenfalls grundlegende Änderungen im Unternehmen. Dies kann z.B. so aussehen,
   - dass ganze unwirtschaftliche Unternehmensteile verkauft werden,
   - eine Verkaufsorganisation umorganisiert wird,
   - Produktpaletten können überarbeitet werden,
   - die Produktion wird rationalisiert usw.

   In vielen Sanierungsfällen geht es darum, dem Unternehmen neue finanzielle Mittel zuzuführen. Entweder in Form von Krediten oder seitens der Gesellschafter. Zwar wird die Motivation der Gesellschafter regelmäßig nicht besonders groß sein, „frisches Geld" in das Unternehmen zu stecken. Die Motivation wird allerdings durch die Drohung gefördert, dass bei Verweigerung der Finanzspritze das bisherige eingebrachte Kapital akut gefährdet ist.
2. Buchtechnische Sanierung
   Hier gibt es diverse Möglichkeiten. Das Grundprinzip sieht wie folgt aus:
   Es gibt einen Verlust, der ausgeglichen werden soll. Nun wird das Grundkapital buchtechnisch reduziert, die Gesellschafter haben jetzt weniger Eigenkapital. Sie verzichten oder müssen auf einen Teil ihrer Anteile am Unternehmen verzichten (was in Aktiengesellschaften nur mit einem Beschluss der Hauptversammlung passieren kann).
   Der Effekt zeigt sich wie in den unten abgedruckten Bilanzen gegenübergestellt.

Das Grundkapital hat sich reduziert, das Kapital ist herabgesetzt worden. Diese Herabsetzung ist größer als der Verlust und somit entsteht ein Sanierungsgewinn, der in die Kapitalrücklage eingestellt wird.

Auf diese Weise werden dem Unternehmen natürlich keinerlei neue Mittel zugeführt und so wird in der Praxis diese Form der Sanierung immer mit Bemühungen einhergehen, dem Unternehmen gleichzeitig neue Mittel zuzuführen und die Krisenursachen zu beseitigen.

Bilanz nach Sanierung			
Aktiva		Passiva	
Vermögen	500	Grundkapital	800
		Verlust	300
Bilanzsumme	**500**	**Bilanzsumme**	**500**

Bilanz nach Sanierung			
Aktiva		Passiva	
Vermögen	500	Grundkapital	400
		Verlust	0
		Kapitalrücklage	100
Bilanzsumme	**500**	**Bilanzsumme**	**600**

Sanierungsstrategien und Instrumente im Bereich		
Rechts- und Organisationssationsstruktur	**Produktion**	**Marketing/Absatz**
Rechtsformänderung (u.U. wegen der Möglichkeit von Beteiligungen oder Aufnahme neuer Gesellschafter)	Veränderung/Verbesserung der Technologie	Sortimentsbereinigung (z.B. nach Deckungsbeitragsgesichtspunkten)
Änderung d. Beteiligungsstruktur (z.B. Aufnahme e. neuen Gesellschafters)	Verringerung/Vergrößerung der Fertigungstiefe	Neue Produkte
Änderungen der Aufbauorganisation (z.B. Änderungen von Verantwortlichkeiten, Schaffung von Profit- oder Cost-Center-Strukturen)	Schließung von Fertigungsstätten	Konzentration auf profitable Geschäftsfelder
Straffung der Ablauforganisation (z.B. Verkürzung der Auftragsbearbeitung)	Konzentration von Know-how in den Fertigungsstätten	Erschließung neuer Geschäftsfelder
Zusammenlegungen von Unternehmenseinheiten	Überprüfung des Qualitätsniveaus	Umstellung der Vertriebsstrukturen (z.B. von Vertriebsgesellschaften auf Importeure)
Ein-/Ausgliederungen von Unternehmenseinheiten	Verringerung der Durchlaufzeiten	Preis-/Rabattpolitik (Analyse der Preis-/Absatzfunktion)
Rechtliche Verselbstständigung von Unternehmenseinheiten	Verbesserung der Termintreue	Umstellung der Vertreterprovisionierung (z.B. Provisionierung auf Basis Deckungsbeiträge)
Abschluss von Allianzen mit wichtigen Partnern, z.B. Zulieferern, Kunden oder der Konkurrenz	Abbau von Zwischenlagern	Werbung/Werbeerfolgskontrolle
Verlagerung von Unternehmenseinheiten (z.B. Verlagerung der Zentrale zum größten Produktions- oder Vertriebsstandort)	Kostensenkungsmaßnahmen, z.B. im Bereich Material, Energie usw.	Verbesserung der Transparenz (z.B. Artikelergebnisrechnungen, Kundenergebnis- oder Gebietsergebnisrechn.)
Verkauf/Kauf von Unternehmenseinheiten oder Beteiligungen	Wertanalysen	
Joint Ventures	Outsourcing	**Finanzwirtschaft**
Straffung des internen Informationssystems, insbesondere Beschäftigung mit der Informationstechnologie	Zukauf statt Eigenfertigung	
	Leasing statt Kauf	Auflösung von Rücklagen und Rückstellungen
Beschaffung/Logistik	Strafferer Produktionsablauf z.B. durch Produktions- und Planungssysteme	Kapitalherabsetzung
Aufgabe/Schaffung v. Zwischenlagern, Straffung der internen Logistikstrukturen, z.B. Bearbeitungsvorgaben u.ä.		Veräußerung von Anlagevermögen, insbesondere Finanzanlagen
Bestandsabbau	**Management und Personal**	Stützung durch Anteilseigner (z.B. Kredite)
Neue, billigere Lieferanten	Herausnahme von Hierarchieebenen	Zahlungsaufschub durch die Gläubiger (z.B. Stillhalteabkommen)
Just in Time	Zusammenlegung von Ressorts	Zinsreduktion, -erlass
ABC-Analysen	Management buy out	Vergleich (gerichtlich oder außergerichtlich)
Einführung effektiver Warenwirtschaftssysteme	Externe Beratung	Fremdkapitalzuführung
	Schaffung von Aufsichtsgremien (z.B. Aufsichtsrat)	Factoring (Forderungsverkauf)
	Neugestaltung der	Erhöhung der Kreditlinien
	Führungskräftevergütung	Stundungen von Verbindlichkeiten
	Einstellungsstop	Absicherung von Währungsrisiken
	Kurzarbeit	
	Überstundenabbau	
	Veränderung der Entlohnung	
	Vorruhestandsregelungen	

8 Rechnungswesen

8.1 Überblick

Das Rechnungswesen ist das wichtigste Informations- und Steuerungssystem im Unternehmen und von zentraler Bedeutung. Es hat sich von frühen Formen der Buchhaltung bis hin zu einem international ausgerichteten Informationssystem entwickelt.

Das Rechnungswesen: Spiegel des Unternehmens

Das Rechnungswesen bildet alle Vorgänge im Unternehmen ab. Kommt Ware in das Lager, wird dies durch die Bezahlung der Rechnung und den buchhalterischen Lagerzugang abgebildet. Der Verkauf von Produkten wird in der Buchhaltung registriert und parallel erfolgt die Registrierung des Lagerabgangs. Was physisch passiert, wird zahlenmäßig gezeigt. So registriert die Materialbuchhaltung den Verbrauch von Waren, wenn diese in die Produktion gehen. Der Kauf von Maschinen zeigt sich in der Buchhaltung und die Anlagenbuchhaltung zeigt deren Wertverlust, die Abschreibungen. Gleiches bei Kreditaufnahme, Zinszahlungen usw. usw. Am Jahresende werden dann alle Vorgänge im Jahresabschluss zusammengefasst.
Interne Leistungsprozesse: Aber auch Vorgänge, die nicht unmittelbar die Buchführung berühren, zeichnet das Rechnungswesen auf. So wird der interne Produktionsprozess verfolgt, z.B. die Wertsteigerung im Rahmen des Produktionsdurchlaufes oder es wird registriert, wenn eine Abteilung für eine andere interne Dienste leistet, z.B. Instandhaltungen. So wird der interne Leistungsprozess beobachtet.
Analysen: Aber es wird nicht nur registriert, was sich im „Ist" abspielt, also tatsächlich angefallen ist. Es ist außerordentlich wichtig, dass geplant wird, dass man zielgerichtet in die Zukunft schaut und Maßnahmen einleitet. Auch diese Planungen spiegelt das Rechnungswesen wider. Von Zeit zu Zeit vergleicht man „Ist" und „Plan". Was ist schief gelaufen, warum konnte der Plan nicht gehalten werden? Wo gibt es Probleme? Das Rechnungswesen wird zum Controlling weiterentwickelt. Controlling = Steuerung des Unternehmens (nicht Kontrolle!)

Externes und internes Rechnungswesen

Klassischerweise unterteilt man das Rechnungswesen in ein externes und ein internes Rechnungswesen.

- Externes Rechnungswesen: Dieser Teil ist nach außen (extern, daher der Name) gerichtet. Er dient als Informationsquelle für diejenigen, die am Unternehmen interessiert sind, z.B. Aktionäre, Arbeitnehmer, Banken usw. Wichtigstes Instrument ist der Jahresabschluss, wobei im Mittelpunkt die Bilanz, die Gewinn- und Verlustrechnung und ergänzende Informationen stehen.
- Für bestimmte Unternehmen gibt es die Möglichkeit bzw. es besteht die Pflicht, den Jahresabschluss nach internationalen Standards (IFRS = International Financial Reporting Standards) aufzustellen, damit der Jahresabschluss über die deutsche Rechnungslegung hinaus auch international verstanden wird.
- Internes Rechnungswesen: Im Gegensatz zum externen Rechnungswesen ist das interne weder (gesetzlich) geregelt noch überhaupt vorgeschrieben. Es empfiehlt sich aber dringend, auch ein internes Rechnungswesen einzurichten. Im Wesentlichen gehört dazu die Kostenrechnung mit der Kostenarten-, -stellen- und -trägerrechnung: Welche Kosten sind wo und wofür entstanden? In der Gestaltung eines internen Rechnungswesens ist das Unternehmen völlig frei. So findet man in der Praxis sämtliche Ausprägungen beginnend z.B. mit einer rudimentären Kalkulation bis hin zu komplexen Informationspools.

Es gibt (insbesondere vor dem Hintergrund der internationalen Rechnungslegung) Tendenzen einer Anpassung von externen und internen Rechnungswesen, die die Aussagen beider Rechenwerke bündeln und vereinheitlichen wollen.

Controlling: Steuerung des Unternehmens

Im Controlling laufen die Daten des Rechnungswesens und der anderen Informationsquellen (z.B. aus dem Vertrieb, der Logistik usw.) zusammen und werden ausgewertet. Ziel ist dabei die Steuerung des Unternehmens im Hinblick auf die Unternehmensziele. Das Controlling bedient sich hierfür einer Reihe betriebswirtschaftlicher Instrumente, greift aber maßgeblich auf das interne Rechnungswesen zurück. Auch ein Controlling ist nicht (gesetzlich) vorgeschrieben.

Die Steuerlast des Unternehmens

Der Bereich Steuern wird in der Praxis häufig vom Bereich Rechnungswesen abgedeckt, da mit den (vornehmlich externen) Rechnungswesendaten die Steuerbelastungen ermittelt werden. Im steuerlichen Bereich gibt es (teilweise abhängig von den Rechtsformen) eine Reihe von Gestaltungsspielräumen, sodass dieser Bereich gerade in großen und internationalen Unternehmen einen hohen Stellenwert hat.

Das Rechnungswesen ist zuständig für...

... die Erfassung, Speicherung und Verarbeitung von Informationen über angefallene und geplante Geschäftsvorfälle.

Erfassen

... die Dokumentation über das, was im Unternehmen psasiert ist. Es legt Rechenschaft gegenüber internen und externen Interessenten ab.

Rechenschaft ablegen

... die Hilfe bei der Entscheidungsfindung für die Entscheidungsträger des Unternehmens. Es bereitet weitere betriebswirtschaftliche Aufgaben, z.B. das Controlling, vor.

Entscheiden

INSTRUMENTE

Externes Rechnungswesen		Internes Rechnungswesen
HGB – **Bilanz** (Vermögenslage) – **Gewinn- und Verlustrechnung** (Ertragslage) – **Anhang** (Erläuterungen) – **Lagebericht** (Kommentar) **Kapitalflussrechnung** freiwillig bzw. Pflicht für börsennotierte Mutterunternehmen mit Sitz in Deutschland	**IFRS** – **Bilanz** (Vermögenslage) – **Gewinn- und Verlustrechnung** (Ertragslage) – **Eigenkapitalveränderungsrechnung** – **Kapitalflussrechnung** – **Anhang** (Erläuterungen) **Lagebericht** wird empfohlen (nicht Pflicht)	– Kostenartenrechnung (Welche Kosten sind entstanden?) – Kostenstellenrechnung (Wo sind die Kosten entstanden?) – Kostenträgerrechnung` (Wofür sind die Kosten entstanden?) – Kalkulation – Erfolgsrechnung → **CONTROLLING**
Analyse des Jahresabschlusses		
Ziele des externen Rechnungswesens Dokumentation für externe und interne Interessenten – Investoren – Arbeitnehmer – Kreditgeber – Lieferanten und andere Gläubiger – Kunden – Regierung und ihre Institutionen – Öffentlichkeit		**Ziele des internen Rechnungswesens** – Wirtschaftlichkeit – Analysen – Planung, Plan-/Ist-Vergleiche

8.2 Gesetzliche Rechnungslegungsvorschriften

Das externe Rechnungswesen ist (im Gegensatz zum internen) gesetzlich geregelt.

Instrumente der Rechnungslegung

Je nach Größe und Rechtsform gibt es unterschiedliche Instrumente der Rechnungslegung (Erläuterungen zu den einzelnen Instrumenten siehe nächste Kapitel):

- Bilanz und Gewinn- und Verlustrechnung: Diese beiden Instrumente sind für alle Unternehmen Pflicht, wenn auch der Gliederungsumfang unterschiedlich geregelt ist.
- Anhang und Lagebericht: Pflicht für Kapitalgesellschaften, dabei gilt ebenfalls unterschiedlicher Umfang.
- Kapitalflussrechnung und Segmentberichterstattung: Pflicht nur für börsennotierte Unternehmen. Relativ großer Spielraum bei der inhaltlichen Gestaltung.

Grundsätze ordnungsmäßiger Buchhaltung und Bilanzierung

Diese fassen die „Spielregeln" der Rechnungslegung zusammen.

- Grundsatz der Bilanzwahrheit und Vollständigkeit: Der Jahresabschluss hat komplett abzubilden, Posten dürfen nicht weggelassen werden.
- Grundsatz der Klarheit: Übersichtlichkeit und deutliche Bezeichnung der Positionen.
- Grundsatz der Bilanzkontinuität und Stetigkeit: Die Werte der Eröffnungsbilanz müssen mit den Werten der Schlussbilanz (des vergangenen Jahres) übereinstimmen.
- Going-Concern-Prinzip: Bei der Bewertung wird davon ausgegangen, dass das Unternehmen weiter geführt wird.

Darüber hinaus gibt es noch eine Reihe weiterer Grundsätze, z.B. den Grundsatz der Einzelbewertung usw.

Vorsichtsprinzip und Gläubigerschutz

Das leitende Prinzip in der deutschen Rechnungslegung. Die Positionen sollen eher „pessimistisch", also vorsichtig bewertet werden. Nicht zuletzt auch, damit zum Schutze anderer Gläubiger keine Gewinne vorschnell ausgeschüttet werden (die eventuell noch nicht realisiert wurden). Dies äußert sich zunächst in § 253, Absatz 1, nach dem Vermögensgegenstände maximal mit den Anschaffungs- oder Herstellungskosten bewertet werden dürfen. Weiter wird das Vorsichtsprinzip konkretisiert mit dem

- Realisationsprinzip: Es sind nur Gewinne auszuweisen, die konkret realisiert sind.
- Imparitätsprinzip: Umgekehrt müssen noch nicht realisierte Verluste gezeigt werden.
- Gemilderten Niederstwertprinzip (Anlagevermögen): Hier besteht ein Wahlrecht. Wenn z.B. eine Maschine nur vorübergehend wegen Produktionsumstellung an Wert verloren hat, kann ein niedrigerer Wert angesetzt werden.
- Strengen Niederstwertprinzip (Umlaufvermögen): Auch wenn der Wert nur vorübergehend gesunken ist, muss der niedrige Wert angesetzt werden.

Beispiele: Behandlung von Wertpapieren und Grundstücken

Im Rahmen des Jahresabschlusses wichen in einem Unternehmen drei wesentliche Positionen vom aktuellen Zeitwert ab: Die gehaltenen Aktien und Aktienfondsanteile und das unbebaute Grundstück.

1. Die im Jahre 2002 gekauften Aktien waren um ca. 25 % gestiegen. Trotzdem mussten lt. Realisationsprinzip die Aktien mit dem historischen Anschaffungswert bzw. Kurs bewertet werden. Der erhöhte Wert dürfte nur angesetzt werden, wenn die Aktien tatsächlich zu dem höheren Wert verkauft worden wären.
2. Die im Jahre 2004 gekauften Aktienfondsanteile waren um 10 % im Wert gesunken. Nach dem Imparitätsprinzip war in der Bilanz der niedrigere Wert anzusetzen.
3. Das in den 70er-Jahren gekaufte Innenstadtgrundstück hatte mittlerweile einen Marktwert, der um 400 % (!) über dem damaligen Kaufpreis lag. Trotzdem musste lt. Realisationsprinzip mit dem historischen Anschaffungswert bilanziert werden.

Achtung: Andere Regelungen im Rahmen der Internationalen Rechnungslegung (siehe Abschnitt 8.9).

Die gesetzlichen Regelungen sind häufig nicht einfach zu verstehen, der Grad der Verbindlichkeit ist unterschiedlich, d.h. häufig gibt es Spielräume. So heißt es z.B. „Rückstellungen sind für ungewisse Verbindlichkeiten zu bilden" oder „Kleine Kapitalgesellschaften brauchen nur eine verkürzte Bilanz aufzustellen". Man muss wissen, was die (Hilfs-)Verben bedeuten.

... ist/sind ... = es ist zwingend vorgeschrieben und es besteht kein Wahlrecht
... hat ... = ebenfalls verbindlich
... muss ... = ebenfalls verbindlich
... darf ... = man kann, aber man muss nicht
... braucht ... = man kann, aber man muss nicht.

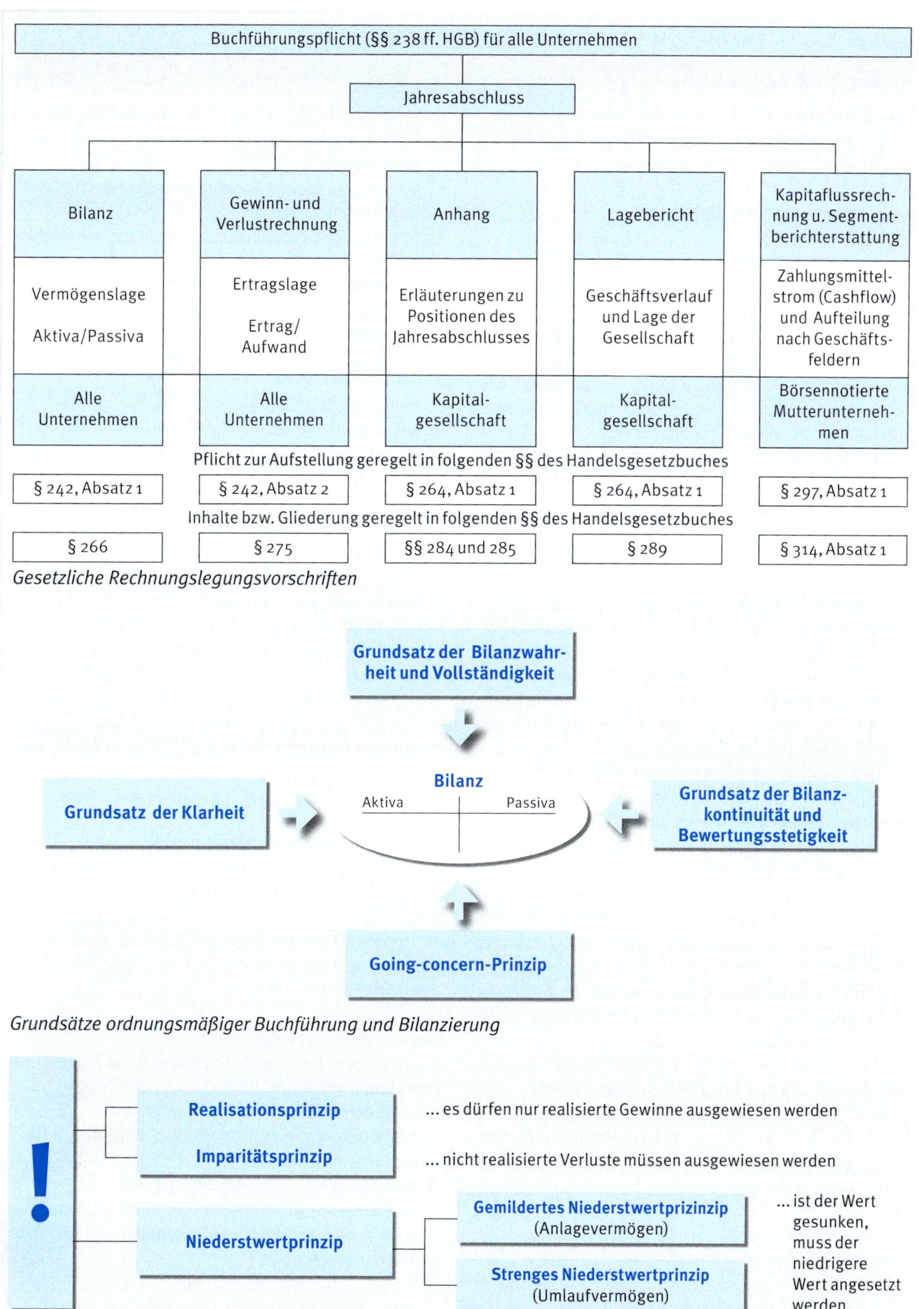

Gesetzliche Rechnungslegungsvorschriften

Grundsätze ordnungsmäßiger Buchführung und Bilanzierung

Leitmotiv der deutschen Rechnungslegung: Das Vorsichtsprinzip

8.3 Buchhaltung

Die Buchhaltung ist die Basis des Rechnungswesens. In ihr werden alle Geschäftsvorfälle erfasst, die im Unternehmen auftreten. Beispiele sind:

- Einbringen von Eigenkapital,
- Kauf von Betriebsausstattung,
- Kauf von Waren,
- Verkauf von Waren,
- Aufnahme von Krediten,
- Zahlung von Löhnen und Gehältern,
- Buchung von Wertverlusten (Abschreibungen) usw.

Die Buchführung sammelt, ordnet und gruppiert das Zahlenwerk und entwickelt daraus in regelmäßigen Abständen (monatlich, quartalsweise, mindestens aber einmal jährlich) einen Abschluss. Dabei ist die Hauptaufgabe die Ermittlung des Erfolges des Unternehmens, also Ermittlung von Gewinn oder Verlust. Wichtig ist daneben noch die Dokumentation des Vermögens und der Finanzlage.

Die doppelte Buchführung (Doppik)

Meist trifft man heute die sog. „Doppelte Buchführung" (Doppik). Das Wesen der Doppik ist, dass der Erfolg auf doppelte Weise ermittelt wird: Einmal in der Bilanz und zweitens in der Gewinn- und Verlustrechnung (GuV). Beide Rechenwerke führen durch die Verzahnung zum gleichen Ergebnis.

Dabei wird in der Bilanz mit Bestandskonten und in der GuV mit Erfolgskonten gearbeitet. Nun wird jeder Geschäftsvorfall zweimal gebucht, d.h., es werden jeweils zwei Konten berührt. Der grundlegende Buchungssatz lautet dabei „(per) Soll an Haben". Jetzt können z.B. zwei Bestandskonten der Bilanz berührt werden. Z.B. erhöht die Aufnahme eines Darlehens das Konto Verbindlichkeiten und gleichzeitg das Konto Bank. Dieser Vorgang ist nicht erfolgswirksam, da sich die Erhöhung der Verbindlichkeiten mit der Erhöhung des Bankguthabens in der Bilanz ausgleichen (die sog. Bilanzverlängerung).

Es können aber auch ein Bestandskonto und ein Erfolgskonto angesprochen werden. Werden z.B. Löhne gezahlt, vermindert sich das Bankguthaben und in der GuV wird ein Aufwand gebucht. Dieser Vorgang geht zu Lasten des Gewinnes und ist somit erfolgswirksam.

Bücher der Buchhaltung

Klassischerweise arbeitet man mit „Büchern", die allerdings nicht als Bücher im herkömmlichen Sinne zu verstehen sind (heutzutage freilich alles datenverarbeitungsgesteuert):

- Inventar- und Bilanzbuch: Hier werden die Vermögensaufstellungen (Inventar) und die Bilanzen aufgenommen.
- Grundbuch (Journal): Aufnahme der Geschäftsvorfälle in chronologischer Reihenfolge.
- Hauptbuch: Sachliche und systematische Zusammenfassung der Geschäftsvorfälle auf den einzelnen Konten.
- Diverse Nebenbücher: Z.B. das Kontokorrentbuch zur Erfassung von Forderungen und Verbindlichkeiten, Schuldwechselbuch usw.

Elemente der Buchhaltung

Unterstützend findet man aus sachlichen Gesichtspunkten in der Praxis „Unterbuchhaltungen", so z.B.

- Materialbuchhaltung: Hier wird die Materialbeschaffung sowie der Materialverbrauch erfasst.
- Personalbuchhaltung: Zahlung von Löhnen und Gehältern. In der Praxis werden in der Personalbuchhaltung auch gleich die organisatorischen Inhalte erledigt („Personalbüro").
- Anlagenbuchhaltung: Hier werden Kauf, Verkauf von Anlagen sowie die Abschreibungen gebucht.
- Debitoren- und Kreditorenbuchhaltung: Debitoren = Kunden, Kreditoren = Lieferanten. Dies ist also die Kunden- und Lieferantenbuchhaltung, in der Forderungen und Verbindlichkeiten gebucht werden.

Alles mündet dann in der sog. Finanzbuchhaltung.

Betriebsbuchhaltung: Dieser Bereich gehört schon zum internen Rechnungswesen. Zwar greift die Betriebsbuchhaltung auf Daten der Finanzbuchhaltung zurück, kümmert sich aber im Wesentlichen um die internen Abrechnungen wie Kostenarten- und Kostenstellenrechnung (siehe zu diesem Thema die Abschnitte 8.11 ff.).

Kontenrahmen und Kontenplan

Ein Kontenrahmen ist die systematische Gliederung von Konten nach den Bedürfnissen bestimmter Wirtschaftszweige (z.B. Industriekontenrahmen, Einzelhandelskontenrahmen). Er gliedert sich in verschiedene Kontenklassen z.B. Klasse Null für das Anlagevermögen oder Klasse 4 für die Kostenarten.

Der Kontenplan ist dagegen die unternehmensspezifische Ausgestaltung des Kontenrahmens mit konkreten Kontonummern.

	Bilanz				GuV (Gewinn- und Verlustrechnung)	
	Aktiva		Passiva			
1. Eigenkapitaleinbringung	Kasse	50	Kapital	50	Ertrag	0
Der Gründer bringt Eigenkapital			Gewinn/Verlust	0	Aufwand	0
von 50 € ein.	Bilanzsumme	50	Bilanzsumme	50	Ergebnis	0

Das Kapital landet in der Kasse (bzw. auf der Bank). Dieser Geschäftsvorfall ist noch nicht ergebniswirksam. Es entsteht weder ein Gewinn noch ein Verlust.

	Aktiva		Passiva		GuV	
2. Kauf Geschäftsausstattung	GA	30	Kapital	50	Ertrag	0
(GA)	Kasse	20	Gewinn/Verlust	0	Aufwand	0
Es werden Möbel in Höhe	Bilanzsumme	50	Bilanzsumme	50	Ergebnis	0
von 30 € gekauft.						

Die Kasse nimmt ab, da Geschäftsausstattung bezahlt wird. Das Vermögen ändert sich nicht. Diesen Vorfall nennt man Aktivtausch und er ist nicht ergebniswirksam.

	Aktiva		Passiva		GuV	
3. Kauf von Ware	GA	30	Kapital	50	Ertrag	0
Es werden Waren in Höhe	Ware	20	Gewinn/Verlust	0	Aufwand	0
von 20 € gekauft.	Kasse	0			Ergebnis	0
	Bilanzsumme	50	Bilanzsumme	50		

Wieder ein Aktivtausch. Aus der Kasse wird Ware bezahlt. Nicht ergebniswirksam.

	Aktiva		Passiva		GuV	
4. Verkauf von Ware	GA	30	Kapital	50	Ertrag	30
Das Geschäft läuft an. Ware zum	Ware	10	Gewinn/Verlust	20	Aufwand	10
Einkaufspreis von 10 € wird	Kasse	30			Ergebnis	20
zum Preis von 30 € verkauft.	Bilanzsumme	70	Bilanzsumme	70		

Der Warenbestand nimmt ab, die Kasse nimmt zu. Es entsteht ein Gewinn, da der Umsatz (30 €) über dem Wareneinsatz (Einkaufspreis v. 10 €) liegt.

	Aktiva		Passiva		GuV	
5. Kreditaufnahme	GA	30	Kapital	50	Ertrag	30
Für weitere geschäftliche	Ware	10	Gewinn/Verlust	20	Ware	10
Aktivitäten wird ein Kredit	Kasse	50	Fremdkapital	20	Ergebnis	20
von 20 € aufgenommen.	Bilanzsumme	90	Bilanzsumme	90		

Das Fremdkapital wandert in die Kasse. Es entsteht eine sog. Bilanzverlängerung. Dieser Vorgang ist ergebnisneutral.

	Aktiva		Passiva		GuV	
6. Personalkosten	GA	30	Kapital	50	Ertrag	30
Es wird ein Mitarbeiter	Ware	10	Gewinn/Verlust	10	Ware	10
eingestellt.	Kasse	40	Fremdkapital	20	Personal	10
Dieser kostet 10 €.	Bilanzsumme	80	Bilanzsumme	80	Ergebnis	10

Die Personalkosten mindern den Kassenbestand und gehen zu Lasten des Gewinns. Dieser verringert sich.

	Aktiva		Passiva		GuV	
7. Abschreibungen	GA	25	Kapital	50	Ertrag	30
Wertverlust der Geschäfts-	Ware	10	Gewinn/Verlust	5	Ware	10
ausstattung von 5 €	Kasse	40	Fremdkapital	20	Personal	10
(Abschreibungen = AfA)	Bilanzsumme	75	Bilanzsumme	75	AfA	5
					Ergebnis	5

Auch wenn sich in der Kasse nichts tut, gehen die Abschreibungen zu Lasten des Gewinns.

	Aktiva		Passiva		GuV	
8. Weitere Geschäftsvorfälle	GA	25	Kapital	50	Ertrag	90
Das Geschäft ist endgültig angelaufen. Jetzt	Ware	10	Gewinn/Verlust	35	Ware	30
	Kasse	60	Fremdkapital	10	Personal	20
	Bilanzsumme	95	Bilanzsumme	95	AfA	5
					Ergebnis	35

- wird Ware von 20 € gekauft
- sind weitere Personalkosten in Höhe von 10 € fällig
- wird Ware in Höhe von 60 € verkauft (Wareneinsatz 20)
- wird der Kredit teilweise (10 €) getilgt

Die Geschäftsvorfälle sind teilweise ergebniswirksam:
- Personalkosten (– 10)
- Verkauf von Ware (60 – 20 = + 40)

Andere sind nicht ergebniswirksam:
- Kauf von Ware (20)
- Tilgung des Kredites (10)

8.4 Bilanz

8.4-1 Aktiva

Die Bilanz ist eine Gegenüberstellung von Vermögen (Aktiva) und Schulden (Passiva). Übersteigt das Vermögen die Schulden, wird ein Gewinn ausgewiesen.

Aktiva

Die Aktivseite der Bilanz zeigt das Vermögen, aufgeteilt nach der Schnelligkeit, mit der es verfügbar gemacht werden kann (man sagt auch: nach dem Grad der Liquidität). Auf der Aktivseite ist sozusagen die Passivseite (Mittelherkunft) als Vermögen gebunden.

A. Anlagevermögen: Anlagevermögen steht im Gegensatz zum Umlaufvermögen dem Unternehmen auf Dauer zur Verfügung. Es wird mit den Anschaffungs- und Herstellungskosten (AHK) bewertet. Herstellungskosten kommen dann zum Ansatz, wenn das Anlagegut, z.B. eine Maschine, selbst erstellt wird. Dabei wird das selbst geschaffene Gut ähnlich der Kalkulation in der Kostenrechnung kalkuliert. Allerdings dürfen einige Positionen, wie z.B. Vertriebskosten nicht in die Bewertung einlaufen. Herstellkosten kommen insbesondere auch bei selbst erstellten Vorräten, fertigen und unfertigen Erzeugnissen zum Ansatz.

Abschreibungen (AfA =Absetzung für Abnutzung): Abschreibungen für die Abnutzung, den Werteverzehr, die Alterung des Anlagevermögen angesetzt. Abschreibungen sollen diese Wertminderung abbilden. Die Anschaffungs- und Hestellungskosten des Anlagegutes werden auf die Jahre der Nutzungsdauer verteilt. Abschreibungen sind Kosten und mindern somit den Gewinn. Man arbeitet in der Praxis mit verschiedenen Methoden.

- Lineare Abschreibung: Die AHK werden zu gleichen Beträgen auf die Jahre der Nutzungsdauer verteilt.
- Degressive Abschreibung: Geht von sinkenden Abschreibungsbeträgen aus, d.h., in den ersten Jahren ist die Abschreibung am höchsten. Das bedeutet, dass der Gewinn in den ersten Jahren mehr gemindert wird als bei der linearen Methode. Dies bedeutet eine Steuerersparnis.
- Methodenkombination: In der Praxis häufig. Zunächst beginnt man mit der degressiven Methode und geht dann auf die lineare Methode über.
- Leistungsbezogene Abschreibung: Aus betriebswirtschaftlicher Sicht bildet diese Methode den Werteverzehr am realistischsten ab. Die Abschreibung wird nach Maßgabe z.B. der mit der Maschine produzierten Stückzahl angesetzt.

Sonderabschreibungen sind immer dann möglich, wenn sich außerordentliche Wertminderungen ergeben haben, z.B. bestimmte Maschinen wegen Produktionsumstellung überflüssig werden.

I. Immaterielle Vermögensgegenstände: Dies sind „körperlich nicht fassbare“ Gegenstände, z.B. erworbene Software oder Lizenzen. Nach HGB dürfen nur käuflich erworbene immaterielle Gegenstände in die Bilanz gestellt werden („aktiviert“ werden, wie es heißt). Für selbsterstellte immaterielle Gegenstände besteht ein Aktivierungsverbot.

II. Sachanlagen: Hierunter fallen Grundstücke, der Maschinenpark, Geschäftsausstattung usw. In diesem Bereich fallen in der Regel die meisten Abschreibungen an.

III. Finanzanlagen: Hier handelt es sich um dauerhafte Finanzanlagen (im Gegensatz zu kurzfristigen Papieren des Umlaufvermögens), z.B. Anteile an anderen Unternehmen, ferner langfristige Wertpapiere. Auch Finanzanlagen können abgeschrieben werden, wenn sich erkennbar der Wert der Anlagen vermindert hat.

B. Umlaufvermögen: Dient der Verarbeitung im Rahmen der Produktion oder dem Verkauf. Im Gegensatz um Anlagevermögen „dreht“ es sich, es wird umgeschlagen.

I. Vorräte: Sind das, was man umgangssprachlich unter Lagerware versteht, also z.B. Rohstoffe. Unter Vorräte fallen aber auch unfertige Erzeugnisse, also angearbeitete Ware, und fertige Erzeugnisse, also verkaufsfähige Ware. Vorräte werden ebenfalls mit den Anschaffungs- und Herstellungskosten bewertet.

II. Forderungen und sonstige Vermögensgegenstände: Geldforderungen, die meist aus den Umsatzerlösen (aus Lieferungen und Leistungen) stammen, also noch nicht bezahlte Außenstände. Sonstige Vermögensgegenstände sind alle sonstigen Forderungen, z.B. Lohnvorschüsse.

III. Wertpapiere: Im Gegensatz zu den Wertpapieren des Anlagevermögens (Finanzanlagen) handelt es sich hier um kurzfristig bzw. nur vorübergehend gehaltene Papiere. Sie werden zum Anschaffungspreis angesetzt (auch wenn z.B. der Kurswert gestiegen ist).

IV. Schecks, Kassenbestand, Bundesbank- und Postgiroguthaben, Guthaben bei Kreditinstituten: Dies sind klassische „flüssige Mittel“ (bis zu Briefmarken).

C. Rechnungsabgrenzungsposten: Ausgaben vor dem Bilanzstichtag, die Aufwendungen betreffen, welche erst nach dem Bilanzstichtag anfallen (also in einer anderen Periode). Man hat quasi eine „Forderung an das nächste Jahr“. Z.B. wird im Oktober eine Versicherungsprämie für ein Jahr gezahlt. Jetzt gehören neun Monate der Prämie leistungsmäßig in das nächste Jahr und werden in die Rechnungsabgrenzung eingestellt.

Aktiva	Passiva
Ausstehende Einlagen auf das gezeichnete Kapital **A. Anlagevermögen:** I. Immaterielle Vermögensgegenstände: 1. Konzessionen, gewerbliche Schutzrechte und ähnliche Rechte und Werte sowie Lizenzen an solchen Rechten und Werten; 2. Geschäfts- oder Firmenwert; 3. geleistete Anzahlungen. II. Sachanlagen: 1. Grundstücke, grundstücksgleiche Rechte und Bauten einschließlich der Bauten auf fremden Grundstücken; 2. technische Anlagen und Maschinen; 3. andere Anlagen, Betriebs- und Geschäftsausstattung; 4. geleistete Anzahlungen und Anlagen im Bau. III. Finanzanlagen: 1. Anteile an verbundenen Unternehmen; 2. Ausleihungen an verbundene Unternehmen; 3. Beteiligungen; 4. Ausleihungen an Unternehmen, mit denen ein Beteiligungsverhältnis besteht; 5. Wertpapiere des Anlagevermögens; 6. sonstige Ausleihungen. **B. Umlaufvermögen:** I. Vorräte: 1. Roh-, Hilfs- und Betriebsstoffe; 2. unfertige Erzeugnisse, unfertige Leistungen; 3. fertige Erzeugnisse und Waren; 4. geleistete Anzahlungen. II. Forderungen und sonstige Vermögensgegenstände: 1. Forderungen aus Lieferungen und Leistungen; 2. Forderungen gegen vebundene Unternehmen; 3. Forderungen gegen Unternehmen, mit denen ein Beteiligungsverhältnis besteht; 4. sonstige Vermögensgegenstände. III. Wertpapiere: 1. Anteile an verbundenen Unternehmen; 2. eigene Anteile; 3. sonstige Wertpapiere; IV. Schecks, Kassenbestand, Bundesbank- und Postgiroguthaben, Guthaben bei Kreditinstituten. **C. Rechnungsabgrenzungsposten:**	**A. Eigenkapital:** I. Gezeichnetes Kapital; II. Kapitalrücklage; III. Gewinnrücklagen; IV. Gewinnvortrag/Verlustvortrag; V. Jahresüberschuss/Jahresfehlbetrag. **B. Rückstellungen:** 1. Rückstellungen für Pensionen und ähnliche Verpflichtungen; 2. Steuerrückstellungen; 3. sonstige Rückstellungen. **C. Verbindlichkeiten:** 1. Anleihen; 2. Verbindlichkeiten gegenüber Kreditinstituten; 3. Erhaltene Anzahlungen auf Bestellungen; 4. Verbindlichkeiten aus Lieferungen und Leistungen; 5. Verbindlichkeiten aus der Annahme gezogener Wechsel und der Ausstellung eigener Wechsel; 6. Verbindlichkeiten gegenüber verbundenen Unternehmen; 7. Verbindlichkeiten gegenüber Unternehmen, mit denen ein Beteiligungsverhältnis besteht; 8. sonstige Verbindlichkeiten. **D. Rechnungsabgrenzungsposten:**
Bilanzsumme	**Bilanzsumme**

Gliederung der Bilanz nach § 266 HGB

8.4-2 Bilanz: Passiva

Die Passivseite zeigt die verfügbaren Kapitalien und deren Herkunft. Es ist die Finanzierungsseite der Bilanz.

A. Eigenkapital: Das vom Unternehmer oder den Gesellschaftern eingebrachte Kapital.

Das Eigenkapital haftet auf jeden Fall für die Schulden des Unternehmens. Zum Eigenkapital gehören aber nicht nur die Erstmittel, sondern es kann durch die laufenden Geschäftstätigkeiten erhöht oder vermindert werden, durch Gewinne, Verluste oder durch Ausgabe von Aktien.

Es setzt sich aus den Positionen I–IV zusammen:

I. Gezeichnetes Kapital: Einlagen des Unternehmers oder der Gesellschafter (auch Aktionäre). Bei der AG oder GmbH ist die Höhe des Kapital vorgeschrieben (50.000 bzw. 25.000 EUR). Frage nun: Wo ist das gezeichnete Kapital? Nun – es ist weg! Nämlich „hinübergewandert" auf die Aktivseite und ist dort im Vermögen (Anlagen, Finanzvermögen, liquide Mittel usw.) gebunden. Trotzdem bleibt es für die Laufzeit des Unternehmens ausgewiesen.

II. Kapitalrücklage: Gehört zum Kapital. Hintergrund: Aktien haben einen Nennwert, z.B. 5 EUR. Dies ist der Anteil am Grundkapitel. Gibt eine AG neue Aktien aus, werden diese aber meist „über Pari" an der Börse gehandelt. Die Käufer der Aktie haben positive Zukunftserwartungen und zahlen mehr als den Nennwert. Wird nun eine 5-EUR-Aktie mit 15 EUR gehandelt, wandern die 5 EUR Nennwert in das gezeichnete Kapital, die anderen 10 EUR der „Über-Pari-Emission" in die Kapitalrücklage.

III. Gewinnrücklagen: Dies sind Reserven, die aus nicht ausgeschütteten Gewinnen gebildet werden. Die Gewinne bleiben also im Unternehmen. Gewinnrücklagen können in gezeichnetes Kapital umgewandelt werden.

IV. Gewinnvortrag/Verlustvortrag: Dieser stammt auch aus dem Gewinn und ist bewusst nicht in die Gewinnrücklage eingestellt oder an die Gesellschafter ausgeschüttet worden. Dies sind sozusagen „geparkte Gewinne", die auf eine Verwendung warten. Somit sind sie kein verlässlicher Eigenkapitalanteil, da sie schnell wieder verschwinden können (z.B. ausgeschüttet werden).

Ein Verlustvortrag resultiert aus den Verlusten des Unternehmens und man hofft, dass er schnell wieder ausgeglichen werden kann. Ein Verlustvortrag geht zu Lasten des Eigenkapitals.

B. Rückstellungen: Wichtig ist, dass Rückstellungen den Gewinn und so die Steuerlast mindern. Rüststellungen sind letztlich bereits verursachte Verbindlichkeiten, deren Höhe allerdings noch nicht exakt feststeht und auch die Fälligkeit noch ungewiss ist.

Beispiele: Prozesskosten, Garantieverpflichtungen, drohende Verluste aus schwebenden Geschäften, unterlassene Instandhaltungen, Steuerrückstellungen.

Da es bei Rückstellungen immer einen Ermessensspielraum gibt, ist diese Position recht beliebt bei den sog. Bilanzgestaltungen. Mit Rückstellungen kann man sich also „reicher" oder „ärmer" rechnen, indem man die Rückstellung höher oder niedriger ansetzt. Allerdings lässt der Gesetzgeber nach § 249 HGB Rückstellungen nur in begrenztem Umfang zu. Beim Eintreffen des Rückstellungsgrundes werden Rückstellungen dann aufgelöst.

Ein großer Posten bei den Rückstellungen sind bei vielen Unternehmen die Pensionsrückstellungen. Hier werden für die Mitarbeiter Rückstellungen gebildet, die später als Pensionen ausgezahlt werden.

C. Verbindlichkeiten: In der Regel die größte Position beim Fremdkapital. Verbindlichkeiten müssen mit ihren Rückzahlungsbeträgen ausgewiesen werden. Grundlage ist eine entstandene Geldschuld, z.B. Verbindlichkeiten aus Lieferungen und Leistungen oder Verbindlichkeiten aus Kreditaufnahmen. Im Gegensatz zu Rückstellungen stehen Verbindlichkeiten in ihrer Höhe und Fälligkeit fest. Verbindlichkeiten müssen in der Bilanz relativ differenziert ausgewiesen werden, da es für die Bilanzleser wichtig ist zu erkennen, wo welche Verbindlichkeiten in welcher Höhe bestehen.

D. Rechnungsabgrenzungsposten: Einnahmen, die in das Unternehmen geflossen sind, die leistungsmäßig aber in das nächste Jahr gehören. Z.B. wenn im Oktober jemand seine Miete für das nächste halbe Jahr gezahlt hat, gehören drei Monate Mietzahlung in das Folgejahr.

Bilanzsumme

Summe aller Aktiv- und Passivposten.

Die Bilanzsumme ist auf beiden Seiten immer gleich, eine Bilanz „geht immer auf".

Ist z.B. die Aktivseite höher als die Passivseite, ist ein Gewinn entstanden, der unter Eigenkapital ausgewiesen wird. Die Bilanzsumme ist wieder identisch.

Selbsterstellung von Anlagen oder Vorräten		
Materialeinzelkosten	20,00	
+ Materialgemeinkosten	5,00	Wahlrecht
= Materialkosten	25,00	
Fertigungseinzelkosten	40,00	
+ Fertigungsgemeinkosten	45,00	Wahlrecht
+ Sondereinzelkosten der Fertigung	10,00	
= Fertigungskosten	95,00	
+ Verwaltungsgemeinkosten	15,00	Wahlrecht
+ Vertriebsgemeinkosten	---	Ansatzverbot
+ Sondereinzelkosten des Vertriebes	---	Ansatzverbot
+ Gewinnaufschlag	---	Ansatzverbot
= Herstellungskosten	**135,00**	

Ermittlung von Herstellungskosten

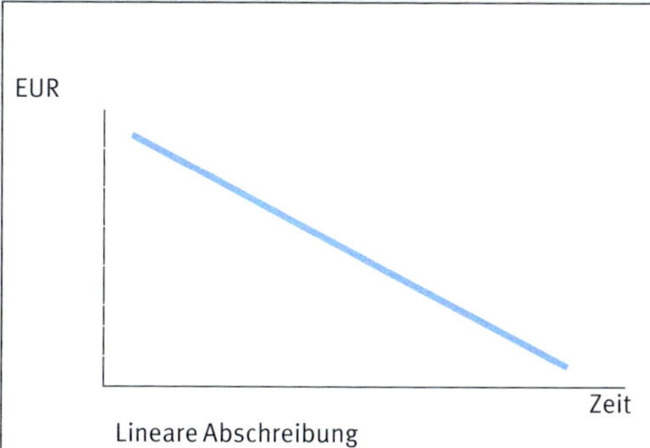

Lineare Abschreibung

Jahre	AfA	Rest-buchwert
1	9.000	36.000
2	9.000	27.000
3	9.000	18.000
4	9.000	9.000
5	8.999	1

Beispiel: Klein-Lkw, Anschaffungskosten 45.000 EUR, Nutzungsdauer 5 Jahre.
Im letzten Jahr verbleibt ein Restbuchwert von 1,00

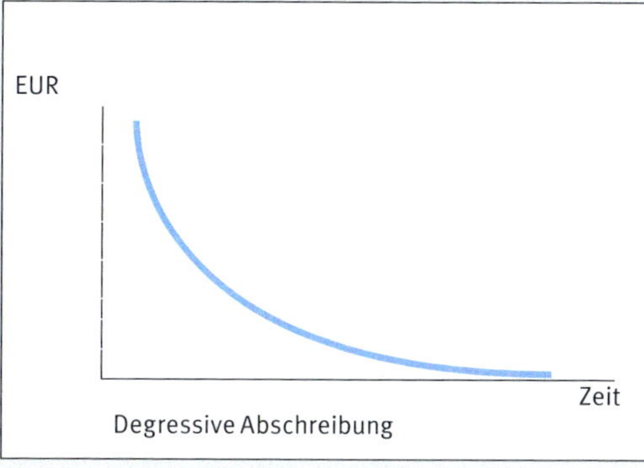

Degressive Abschreibung

Jahre	AfA	Rest-buchwert
1	9.000	36.000
2	7.200	28.800
3	5.760	23.040
4	4.608	18.432
5	3.686	14.746

Beispiel: Klein-Lkw, Anschaffungskosten 45.000 EUR, 20 % AfA
Basis für die Abschreibung des nächsten Jahres ist jeweils der Restbuchwert

EUR

Zeit

Methodenkombination

	Jahr	AfA	Rest-buchwert
20 % degressiv	1	9.000	36.000
20 % degressiv	2	7.200	28.800
1/3 linear	3	9.600	19.200
1/3 linear	4	9.600	9.600
1/3 linear	5	9.599	1

Beispiel: Klein-Lkw, Anschaffungskosten 45.000 EUR, im 3. Jahr Übergang zur linearen AfA

Abschreibungsmethoden

8.5 Gewinn- und Verlustrechnung

Die Gewinn- und Verlustrechnung (GuV) zeigt, wie sich das Ergebnis des Unternehmens im Einzelnen zusammensetzt bzw. durch welche Aktivitäten es entstanden ist. Durch eine Trennung in ein Ergebnis der „gewöhnlichen Geschäftstätigkeit" und ein „außerordentliches Ergebnis" bekommt man mehr Transparenz, indem man sieht, welche Positionen eventuell „außer der Reihe" angefallen sind.

Gesamtkosten- und Umsatzkostenverfahren

Die GuV kann auf zwei Arten erstellt werden: Im Ergebnis sind beide gleich. Beim Gesamkostenverfahren werden alle Kosten der Periode gezeigt, also nicht nur die für die verkauften Produkte, sondern auch Kosten für Produkte, die z.B. zunächst ins Lager gewandert sind (Bestandserhöhungen) oder für Anlagegüter, die das Unternehmen selber erstellt hat (aktivierte Eigenleistungen). Sind Waren vom Lager entnommen worden, die in einer anderen Periode produziert wurden, wird dies als sog. Bestandsminderung berücksichtigt. Beim Umsatzkostenverfahren gibt es eine Gegenüberstellung nur der verkauften Produkte mit den dafür angefallenen Kosten. Verkäufe und deren Kosten dafür sind also direkt vergleichbar, was die Analyse erleichtert. Das Umsatzkostenverfahren setzt eine funktionierende interne Kostenrechnung voraus, denn es muss kalkuliert werden, was die verkauften Produkte auch tatsächlich gekostet haben.

Einzelne Positionen der GuV

Zunächst das Gesamtkostenverfahren:

1. Umsatzerlöse: Verkauf von Produkten und Dienstleistungen (ohne Umsatzsteuer).
2. Erhöhung oder Verminderung des Bestandes an fertigen und unfertigen Erzeugnissen: Die produzierten Leistungen gehen meist nicht insgesamt oder sofort an den Kunden. Es wird auf Lager produziert. Die auf Lager gegangenen Leistungen werden mit den Herstellungskosten bewertet und als Bestandserhöhung gebucht. Umgekehrt bei Bestandsminderungen. Hier ist Lagerware vergangener Perioden verkauft worden.
3. Andere aktivierte Eigenleistungen: Selbst erstellte Leistungen, die längere Zeit genutzt werden, z.B. selbst erstellte Maschinen. Aktivierte Eigenleistungen werden abgeschrieben.
4. Sonstige betriebliche Erträge: Sammelposition. Erträge, die nicht zu den Umsatzerlösen gehören, z.B. Verkauf von Anlagegütern, Kursgewinne, Erträge aus der Auflösung von Rückstellungen usw.
5. Materialaufwand: Nicht die gekauften, sondern die verbrauchten Materialien.
6. Personalaufwand: Löhne und Gehälter für die Mitarbeiter.
7. Abschreibungen: Siehe Kapitel 8.4 Bilanzen unter Abschreibungen.
8. Sonstige betriebliche Aufwendungen: Sammelposten, z.B. Reisekosten, Reparaturen usw.
9. Erträge aus Beteiligungen: Dividenden, Gewinnanteile usw.
10. Erträge aus anderen Wertpapieren usw.: Zinsen und Gewinne aus Kapitalanlagen, die keine Beteiligungen darstellen.
11. Sonstige Zinsen und andere Erträge: Z.B. Zinsen für Einlagen bei Banken.
12. Abschreibungen auf Finanzanlagen usw.: Z.B. Kursverluste bei Aktien.
13. Zinsen und ähnliche Aufwendungen: Z.B. Kreditzinsen, Diskontbeträge für Wechsel usw.
14. Ergebnis der gewöhnlichen Geschäftstätigkeit: Zwischenergebnis. Es soll ein Ergebnis gezeigt werden, das noch keine außergewöhnlichen (vielleicht einmalige) Positionen beinhaltet.
15. Außerordentliche Erträge: Nicht regelmäßige Erträge oder Erträge, die nichts oder wenig mit der gewöhnlichen Geschäftstätigkeit zu tun haben, wie z.B. Versicherungsleistungen.
16. Außerordentliche Aufwendungen: Nicht regelmäßige Aufwendungen, z.B. ein Feuerschaden.
17. Außerordentliches Ergebnis: Ergebnis der außerordentlichen Erträge und Aufwendungen.
18. Steuern vom Einkommen und Ertrag: Steuern, die auf den Jahresgewinn gezahlt werden, z.B. die Körperschaftssteuer bei Kapitalgesellschaften.
19. Sonstige Steuern: Sog. Kostensteuern wie z.B. Kfz-Steuer, Grundsteuer usw.
20. Jahresüberschuss/Jahresfehlbetrag: Gewinn oder Verlust des laufenden Geschäftsjahres.

Umsatzkostenverfahren (abweichenden Positionen):

1. Herstellungskosten der zur Erzielung der Umsatzerlöse erbrachten Leistungen: Dies sind Material-, Personal- und sonstige Kosten der abgesetzten Produkte.
2. Bruttoergebnis vom Umsatz: Umsatzerlöse minus Herstellungskosten.
3. Vertriebskosten: Personalkosten des Vertriebes, anteilige Abschreibungen usw.
4. Allgemeine Verwaltungskosten: Kosten der Verwaltungsabteilungen vom Management bis zur Hausverwaltung.

Gesamtkostenverfahren	
– Ansatz der gesamten Kosten – Ansatz von Bestandsveränderungen und aktivierten Eigenleistungen	
Umsatz	342
+/– Bestandsveränderungen	22
+ aktivierte Eigenleistungen	19
= Gesamtleistung	383
– gesamte Kosten	324
= Ergebnis	**59**

Umsatzkostenverfahren	
– nur die Kosten der umgesetzten (verkauften) Produkte – kein Ansatz von Bestandsveränderungen und aktivierten Eigenleistungen	
Umsatz	342

= Gesamtleistung	342
– Kosten **des Umsatzes**	283
= Ergebnis	**59**

Gesamtkostenverfahren

1. Umsatzerlöse
2. Erhöhung oder Verminderung des Bestands an fertigen und unfertigen Erzeugnissen
3. Andere aktivierte Eigenleistungen
4. Sonstige betriebliche Erträge
5. Materialaufwand
   a) Aufwendungen für Roh-, Hilfs- und Betriebsstoffe und für bezogene Waren
   b) Aufwendungen für bezogene Leistungen
6. Personalaufwand
   a) Löhne und Gehälter
   b) soziale Abgaben und Aufwendungen für Altersversorgung und Unterstützung, davon Alterversorgung
7. Abschreibungen
   a) auf immaterielle Vermögensgegenstände des Anlagevermögens und Sachanlagen sowie auf aktivierte Aufwendungen für die Ingangsetzung und und Erweiterung des Geschäftsbetriebs
   b) auf Vermögensgegenstände des Umlaufvermögens, soweit diese die in der Kapitalgesellschaft üblichen Abschreibungen überschreiten
8. Sonstige betriebliche Aufwendungen
9. Erträge aus Beteiligungen
10. Erträge aus anderen Wertpapieren und Ausleihungen des Finanzanlagevermögens, davon aus verbundenen Unternehmen
11. Sonstige Zinsen und ähnliche Erträge, davon aus verbundenen Unternehmen
12. Abschreibungen auf Finanzanlagen und auf Wertpapiere des Umlaufvermögens
13. Zinsen und ähnliche Aufwendungen, davon aus verbundenen Unternehmen
14. Ergebnis der gewöhnlichen Geschäftstätigkeit
15. Außerordentliche Erträge
16. Außerordentliche Aufwendungen
17. Außerordentliches Ergebnis
18. Steuern vom Einkommen und Ertrag
19. Sonstige Steuern
20. Jahresüberschuss/Jahresfehlbetrag

Umsatzkostenverfahren

1. Umsatzerlöse
2. Herstellungskosten der zur Erzielung der der Umsatzerlöse erbrachten Leistungen
3. Bruttoergebnis vom Umsatz
4. Vertriebskosten
5. Allgemeine Verwaltungskosten
6. Sonstige betriebliche Erträge
7. Sonstige betriebliche Aufwendungen
8. Erträge aus Beteiligungen, davon aus verbundenen Unternehmen
9. Erträge aus anderen Wertpapieren und Ausleihungen des Finanzanlagevermögens, davon aus verbundenen Unternehmen
10. Sonstige Zinsen und ähnliche Erträge, davon aus verbundenen Unternehmen
11. Abschreibungen auf Finanzanlagen und auf Wertpapiere des Umlaufvermögens
12. Zinsen und ähnliche Aufwendungen, davon an verbundene Unternehmen
13. Ergebnis der gewöhnlichen Geschäftstätigkeit
14. Außerordentliche Erträge
15. Außerordentliche Aufwendungen
16. Außerordentliches Ergebnis
17. Steuern vom Einkommen und Ertrag
18. Sonstige Steuern
19. Jahresüberschuss/Jahresfehlbetrag

Gewinn- und Verlustrechnung nach dem Gesamtkosten- und Umsatzkostenverfahren

8.6 Sonstige Instrumente des Jahresabschlusses

Über die Bilanz und Gewinn- und Verlustrechnung hinaus müssen Unternehmen bestimmter Rechtsformen bzw. im Rahmen internationaler Rechnungslegung zusätzliche Instrumente erstellen.

Anhang

Dieser ist Pflicht für Kapitalgesellschaften (es gibt größenbedingte Erleichterungen für kleine Kapitalgesellschaften).

Der Anhang ist für den Leser einer Bilanz außerordentlich wichtig, denn hier werden entscheidende Positionen der Bilanz und der GuV-Rechnung erläutert. So wird der Jahresabschluss durch den Anhang transparenter.

§§ 284 ff. HGB erläutern ausführlich die Inhalte, z.B.

- Nennung der Abschreibungsmethoden (linear, Methodenkombination?)
- Wie wurden Vorräte bewertet (Ausnutzung von Wahlrechten)?
- Beschreibung der Rückstellungen,
- diverse Aufstellungen (Forderungen, Verbindlichkeiten, Beteiligungen),
- Aufschlüsselungen von Aufwendungen usw.

Ferner werden Daten über den Jahresabschluss hinaus präsentiert, z.B. Mitarbeiterzahlen, Vorstands- und Aufsichtsratsbezüge, Ergebnis je Aktie usw.

Lagebericht

Pflicht für Kapitalgesellschaften. Der Lagebericht ist nicht zu verwechseln mit den teilweise als Hochglanzprospekt präsentierten Geschäftsberichten. § 289 HGB regelt die Inhalte:

- Beschreibung möglicher Risiken, z.B. unsichere Märkte oder Produkte, unsichere Finanzlage , Verschlechterung der Rohstoffbeschaffung usw.
- Vorgänge von besonderer Bedeutung, die sich erst nach dem Jahresabschluss ereignet haben, z.B. ungünstige wirtschaftliche Entwicklungen, Insolvenz wichtiger Kunden o.Ä.
- Voraussichtliche Entwicklungen der Gesellschaft, z.B. Umsatz, Investitionen, neue Märkte oder aber auch negative Entwicklungen wie z.B. Befürchtungen von Markteinbrüchen.
- Beschreibung der Forschungs- und Entwicklungsaktivitäten, z.B. Entwicklung von Neuprodukten.
- Zweigniederlassungen der Gesellschaft.

Häufig findet man auch eine Umwelt- und/oder Sozialberichterstattung.

Kapitalflussrechnung

Pflicht für börsennotierte Mutterunternehmen. Eine Kapitalflussrechnung ist letztlich eine ausführliche Cashflow-Rechnung (vgl. Abschnitt 7.6 Finanzkennzahlen). Es soll die Fähigkeit des Unternehmens dokumentiert werden, Zahlungsmittel (Cash) zu erwirtschaften. Eine Kapitalflussrechnung wird in drei Bereiche gegliedert:

1. Cashflow aus der laufenden Geschäftstätigkeit: Hier wird der Cashflow aus der Tätigkeit gezeigt, die das eigentliche Ziel bzw. „Geschäft“ des Unternehmens ist, nämlich z.B. Produktion von Waren oder Dienstleistungen. Aktivitäten aus Investitionen oder Finanztätigkeit bleiben hier noch außen vor. Das Ergebnis des Unternehmens wird um Positionen wie Abschreibungen oder Rückstellungen usw. korrigiert.
2. Cash flow aus der Investitionstätigkeit: Nun wird gezeigt, wie sich die Finanzmittel im Bereich Investition bzw. Desinvestition (z.B. Verkauf von Anlagen) entwickeln. In die Investitionen fließt Geld, aus dem Verkauf von Anlagen kommt Geld.
3. Cash flow aus der Finanzierungstätigkeit: Hier wird die Frage beantwortet, wie sich Finanzmittel aus Kreditaufnahme, Schuldentilgung und Zinszahlungen für Kredite entwickeln. Auch wird hier eine Dividendenzahlung gezeigt, denn eine Dividendenzahlung ist sozusagen die „Prämie“ für die Aktionäre, dass sie das Unternehmen mitfinanziert haben.

Als Summe der drei Bereiche ergibt sich die Veränderung des Bestandes an Zahlungsmitteln. Grundsätzlich werden folgende Fragen beantwortet:

- Ist das Unternehmen liquide?
- Wohin ist der erwirtschaftete „Cash“ geflossen (wurden z.B. Kredite getilgt)?
- Wurde „Cash“ aus dem Betriebszweck erwirtschaftet oder z.B. aus dem Verkauf von Anlagen?

Kurz: Ist das Unternehmen finanziell gesund?

Segmentberichterstattung

Pflicht für börsennotierte Mutterunternehmen. Hier werden wichtige Positionen des Jahresabschlusses nach Segmenten aufgeteilt. Man erfährt, wie sich einzelne Produkte bzw. Produktgruppen oder Kundengruppen entwickelt haben bzw. wie die Entwicklungen in einzelnen geografischen Bereichen verlaufen sind.

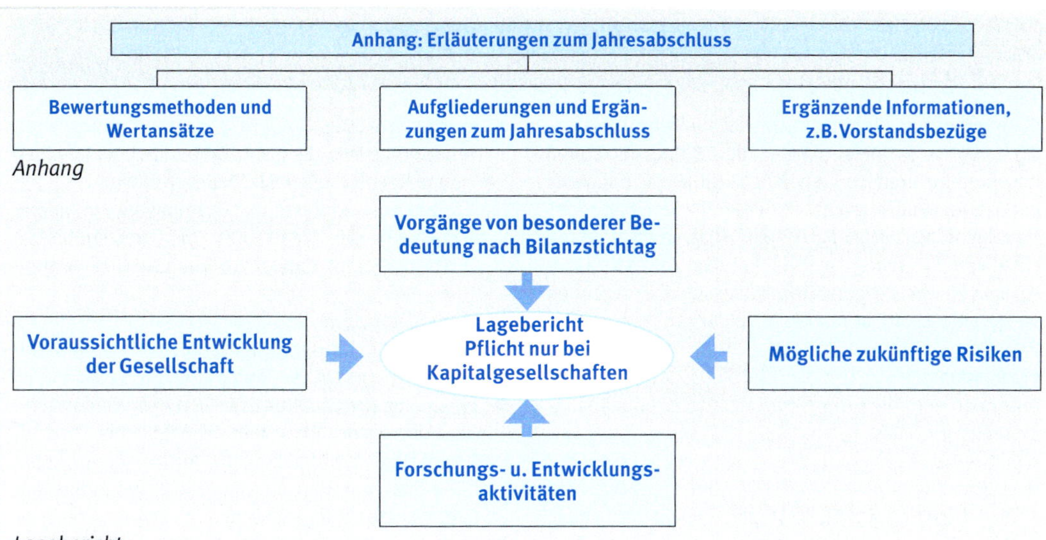

Anhang

Lagebericht

Jahresüberschuss	600
Abschreibungen	3.200
Veränderung Rückstellungen	300
Gewinne/Verluste aus Abgang von Anlagevermögen	−100
Zu-/Abnahme Vorräte	−50
Zu-/Abnahme Forderungen aus Lieferungen u. L.	120
Zu-/Abnahme Verbindlichkeiten aus Lieferungen u. L.	−140
Veränderung übriges Nettoumlaufvermögen	125
Cashflow aus laufender Geschäftstätigkeit	4.055

Dividendenzahlung	−660
Kreditaufnahme	1.620
Schuldentilgung	−1.930
Cashflow aus Finanzierungstätigkeit	−970

Ausgaben für Sachanlagen (Investitionen)	−1.650
Einnahmen aus dem Verkauf von Sachanlagen	180
Einnahmen aus dem Verkauf von Finanzanlagen	255
Cashflow aus Investitionstätigkeit	−1.215

Summe der Cashflows	1.870
Zahlungsmittel 1.1.	750
Zahlungsmittel 31.12.	2.620

Kapitalflussrechnung

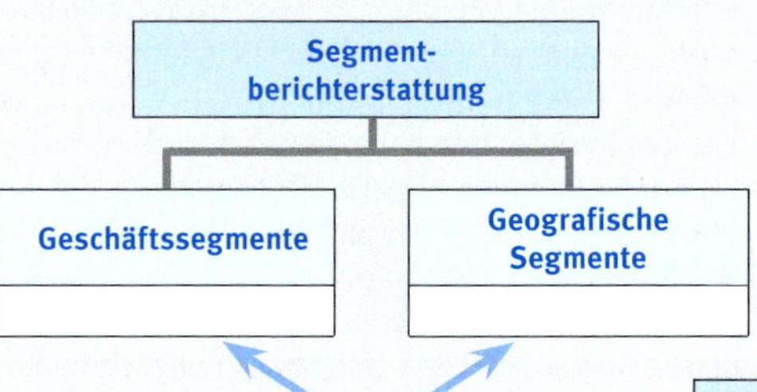

- Umsätze
- Ergebnisse
- Investitionen
- Abschreibungen
- Forschung und Entwicklung

Beispiel	Umsätze	Ergebnisse	Investitionen
Waschmittel	12.400.000	960.000	350.000
Klebstoffe	9.700.000	560.000	180.000
Kunststoffe	20.600.000	1.700.000	2.400.000
Sonstige	3.400.000	110.000	0
Summen	**46.100.000**	**3.330.000**	**2.930.000**

Segmentberichterstattung

8.7 Analyse des Jahresabschlusses (Bilanzanalyse)
8.7-1 Erfolgsanalyse

Eine Analyse des Jahresabschlusses ist oft problematisch. So ist es meist schwer, den Anteil der stillen Reserven zu greifen. Vielleicht steht ein Grundstück mit den Anschaffungskosten in der Bilanz, ist aber das Mehrfache wert. Wichtig bei der Analyse ist, sich die einzelnen Positionen mittels Anhang zum Jahresabschluss (s. Kap. 8.6) erläutern zu lassen. Im Folgenden einige „Klassiker" der Jahresabschlussanalyse.

Erfolgsanalyse

Analysiert wird die Ertragskraft des Unternehmens.

1. Gewinnanalyse

- Gewinnentwicklung: Klar, dass der erste Blick auf den Gewinn fällt. Dies ist der Gewinn nach allen Aktivitäten, also auch den außerordentlichen. Evtl. analysiert man nur einen Gewinn aus der betrieblichen Tätigkeit.
- Umsatzentwicklung: Wesentlich für den Gewinn ist der Umsatz. Dies wird regelmäßig der zweite Blick sein. Der Umsatz hat als Einflussgrößen Absatz und Preis (verkürzt: Umsatz = Absatz x Preis).
- Kostenentwicklung: In Zeiten allgemeiner Kostenanspannung versuchen Unternehmen, den Gewinn stark durch Kostensenkungen zu erwirtschaften.
  - **Material**: Ist eine Materialkostenveränderung bedingt durch Preissteigerungen oder durch eine veränderte Materialstruktur, z.B. durch Änderung der Produktpalette. Oder sind es gar interne Unwirtschaftlichkeiten, die zu einer Materialkostenerhöhung geführt haben, z.B. erhöhter Ausschuss?
  - **Personal**: Wie hat sich der Personalstand entwickelt? Regelmäßig interessant, in welchen Bereichen Personal eingespart wurde.
  - **Abschreibungen**: Abschreibungen sind im Zusammenhang mit Neuinvestitionen zu sehen. Da die Abschreibungen den Werteverlust des Unternehmens widerspiegeln, sollte dieser Wertverlust in etwa durch die Höhe von Neuinvestitionen wieder kompensiert werden.
  - **Rückstellungen**: Was ist passiert, wenn die Zuführung zu den Rückstellungen steigt? Sind etwa die Garantierückstellungen erhöht worden (schlechtere Qualität der Produkte)?
  - **Sonstige betriebliche Aufwendungen**: Ein Sammelsurium von Aufwandsposten. Wenn dies steigt, liegt es meist nur an wenigen Posten.
  - **Zinsaufwand**: Was hat z.B. eine Erhöhung der Zinsen verursacht? Welcher Neukredit? Für was wurde der Kredit gebraucht?
  - **Steuern**: Die Steuern sind häufig wenig zu beeinflussen, denn sie ergeben sich rechnerisch aus Regelungen nach Steuergesetzen.
  - **Cashflow-Analyse**: Der Cashflow ist ein Indikator für die Finanzkraft des Unternehmens (Details siehe Kapitel 7.6 Finanzkennzahlen).

2. Rentabilitätsanalyse

Insbesondere in großen Unternehmen ist die Rentabilität ein wichtiges Unternehmensziel.

- Eigenkapitalrentabilität: Die Eigenkapitalrentabilität sollte immer über dem marktüblichen Zins für langfristige Kapitalanlagen liegen, denn sonst hätte man sein Geld alternativ gleich woanders und evtl. sicherer anlegen können.
- Gesamtkapitalrentabilität: Diese Rentabilität ist aussagekräftiger als die Eigenkapitalrentabilität, da sie die Verzinsung des gesamten Kapitals beleuchtet.
- Umsatzrentabilität: Dies ist die Verzinsung des Umsatzes, anders ausgedrückt: Wie viel Gewinn wirft der Umsatz ab? Denn es wäre ja Unsinn, „Umsatz um jeden Preis" erzielen zu wollen.
- Return on Investment (ROI): Der ROI kommt zum selben Ergebnis wie die Gesamtkapitalrentabilität. Der erhöhte Aussagewert dieser Kennzahl bildet sich dadurch, dass sie sich aus mehreren Komponenten zusammensetzt, die für sich interessant sind (siehe Abschnitt 7.6 Finanzkennzahlen).

3. Umschlagshäufigkeiten

Untersucht werden ausgewählte Bereiche. Es sind im Grunde Qualitätskennzahlen, die beleuchten, wie gut oder schlecht ein bestimmter Bereich gemanagt wird.

- Kapitalumschlagshäufigkeit: Hier wird analysiert, nach wie vielen Tagen sich das Kapital einmal umgeschlagen hat, wie produktiv das eingesetzte Kapital im Unternehmen eingesetzt wird. Je kürzer sich das Kapital umschlägt, desto geringer ist der Kapitalbedarf und je besser ist die Kennzahl.
- Debitorendauer (Debitoren = Kunden): Frage ist, wie schnell die Kunden zahlen. Diese Kennzahl lässt also Rückschlüsse auf das Zahlungsverhalten der Kunden zu.
- Kreditorenumschlag: Hier die obige Frage nur umgestellt auf das eigene Unternehmen: Wie wird gezahlt, besser: wann wird gezahlt?
- Lagerumschlag Roh-, Hilfs- und Betriebsstoffe (RHB): Hier wird darüber Auskunft gegeben, wie schnell sich das RHB-Lager umschlägt. Je schneller der Umschlag, um so niedriger die Kapitalbindung.

Analyse des Jahresabschlusses

Erfolgsanalyse	**Finanzanalyse**
Gewinnanalyse	Vermögensstrukturanalyse
Cashflow-Analyse	Kapitalstrukturanalyse
Rentabilitätsanalyse	Deckungsrelationen
Umschlagshäufigkeiten	Liquiditätsanalyse

Bilanz

Aktiva	2005	2006	Passiva	2005	2006
Immaterielle Vermögens-			Gezeichnetes Kapital	500	500
gegenstände	255	264	Kapitalrücklage	550	550
Sachanlagen	1.742	1.667	Gewinnrücklagen	385	385
Finanzanlagen	654	813	Bilanzgewinn	205	230
Summe Anlagevermögen	2.651	2.744	Summe Eigenkapital	1.640	1.665
Roh-, Hilfs- u. Betriebsst.	233	259	Rückstellungen	909	965
Unfertige/fertige Erzeugn.	100	60	Verbindlichkeiten mit einer		
Summe Vorräte	333	319	Laufzeit über 5 Jahre	1.123	1.185
			Verbindlichkeiten aus LuL	134	303
Forderungen aus LuL	342	555	Sonstige Verbindlichkeiten	608	552
Sonst. Vermögensgegenst.	211	227	Summe Fremdkapital	2.774	3.005
Wertpapiere	660	675			
Flüssige Mittel	217	150			
Summe Umlaufvermögen	1.763	1.926			
Bilanzsumme	4.414	4.670	Bilanzsumme	4.414	4.670

Gewinn- und Verlustrechnung

	2005	2006
Umsatzerlöse	3.110	3.314
Sonst betr. Erträge	264	258
Materialaufwand	1.460	1.583
Personalaufwand	878	955
Abschreibungen	303	272
Einst. I.d. Rücklagen	42	56
Sonst. Betr. Aufwendungen	355	328
Erträge aus Beteiligungen	17	11
Sonstige Zinserträge	73	73
Zinsaufwendungen	82	87
Ergebnis der gewöhnlichen Geschäftstätigkeit	344	375
Außerordentliche Erträge	0	0
Außerordentliche Aufwend.	0	0
Außerordentl. Ergebnis	0	0
Steuern	139	145
Jahresüberschuss	205	230
Einstellung in die Gewinnrücklagen	0	0
Bilanzgewinn	205	230

Basis für die Jahresabschlussanalyse: Bilanz und Gewinn- und Verlustrechnung

Kennzahl		**2005**	**2006**
Gewinnentwicklung		205	230
	Differenz	25	
	in %	12,2 %	

Erfreulicherweise steigt in diesem Unternehmen der Gewinn. Jetzt gilt es die Einflussfaktoren zu analysieren.

Umsatzerlöse		3.110	3.314
	Differenz	204	
	in %	6,6 %	

Ebenso steigen die Umsatzerlöse. Frage ist, wie parallel dazu die Kostenentwicklung verläuft.

Materialaufwand		1.460	1.583
	Differenz	123	
	in %	8,4 %	

Aufwand gestiegen, was bei steigenden Umsätzen nicht verwunderlich ist. Allerdings überproportionale Steigerung!

Personalaufwand		878	955
	Differenz	77	
	in %	8,8 %	

Ebenfalls steigender Aufwand. Ein Teil wird Tarifsteigerung sein, ein Personalaufbau ist zu analysieren.

Abschreibungen		303	272
	Differenz	−31	
	in %	−10,2 %	

Rückläufig. Abschreibungen sind ausgelaufen. Was wurde investiert? Unternehmenssubstanz wurde nicht gehalten!

Kennzahl		**2005**	**2006**
Rückstellungen		42	56
	Differenz	14	
	in %	33,3 %	

Hier gab es eine Zuführung, die zu untersuchen ist.

Sonstige betriebliche Aufwendungen		355	328
	Differenz	−27	
	in %	−7,6 %	

Hier gab es Einsparungen. Jetzt sind die großen Blöcke der sonstigen Aufwendungen zu untersuchen.

Zinsaufwand		17	11
	Differenz	−6	
	in %	−35,3 %	

Zinsaufwand leicht gestiegen. Vermutlich bedingt durch Neuverschuldung.

Steuern		139	145
	Differenz	6	
	in %	4,3 %	

Steuern sind abhängig vom Einkommen und Ertrag. Achtung: Die Steuerlast kann vielfach gestaltet werden!

Cashflow		2005	2006
	Gewinn	205	230
	+ Abschreibung	303	272
	+ Rückstellung	42	56
	= Cashflow	550	558
	Differenz = 8	=	1,5 %

Die Finanzkraft ist in etwa gleich geblieben und stellt einen guten Wert im Verhältnis zur Leistung dar.

8.7-2 Analyse des Jahresabschlusses (Bilanzanalyse): Finanzanalyse

Finanzanalyse

Hier werden die Relationen der Vermögens- und Kapitalpositionen untersucht.

Vermögensstrukturanalyse

Die Vermögensstruktur gibt Informationen über die Zusammensetzung der Vermögenspositionen. Damit sind auch Risikoaussagen verbunden.

- Anlageintensität: Wie hoch ist der Anteil des Anlagevermögens am Gesamtvermögen? Eine hohe Anlageintensität beinhaltet ein gewisses Risiko, denn es verschlechtert die Anpassung des Unternehmens an neue Marktgegebenheiten.
- Anteil von Anlagevermögen und Vorräten: Hier wird die obige Kennzahl noch erweitert. Frage ist jetzt, was zusätzlich auch noch in den Vorräten gebunden ist.

Kapitalstrukturanalyse

Hier wird der Frage nachgegangen, welches Kapital und wie langfristig dieses Kapital dem Unternehmen zur Verfügung steht, wie also das Unternehmen finanziert ist.

- Eigenkapitalquote: Hohes Eigenkapital gibt dem Unternehmen Sicherheit. Insbesondere auch in schlechten Zeiten, wenn Verluste erwirtschaftet werden. Ein überwiegend fremd finanziertes Unternehmen finanziert sich darüber hinaus auch teuer, da Kredite Zinsen nach sich führen.
- Langfristiger Kapitalanteil: Dies ist eine Risikokennzahl. „Langfristiges Kapital wird kurzfristig nicht gefährlich", muss also kurzfristig nicht zurückgezahlt werden.

Deckungsrelationen

Hiermit wird das Ziel verfolgt, Zusammenhänge zwischen bestimmten Positionen der Aktiv- und Passivseite zu beleuchten.

Ein Grundsatz der Finanzierung lautet, dass langfristiges Vermögen auch langfristig zu finanzieren ist. Finanziert man z.B. Anlagevermögen kurzfristig, kann es passieren, dass kurzfristige Kredite fällig sind bevor ein entsprechender Zahlungsfluss durch die Anlagen erwirtschaftet werden konnte.

Somit sagen die Deckungsrelationen etwas über die finanzielle Stabilität des Unternehmens aus. Man unterscheidet:

- Anlagendeckung I: Der Klassiker! Hier wird die Relation Eigenkapital zu Anlagevermögen beleuchtet. Wie ist das Anlagevermögen durch das Eigenkapital – also langfristig – gedeckt? Problematisch wird es, wenn sich jetzt herausstellt, dass das Anlagevermögen kurzfristig oder nur fremd finanziert wurde.
- Anlagendeckung II: Hier steckt die Relation, wie das Anlagevermögen nicht nur durch das Eigenkapital, sondern auch durch Fremdkapital langfristig gedeckt ist.
- Anlagendeckung III: Hier noch die Ergänzung, wie das Anlagevermögen und zusätzlich noch die Vorräte gedeckt sind. Positiv ist, wenn selbst noch die Vorräte langfristig gedeckt sind.

Liquiditätsanalyse

Die Kennzahlen dieses Bereichs gehören mit zu den bekanntesten. Es geht um die Zahlungsfähigkeit des Unternehmens.

Frage: Kann das Unternehmen seine kurzfristigen Verbindlichkeiten bezahlen?

Die Liquiditätsgrade werden auch in Abschnitt 7.5 unter dem Blickwinkel der Finanzplanung betrachtet.

- Liquidität 1. Grades: Hier wird untersucht, was sofort für die Liquidität zur Verfügung steht, was in der Kasse ist oder was sofort verfügbar auf dem Bankkonto liegt. Kein Unternehmen wird zu 100 Prozent die kurzfristigen Verbindlichkeiten flüssig haben. Ein Wert von vielleicht zehn Prozent ist schon als gut anzusehen.
- Liquidität 2. Grades: Hier werden die Forderungen neben den sofort flüssigen Mitteln mit einbezogen. Hintergrund: Man argumentiert, dass Forderungen rechtliche Verpflichtungen der Kunden sind und demnächst eintreffen. Hier kann man zur Deckung schon eher die 100 Prozent anpeilen.
- Liquidität 3. Grades: Jetzt wird argumentiert, dass ja auch Vorräte demnächst flüssig werden. Hier kann es vielleicht Richtung 120 % gehen. Zu hohe Werte signalisieren hohe Bestände.
- Working Capital: Dies ist eine wichtige Finanzierungskennzahl. Ist das Working Capital positiv, übersteigt das Umlaufvermögen die kurzfristigen Verbindlichkeiten. Dann wurde ein Teil des Umlaufvermögens langfristig finanziert.

  Je höher also das Working Capital, um so solider die Finanzierung.

Kennzahl		2005	2006
Eigenkapital-rentabilität	Gewinn / Eigenkapital · 100	205	230
		1.640	1.665
	=	12,5 %	13,8 %

Erfreulicherweise ist die Eigenkapitalrentabilität gestiegen.

Kennzahl		2005	2006
Gesamtkapital-rentabilität	Gewinn+FK-Zinsen / Gesamtkapital · 100	287	317
		4.414	4.670
	=	6,5 %	6,8 %

Insgesamt relativ magere Gesamtkapitalverzinsung.
Leichte, aber keine nennenswerte Steigerung.

Kennzahl		2005	2006
Umsatz-rentabilität	Gewinn+FK-Zinsen / Umsatz · 100	287	317
		3.110	3.314
	=	9,2 %	9,6 %

Leichte Steigerung, ein gutes Zeichen! Wobei die Umsatzrentabilität insgesamt schon als gut zu bezeichnen ist.

Kennzahl		2005	2006
Return on Investment (ROI)	Gewinn+FK-Zinsen / Umsatz x 100	287	317
		3.110	3.314
	· Umsatz / Gesamtkapital	3.110	3.314
		4.414	4.670
	=	6,5 %	6,8 %

Insgesamt ist die Gesamtkapitalrentabilität nicht als gut zu bezeichnen, hält sich aber in Grenzen. Allerdings ist dieser Wert bedingt durch eine hohe Umsatzrentabilität, während die Kapitalumschlagshäufigkeit schlecht ist. Für diesen Umsatz hat das Unternehmen einfach zuviel Kapital aufgewandt!

Kennzahl		2005	2006
Kapitalumschlags-häufigkeit	360 / Kapitalumschlag	360	360
		0,7	0,7
in Tagen	Kapital-umschlag = Umsatz / Kapital	3.110	3.314
		4.414	4.670
	=	511	507 Tage

Dies ist ein relativ schlechter Wert. Es dauert lange, bis sich das Kapital umschlägt und daran hat sich auch im Zeitablauf nichts Wesentliches geändert. Das Kapital wird nicht besonders effizient genutzt!

Kennzahl		2005	2006
Debitoren-dauer	Umsatzerlöse + MwSt. / durchschn. Ford. Aus LuL	3.608	3.844
		342	555
Kundenziel	= 360 / Debitorenumschlag	360	360
		10,5	6,9
	=	34	52 Tage

Wenn die Entwicklung nicht stichtagsbedingt ist, ist sie schlecht. Die Kunden zahlen aktuell sehr viel schlechter

Kennzahl		2005	2006
Kreditoren-umschlag	Materialaufw. + MwsSt. / durchschn. Ford. Aus LuL	1.694	1.836
		134	303
Kunden ziel	= 360 / Kreditorenumschlag	360	360
		12,6	6,1
	=	28	59 Tage

Allerdings zahlt auch das Unternehmen selber deutlich schlechter.
Eine Folge d. negativen Debitorenentwicklung?

Kennzahl		2005	2006
Lager-umschlag	Materialaufwand / durchschn. RHB	1.460	1.583
		233	259
Lagerdauer	360 / Lagerumschlag	360	360
		6,3	6,1
	=	57	59 Tage

Das Lager schlägt sich relativ schnell um. Der Vorjahreswert wurde in etwa gehalten.

Kennzahl		2005	2006
Anteil des Anlage-vermögens an der Bilanzsumme	Anlagevermögen / Bilanzsumme · 100	2.651	2.744
		4.414	4.670
	=	60,1 %	58,8 %

Die Größenordnung ist geblieben.

Kennzahl		2005	2006
Anteil des Anlage-vermögens + Vorräte	Anlagev.+ Vorräte / Bilanzsumme · 100	2.984	3.063
		4.414	4.670
	=	67,6 %	65,6 %

Ebenfalls keine dramatischen Veränderungen.

Kennzahl		2005	2006
Eigenkapital-quote	Eigenkapital / Bilanzsumme · 100	1.640	1.665
		4.414	4.670
Vorräte	=	37,2 %	35,7 %

Die Eigenkapitalquote ist (für deutsche Verhältnisse) als gut zu bezeichnen.

Kennzahl		2005	2006
Langfristiger Kapitalanteil	Langfr. Kapital / Bilanzsumme · 100	3.218	3.333
		4.414	4.670
Langfristiger Kapitalanteil =	Eigenkapital	1.640	1.665
	+ 50 % d.Rückstellungen	455	483
	+ Langfr. Verbindlichk.	1.123	1.185
	Summe	3.218	3.333
	=	72,9 %	71,4 %

Konstant geblieben. Insgesamt ein guter Wert.

Kennzahl		2005	2006
Anlagendeckung I	Eigenkapital / Anlageverm. · 100	1.640	1.665
		2.651	2.744
	=	61,9 %	60,7 %

Einn gesunder Wert, der noch dazu konstant geblieben ist.

Kennzahl		2005	2006
Anlagendeckung II	Langfr. Kapital / Anlageverm. · 100	3.218	3.333
		2.651	2.744
	=	121,4 %	121,4 %

Das Anlagevermögen ist langfristig finanziert. O.k.

Kennzahl		2005	2006
Anlagen-deckung III	Langfr. Kapital / Anlagev. + Vorräte · 100	3.218	3.333
		2.984	3.063
	=	107,8 %	108,8 %

Auch die Vorräte sind langfristig finanziert. O.k.

Kennzahl		2005	2006
Liquidität 1. Grades	Flüssige Mittel / Kurzfr. Verbindl. · 100	217	150
		1.402	1.568
Kurzfristige Verbindlichk.	Verbindlichk. aus LuL	134	303
	+ Sonst. Verbindlichk.	608	552
	+ 50 % der Rückst.	455	483
	+ Bilanzgewinn	205	230
	Summe	1.402	1.568
	=	15,5 %	9,6 %

Hier deutet sich ein Problem an. Geringen flüssigen Mitteln stehen erhebliche kurzfristige Verbindlichkeiten gegenüber.

Kennzahl		2005	2006
Liquidität 2. Grades	Flüssige M.+Ford. LuL / Kurzfr. Verbindl. · 100	559	705
		1.402	1.568
	=	39,9 %	45,0 %

Auch hier sieht es noch eng aus. Die Forderungen reißen das Unternehmen nicht aus der Liquiditätslücke.

Kennzahl		2005	2006
Liquidität 3. Grades	Umlaufvermögen / Kurzfr. Verbindl. · 100	1.763	1.926
		1.402	1.568
	=	125,8 %	122,9 %

Erst jetzt entspannt sich die Lage. Allerdings ist die Liquidität 3. Grades immer problematisch. Was ist wirklich aus dem Umlaufvermögen flüssig zu machen?

Kennzahl		2005	2006
Working Capital	Umlaufvermögen	1.763	1.926
	– kurzfr. Verbindl.	1.402	1.568
	= Working Capital	362	359

Das Working Capital ist positiv. Damit wurde das Umlaufvermögen langfristig finanziert. O.k.

8.8 Rechnungslegung im Konzern

Aufgabe einer Konzernrechnungslegung ist, die Einzelabschlüsse der verbundenen Unternehmen zusammenzufassen. Dabei kann man nicht einfach z.B. die einzelnen Bilanz- oder GuV-Positionen der Unternehmen addieren, sondern es gibt Besonderheiten.

Die Konsolidierung

Die Zusammenfassung der Abschlüsse mehrerer Konzernunternehmen nennt man auch Konsolidierung. Wichtige Schritte dabei sind:

- Feststellung des Konsolidierungskreises,
- Kapitalkonsolidierung,
- Konsolidierung von Forderungen und Verbindlichkeiten bzw. Eliminierung von Zwischengewinnen.

Feststellung des Konsolidierungskreises

Ein Konzernabschluss setzt ein „Mutter-Tochter-Verhältnis" voraus. Dies findet dadurch Ausdruck, dass es ein „herrschendes" und ein „beherrschtes" Unternehmen gibt. Das Mutterunternehmen und alle Töchterunternehmen werden in einen Konsolidierungskreis zusammengefasst. Maßgeblich ist, dass die Mutter eine Kontrolle über die Töchter ausübt, entweder

- durch Stimmrechtsmehrheit, d.h. ein Unternehmen besitzt z.B. die Mehrheit der Kapitalanteile an einem anderen Unternehmen oder
- ohne Stimmrechtsmehrheit, z.B. kann ein Unternehmen ein anderes durch eine Satzung, Vereinbarung oder andere Möglichkeiten kontrollieren.

Dieser Unternehmensverbund wird abrechnungstechnisch zusammengefasst (Konsolidierungskreis).

Kapitalkonsolidierung

Nun werden die Vermögenswerte und die Schulden von Mutter- und Tochterunternehmen rechnerisch zusammengeführt. Allerdings kann die reine Addition des Eigenkapitals der Einzelunternehmen nicht das Gesamtkapital des Konzerns ergeben. Dies ergäbe Doppelzählungen, das Eigenkapital würde nach außen überhöht dargestellt, es wäre aufgebläht. Also wird der Beteiligungswert (erstes Beispiel rechts ohne Goodwill) gegen das Eigenkapital aufgerechnet. Die leitende Idee ist, dass ein Konzern nach außen wie ein einheitliches Unternehmen dargestellt werden muss.

Behandlung eines Goodwill: Ein sog. Goodwill muss gesondert berücksichtigt werden: Beim Erwerb eines Tochterunternehmens erwirbt die Mutter mit dem Kaufpreis zunächst das Vermögen und die Schulden. Nun wird der Kaufpreis in der Regel nicht exakt in der Höhe Vermögen minus Schulden liegen. Man erwirbt mit dem Kaufpreis auch einen sog. Goodwill.

Goodwill

Immaterielle Werte beim Kauf eines Unternehmens, wie z.B. Kundenstamm, Know-how, Image. Ein Goodwill zeigt sich nicht im Wert der einzelnen Vermögensteile des Unternehmens. Er ist der Wert, den ein Erwerber bereit ist, über das Vermögen abzüglich der Schulden zu zahlen.

Vermögenswerte (z.B. Anlagen) und Schulden (z.B. Verbindlichkeiten) von zwei Unternehmen kann man addieren, ein Goodwill kann aber nicht auf z.B. Anlage- oder Umlaufvermögen aufgeteilt werden. So ergibt sich ein Goodwill in einer Position, der als Firmenwert gezeigt wird (siehe rechts 2. Beispiel).

Dieser Goodwill ist im Rahmen einer Beteiligung bezahlt worden und wird separat ausgewiesen.

Konsolidierung von Forderungen/Verbindlichkeiten bzw. Eliminierung von Zwischengewinnen

Innerhalb eines Konzerns gibt es vielfältige Geschäftsbeziehungen: Interne Lieferungen, Kreditgewährungen usw. Würde man diese Posten einfach addieren, ergäbe sich eine unrealistische Aufblähung, denn es wäre ja unsinnig, die gegenseitigen Forderungen oder Verbindlichkeiten zu summieren: Des einen Forderungen sind des anderen Verbindlichkeiten. Wieder unter der leitenden Idee, dass sich ein Konzern nach außen als eine wirtschaftliche Einheit präsentieren muss, werden nun Forderungen und Verbindlichkeiten gegeneinander aufgerechnet. Den Bilanzleser interessiert letztlich nur, welche Forderungen und Verbindlichkeiten die wirtschaftliche Einheit, nämlich der Konzern als Ganzes, nach außen hat.

Gewinne: Durch Beziehungen untereinander ergeben sich häufig Gewinne, z.B. wenn ein Konzernunternehmen einem anderen Waren über die eigenen Kosten verkauft. Dies ist die Regel, denn Konzernunternehmen werden häufig unter betriebswirtschaftlichen Gesichtspunkten als Profit-Center geführt und sollen für sich ein gutes Ergebnis erwirtschaften. Nun sind aber in diesem Fall die Erlöse des einen die Kosten des anderen und wird bei gegenseitiger Belieferung ein Gewinn in einem Konzernunternehmen erwirtschaftet, geht dies zu Lasten des Gewinns des anderes Konzernunternehmens. Diese sog. Zwischengewinne müssen eliminiert werden. Auch hier wäre es unsinnig, die Gewinne, die sich durch konzerninterne Beziehungen ergeben, zu addieren.

Anmerkung: Alle Beispiele dieses Kapitels sind einfachste Grundschemata. Es gibt Sonderfälle und unterschiedliche Behandlungsweisen nach IFRS und HGB.

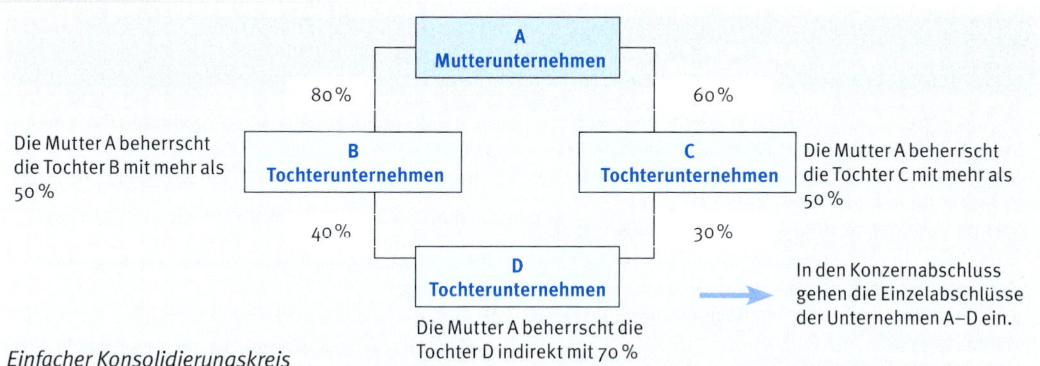

Einfacher Konsolidierungskreis

Beispiel: Die Mutter-AG hat die Tochter-AG zu einem Kaufpreis von 300.000 EUR erworben. Es ergibt sich folgende schematische Konzernbilanz:

	Mutterunternehmen	Tochterunternehmen	Summe	Umbuchungen		Konzern
				Soll	Haben	
Beteiligungen	300.000		300.000			300.000
Diverse Posten	16.000.000	300.000	16.300.000		300.000	16.000.000
Summe Aktiva	16.300.000	300.000	16.600.000			16.300.000
Eigenkapital	16.300.000	300.000	16.600.000	300.000		16.300.000
Summe Passiva	16.300.000	300.000	16.600.000	300.000	300.000	16.300.000

Einfache Kapitalkonsolidierung ohne Goodwill

Beispiel: Die Mutter-AG hat die Tochter-AG zu einem Kaufpreis von 2.000.000 EUR erworben. Davon entfielen 1.700.000 EUR auf den Firmenwert. Es ergibt sich folgende Bilanz:

	Mutterunternehmen	Tochterunternehmen	Summe	Umbuchungen		Konzern
				Soll	Haben	
Firmenwert				1.700.000		1.700.000
Beteiligungen	2.000.000		2.000.000		2.000.000	0
Diverse Posten	16.000.000	300.000	16.300.000			16.300.000
Summe Aktiva	18.000.000	300.000	18.300.000			18.000.000
Eigenkapital	18.000.000	300.000	18.300.000	300.000		18.000.000
Summe Passiva	18.000.000	300.000	18.300.000	2.000.000	2.000.000	18.000.000

Einfache Kapitalkonsolidierung unter Berücksichtigung eines Goodwill

Beispiel: Die Mutter ist an der Tochter zu 100 % beteiligt. Die Tochter liefert ihre Produkte ausschließlich an die Mutter (das bedeutet, dass die Forderungen der Tochter von 160 nur gegenüber der Mutter bestehen, wo sie als Teil der Verbindlichkeiten ausgewiesen sind). Der Gewinn von 80 bei der Tochter ist ausschließlich aus Geschäften mit der Mutter entstanden.

	Mutter	Tochter	Summe	Korrekturen	Konzern
Anlagevermögen	800	300	1.100		1.100
Beteiligungen	320	0	320	−320	0
Vorräte	300	150	450	−80	370
Forderungen	400	160	560	−160	400
Summe Aktiva	1.820	610	2.430		1.870
Eigenkapital	1.200	320	1.520	−320	1.200
Gewinn	400	80	480	−80	400
Verbindlichkeiten	220	210	430	−160	270
Summe Passiva	1.820	610	2.430		1.870

Jetzt müssen folgende Korrekturbuchungen vorgenommen werden

1. Zunächst die Kapitalkonsolidierung: Die Beteiligung (320) besteht nur konzernintern und wird bei einem einheitlichen Unternehmen eliminiert.
2. Die konzerninternen Forderungen und Verbindlichkeiten sind zu eliminieren, da ein einheitliches Unternehmen (was es durch den Konzernverbund geworden ist) keine Forderungen und Verbindlichkeiten gegen sich selbst haben kann. Die Forderungen der Tochter (160) ist die Verbindlichkeit der Mutter.
3. Ein Zwischengewinn von 80 muss eliminiert werden, da dieser nur verrechnungstechnisch intern entstanden ist. Da dieser Gewinn auch den Wert der Vorräte bei der Mutter aufgebläht hat, müssen diese ebenfalls um diesen Gewinn reduziert werden.

Konsolidierung von Forderungen, Verbindlichkeiten und Zwischengewinnen

8.9 Internationale Rechnungslegung

Die wichtigsten Internationalen Rechnungssysteme sind die IFRS (International Financial Reporting Standards) und die US-GAAP (United States Generaly Accepted Accounting Principles). Sie unterscheiden sich in ihrer Entstehungsgeschichte, in ihrem Umfang und Geltungsbereich. Trotzdem haben beide Systeme sehr viele Gemeinsamkeiten und verfolgen das Ziel der Vermittlung von wirtschaftlichen Informationen (wie das deutsche Handelsgesetzbuch).

Anwendung der IFRS

Die EU-Verordnung zur Internationalen Rechnungslegung besagt, dass börsennotierte Unternehmen ihren Konzernabschluss ab 1.1.2005 nach den Vorschriften der IFRS zu erstellen haben. Wer bereits nach US-GAAP bilanziert, muss zwingend ab 1.7.2007 mit den IFRS arbeiten. Damit werden also die IFRS in Deutschland verbindlich.

Aufbau der IFRS

Die IFRS sind eine Sammlung von Standards und Interpretationen, die von einem unabhängigen privaten Gremium, dem International Accounting Standards Board entwickelt wurden. Sie umfassen

- das Vorwort,
- ein Rahmenkonzept,
- die 41 Einzelstandards (vergleichbar der Paragraphen des HGB) und
- die Interpretationen (bindende Erläuterungen zu den einzelnen Standards).

Handelsgesetzbuch contra IFRS: Die Unterschiede

Die Unterschiede ergeben sich im Wesentlichen durch die unterschiedlichen Zielsetzungen der Rechnungslegung.

- Im HGB ist wesentliches Rechnungslegungsziel der Schutz der Gläubiger, deswegen wird ausgesprochen vorsichtig bilanziert. Keinesfalls dürfen z.B. unrealisierte Gewinne ausgeschüttet werden.
- Die IFRS sind mehr aktionärsorientiert. Aktionäre wollen einen realistischeren Ausweis. Was ist wirklich an Vermögen vorhanden? Bei den IFRS dominiert also weniger das Vorsichtsprinzip sondern eher das Ziel, den Wert des Unternehmens realistisch zu zeigen.

Insbesondere fällt ins Auge, dass die IFRS deutlich weniger Wahlrechte aufweisen als nach deutscher Rechnungslegung möglich.

Bestandteile des Jahresabschlusses: Er besteht nach HGB aus der Bilanz, der Gewinn- und Verlustrechnung, dem Anhang und dem Lagebericht.

Nach IFRS muss ein Abschluss folgende „Basic Financial Statements" enthalten: Bilanz, Gewinn- und Verlustrechnung, Anhang, Entwicklung des Eigenkapitals, Kapitalflussrechnung, Ergebnis je Aktie.

Wesentliche Unterschiede bei Bilanzierung und Bewertung

- Immaterielle Vermögensgegenstände: Auch nach IFRS sind entgeltlich erworbene immaterielle Wirtschaftsgüter zu aktivieren. Aktivierung von Forschungsaufwendungen sind analog deutschem Recht verboten, entgegen dem deutschen Recht werden aber eigene Entwicklungsaufwendungen unter bestimmten Voraussetzungen aktiviert.
- Unrealisierte Gewinne: Ausweis nach HGB verboten. Nach IFRS sind zu Handelszwecken gehaltene Vermögenswerte und jederzeit zu veräußerbare Vermögenswerte mit dem beizulegenden Zeitwert zu bewerten. Auch werden anteilige (zukünftige) Gewinne vor endgültiger Fertigstellung eines vielleicht mehrjährigen Projektes ausgewiesen.
- Sachanlagevermögen: Wie im deutschen Recht sind die Bewertungsobergrenzen die Anschaffungskosten des Anlagegutes. Bei der Berechnung der Herstellungskosten besteht allerdings ein „Vollkostengebot", das heißt, hier müssen anteilige Gemeinkosten mit aktiviert werden.
- Vorräte: Grundsätzlich Ansatz und Bewertung analog deutschem Recht, allerdings ist die Bewertung mit lediglich der Einzelkosten nicht zulässig. Es sind anteilige Gemeinkosten mit anzusetzen (Vollkostenprinzip). Der Ansatz von Vertriebskosten ist ebenfalls nicht zulässig.
- Rückstellungen: Die Bildung von Rückstellungen ist nach IAS stark eingeschränkt. Lt. IFRS kann eine Rückstellung nur gebildet werden, wenn eine Schuld gegenüber einem Dritten besteht, deren Höhe verlässlich geschätzt werden kann.
- Gewinn- und Verlustrechnung: Im Gegensatz zum deutschen Recht gibt nach IFRS größere Freiräume bei der Gliederung.
- Entwicklung des Eigenkapitals: Über die Gewinnverwendung muss gesondert berichtet werden.
- Kapitalflussrechnung: Hier wird ein differenzierter Cash Flow ermittelt siehe Kapitel 8.6)

Fazit: Die zahlenmäßige Darstellung des Unternehmens ist nach IFRS sicherlich etwas realistischer als nach deutschem Recht.

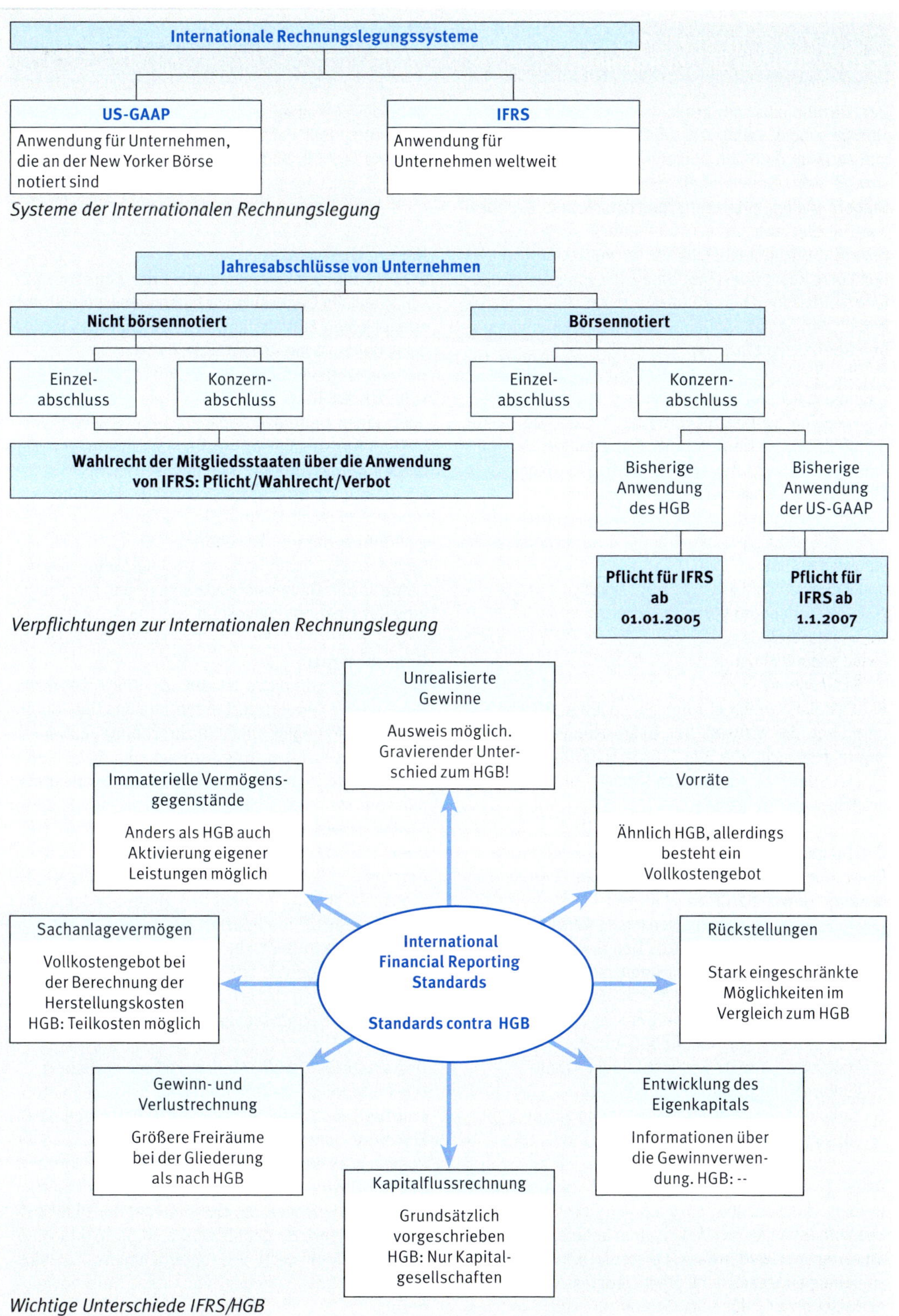

Systeme der Internationalen Rechnungslegung

Verpflichtungen zur Internationalen Rechnungslegung

Wichtige Unterschiede IFRS/HGB

8.10 Steuern im Unternehmen

Der Gewinn aus gewerblicher und selbstständiger Tätigkeit muss versteuert werden. Auch müssen die meisten Unternehmen Umsatzsteuer abführen. Ferner sind je nach Gegebenheit eine Reihe von weiteren Steuern fällig, z.B. die Erbschaftssteuer, Grunderwerbssteuer usw.

Hinweis: Bekanntlich gibt es im deutschen Steuerrecht eine kaum überschaubare Fülle von Sonderregelungen, die das Thema Steuern in der Praxis höchst kompliziert gestalten. Diese Seite kann nur einen groben Überblick bieten.

Gewinnermittlung

Der Gewinn wird üblicherweise mittels Doppelter Buchführung (siehe Abschnitt 8.3) ermittelt. Ausnahmen gibt es z.B. bei Freiberuflern, bei denen eine Einnahmenüberschussrechnung ausreicht.

Einfaches Grundschema der Gewinnermittlung und damit Basis für die Einkommens- und Körperschaftssteuer:

Erträge
– Material- und Personalkosten
– Abschreibungen
– sonstige Kosten
= Gewinn/Verlust

Bei Einzelunternehmern und Personengesellschaften unterliegt der Gewinn der Einkommenssteuer, bei Kapitalgesellschaften der Körperschaftssteuer. Alle Gewerbebetriebe müssen außerdem Gewerbesteuer entrichten.

Einkommenssteuer

Bemessungsgrundlage ist das zu versteuernde Einkommen einer natürlichen Person (d.h. auch die Gewinne einer Personengesellschaft werden über die natürliche Person versteuert). Das Einkommensteuergesetz kennt insgesamt sieben Einkunftsarten:

1. Einkünfte aus Land- und Forstwirtschaft,
2. Einkünfte aus Gewerbebetrieb,
3. Einkünfte aus selbstständiger Arbeit,
4. Einkünfte aus nicht selbstständiger Arbeit,
5. Einkünfte aus Kapitalvermögen,
6. Einkünfte aus Vermietung und Verpachtung,
7. sonstige Einkünfte.

Dabei können Verluste grundsätzlich berücksichtigt werden, was bedeutet, dass z.B. ein Gewinn aus einer Einkunftsart mit einem Verlust einer anderen Einkunftsart verrechnet werden kann. Versteuert wird das zu versteuernde Einkommen mit einem progressiven Einkommenssteuertarif, d.h., der Steuersatz steigt mit der Höhe des Einkommens. Dieser Steuersatz ändert sich von Zeit zu Zeit nach Maßgabe des Finanzministeriums, so lag z.B. Ende 2005 der Eingangssteuersatz bei 15 %, der Höchststeuersatz (Spitzensteuersatz)bei 42 % (Veränderungen regierungsseitig im Gespräch).

Körperschaftssteuer

Dies ist die „Einkommenssteuer der Kapitalgesellschaften". Im Gegensatz zur Einkommenssteuer gibt es hier einen Einheitstarif, der z.B. Ende des Jahres 2005 bei 25 % lag.

Halbeinkünfteverfahren: Gewinnausschüttungen von der Kapitalgesellschaft an die Gesellschafter unterliegen bei diesen nochmals der Einkommensbesteuerung als Einkünfte aus Kapitalvermögen. Da bereits der Gewinn der Kapitalgesellschaft versteuert wurde, würde dies zu einer Doppelbesteuerung führen. Um dies zu vermeiden, findet das sog. Halbeinkünfteverfahren Anwendung. Danach wird die Gewinnausschüttung an die Gesellschafter nur zur Hälfte in die Bemessungsgrundlage bei der Ermittlung der Einkünfte eingestellt.

Gewerbesteuer

Bemessungsgrundlage ist der sog. Gewerbeertrag. Dies ist der Gewinn des Unternehmens, der durch diverse Kürzungen und Hinzurechnung korrigiert wird. Vom Gewerbeertrag wird ein Freibetrag abgezogen (Ende 2005 = 24.500 EUR) und der Rest mit den sog. Steuermesszahlen multipliziert (Ende 2005 für die ersten 12.000 EUR 1 %, für die jeweils weiteren 12.000 EUR 2,3 und 4 % und für die weiteren Beträge ab 48.000 EUR dann 5 %). Der so ermittelte Steuermessbetrag wird mit dem Hebesatz der jeweiligen Gemeinde multipliziert. Im Durchschnitt liegt der Hebesatz in Deutschland bei 400 % und kann in Großstädten 500 % erreichen. Die Gewebesteuer kann im Rahmen der ertragssteuerlichen Gewinnermittlung als Betriebsausgabe abgezogen werden.

Umsatzsteuer (häufig Mehrwertsteuer genannt)

Diese Steuer ist für Unternehmen, die zum Vorsteuerabzug (= Umsatzsteuer für die Vorleistungen, z.B. Einkäufe) berechtigt sind, ein sog. durchlaufender Posten, d.h. kein Kostenfaktor. An das Finanzamt abgeführt wird die Umsatzsteuer aus den verkauften Leistungen korrigiert um die Vorsteuer der zugekauften Leistungen. Besteuert wird also die Wertschöpfung (der Mehrwert) des Unternehmens. Letztlich wird die Umsatzsteuer von den Verbrauchern gezahlt.

Die wichtigsten Steuern des Unternehmers des Unternehmens

Personensteuern	Sachsteuern	Verkehrs-/Verbrauchssteuern
Einkommenssteuer	Gewerbesteuer	Umsatzsteuer
Körperschaftssteuer	Grundsteuer	Grunderwerbssteuer
Erbschaftssteuer		Kraftfahrzeugsteuer
		Mineralölsteuer

Steuerarten

Einkommenssteuer	Körperschaftssteuer
Summe der Einkünfte aus den Einkunftsarten	Gewinn lt. Gewinn- u. Verlustrechnung bzw. Bilanz
+ Hinzurechnungsbetrag = Summe der Einkünfte – Altersentlastungsbetrag – Freibetrag f. Land- u. Forstwirte	+ Hinzurechnungen z.B. verdeckte Gewinnzulagen – Kürzungen, z.B. Investitionszulagen
= Gesamtbetrag der Einkünfte	= Einkommen zur Ermittlung der abziehbaren Spenden
– Verlustvor- bzw. -rücktrag	– abziehbare Spenden
– Sonderausgaben – Außergewöhnliche Belastungen	= Einkommen zur Ermittlung der Gewerbesteuer-Rückst.
= Einkommen – diverse Freibeträge	– Gewerbesteuer-Rückstellung – Verlustabzug
= zu versteuerndes Einkommen	= zu versteuerndes Einkommen

Ermittlung des zu versteuernden Einkommens (vereinfachte Darstellungen)

Gewerbesteuer
Gewinn des Unternehmens
+ Hinzurechnungen, z.B. 50 % der Dauerschuldzinsen – Kürzungen, z.B. Anteile am Gewinn einer Personengesellschaft
= Gewerbeertrag
– Freibetrag
= Basis Steuermesszahl
· Steuermesszahl
= Steuermessbetrag
· Hebesatz (d. Gemeinde)
= Gewerbesteuer

Berechnung der Gewerbesteuer

	Einzelunternehmen/Personengesellschaft	**Kapitalgesellschaft**
Ertragssteuer	Einkommenssteuer ➜ Progressiver Tarif ➜ Grundfreibetrag	Körperschaftssteuer ➜ Einheitlicher Steuersatz ➜ kein Grundfreibetrag
Gewerbesteuer	– Steuermesszahl: 1–5 % – Freibetrag 24.500 EUR (Stand 2006) – Anrechnung auf die Einkommenssteuer	– Steuermesszahl immer 5 % – kein Freibetrag – keine Anrechnung (auf die Körperschaftssteuer)
Verlust-verrechnung	Verrechnung mit anderen Einkunftsarten des Unternehmers möglich	Kein Ausgleich mit Verlusten des Unternehmers
Gewinnermittlung	– Unternehmerlohn, Pensionsrückstellungen und Darlehenszinsen nicht als Betriebsausgabe abziehbar – Doppelte Buchführung oder Einnahmen-Überschuss-Rechnung	– Unternehmerlohn, Pensionsrückstellungen und Darlehenszinsen sind Betriebsausgaben – Pflicht zur doppelten Buchführung

Steuern und Rechtsformen

	Einkauf	**Wertschöpfung**	**Verkauf**	**Abzuführen**
Brutto	1785		2142	
Umsatzsteuer 19 %	**285**	→	**342**	**57**
Netto	1500	**300**	1800	

Grundschema Berechnung der Umsatzsteuer-Zahllast

8.11 Kostenrechnung
8.11-1 Teil 1

Mit der Kostenrechnung beginnt das (frei gestaltbare) interne Rechnungswesen. Dabei werden die Daten des externen Rechnungswesens, insbesondere der Buchhaltung und der Gewinn- und Verlustrechnung, übernommen, weiter bearbeitet und ergänzt. Ziel ist Transparenz und Steuerung des Unternehmens.

Betriebsergebnis und neutrales Ergebnis

Häufig trennt die Kostenrechnung die Daten zunächst in „neutral und betrieblich". Wie hieß es so schön zu einem großen Elektrokonzern: Er ist eine Bank mit angeschlossener Elektroabteilung. Das heißt, die wirtschaftlichen Aktivitäten des Konzerns teilen sich auf in Finanzgeschäfte und eigentliche Betriebstätigkeit, wie z.B. Bau und Verkauf von Waschmaschinen.

Das interne Rechnungswesen bzw. die Kostenrechnung interessiert sich für die Tätigkeit aus dem eigentlichen Betriebszweck.

So trennt man das Gesamtergebnis in ein neutrales Ergebnis und ein Betriebsergebnis. Zum neutralen Bereich gehören Aufwendungen und Erträge aus Finanzgeschäften, Beteiligungen u.ä. Der betriebliche Bereich umfasst das gesamte Spektrum Produktion, Dienstleistung usw.

Kostenartenrechnung: Welche Kosten sind entstanden?

Die Kostenrechnung übernimmt zunächst alle Kosten, die auch im Rahmen der Buchhaltung erfasst wurden: Personalkosten, Materialkosten, Mieten, Energie, Instandhaltung, Abschreibung usw. Für Kostenrechnungsfragestellungen geht man nun einen Schritt weiter und untersucht die Kosten differenzierter:

- Fixe Kosten: Fix bedeutet, dass diese Kosten unabhängig davon anfallen, ob wenig oder viel produziert wird. Sie sind unabhängig von der Ausbringung. Dazu zählen beispielsweise Abschreibungen, Mieten, Verwaltungspersonal usw. Dies wird spätestens zum Problem, wenn Fixkosten für eine gewisse Kapazität ausgegeben wurden, diese aber nicht erfüllt wird. Variable Kosten können dann zurückgefahren werden, „auf den fixen bleibt man sitzen". Jetzt verteilen sich diese fixen Kosten auf weniger Stück. Die Folge: Die Fixkosten pro Stück steigen und man kalkuliert sich vielleicht aus dem Markt.

  Ziel der Unternehmenspolitik ist es, den Fixkostenblock möglichst gering zu halten, denn Fixkosten sind schwer abbaubar und anpassbar. So kann man z.B. den Maschinenpark eines Unternehmen nur schwer schnell ändern. Ein hoher Fixkostenblock beeinträchtigt die schnelle Anpassung des Unternehmens an Marktgegebenheiten.

  Eine große kostenrechnerische Problematik ist, dass Fixkosten nur sehr schwer verursachungsgerecht den Produkten zurechenbar sind (Gemeinkosten!). Wie will man zum Beispiel den Pförtner, die Hausverwaltung, die Buchhaltung, das Management usw. den Produkten zurechnen? Sogar in der Fertigung ist dies problematisch. Ein Meister in der Produktion arbeitet für viele Produkte. Wie soll sein Gehalt auf die Produkte verteilt werden? In der Praxis findet man hier viele Scheingenauigkeiten.
- Variable Kosten: Diese Kosten sind abhängig von der Ausbringung. Typisch variabel ist Fertigungsmaterial. Während die fixen Kosten „da" sind, egal ob überhaupt etwas passiert, fallen die variablen Kosten erst an, wenn etwas passiert. Beim privaten Pkw ist die Versicherung fix, das Benzin variabel. Falls man die Entscheidung treffen will, ob man aus Kostengründen Bahn oder Auto fährt, wird man dies auf Basis der variablen Kosten tun und die Versicherung nicht auf die Kosten pro Kilometer umlegen. Somit sind die variablen Kosten die entscheidungsrelevanten Kosten, denn Fixkosten fallen sowieso an. Auf dieser Erkenntnis basieren moderne Kostenrechnungssysteme wie z.B. die Teilkostenrechnung, die zunächst nur die variablen Kosten betrachtet und auf dieser Basis Ergebnisse (Deckungsbeiträge) errechnet.

Notwendig ist die Trennung in fixe und variable Kosten für betriebswirtschaftliche Analysen (z.B. Höhe der fixen Kosten zu den Gesamtkosten) und insbesondere für die Deckungsbeitragsrechnung (siehe Abschnitt 8.13 Erfolgsrechnung). Ferner wird weiterhin unterschieden nach

- Einzelkosten,
- Gemeinkosten und
- kalkulatorischen Kosten.

Einzelkosten

Hinter der Einzelkostenbetrachtung verbirgt sich die Frage, wie man Kosten auf das Produkt kalkuliert. Das ist bei Einzelkosten einfach, denn diese kann man direkt dem Produkt zurechnen. Einzelkosten werden für ein Stück verursacht. Zum Beispiel zählen die Löhne in der Fertigung zu den Einzelkosten. Man kennt die notwendige Zeit für die Erstellung des Produktes und den Lohnsatz. Bei den Einzelkosten gibt es also keine Probleme.

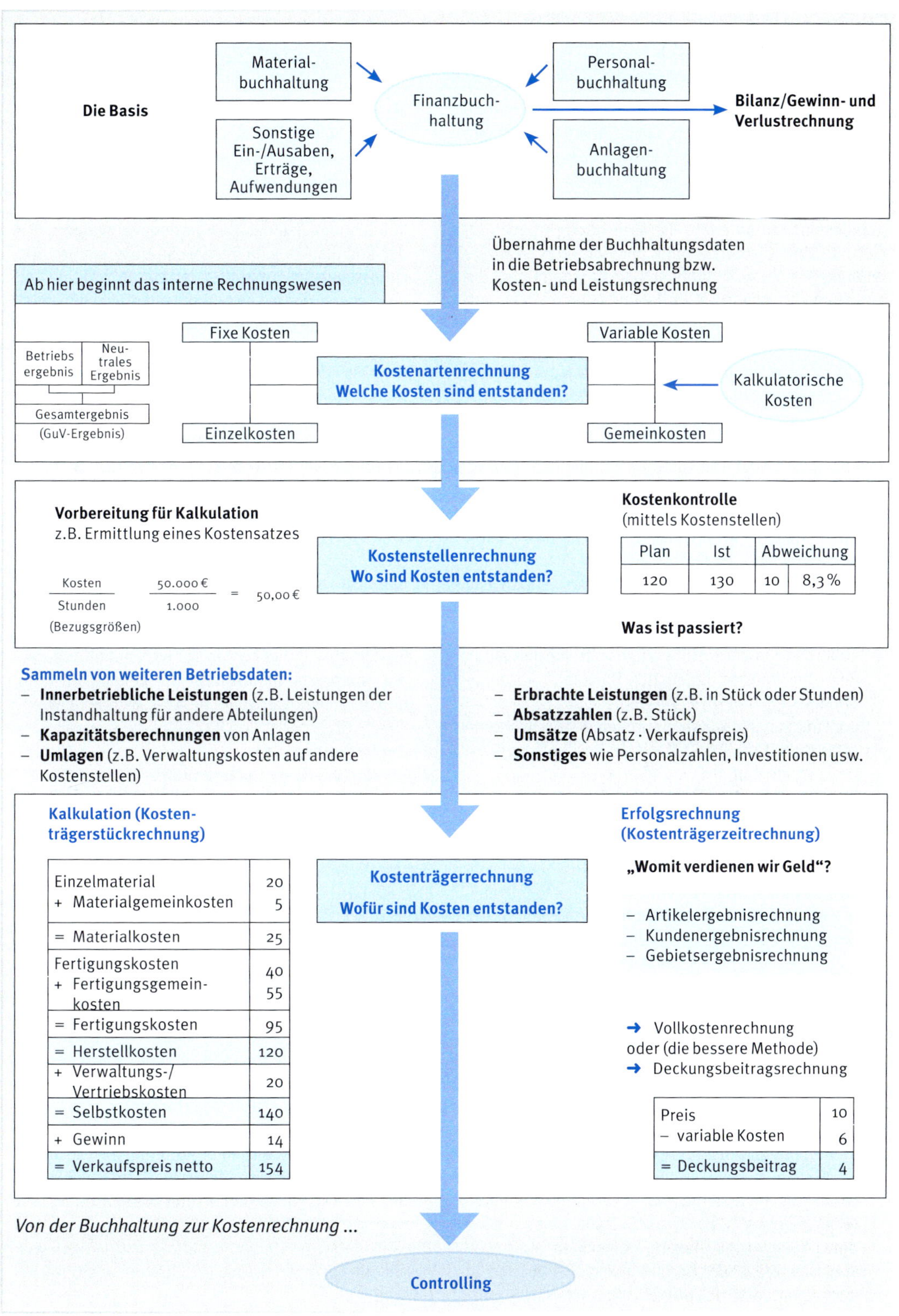

Plan	Ist	Abweichung	
120	130	10	8,3 %

Einzelmaterial	20
+ Materialgemeinkosten	5
= Materialkosten	25
Fertigungskosten	40
+ Fertigungsgemein-kosten	55
= Fertigungskosten	95
= Herstellkosten	120
+ Verwaltungs-/Vertriebskosten	20
= Selbstkosten	140
+ Gewinn	14
= Verkaufspreis netto	154

Preis	10
– variable Kosten	6
= Deckungsbeitrag	4

Von der Buchhaltung zur Kostenrechnung ...

8.11-2 Kostenrechnung Teil 2

Gemeinkosten

Gemeinkosten lassen sich nicht direkt verrechnen. Beispiele sind die Gehälter in der Verwaltung oder Gebäudekosten. „Irgendwie" müssen sie auf das Produkt kalkuliert werden, aber wie? Hier muss man mit Schlüsselungen arbeiten, die aber häufig fragwürdig sind. In der Kostenrechnung herrscht das Verursachungsprinzip. Das Produkt soll die Kosten tragen, die es verursacht. Was bei Material und Lohn noch klappt, versagt bei den Gemeinkosten. In der Praxis behilft man sich mit Prozentschlüsseln; eine wirklich verursachungsgenaue Schlüsselung ist damit nur selten möglich. Dies macht die Kalkulation schwierig und vor allem ungenau. Ein neuerer Ansatz zur Lösung des Problems ist die Prozesskostenrechnung, siehe dazu Abschnitt 8.15 Moderne Kostenrechnungsmethoden.

Kalkulatorische Kosten

Es gibt Kosten, die nicht 1:1 aus der Buchhaltung übernommen werden können bzw. die in der Buchhaltung gar nicht gebucht werden. Für kostenrechnerische Zwecke arbeitet man mit so genannten

- Anderskosten: Das sind Kosten, die z.B. in der Kalkulation in anderer Höhe angesetzt werden als in der Buchhaltung gebucht. Beispiel: Abschreibungen, die mit den Wiederbeschaffungswerten der Anlagen in die Kalkulation eingehen, während die Buchhaltung nur auf Basis der Anschaffungskosten rechnen darf.
- Zusatzkosten: Sie werden ebenfalls zu kalkulatorischen Zwecken angesetzt, z.B. kalkulatorische Mieten, kalkulatorischer Unternehmerlohn oder kalkulatorische Zinsen. Diese Aufwendungen gibt es in der Buchhaltung nicht. Ziel ist, aus Vergleichsgründen Kosten in die Kalkulation einzustellen (z.B. ein kalkulatorisches Gehalt für den Inhaber).

Kostenstellenrechnung: Wo sind die Kosten entstanden?

In nahezu jedem Unternehmen gibt es Kostenstellen, die Orte der Kostenverursachung. Die Buchhaltung erfasst also nicht nur die Kosten, sondern ordnet sie gleichzeitig den Kostenstellen zu. Im Wesentlichen werden zwei Zwecke verfolgt:

1. Kosteninformation für die Kostenstellenverantwortlichen: Jeder Verantwortliche soll regelmäßig einen Kostenstellenbericht bzw. eine Kostenstellenauswertung bekommen. Sinnvoll ist es, neben den Ist-Zahlen gleichzeitig Planzahlen auszuweisen. Über die Abweichungen zwischen Plan und Ist kann man dann diskutieren. Was ist warum passiert? Was darf zukünftig nicht mehr passieren? Können wir den Plan noch halten? Gerade die Abweichungen machen Kostenstellenauswertungen interessant.
2. Vorbereitung für die Kalkulation: Die Kostenstellenrechnung ist der Kalkulation vorgelagert. Bei der Kalkulation geht es darum, dass ein verursachungsgerecht ermittelter Teil der Kosten ins Produkt wandert. Also Material, Löhne usw. Beispiel: Das Material kennt man aus der Stückliste, den Preis aus dem Einkauf. Die Fertigungszeit für das Produkt kennt man aus dem Fertigungsplan. Jetzt braucht man einen sog. Kostenstellensatz, um die Fertigungszeit mit Kosten zu bewerten. Ausgangsfrage: Was kostet die Minute in meiner Kostenstelle? Häufig werden auch Kostensätze für z.B. größere Maschinen errechnet, die sog. Maschinenstundensätze. In diesem Zusammenhang müssen vorab im Rahmen der Betriebsabrechnung die innerbetrieblichen Leistungen verteilt worden sein. Dieser berücksichtigt, dass sich Kostenstellen auch intern „beliefern" und eine innerbetriebliche Leistungsverrechnung mittels Bezugsgrößen verfolgen muss. So können z.B. die Kosten der Instandhaltung nach der entsprechenden Anzahl der geleisteten Stunden für eine Kostenstelle belastet werden usw.

Kostenträgerrechnung: Wofür sind die Kosten entstanden?

Kostenträger sind Produkte, Dienstleistungen usw. Ihnen werden die Kosten zugerechnet, sie müssen sie tragen und durch den Verkauf möglichst mit Gewinn wieder hereinholen. Die Kostenträgerrechnung hat zwei Dimensionen. Zum einen die Produktbetrachtung: Was kosten die Produkte? Dies ist die Kalkulation (Kostenträgerstückrechnung). Zum anderen die Zeitbetrachtung: Welchen Erfolg haben wir mit diesen Produkten (kurzfristige Erfolgsrechnung)? Mit diesen Instrumenten geht es im Wesentlichen um folgende Aufgaben:

- Durch die Kalkulation Hilfe bei preispolitischen Entscheidungen. Will man einen Preis machen, muss man wissen, was das Produkt kostet.
- Transparenz der Kostenträger (Produkte). Wie hoch ist z.B. der Anteil einzelner Produkte am Gesamtergebnis? Lohnt sich das Produkt überhaupt? Womit machen wir gar Verluste (und wissen es bislang noch gar nicht)?

Die Kalkulationssysteme und Erfolgsrechnungen werden in den nächsten beiden Abschnitten ausführlicher behandelt.

Ausbringung in Stück	Fixe Kosten gesamt	Fixe Kosten pro Stück
0	6.000	6.000
50	6.000	120
100	6.000	60
150	6.000	40
200	6.000	30
250	6.000	24
300	6.000	20
350	6.000	17
400	6.000	15

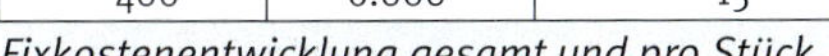

Fixkostenentwicklung gesamt und pro Stück

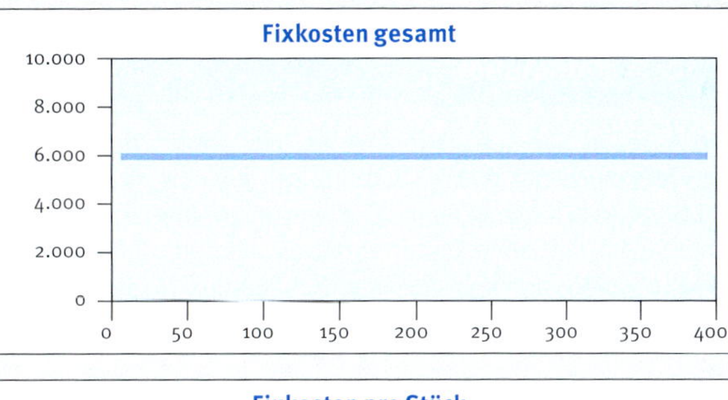

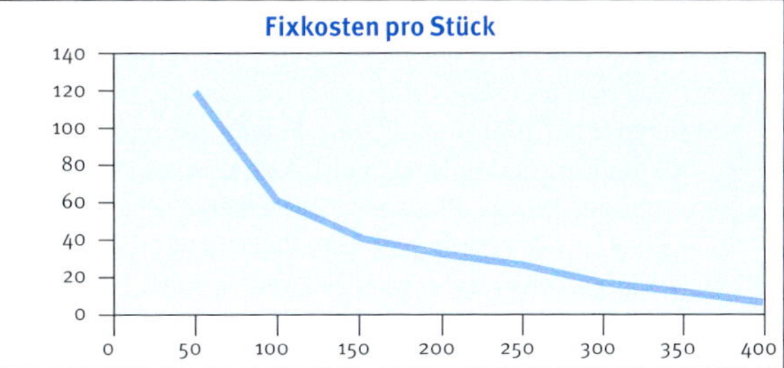

Ausbringung in Stück	Variable Kosten
0	0
50	25
100	50
150	75
200	100
250	125
300	150
350	175
400	200

Entwicklung variabler Kosten

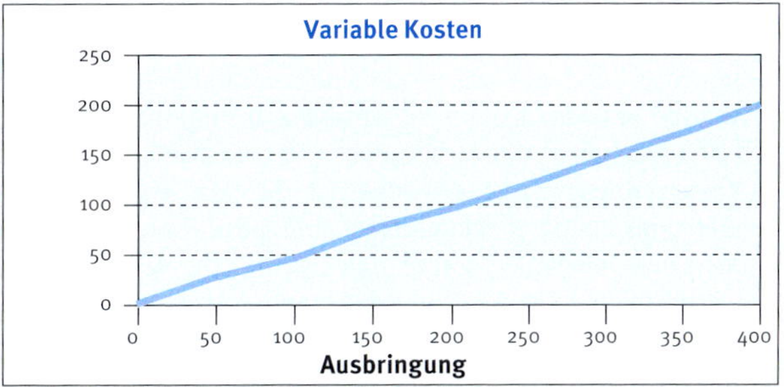

Kostenstellenauswertung

Kostenstelle: 1745 Dreherei
Kostenstellenleitung: Herr Müller
Zeitraum: August 2006

	Plan	Ist	Abweichung absolut	Abweichung in %	
Material	112.000	136.000	−24.000	−21,4 %	„Was ist hier passiert?“
Löhne	272.000	265.000	7.000	2,6 %	
Gehälter	85.000	84.000	1.000	1,2 %	
Energie	15.000	17.000	−2.000	−13,3 %	
Instandhaltung	3.000	9.000	−6.000	−200,0 %	„Was ist hier passiert?“
Reisekosten	4.000	4.000	0	0,0 %	
Büromaterial	13.000	12.000	1.000	7,7 %	
Abschreibungen	35.000	35.000	0	0,0 %	
Zinsen	0	0	0		
Sonstige Kosten	23.000	36.000	−13.000	−56,5 %	„Was ist hier passiert?“
Umlagen	25.000	25.000	0	0,0 %	
Summe Kosten	587.000	623.000	−36.000	−6,1 %	

	Plan	Ist
Gesamtkosten ohne Material	475.000	487.000
Fertigungszeit in Minuten	730.400	718.600
Kostensatz (Kosten : Minuten)	0,65 €	0,68 €

Ermittlung eines Kostensatzes aus der Kostenstellenrechnung

8.12 Kalkulation

Die Aufgabe der Kalkulation ist es, die Kosten des Unternehmens auf einen Kostenträger (z.B. ein Produkt) verursachungsgerecht (!) zu verteilen. In erster Linie sollen die Selbstkosten ermittelt werden, dann gegebenenfalls durch Zusatz eines Gewinnaufschlages der Verkaufspreis.

Grundsätzliche Kalkulationsarten

- Vor-, Nach- und Zwischenkalkulation: Da man mit einer Kalkulation meist nicht warten kann, bis die endgültigen (Ist-)Daten vorliegen, macht man eine Vorkalkulation z.B. auf Basis der Daten der Jahresplanung oder früherer Perioden. Dann kann, wenn erste Erkenntnisse vorliegen, eine Zwischenkalkulation erfolgen, mit der Frage: Passt die Vorkalkulation noch? Nach Fertigstellung der Leistung empfiehlt sich eine Nachkalkulation: Hat es sich gelohnt? Was muss zukünftig billiger werden? Muss evtl. der Verkaufspreis geändert werden?
- Vorwärts- und Rückwärtskalkulation: Traditionell werden in Kalkulationen die einzelnen Kostenblöcke aufsummiert. Man fragt: Was wird die Leistung kosten? Diese Vorgehensweise ist die sog. Vorwärtskalkulation. Nicht immer ist aber diese Vorgehensweise sinnvoll: So kann das Ergebnis der Vorwärtskalkulation z.B. einen Preis ergeben, den der Markt nicht mehr trägt. Deswegen dreht man bei der Rückwärtskalkulation „die Kalkulation um“: Man kommt vom Marktpreis, zieht die Kosten ab und übrig bleibt der Gewinn.

Divisionskalkulation/Äquivalenzziffernkalkulation

- Die Divisionskalkulation ist die einfachste Form der Kalkulation. Man teilt Kosten durch Leistung (Stück, Tonnen, Hektoliter usw.). Betreibt man z.B. eine Kiesgrube, sammelt man einfach alle Kosten und teilt sie durch die Menge des gewonnenen Kieses.
- Äquivalenzziffernkalkulation: Dies ist eine differenzierte Form der Divisionskalkulation. Sie wird angewandt bei Produkten, die weitgehend identisch sind, aber doch gewisse Kostenunterschiede aufweisen, z.B. unterschiedliche Rohstoffkosten. Mit Hilfe einer sog. Äquivalenzziffer wird nun das Kostenverhältnis der verschiedenen Produkte ausgedrückt, wobei das Standardprodukt die Ziffer 1,0 bekommt. Hat nun das ähnliche Produkt die Ziffer 1,2, bedeutet das, dass dieses Produkt 20 Prozent mehr Kosten verursacht. Kennt man nun die Summe der Kosten aller Produkte, kann man mit einem einfachen rechnerischen Verfahren die Kosten der jeweiligen Sorte ermitteln.

Zuschlagskalkulation

Die Grundidee dieser Methode ist, dass man von exakt feststellbaren Einzelkosten ausgeht und auf dieser Basis diverse Gemeinkosten per Zuschlagssatz zugeschlagen werden.

- Materialgemeinkosten sind die Kosten der Materialbeschaffung, Lagerung usw. Sie werden auf Basis des Einzelmaterials verrechnet.
- Fertigungsgemeinkosten sind sonstige Kosten der Fertigung, z.B. Hilfskostenlöhne, Meistergehälter, Abschreibungen, Instandhaltungen usw. Sie werden auf Basis des Fertigungslohnes verrechnet.
- Verwaltungs- und Vertriebsgemeinkosten werden auf Basis der Herstellkosten verrechnet.

Diese Methode weist allerdings Mängel auf, die man sich immer bewusst machen sollte:

- Es werden Gemeinkosten in Abhängigkeit der Einzelkosten verrechnet. Diese Abhängigkeit ist aber in der Realität häufig nicht gegeben. Was hat der Materialwert mit den Gemeinkosten zu tun? Teures Material muss nicht mehr Kosten im Bereich Beschaffung/Lagerung verursachen.
- Verwaltungs- und Vertriebskosten (z.B. Kosten des Außendienstes) sind nicht abhängig von den Herstellkosten.
- Gemeinkosten sind meist Fixkosten und wenn sich z.B. der Materialverbrauch erhöht, ändern sich noch nicht die Fixkosten, werden aber in der Kalkulation höher verrechnet.

Fazit: Schnell kann eine Zuschlagskalkulation sehr ungenau werden!

Handelskalkulation

Hier geht man ähnlich vor wie bei der klassischen Zuschlagskalkulation. Zu beachten ist, dass sich bei einigen Positionen der Prozentsatz von „vom Hundert“ auf „auf Hundert“ ändert. Denn der Käufer rechnet „andersherum“. Er bekommt z.B. den Listenpreis und zieht sich davon 20 Prozent ab. Somit muss in der Handelskalkulation diese andere Richtung des Abzuges rechnerisch berücksichtigt werden. Umgekehrt verhält es sich mit der Mehrwertsteuer. Diese wird aufgeschlagen, ist dann im Endverkaufspreis enthalten und muss bei einer Rückwärtskalkulation „herausgerechnet“ werden.

Praxishinweis: Machen wir uns nichts vor. Jede Kalkulation „streut“ um die Realität und kann nie 100 Prozent genau sein. Jedes Kalkulationsergebnis ist somit als „Näherungswert“ zu bezeichnen.

Vorkalkulation	**Zwischenkalkulation**	**Nachkalkulation**
„... wird es sich lohnen? Welcher Preis ist o.k.?“	„... sind wir auf dem richtigen Weg?“	„... hat es sich gelohnt? Stimmt der Preis?“

Zeitachse

Vorwärts-, Zwischen und Nachkalkulation

Vorwärtskalkulation	
Materialkosten	50
Fertigungskosten	70
Verwaltungskosten	10
Vertriebskosten	15
Selbstkosten	145
+ Gewinn	20
= Preis	**165**

... und wenn der Markt nur 150 EUR bezahlt?

Rückwärtskalkulation	
Preis	150
– Materialkosten	– 50
– Fertigungskosten	– 70
– Verwaltungskosten	– 10
– Vertriebskosten	– 15
Verbleibender Gewinn	**5**

Vorwärts-/Rückwärtskalkulation

$$\frac{\text{Kosten } 80.000}{\text{Menge } 4.000} = 20\,€$$

Sorte	**Ausstoß hl**	**Äquivalenzziffer**	**Umrechnungszahl**	**Kosten je Sorte**	
				EUR pro hl	**Gesamt EUR**
Orange	3.000	1,1	3.300	275	825.000
Zitrone	7.000	1,0	7.000	250	1.750.000
Banane	12.000	0,8	9.600	200	2.400.000
	22.000		19.900		4.975.000

Rechenweg:
1. Produktionsmenge · Äquivalenzziffer = Umrechnungszahl
2. Summenbildung Umrechnungszahlen
3. Beim Produkt mit der Äquivalenzziffer 1,0 : Gesamtkosten : Umrechnungszahlen
4. Stückkosten der Sorte mit Ziffer 1,0 · Äquivalenzziffern der übrigen Sorten
5. Stückkosten · Produktionsmengen = Kosten pro Sorte

Äquivalenzziffernkalkulation

Kalkulationselemente	**%**	**EUR**
Materialeinzelkosten		25,00
+ Materialgemeinkosten	6 %	1,50
= Materialkosten		26,50
Fertigungseinzelkosten (Löhne)		45,00
+ Fertigungsgemeinkosten	125 %	56,25
= Fertigungskosten		101,25
= Herstellkosten		127,75
+ Verwaltungskosten	12 %	15,33
+ Vertriebskosten	8%	10,22
= Selbstkosten		153,30
+ Gewinnaufschlag	10 %	15,33
= Netto-Verkaufspreis		168,63
+ Umsatzsteuer	19 %	32,0397
= Brutto-Verkaufspreis		200,67

Zuschlagskalkulation

Wie kommt man zu Gemeinkostenzuschlagssätzen? Beispiel: Materialgemeinkosten
Die Kosten des Fertigungsmaterials betragen im Jahr 15.000.000 EURO.
Die Kosten des Bereiches Materialwirtschaft betragen 900.000 EUR, z.B. Personalkosten, Abschreibungen, Büromaterial usw. 900.000 EURO sind 6% von 15.000.000 EURO.
Wenn also jeder EURO Materialverbrauch mit 6% in der Kalkulation aufschlägt, werden damit die Kosten der Materialwirtschaft gedeckt.

Ähnliche Vorgehensweise auch bei anderen Gemeinkostenzuschlägen.

Kalkulationselemente	**%**	**EUR**
Bruttoeinkaufspreis		500,00
– Rabatt	15,0	75,00
= Brutto-Zieleinkaufspreis		425,00
– Skonti	2,00	8,50
= Netto-Bareinkaufspreis		416,50
+ Besondere Bezugskosten	abs.	30,00
= Einstandspreis		446,50
+ Gemeinkosten Verwaltung/Vertrieb usw.	18,0	80,37
= Selbstkosten		526,87
+ Gewinnaufschlag	10,0	52,69
= Netto-Barverkaufspreis		579,56
+ Skonto für den Käufer	2,0	11,83
= Netto-Zielverkaufspreis		591,38
+ Verkaufsrabatt f. d. Käufer	20,0	147,85
= Listenverkaufspreis netto		739,23
+ Umsatzsteuer	19,0	140,45
= Brutto-Verkaufspreis		879,68

Handelskalkulation

8.13 Erfolgsrechnung

8.13-1 Grundlagen

Erfolgsrechnungen zeigen in differenzierter Form die Ergebnisse des Unternehmens. So kann man z.B. zeigen, welche Ergebnisse mit den Produkten des Unternehmens erwirtschaftet wurden, welchen Ergebnisbeitrag einzelne Kunden oder Kundengruppen oder welches Ergebnis einzelne Regionen bringen. Im Rahmen des Internen Rechnungswesens werden die Ergebnisaussagen der Bilanz und der Gewinn- und Verlustrechnung durch Erfolgsrechnungen ergänzt:

- Eine Bilanz ist keine Erfolgsrechnung. Sie stellt lediglich Vermögen und Schulden des Unternehmens gegenüber.
- Die Gewinn- und Verlustrechnung zeigt nicht, womit oder wo Geld verdient oder verloren wurde. Die Erfolgselemente des Unternehmens, Erträge (z.B. Umsätze) und Aufwendungen (z.B. Material- ,Personalkosten) werden undifferenziert ausgewiesen.
- Über die Bilanz und GuV hinaus möchte man Deckungsbeiträge oder Gewinnschwellenpunkte usw. ermitteln.

Auch ist es notwendig, nicht erst z.B. am Jahresende Ergebnisdaten zur Verfügung zu haben. Erfolgsrechnungen sollten so oft wie möglich gemacht werden.

Erfolgsrechnung mittels Vollkostenrechnung

Es wird mit allen angefallenen Kosten gerechnet. Man bezieht also auch Kosten mit ein, die unabhängig von der Leistung anfallen. Das sind die Fixkosten oder Kosten, die sich nicht oder kaum verursachungsgerecht auf Kostenträger verteilen lassen. Vollkostenrechnungen haben den Vorteil, dass alle angefallenen Kosten „irgendwie" auf die Kostenträger verrechnet werden. Der Problempunkt ist das „irgendwie". Denn die Verteilung von Fixkosten nach problematischen Schlüsselungen ist betriebswirtschaftlich fragwürdig. Jetzt werden Leistungen mit Kosten belastet, die sie eigentlich gar nicht direkt verursacht haben. Wie wollen Sie z.B. die Kosten der Bürokraft verursachungsgemäß auf die Produkte verteilen? Vollkostenaussagen sind also immer(!) sehr ungenau. Zur Illustration auf der rechten Seite ein Beispiel, wie Vollkostenrechnungen zu Fehlentscheidungen führen können.

Erfolgsrechnung mittels Teilkostenrechnung

Hier wird argumentiert, dass lediglich ein Teil der Kosten zu Entscheidungen herangezogen werden kann, nämlich die variablen Kosten, auch relevante Kosten genannt. Die Fixkosten sind „sowieso da" und fallen an, ob geleistet wird oder nicht. Es werden jetzt sog. Deckungsbeiträge errechnet, die die Fixkosten abdecken sollen.

Was ist der Deckungsbeitrag?

Der Deckungsbeitrag gibt an, welcher Betrag für die Deckung der Fixkosten nach Abzug der variablen Kosten übrig bleibt. So ist der Deckungsbeitrag genauer gesagt ein Fixkostendeckungsbeitrag, in dem auch der Gewinnanteil steckt.

Die Grundformel:
Preis bzw. Umsatz
– variable Kosten
= Deckungsbeitrag

Die einfachste Art der Deckungsbeitragsrechnung – millionenfach angewandt – ist das sog. Direkt Costing. Man ermittelt den Deckungsbeitrag und unterlässt jegliche Schlüsselung der Fixkosten.

Die stufenweise Fixkostendeckungsrechnung

Man geht kritisch durch die Fixkosten und prüft, ob nicht einzelne Fixkosten dennoch zurechenbar sind. Es ist für einige Fixkostenarten eben doch möglich, diese einer Leistung oder zumindest einer Leistungsgruppe oder einem Bereich verursachungsgerecht zuzuordnen. So werden mehrere Deckungsbeitragsstufen geschaffen:

- Produktartenfixkosten: Fixkosten für die Gesamtzahl der Produkte einer Produktart, z.B. Entwicklungskosten eines bestimmten Produktes, spezielle Werkzeugkosten usw.
- Produktgruppenfixkosten: Fixkosten, die sich nicht auf eine bestimme Produktart beziehen, sondern auf mehrere zu einer Produktgruppe zusammengefasste ähnliche Produktarten.
  Beispiele: Forschung und Entwicklung für zusammenhängende Produkte. Marketing oder Vertriebskosten für die Produkte usw.
- Bereichsfixkosten: Produktgruppen können wiederum zu Bereichen zusammengefasst werden, z.B. Bereichsverwaltung, gemeinsame Public Relation für mehrere Produktgruppen usw.
- Unternehmensfixkosten: Nicht mehr zurechenbare Fixkosten, zum Beispiel Bewachung des Unternehmens, Geschäftsführergehälter, viele Verwaltungskosten.

Obige Aufteilung ist in keiner Weise verbindlich und jedes Unternehmen wird sich hier sinnvollerweise seine eigene Struktur schaffen.

Erfolgsrechnungen

Artikelergebnisse	Kundenergebnisse	Gebietsergebnisse
„Mit welchen Artikeln verdienen wir Geld?“	„Lohnt sich der Kunde?“	„Was verdienen wir in einem Verkaufsgebiet?

Möglichkeiten des Erfolgsausweises

	Produkt A	Produkt B	Produkt C	Summe
Erlöse	120	210	380	710
variable Kosten	70	160	230	460
fixe Kosten	40	70	120	230
= Gesamtkosten	110	230	350	690
Produktergebnisse	**10**	**–20**	**30**	**20**

Vorschlag: „Offensichtlich hat das Produkt B ein negatives Ergebnis. Man sollte sich von diesem Produkt trennen.“
Wie sieht das Ergebnis nach der Trennung aus?

	Produkt A	Produkt B	Produkt C	Summe
Erlöse	120	---	380	500
variable Kosten	70	---	230	300
fixe Kosten	60	---	170	230
= Gesamtkosten	130	---	400	530
Produktergebnisse	–10	---	–20	–30

Nun hat man sich von dem Minusprodukt getrennt, das Ergebnis ist aber um 50 schlechter als vorher! In Summe – 30. Warum? Die Fixkosten sind geblieben und verteilen sich nun auf die anderen Produkte.

Offensichtlich hat die Trennung von einem Minusprodukt das Ergebnis verschlechtert?!

Wichtige Frage also: Hat das vermeintliche Minusprodukt einen positiven Deckungsbeitrag gebracht? Wie sieht die die Deckungsbeitragsdarstellung aus?

Deckungsbeiträge	Produkt A	Produkt B	Produkt C	Summe
Erlöse	120	210	380	710
– variable Kosten	70	160	230	460
= Deckungsbeitrag	50	50	150	250
fixe Kosten				230
Gesamtergebnis				20

Das Minusprodukt hat einen positiven Deckungsbeitrag von 50 erwirtschaftet. Das heißt, mit diesem Produkt werden immerhin noch Fixkosten in Höhe von 50 gedeckt.

Fazit: Sich nicht zu schnell von Produkten trennen. Man beachte den Deckungsbeitrag!

Mögliche Fehlentscheidungen bei Vollkostenrechnungen

	A	B	C	Summe
Umsatz	60	40	90	190
– variable Materialkosten	15	10	20	45
– variable Personalkosten	20	15	25	60
– sonstige variable Kosten	2	5	8	15
= Deckungsbeitrag	23	10	37	70
– fixe Kosten				50
= Ergebnis				20

Direct Costing

	A	B	C	Summe
Umsatz	60	40	90	190
– variable Kosten	37	30	53	120
= Deckungsbeitrag I	23	10	37	70
– Produktfixkosten	5	4	7	16
= Deckungsbeitrag II	18	6	30	54
– Produktgruppenfixkosten	3	3	3	9
= Deckungsbeitrag III	15	3	27	45
– Bereichsfixe Kosten	4	6	4	14
= Deckungsbeitrag IV	11	–3	23	31
– Unternehmensfixe Kosten				11
= Unternehmensergebnis				20

Stufenweise Fixkostendeckung

8.13-2 Erfolgsrechnung: Anwendungsbeispiele

Anwendungsbeispiele von Teilkostenrechnungen

Deckungsbeitragsdarstellungen werden in erster Linie für die Entscheidungsfindung herangezogen:

- Eigen- oder Fremdfertigung: Die Kosten des Fremdbezuges sind meistens variabel. Liegen die Kosten des Fremdbezuges unter den variablen Kosten der Eigenfertigung, ist zu prüfen, ob das Produkt fremd bezogen werden soll. Man spart variable Kosten und die eigenen Fixkosten sind sowieso an Bord.
- Förderung von Produkten: Gefördert werden Produkte mit den höchsten Deckungsbeiträgen. Das bessere Kriterium zur Produktförderung ist der Deckungsbeitrag statt ein Vollkostenergebnis mit fragwürdigen Umlagen.
- Annahme von Zusatzaufträgen: Nicht immer können die Standardabsatzpreise realisiert werden. Manchmal müssen Abstriche gemacht werden. Dann die Frage: Lohnt es sich noch? Manchmal können auch freie Kapazitäten, vor allem im personellen Bereich, durch Preisnachlässe gefüllt werden. Ehe die Leute „herumstehen", also besser billiger seine Produkte verkaufen. Frage jetzt: Ergeben sich noch positive Deckungsbeiträge?
- Ermittlung von Preisuntergrenzen: Preisuntergrenzen sind da zu ziehen, wo gerade noch die variablen Kosten gedeckt sind. Es ist aber zu beachten: Langfristig müssen alle Kosten gedeckt sein. Somit können derartige Aktivitäten häufig nur punktuell bzw. über einen kurzen Zeitraum durchgeführt werden. Somit wird mittels Deckungsbeiträgen nur die kurzfristige Preisuntergrenze errechnet.

Zwei Praxisbeispiele für Erfolgsrechnungen

1. Kundenerfolgsrechnung

Es empfiehlt sich, alle Erfolgsrechnungen auf Deckungsbeitragsbasis aufzubauen. So finden Sie auf der rechten Seite ein Beispiel für eine Kundenerfolgsrechnung mit zwei Deckungsbeitragsstufen.

Ziel ist aufzuzeigen, was mit einzelnen Kunden oder Kundengruppen verdient wird. Auch hier besteht wieder die Erkenntnis, dass viele Fixkosten nicht einzelnen Kunden zugeordnet werden können: Also lässt man sie gleich bei der Betrachtung weg.

2. Managementerfolgsrechnung

Inhalt einer Managementerfolgsrechnung darf nur sein, was der Verantwortliche auch beeinflussen kann. Für willkürliche, zufällige oder nicht verursachungsgerechte Ergebniseinflüsse wie z.B. nicht beeinflussbare Umlagen einer Zentralstelle kann ein Manager nicht zur Verantwortung gezogen werden. So bietet sich für die Managementerfolgsrechnung die stufenweise Deckungsbeitragsrechnung an. Im Beispiel ist die Grundlage für die Beurteilung des Managementerfolgs der Deckungsbeitrag, konkret der Deckungsbeitrag II. Es wird argumentiert, dass das Management bis zum Deckungsbeitrag II alle Kosten beeinflussen kann. Danach reden wir nur noch über nicht beeinflussbare Umlagen.

Analyse der Managementerfolgsrechnung

Im Beispielfall ergibt sich im ersten Ansatz ein positives Managementergebnis. Der Deckungsbeitrag II (Managementerfolg) liegt um 13 % über dem ausgewiesenen Plan.
Allerdings muss man jetzt in die Analyse gehen. Der Deckungsbeitrag I liegt um 4 % unter Plan. Der Managementerfolg lt. Deckungsbeitrag II wurde „erkauft" unter Verzicht auf Werbung und einen Teil der geplanten Entwicklungen.
Ob dies strategisch gesehen die richtigen Entscheidungen waren, ist fraglich. Problem: Zwar positiver Managementerfolg, aber hat das Management wirklich klug gehandelt?

Der Break-Even-Punkt: Wie viel Auslastung ist notwendig?

Ein weit verbreiteter Grund für Insolvenzen ist die Nichtauslastung von vorhandenen Kapazitäten. Man hat mehr Kosten an Bord als durch die Auftragslage gedeckt wird. Somit wird ein betriebswirtschaftliches Instrument wichtig, das aufzeigt, welche Auslastung bzw. welche Stückzahl zur Kostendeckung notwendig ist. Ein solches Instrument stellt die so genannte Break-Even-Analyse oder Gewinnschwellenanalyse dar.

Rechenweg: Viele Kosten sind im wesentlichen fix, Personalkosten, Mieten, Abschreibungen usw. Sie fallen somit unabhängig vom Grad der Auftragslage an. Ist das Personal wenig beschäftigt, laufen die Kosten trotzdem weiter. Die variablen Kosten sind dagegen abhängig von der Ausbringung bzw. Auslastung.

Also muss festgestellt werden, ab welcher Auslastung bzw. bei welcher Stückzahl es für das Unternehmen kritisch wird, bzw. welche Auslastung mindestens erreicht werden muss, um in der Gewinnzone zu landen. Dabei wird zunächst der Deckungsbeitrag festgestellt. Dann teilt man die Fixkosten durch den Deckungsbeitrag und erhält die Gewinnschwelle.

	Müller	Meier	Schulze
Bruttoumsatz	640.000	790.300	304.000
Erlösschmälerungen	53.000	96.000	38.700
Nettoumsatz	587.000	694.300	265.300
Variable Kosten:			
Variable Herstellkosten	214.500	201.900	112.700
Handelswaren	25.000	0	15.000
Vertreterprovisionen	117.400	138.900	53.100
Transportkosten	35.400	15.800	9.700
Sonstige variable Kosten	24.300	14.800	22.400
Deckungsbeitrag I	170.400	322.900	52.400
Dem Kunden zurechenbare Fixkosten:			
Spezialwerkzeugkosten	0	10.000	15.000
Kundenbetreuung	85.000	75.000	45.000
Deckungsbeitrag II = Kundenergebnis	85.400	237.900	–7.600

Weitere nicht zurechenbare Fixkosten werden nicht verrechnet, es wird also auf ein Vollkostenergebnis verzichtet

Praxisbeispiel Kundenergebnisrechnung

in 1.000 EUR	Plan	Ist	Abweichung	
Bruttoumsatz	1.800	1.766	–34	–2 %
Erlösschmälerungen	160	173	13	8 %
Nettoumsatz	1.640	1.593	–47	–3 %
Variable Materialkosten	210	209	–1	0 %
Variable Personalkosten	460	455	–5	–1 %
Variable Lizenzen	130	125	–5	–4 %
Variable Frachten	45	41	–4	–9 %
Deckungsbeitrag I	795	763	–32	–4 %
Direkt zurechenbare Fixkosten:				
Werbung	110	35	–75	–68 %
Entwicklungskosten	70	56	–14	–20 %
Produktionskosten	60	62	2	3 %
Vertriebskosten	100	95	–5	–5 %
Deckungsbeitrag II = Managementergebnis	455	515	60	13 %
Nicht zurechenbare Fixkosten	372	365	–7	–2%
Ergebnis zu Vollkosten	83	150	67	81%

Praxisbeispiel Managementergebnisrechnung

Das Produkt hat folgende Eckdaten:

Absatz	200.000 Stück
Verkaufspreis	75,– EUR
Variable Kosten pro Stück	50,– EUR
Fixe Kosten gesamt	7.500.000 EUR

Errechnen wir zunächst den Deckungsbeitrag: Preis – variable Kosten = 25,- EUR
Frage ist nun, wie oft das Produkt verkauft werden muss, damit der „Fixkostentopf" gedeckt (voll) ist.

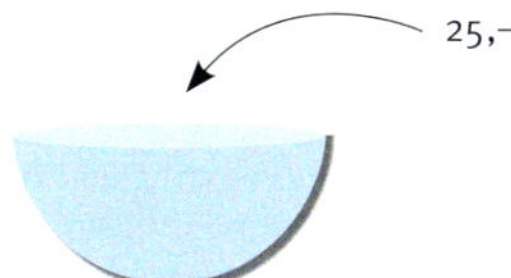

$$\frac{\text{Fixkosten}}{\text{Deckungsbeitrag}} = \frac{7.500.000}{25,–} = 300.000 \text{ Stck.}$$

Das Produkt muss also mindestens 300.000 mal verkauft werden, damit man auf ein Null-Ergebnis kommt. Ab dem 300.001 Stück kommen wir in die Gewinnzone.

In der Praxis stellt man dies gern grafisch dar:

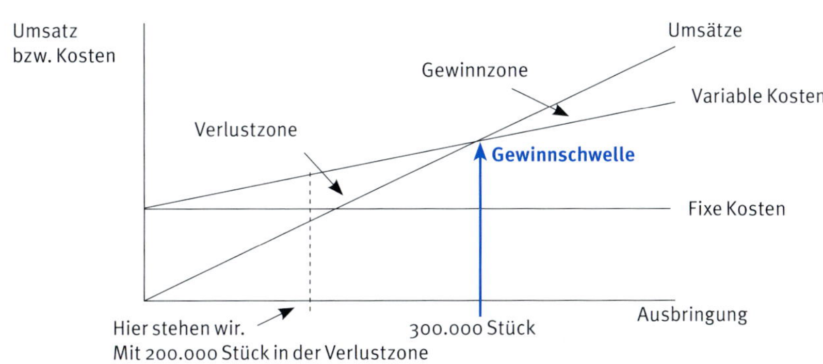

Die Idee des Break-Even (Gewinnschwellenberechnung)

8.14 Plankostenrechnung

Einmal im Jahr wird in vielen Unternehmen das nächste Jahr geplant, meist um den Oktober/November. Sämtliche Bereiche des Unternehmens werden untersucht und man versucht, das nächste Jahr gedanklich bzw. zahlenmäßig vorwegzunehmen. Welche Umsätze werden anfallen, was muss produziert werden und was werden in Folge für Kosten anfallen?

Der Planungsprozess

Eine Planung, insbesondere eine Kostenplanung, sollte eine gewisse Anspannung haben, sollte zielsetzend, ehrgeizig sein. Am Ende des Planungsprozesses stehen Planzahlen, die für alle Verantwortlichen verbindlich sind. Sind diese Planzahlen auf den Monat oder auf das Quartal heruntergebrochen, werden die Ist-Daten dagegengesetzt und der Prozess der Abweichungsanalyse beginnt.

Plankostenrechnungen

Die Werkzeuge, mit denen die Planung umgesetzt wird, sind die Plankostenrechnungen. Man stellt dabei den Ist-Leistungen und Ist-Kosten einen Plan gegenüber und weist Abweichungen aus.

- Starre Plankostenrechnungen: In der Praxis findet man häufig die sog. starren Plankostenrechnungen. Das heißt, die geplanten Kosten als Vergleichsbasis bleiben immer gleich (starr), egal wie hoch Absatz oder Umsatz sind. Das ist problematisch, weil bei höherem Absatz die ursprüngliche geplante Kostenbasis für einen realistischen Plan-/Ist-Vergleich nicht mehr passt.

> **Grobanalyse einer starren Plankostenrechnung**
> *(zu dem Beispiel auf der rechten Seite)*
>
> Die Absatzzahlen sind gestiegen, was sich auch auf den Umsatz niedergeschlagen hat, der um 8 % gestiegen ist. Allerdings ist dieser Umsatz mit höheren Kosten (+ 8,3 %) erkauft worden. Unter dem Strich war aber das Umsatzwachstum höher als das Kostenwachstum, sodass man um 2 % besser als der Plan abschneidet.

Wenn man jetzt dem Verantwortlichen vorwerfen würde (im nebenstehende Beispiel), er hätte die Kosten um 1.980 EUR überschritten, käme das Argument: „Sie vergleichen Äpfel mit Birnen. Wie können Sie die Kosten vergleichen, wenn die Absatzmenge gestiegen ist?“

Deswegen wurde die starre Plankostenrechnung zu einer flexiblen Rechnung ausgebaut.

- Flexible Plankostenrechnung: Dabei erfolgt eine Trennung in variable und fixe Kosten. Die variablen Kosten werden angepasst, da sich die Absatzmenge geändert hat. Das Ergebnis sind die sog. Soll-Kosten. Besser wäre „Darf-Kosten“ zu sagen: Wie hoch dürfen bei aktueller Absatzmenge nun die Kosten sein? Klassisch ist der Satz:
  Soll-Kosten sind die Plan-Kosten der Istbeschäftigung.

Es werden nun „Ist“ und „Soll“ verglichen:

1. Die Ist-Absatzzahl wird ins Soll übernommen.
2. Preis und variable Kosten werden vom Plan ins Soll übernommen.
3. Auf dieser Basis ergeben sich ein Soll-Umsatz und variable Sollkosten.
4. Fixe Kosten werden vom Plan ins Soll übernommen, da sie unabhängig vom Absatz sind.
5. Die Summe von variablen und fixen Kosten ergeben die Summe Sollkosten.

> **Analyse einer flexiblen Plankostenrechnung**
> *(zu dem Beispiel auf der rechten Seite)*
>
> Die Summe Kosten liegt im Beispiel um 620 unter dem Wert, der „erlaubt“ war (dem Soll). Durch die höhere Absatzmenge steigen die variablen Kosten gegenüber dem Plan (im Ist 14.400, im Plan 13.000). Auf Planbasis (1,30) hätten die variablen Kosten bei der Absatzmenge die Höhe von 15.600 erreichen „dürfen“. Es ergibt sich aber ein günstigeres Bild bei den variablen Kosten, denn es ist gelungen, durch den höheren Absatz bessere Einkaufsbedingungen auszuhandeln und die variablen Kosten pro Stück sind gefallen. So landet man bei 14.400 EUR.
> Die Fixkosten sind allerdings leicht gestiegen, aber dies ist ein anderes Problem und hängt nicht mit der Leistung zusammen. Sah es bei der starren Plankostenrechnung noch so aus, dass der Verantwortliche die Kosten überschritten hatte, ist die Kostenabweichung jetzt positiv. Da allerdings der Umsatz noch mit dem Planumsatz pro Stück (2,50) bewertet wurde, sieht die Ergebnisabweichung nicht besser aus.

Somit stellt eine flexible Plankostenrechnung die Ergebnissituation realistischer dar.

Die flexible Plankostenrechnung kann auch auf Deckungsbeitragsbasis dargestellt werden (die sog. flexible Grenzplankostenrechnung). So erkennt man Deckungsbeiträge auf Basis von Sollkosten.

Fazit: Der Prozess der Planung mit anschließender Abweichungsanalyse bringt wichtige Erkenntnisse für die Unternehmenssteuerung.

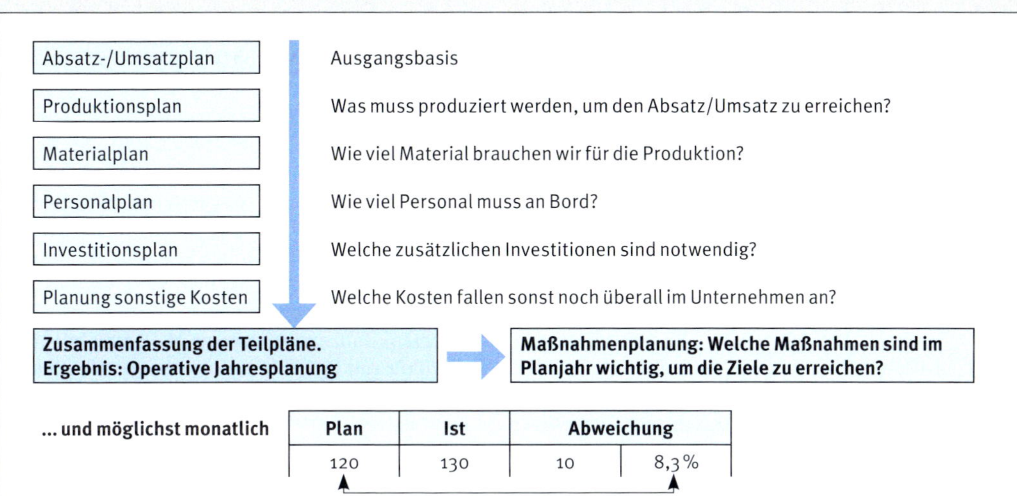

Der Planungsprozess

	Starre Plankostenrechnung	**Plan**	**Ist**	**Abweichung absolut**	**Abweichung in %**
Verkaufte Stückzahl ←	Absatz	10.000	12.000	2.000	20,0 %
Verkaufspreis pro Stück ←	Preis	2,50 €	2,25 €	−0,25 €	−10 %
Absatz · Preis ←	Umsatz	25.000	27.000	2.000	8,0 %
Material/Personal usw. ←	– Kosten	24.000	25.980	1.980	6,3 %
	Ergebnis	**1.000**	**1.020**	**20**	**2,0 %**

Vorsicht: Der Absatz ist gestiegen, die Plankosten sind gleich geblieben. Werden hier „Äpfel mit Birnen" verglichen?

	Flexible Plankostenrechnung	**Plan**	**Soll**	**Ist**	**Abweichung absolut**	**Abweichung in %**
Übernahme Ist ins Soll ←	Absatz	10.000	12.000	← 12.000	0	0,0 %
	Preis	2,50 €	→ 2,50 €	2,25 €	−0,25 €	−10,0 %
„Sollkosten sind Plankosten der Istbeschäftigung"	Variable Kosten/Stück	1,30 €	→ 1,30 €	1,20 €	−0,10 €	−7,7 %
	Umsatz	25.000	30.000	27.000	−3.000	−10,0 %
Absatz · var. K./Stück ←	– variable Kosten	13.000	15.600	14.400	−1.200	−7,7 %
Unabhängig vom Absatz ←	– fixe Kosten	11.000	→ 11.000	11.580	580	5,3 %
	= Gesamtkosten	24.000	26.600	25.980	-620	−2,3 %
	Ergebnis	**1.000**	**3.400**	**1.020**	**−2.380**	**−70,0 %**

Die Plankosten sind dem gestiegenen Absatz angepasst worden.

	Deckungsbeitragsdarstellung	**Plan**	**Soll**	**Ist**	**Abweichung absolut**	**Abweichung in %**
	Absatz	10.000	12.000	← 12.000	0	0,0 %
	Preis	2,50 €	→ 2,50 €	2,25 €	−0,25 €	−10,0 %
	Variable Kosten/Stück	1,30 €	→ 1,30 €	1,20 €	−0,10 €	−7,7 %
	Umsatz	25.000	30.000	27.000	−3.000	−10,0 %
	– variable Kosten	13.000	15.600	14.400	−1.200	−7,7 %
Umsatz – variable Kosten ←	**= Deckungsbeitrag**	**12.000**	**14.400**	**12.600**	**-1.800**	**−12,5 %**

Systeme der Plankostenrechnung

8.15 Moderne Kostenrechnungsmethoden

Von Zeit zu Zeit werden im Bereich Kostenrechnung neue Methoden entwickelt bzw. traditionelle Methoden verfeinert. Meist sind diese Methoden Reaktionen auf unbefriedigende Ergebnisse vorhandener Instrumente.

Zielkostenrechnung oder Target Costing

Ist die Fragestellung der Kalkulation „Was wird das Produkt kosten?“ überhaupt richtig formuliert? Muss man nicht vielmehr fragen: „Was darf das Produkt kosten?“ Wir leben nicht mehr in einer Zeit, in der die Kosten addiert werden, ein Gewinnzuschlag aufgeschlagen wird – und das ist der Preis, den die Kunden zahlen müssen. Entweder sind die Kunden gar nicht bereit, für das Produkt diesen Preis zu zahlen oder die Konkurrenz ist schlicht billiger. Preise werden heutzutage vom Markt bzw. von der Konkurrenz vorgegeben. Das erfordert, dass man das gängige Kalkulationsdenken auf den Kopf stellt. Am Anfang steht der Marktpreis und der gewünschte Gewinn. Daraus werden die zulässigen Kosten abgeleitet (um jenseits der Kostenrechnung die Herstellung zu optimieren). Gängig sind folgende Methoden:

- Market into Company: In dieser Reinform des Target Costing ist der Zielverkaufspreis Ausgangspunkt. Es wird die Gewinnspanne abgezogen und man kommt zu den vom Markt erlaubten Kosten.
- Out of Company und Out of Optimal Costs: Diese Methoden stehen für eine Innenorientierung von Zielkosten. Die Zielkosten werden nicht vom Markt abgeleitet sondern es werden interne Ziele und Kostengrenzen gesetzt. Das Out of Optimal Costs geht noch weiter und vergleicht die vorhandenen Strukturen mit den Möglichkeiten eines Optimums.
- Out of Competitor: Hier werden die Zielkosten aus den Kosten der Konkurrenten abgeleitet.

Ursprünglich kommt Target Costing aus dem industriellen Produktionsbereich. Es liegt aber auf der Hand, dass diese Kostenrechnungsmethode auch im Dienstleistungsbereich zur Anwendung kommen kann. Was darf z.B. eine Servicestunde kosten?

Life-Cycle-Costing: Schon an übermorgen denken

Die Idee: Produkte müssen von Anfang an in ihrem ganzen Lebenszyklus betrachtet und gerechnet werden, von den Entwicklungskosten über Folgekosten, Garantiekosten bis hin zu evtl. Verschrottungskosten. Der Anstoß für die Lebenszyklusbetrachtung kommt vom Markt.

- Problem: Die Lebenszyklen werden kürzer. Alle Produkte haben ihren Lebenszyklus von „der Geburt bis zum Tod“. Man beobachtet, dass die Produktlebenszyklen immer kürzer werden, d.h. es müssen immer schneller und damit zunehmend kostenintensiv neue Produkt entwickelt werden. Fraglich ist, ob sich die Kosten vor dem Hintergrund kurzer Lebenszyklen überhaupt noch amortisieren.
- Problem: Sinkende Gewinne im Zeitablauf. Durch Erfahrungen im Laufe der Zeit bei der Produktion kommt es zu Einsparungen (die sog. Lernkurve). Nur sinkt aber bei vielen Produkten der Preis im Laufe der Zeit, was zu Lasten der Gewinne geht.
- Problem: Hohe Vor- und Nachleistungen. Hoher Entwicklungsaufwand, d.h. hohe Vorleistungen finanzieller Natur stehen am Anfang des Produktzyklusses. Mittlerweile ergeben sich durch die Umweltdiskussion auch hohe Nachleistungen, z.B. Recycling u.ä.
- Problem: Realisierung von Folgegeschäften. Was aber, wenn die Folgegeschäfte nicht realisiert werden können? Wenn es den Konkurrenten gelingt, die Folgegeschäfte günstiger anzubieten? Auf jeden Fall ist das Folgeverhalten der Kunden in die Rechnung einzubeziehen.

Vorgehensweise

Es bietet sich eine Aufstellung aller anfallenden Einnahmen und Ausgaben im Lebenszyklus an, beginnend mit den Vorleistungen bis hin zu den Auslaufkosten eines Produktes.

Prozesskostenrechnung

Mit dieser Methode soll das ungenaue Arbeiten mit Gemeinkostenzuschlägen ersetzt werden. Gleichzeitig kommt es durch die eingehende Analyse der betrieblichen Abläufe zu Optimierungen und damit zu Kosteneinsparungen. Zunächst müssen die einzelnen Standardprozesse analysiert werden. Man beginnt mit einer Tätigkeitsanalyse, Tätigkeiten werden zu Teilprozessen verdichtet, diese zu Hauptprozessen. Es gibt also in jedem Bereich (Einkauf, Warenannahme usw.) verschiedene Tätigkeiten, die für den Hauptprozess durchgeführt werden, und deren Summe den Hauptprozess ausmacht. Im Beispielfall ist es der Prozess Rohstoffbeschaffung. Im nächsten Schritt werden dann die Kosten für die Prozesse ermittelt und in die Kalkulation eingestellt.

Fazit: Die Kalkulation wird genauer und es bieten sich große Chancen für Prozessoptimierungen.

Herkömmliche Methode	
Entwicklungskosten	120
+ Materialkosten	80
+ Fertigungskosten	220
+ Verwaltungskosten	25
+ Vertriebskosten	45
= Selbstkosten	**490**
+ Gewinn	50
= Verkaufspreis	**540**

Was, wenn der Markt aber nur 470 EUR zahlt?

Target-Costing-Kalkulation Man stellt die Kalkulation auf den Kopf	
Marktpreis	**470**
– Gewünschter Gewinn	–50
= Zielkosten	**420**
Zielkostenspaltung:	
Entwicklungskosten	115
+ Materialkosten	70
+ Fertigungskosten	195
+ Verwaltungskosten	20
+ Vertriebskosten	30
= Zielkosten	**430**

Immer noch 10 EUR zuviel. Wo ist noch Luft?

Grundschema Target Costing

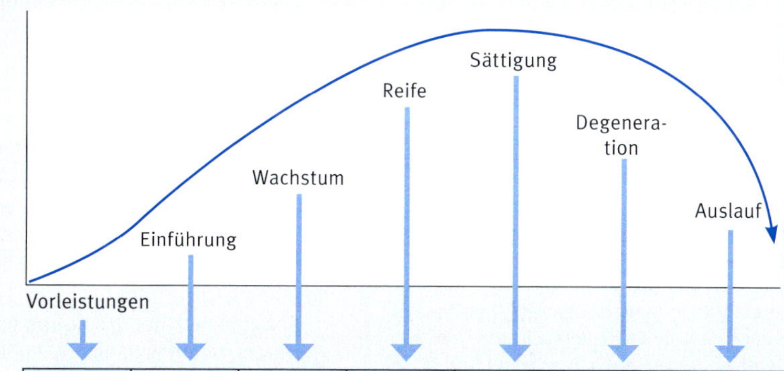

	Vorleis-tungen	Ein-führung	Wachs-tum	Reife	Sättigung	Dege-neration	Auslauf	Summen
Einnahmen:								
Verkäufe	0	200	450	600	700	250	20	2.220
Serviceeinnahmen	0	30	55	110	120	55	10	380
Summe Einnahmen	**0**	**230**	**505**	**710**	**820**	**305**	**30**	**2.600**
Ausgaben:								
Investitionen	300	50	10	0	0	0	0	360
Produktionskosten	0	100	225	250	300	100	5	980
Werbungskosten	50	120	200	150	100	20	0	640
Wartungskosten	0	5	15	30	40	15	5	110
Entsorgungskosten	0	0	0	0	0	0	150	150
Summe Ausgaben	350	275	450	430	440	135	160	2.240
Ergebnis	**–350**	**–45**	**55**	**280**	**380**	**170**	**–130**	**360**

Life-Cycle-Costing

Teilprozesse			
Einkauf	Waren-annahme	Qualitäts-wesen	Lager
Rohstoffe einkaufen	Materialent-gegennahme	Endkontrolle Fertigwaren	Unfertige Erz. lagern
Sonst. Mat. einkaufen		Nacharbeiten organisieren	Fertigerz. lagern
Energie einkaufen		Prüfung der Rohstoffe	Sondermüll lagern
		Chemische Prüfung	Material lagern

Hauptprozess: Rohstoffbeschaffung			
Teilprozesse	Prozesszeit in Minuten	Kostensatz	Kosten
Rohstoffe einkaufen	50	0,61 €	30,50 €
Materialent-gegennahme	20	0,52 €	10,40 €
Prüfung der Rohstoffe	30	0,54 €	16,20 €
Material lagern	20	0,53 €	10,60 €
Kosten des Hauptprozesses Rohstoffbeschaffung			67,70 €

Ermittlung von Prozesskosten

8.16 Controlling
8.16-1 Ziele und Aufgaben

Controlling wird von „to control" abgeleitet und bedeutet steuern, regeln. Damit geht es weit über eine Kontrollfunktion hinaus (auch wenn es im Deutschen nach Kontrolle klingt). Controlling kann man als betriebswirtschaftliche Lotsenfunktion bezeichnen.

Wer macht Controlling im Unternehmen?

Controlling machen nicht nur die Controller/innen. Manche Unternehmen haben keinen separaten Controllingbereich und trotzdem geschieht Controlling. Idealerweise arbeiten das Management und die Controller/innen zusammen und gestalten so gemeinsam die Controllingarbeit.

> **Beispiel: Die Kosten laufen aus dem Ruder**
>
> Ein Unternehmen ist mit einem neuen Produkt auf dem Markt. Die Konkurrenz ist stark und so streitet man um Marktanteile. Auf keinen Fall darf die Herstellung des Produktes teurer als geplant werden. Der Controller hat dies zu beobachten und im Notfall Alarm zu schlagen.
>
> Als aufgrund höherer Material- und Personalkosten das Produkt 5 % in der Herstellung teurer wird, drückt der Controller auf den Alarmknopf (Eisberg voraus!). Jetzt sind Korrekturzündungen angesagt. Das Management wird informiert, in Folge versucht man gemeinsam, die Kosten wieder auf ein marktverträgliches Niveau zu drücken: Preisverhandlungen mit Lieferanten, günstiger Zukauf statt teurer Eigenfertigung, Verbesserungen im Produktionsablauf usw.

Leitbild Controlling

Die International Group of Controlling hat ein Leitbild für die Controllerarbeit entworfen:

- Controller sorgen für Strategie-, Ergebnis-, Finanz-, Prozesstransparenz und tragen somit zu höherer Wirtschaftlichkeit bei.
- Controller koordinieren Teilziele und Teilpläne ganzheitlich und organisieren unternehmensübergreifend das zukunftsorientierte Berichtswesen.
- Controller moderieren und gestalten den Management-Prozess der Zielfindung, der Planung und der Steuerung so, dass jeder Entscheidungsträger zielorientiert handeln kann.
- Controller leisten den dazu erforderlichen Service der betriebswirtschaftlichen Daten- und Informationsversorgung.
- Controller gestalten und pflegen die Controlling-Systeme.

Strategisches und operatives Controlling

Controlling bewegt sich auf zwei Ebenen:

1. Strategisch bedeutet, dass heute Maßnahmen ergriffen werden, die auch zukünftig die Existenzsicherung des Unternehmens ermöglichen. Man plant, welche Schritte morgen notwendig sind, damit übermorgen nichts passiert. Strategisch bedeutet: **Die richtigen Dinge tun.**
   - Was ist unsere Kernkompetenz. Was können wir?
   - Was will der Markt, morgen, übermorgen?
   - Wo stehen wir, wo wollen wir hin?
2. Operativ bedeutet dagegen: **Die Dinge richtig tun.** Abgeleitet aus der Strategie wird gefragt, was die nächsten Schritte sind?

Die strategischen und operativen Ebenen hängen zusammen. Man sagt auch: **„Was man strategisch versäumt, muss man operativ ausbaden."** Wenn man strategisch versäumt, sich rechtzeitig einen Kundenstamm aufzubauen, darf man sich nicht wundern, wenn man mit „Hauruck-Aktionen" versuchen muss, den Umsatz zu retten.

Somit beleuchtet das Controlling ein Unternehmen ganzheitlich und bezieht alle Funktionen und Ebenen im Unternehmen mit ein. Im Controlling laufen die betriebswirtschaftlichen Informationen aus allen Unternehmensbereichen zusammen.

Wo findet Controlling im Unternehmen statt?

In der Praxis haben sich mehrere „Controllings" entwickelt:

- Produktionscontrolling: Wie wirtschaftlich ist unsere Leistungserstellung?
- Logistikcontrolling: Wie effektiv sind unsere internen Abläufe?
- Marketingcontrolling: Wo stehen unsere Produkte?
- Vertriebscontrolling: Wie wirtschaftlich vertreiben wir unsere Leistungen?
- Ferner diverse Bereiche, z.B. Entwicklungscontrolling, IT-Controlling usw.

Dabei kann die Controllingfunktion als Stabsstelle oder als Linienfunktion organisiert sein (siehe Aufbauorganisation Abschnitt 3.7).

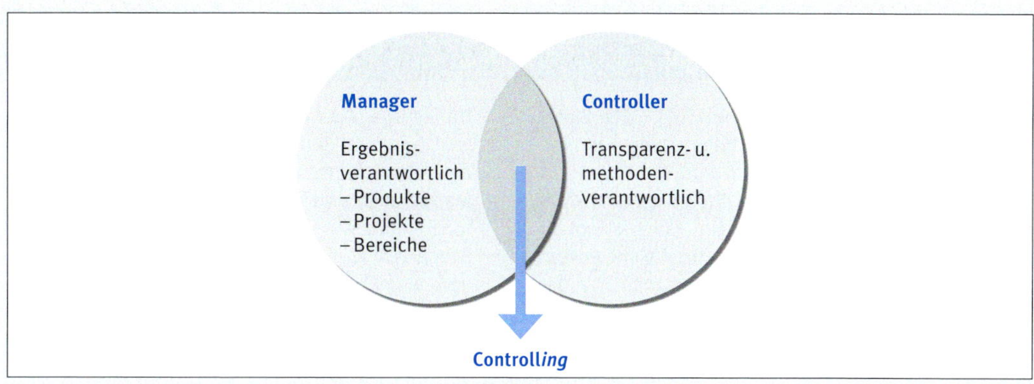

Schnittmenge aus der gemeinsamen Arbeit von Management und Controller

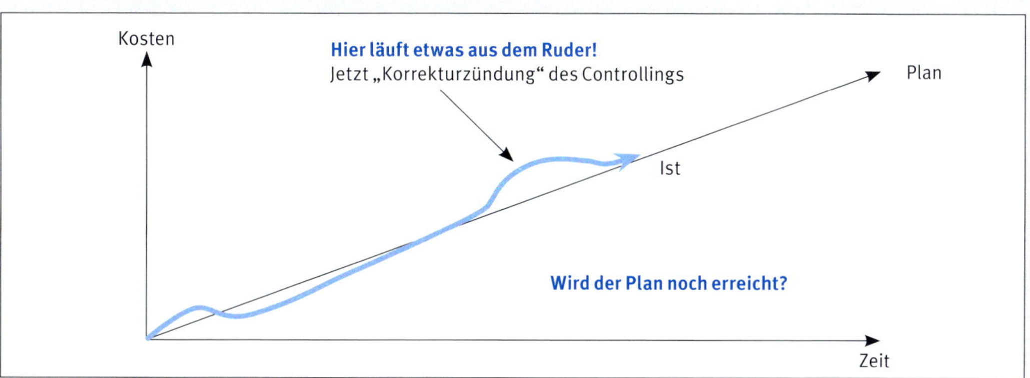

Korrekturzündungen im Controlling

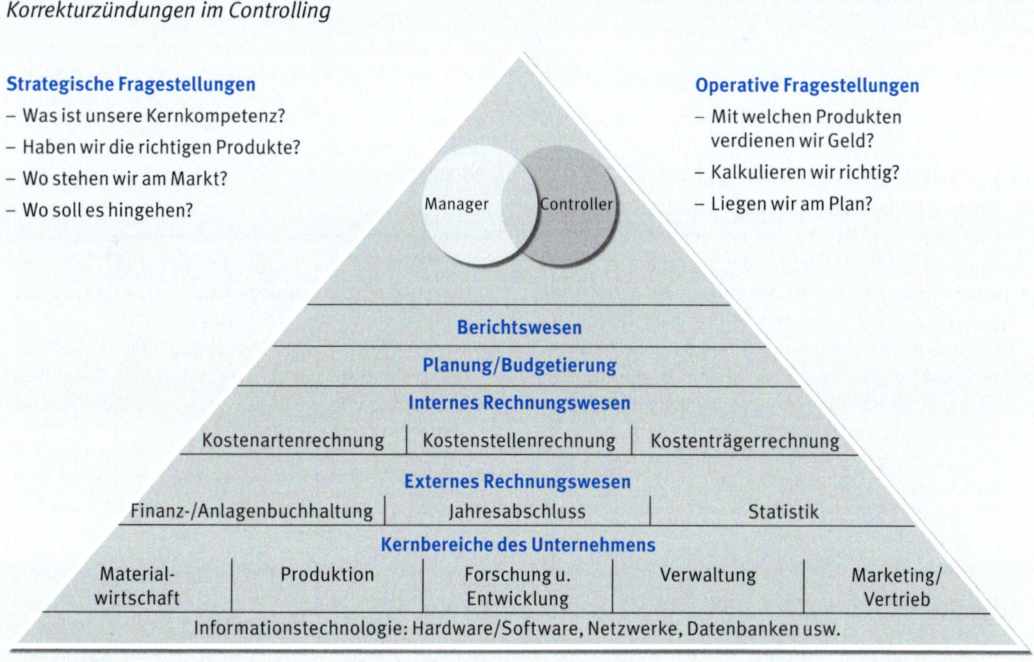

Informationszusammenhang im Unternehmen: Alle Informationen landen im Controlling

8.16-2 Controlling: Instrumente

Man spricht gern von „Controlling-Tools“, den Werkzeugen des Controllings. Die wichtigsten Instrumente, mit denen in der Praxis gearbeitet wird:

- Kostenrechnung/Kalkulation: Wenn es eine Controllingstelle im Unternehmen gibt, fällt die Kostenrechnung mit unter ihre Kompetenz. Welche Kosten fallen wo und wofür an? Der Controller ist der „Manager des Internen Rechnungswesens“. Zur Kostenrechnung siehe die Abschnitte 8.11–8.15.
- Kostenmanagement: Kostenmanagement ist die Weiterführung der Kostenrechnung. Es geht um die kritische Beobachtung der Fix- und Gemeinkostenblöcke. Wichtig ist, dass diese nicht unkontrolliert wachsen.

> **Beispiel: Vorsicht vor zu hohen Fixkosten**
>
> Ein Controller beobachtete mit Besorgnis die Steigerung der Fixkostenblöcke im Unternehmen. Zwar konnten durch Investitionen die Herstellkosten der Produkte gesenkt werden, aber dies wurde mit einer ungünstigen Kostenstruktur erkauft. Mit Fixkosten deutlich über 50 % lief das Unternehmen Gefahr, bei ungünstigem Marktverlauf „auf den Fixkosten sitzen zu bleiben“.
> Sein Vorschlag war es jetzt, den Fixkostenaufbau zu stoppen und weitere Kapazitäten fremd zu beschaffen. Vorteil: Fremdbeschaffung sind variable Kosten, die bei Auftragsrückgängen sofort zurückgefahren werden können.

- Berichtswesen: Vor allem in größeren Unternehmen muss die interne Berichterstattung über Kosten, Umsatz usw. organisiert werden. Wer bekommt wann welche Informationen? Das Berichtswesen sollte nicht nur aus Zahlen, sondern auch aus aussagekräftigen Kommentierung bestehen.
- Planung/Budgetierung: Frage ist: Wo wollen wir hin, wie viel darf es kosten? Planung ist der Job des Controllings (s. Kapitel 8.14 Plankostenrechnung).
- Plan-/Ist-Vergleiche, Abweichungsanalysen: Ziel ist es, festzustellen, wo und in welcher Höhe es Abweichungen zu den gewünschten Vorgaben gab. Warum wurde die Personalkostenplanung z.B. um fünf Prozent überschritten? Mehr Personal, Überstunden? Abweichungen sind zu analysieren. Zielfragen: Was ist passiert? Kann das Ziel noch erreicht werden, was ist zu tun? Was ist zu tun, dass zukünftig diese Abweichung nicht mehr passiert? (Details siehe Kapitel 8.14 Plankostenrechnung).
- Hochrechnungen: Von Zeit zu Zeit sollten Hochrechnungen gemacht werden. Wird der Plan eintreffen oder sind wir aus dem Ruder gelaufen? Wo werden wir landen? Welche Auswirkungen werden die Abweichungen im Ergebnis haben? Welche Maßnahmen sind jetzt einzuleiten, um zu bestimmten Ergebnissen zu kommen?
- Szenarien: Nicht nur an die Zukunft denken, sondern einmal konkret die Zukunft durchspielen. Wie entwickelt sich das Unternehmen vor dem Hintergrund zukünftiger Entwicklungen? Z.B. kann sich eine Spedition bei dem Szenario fragen: Was ist, wenn Diesel in fünf Jahren 2,50 EUR kostet? (Details siehe Kapitel 3.4 Planung und Entscheidung).
- Kennzahlen: Wichtige Daten werden in Beziehung gesetzt, z.B. der Gewinn zum eingesetzten Kapital. Oder Anteil der Materialkosten an den Gesamtkosten im Zeitablauf. Aufgabe des Controllings ist es nun, nicht unendlich viele Kennzahlen zu generieren, sondern solche auszuwählen, die für eine effektive Steuerung der Unternehmensbereiche zielführend sind.
- Frühwarnung: Controlling soll mittels seiner Instrumente erkennen, ob dem Unternehmen Gefahren drohen. So kann z.B. eine Krise durch Kennzahlen oder Hochrechnungen erkannt werden.

> **Beispiel: Ein Controller schlägt Alarm**
>
> Ein Controller hatte herausgefunden, dass sich die wirtschaftlichere Situation der Kunden immer mehr verschlechterte. Das bedeutete: Kunden können durch Insolvenz verloren gehen bzw. man selbst läuft Gefahr, in eine Finanzkrise durch nicht zahlende Kunden zu geraten. In der Folge prüfte man bei größeren Aufträgen regelmäßig die Zahlungsfähigkeit seiner Kunden.

- Investitionsrechnungen: Wann lohnt sich eine Investition? (Details siehe Kapitel 7.7 und 7.8 Investitionsplanung und -rechnungen).
- Kostensenkung: Kostensenkung macht das Controlling im Unternehmen oft unpopulär. Kostensenkung sollte immer vor Ort passieren und durch das Controlling unterstützt werden.
- Sonderauswertungen/Analysen: Z.B. Entscheidungen über Outsourcing von Leistungen, Auswertung von Konkurrenzdaten usw.

Wie heißt es so schön: Der Kluge Fischer flickt seine Segel vor dem Sturm. Auf das Controlling bezogen bedeutet dies, dass ein Controlling schon frühzeitig installiert werden sollte, nämlich bevor irgend eine Krise eingetreten ist.

Berichtswesen der Münsterländer Optik GmbH – Ergebniskommentar Mai 2006 –

Ergebnisübersicht kumuliert = aufgelaufener Wert

Plan Monat	Ist Monat		Plan kumuliert	Ist kumuliert	Plan p.a.	HR p.a.
27.000	26.400	Absatz Stück	135.000	116.700	324.000	275.000
561.000	552.100	Leistung	2.805.000	2.441.200	6.732.000	5.915.000
513.500	541.500	Kosten	2.567.500	2.521.500	6.162.000	6.072.500
47.500	**10.600**	**Ergebnis**	**237.500**	**–80.300**	**570.000**	**–157.500**

Absatz/Umsatz/Ergebnis

Im Mai liegen Absatz/Umsatz kumuliert deutlich unter Plan (Absatz – 12 %, Umsatz – 14 %. Die Anfangsverluste am Jahresbeginn konnten nicht mehr aufgeholt werden und auch der Mai liegt wieder unter Plan. Damit ist die Planerreichung nicht mehr realistisch. Diese Entwicklung hat sich voll auf das Ergebnis durchgeschlagen, das nun deutlich negativ geworden ist. Vor diesem Hintergrund wurde eine Hochrechnung bis Jahresende erstellt, die den Trend bestätigt. Durch die Auswirkungen der Ergebnisse auf die Liquidität können nun einige Investitionen nicht realisiert werden.

Grund der Einbrüche: Zum einen ist der Großkunde Schneider AG weggefallen, zum anderen ordern insgesamt die Kunden aufgrund der Markttendenzen sichtlich vorsichtiger als Vorjahr.

Maßnahmen: Im Juni wird ein Projektteam gebildet, das innerhalb von vier Wochen Maßnahmen zur Gegensteuerung erarbeiten soll.

Kosten

Im Mai wurden die Anfang des Jahres verschobenen Werbemaßnahmen nachgeholt. Trotz der Ergebnissituation soll der Planansatz Werbung beibehalten werden. Mit Ausnahme des Materials konnten die Kosten dem niedrigeren Umsatz nicht angepasst werden.

Auslastungssituation

Bedingt durch den Umsatzausfall lediglich 80 % Auslastung (geplant 90 %). Es ist nicht geplant, die die Leerzeiten durch Produktion auf Lager (Risiko!) zu kompensieren.

Maßnahmen 2006. Was ist gut gelaufen, was ist schlecht gelaufen?

Das Projekt zur Ausschussreduzierung ist mit Erfolg abgeschlossen worden. Der Einsparungseffekt beträgt 30.000 EUR. Die neue Logistiksoftware hat die ersten Versuche hinter sich. Bislang alles o.k.

Ausblick Juni

Auch der Juni signalisiert, dass die Umsatzsituation so bleiben wird. Bei den Kosten werden keine Überraschungen erwartet.

6. Juni 2006

Holger Schneider / Leitung Controlling

Beispiel Kommentierung im Rahmen des Berichtswesens

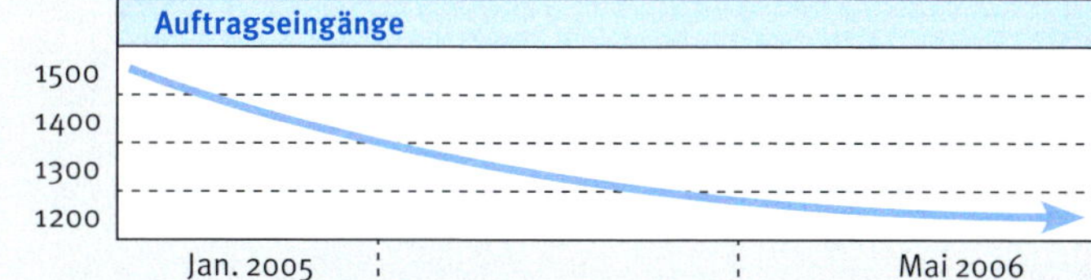

Die Auftragseingänge nehmen ab. Das bedeutet: Weniger Umsatz! **Achtung!**

Kosten in % vom Umsatz	Eigenes Unternehmen	Branchenschnitt
Wareneinsatz	33	26
Personalkosten	26	28
Sonst. Kosten	29	30

Was ist mit dem Wareneinsatz los? **Deutlich höher als die Konkurrenz!**

Liquidität	31.12.2005	30.05.2006
Liquidität I	12,2 %	9,6 %
Liquidität II	45,5 %	38,9 %

Die Liquiditätskennzahlen werden schlechter. **Beobachten!**

Daten aus dem Berichtswesen und gleichzeitig Frühwarnindikatoren

Serviceteil

Anhang I: Betriebswirtschaftliche Kennzahlen

In der Praxis wird gern mit Kennzahlen gearbeitet. Dies sind Messgrößen, die über betriebswirtschaftliche Tatbestände informieren.

- Kennzahlen können einzelne absolute Zahlen sein, Summen, Differenzen, Mittelwerte usw.
- Überwiegend wird aber mit relativen Zahlen (Verhältniszahlen) gearbeitet. Dabei werden zwei oder mehrere Eckdaten verknüpft, um zu aussagekräftigeren Informationen zu gelangen.

Beispiel: Absatzzahl (absolut) und Marktanteil (relativ)

Angenommen, jemand sagt, dass sein Unternehmen 10.000 Stück eines Produktes in einer bestimmen Periode verkauft. Dazu kann man sich fragen: ist dies nun viel oder wenig?
Wenn man jetzt ergänzend weiß, dass in der Branche von dem Produkt pro Periode insgesamt 50.000 Stück abgesetzt werden, kann man eine aussagekräftige Kennzahl bilden: der Marktanteil unseres Unternehmens beträgt 20 %. Diese Aussage ist informativer als die absolute Zahl 10.000 Stück.
Und schon stellen sich dann die nächsten betriebswirtschaftlichen Fragen: sind diese 20 % ausbaubar? Wer verkauft die restlichen 80 %? Warum haben wir „nur“ 20 % Marktanteil? Oder: Hat sich unser Marktanteil gesteigert? usw.

Im Folgenden finden Sie Kennzahlen für die folgenden-Bereiche:

- Finanzen
  - Jahresabschlussanalyse
  - moderne Ergebnisbegriffe
  - Kostenrechnung/Controlling
  - Investitionen
- Marketing und Vertrieb
  - Märkte
  - Kunden
  - Produkte und Preise
- Materialwirtschaft
  - Einkauf
  - Lager
- Personalwirtschaft
  - Mitarbeiterqualität
  - Mitarbeiterproduktivität
  - Personalkosten
- das Umfeld des Unternehmens / allgemeine Wirtschaftsdaten

Finanzen

Jahresabschlussanalyse:

Gewinn/Verlust	Ertrag – Aufwand **= Gewinn/Verlust** bzw. Leistung – Kosten **= Gewinn/Verlust**	**Absolute Zahl** Was ist das Ergebnis unter dem Strich in absoluten Zahlen?
Cashflow	Jahresüberschuss + Abschreibungen – Zuschreibungen + Rückstellungen – Auflösung v. Rückstellungen + Bildung Sonderposten m. Rücklagen-anteil – Auflösung Sonderposten m. Rücklagen-anteil **grundsätzlich:** + alle Aufwendungen, die nicht gleichzeitig Ausgaben sind – Erträge, die zu keinen Einnahmen geführt haben (also +/– allem, was nicht „Cash" ist) = Cashflow	**Absolute Zahl** Der Cashflow ist eine wichtige Kennzahl zur Beurteilung der Ertrags- und Finanzkraft eines Unternehmens. Vereinfacht gesagt, ist der Cashflow der Kassenzufluss (Cash). Dieser Betrag steht z.B. für Investitionen zur Verfügung. Auch Gewinnausschüttungen sollten aus dem Cashflow finanziert werden. Sinkt der Cashflow: Achtung! Der Cashflow hat insbesondere im Kontakt mit Banken einen wichtigen Stellenwert.
Cashflow-Umsatzrendite	$\frac{\text{Cashflow} \cdot 100}{\text{Nettoumsatz oder Gesamtleistung}}$	**Prozentwert** Wie viel „Cash" wurde aus dem Umsatzprozess bzw. aus der Gesamtleistung erwirtschaftet?
Cashflow-Leistungsrate zur Bilanzsumme	$\frac{\text{Cashflow} \cdot 100}{\text{Bilanzsumme (Eigen- + Fremdkapital)}}$	**Prozentwert** Welcher Cashflow wurde aus Eigen- und Fremdkapital erwirtschaftet?
Eigenkapital-(EK-) rentabilität	$\frac{\text{Gewinn} \cdot 100}{\text{Eigenkapital}}$	**Prozentwert** Wird das Eigenkapital richtig eingesetzt, hat es sich gut verzinst?
Gesamtkapital-(GK-) rentabilität	$\frac{(\text{Gewinn} + \text{GK-Zinsen}) \cdot 100}{\text{Gesamtkapital}}$	**Prozentwert** Wird das gesamte Kapital richtig eingesetzt, hat es sich gut verzinst?
Umsatzrentabilität	$\frac{\text{Gewinn} + \text{Fremdkapitalzinsen}) \cdot 100}{\text{Umsatz}}$	**Prozentwert** Verzinsung des Umsatzes: Wie viel Gewinn wirft der Umsatzprozess ab?
Kapitalumschlags-häufigkeit in Tagen	$\frac{360}{\text{Umschlagshäufigkeit}}$ (hier rechnet man das Jahr mit 360 Tagen) Umschlagshäufigkeit = $\frac{\text{Umsatz}}{\text{Gesamtkapital}}$	In Tagen. Je kürzer, desto besser. Frage: Wie häufig schlägt sich das Kapital um, wie produktiv wird es also eingesetzt?

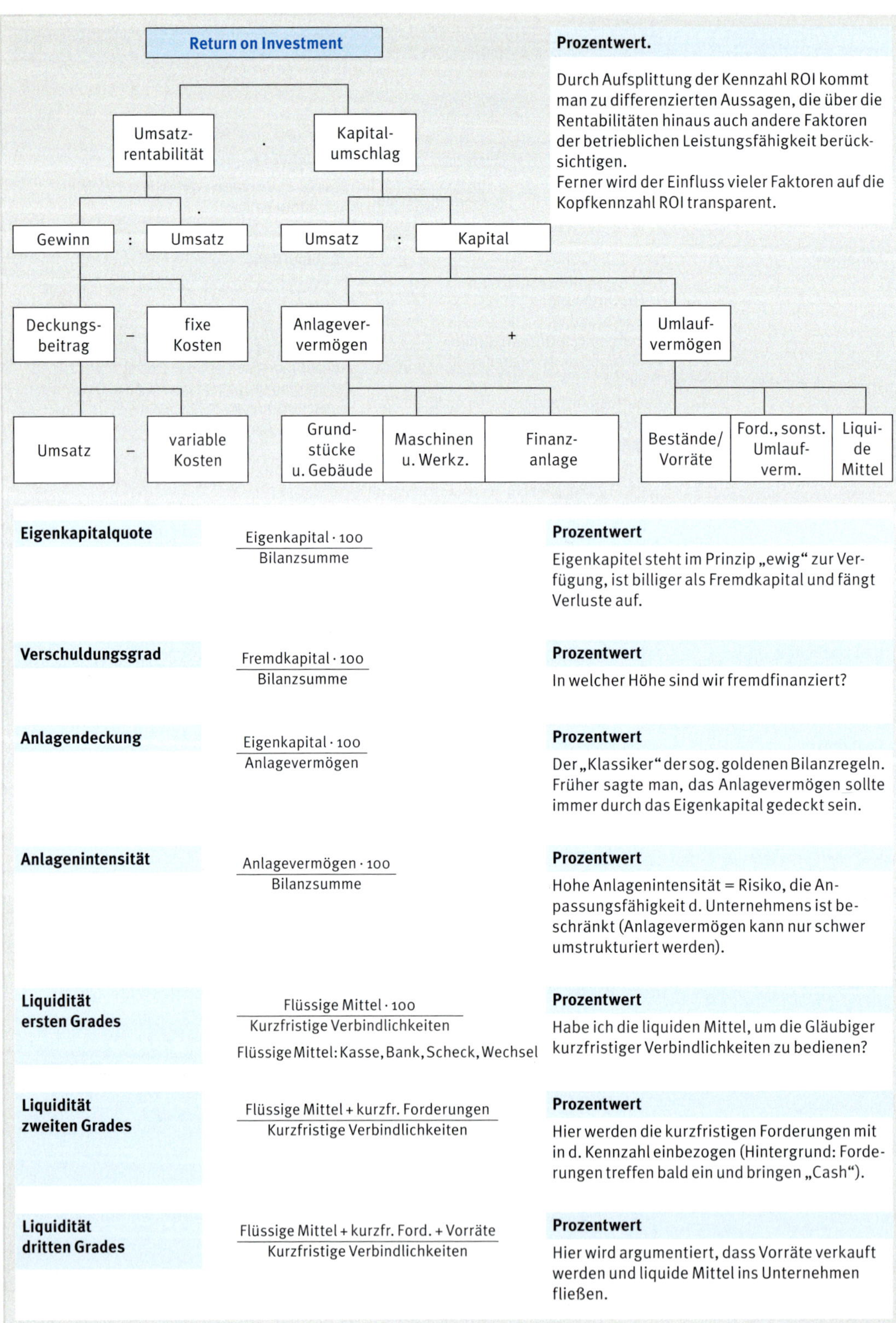

Prozentwert.

Durch Aufsplittung der Kennzahl ROI kommt man zu differenzierten Aussagen, die über die Rentabilitäten hinaus auch andere Faktoren der betrieblichen Leistungsfähigkeit berücksichtigen.
Ferner wird der Einfluss vieler Faktoren auf die Kopfkennzahl ROI transparent.

Kennzahl	Formel	Erläuterung
Eigenkapitalquote	$\frac{\text{Eigenkapital} \cdot 100}{\text{Bilanzsumme}}$	**Prozentwert** Eigenkapitel steht im Prinzip „ewig“ zur Verfügung, ist billiger als Fremdkapital und fängt Verluste auf.
Verschuldungsgrad	$\frac{\text{Fremdkapital} \cdot 100}{\text{Bilanzsumme}}$	**Prozentwert** In welcher Höhe sind wir fremdfinanziert?
Anlagendeckung	$\frac{\text{Eigenkapital} \cdot 100}{\text{Anlagevermögen}}$	**Prozentwert** Der „Klassiker“ der sog. goldenen Bilanzregeln. Früher sagte man, das Anlagevermögen sollte immer durch das Eigenkapital gedeckt sein.
Anlagenintensität	$\frac{\text{Anlagevermögen} \cdot 100}{\text{Bilanzsumme}}$	**Prozentwert** Hohe Anlagenintensität = Risiko, die Anpassungsfähigkeit d. Unternehmens ist beschränkt (Anlagevermögen kann nur schwer umstrukturiert werden).
Liquidität ersten Grades	$\frac{\text{Flüssige Mittel} \cdot 100}{\text{Kurzfristige Verbindlichkeiten}}$ Flüssige Mittel: Kasse, Bank, Scheck, Wechsel	**Prozentwert** Habe ich die liquiden Mittel, um die Gläubiger kurzfristiger Verbindlichkeiten zu bedienen?
Liquidität zweiten Grades	$\frac{\text{Flüssige Mittel} + \text{kurzfr. Forderungen}}{\text{Kurzfristige Verbindlichkeiten}}$	**Prozentwert** Hier werden die kurzfristigen Forderungen mit in d. Kennzahl einbezogen (Hintergrund: Forderungen treffen bald ein und bringen „Cash“).
Liquidität dritten Grades	$\frac{\text{Flüssige Mittel} + \text{kurzfr. Ford.} + \text{Vorräte}}{\text{Kurzfristige Verbindlichkeiten}}$	**Prozentwert** Hier wird argumentiert, dass Vorräte verkauft werden und liquide Mittel ins Unternehmen fließen.

Außenstandsdauer	$\frac{\text{Bestand an Kundenforderungen} \cdot 360}{\text{Umsatz/Jahr}}$	**In Tagen** Wie lange dauert es durchschnittlich, bis Kunden ihre Rechnungen bezahlen?
Schuldtilgungsdauer	$\frac{\text{Fremdkapital} - \text{flüssige Mittel}}{\text{Jahres-Cashflow}}$	**In Jahren** In wie vielen Jahren kann das Unternehmen aus eigener Leistungskraft seine Schulden bezahlen?
Working Capital	Kurzfristiges Umlaufvermögen – kurzfristiges Fremdkapital – Working Capital	**Absolute Zahl** Bei positiven Working Capital wurde ein Teil des Umlaufvermögens langfristig finanziert. Das bringt Sicherheit. Je höher das Working Capital, umso solider die Finanzierung.
	oder als relative Zahl (Working Capital Ratio) $\frac{\text{Working Capital} \cdot 100}{\text{Kurzfristiges Umlaufvermögen}}$	**Prozentwert** Je höher, desto solider die Finanzierung.

Moderne Ergebnisbegriffe:

Anmerkung: In Literatur und Praxis wird hier nicht einheitlich vorgegangen und es gibt innerhalb der Begriffe unterschiedliche Herangehensweisen, Verästelungen und Feinheiten, Zu- und Abrechnungen usw.
So können diese Kennzahlen nur einen Überblick darstellen.

EBIT Earnings Before Interests and Taxes	Betriebsergebnis nach Steuern und Zinsen + Zinsen + Steuern **= EBIT**	**Absolute Zahl in EUR** Das Ergebnis soll aus Vergleichsgründen um Finanzierungs- und Steuereffekte bereinigt ausgewiesen werden.
EBITDA Earnings Before Interest and Tax, Depreciations and Amortization	Betriebsergebnis nach Steuern und Zinsen + Zinsen + Steuern + Abschreibungen **= EBITDA**	**Absolute Zahl in EUR** Zusätzlich zum EBIT (s.o.) wird nun noch um Abschreibungen bereinigt.
Operating Profit	Betriebsergebnis nach Steuern und Zinsen + Steuern **= Operating Profit**	**Absolute Zahl in EUR** Betriebsergebnis um steuerliche Effekte bereinigt.
NOPAT **N**et **O**perating **P**rofit **A**fter **T**axes	Entspricht dem Betriebsergebnis nach Steuern und Zinsen	**Absolute Zahl in EUR** Hier sind Steuern und Zinsen berücksichtigt.
NOPAT_{BI} BI = **B**efore **I**nterests	NOPAT (s.o.) vor Zinsen	**Absolute Zahl in EUR** Hier sind zwar noch Steuern enthalten, aber keine Zinsen mehr.

Übersicht:

	Gewinn- und Verlust-rechnung	Betriebsergeb-nis nach Steuern und nach Zinsen	Betriebser-gebnis vor Steuern und nach Zinsen	EBIT	Opera-ting Profit	NOPAT	NOPATBI	EBITDA
Umsatz	100	100	100	100	100	100	100	100
+ neutrale Erträge	10	0	0	0	0	0	0	0
– Materialkosten	25	25	25	25	25	25	25	25
– Personalkosten	35	35	35	35	35	35	35	35
– Sachkosten	15	15	15	15	15	15	15	15
– Abschreibungen	10	10	10	10	10	10	10	0
– neutrale Aufwendungen	15	0	0	0	0	0	0	0
– Zinsen	5	5	5	0	5	5	0	0
– Steuern	10	10	0	0	0	10	10	0
= Ergebnis	**–5**	**0**	**10**	**15**	**10**	**0**	**5**	**25**

Shareholder Value

Vereinfacht ausgedrückt:
- – Summe der abgezinsten zukünftigen Cashflows der Planungsperioden
- \+ (abgezinster) Fortführungswert
- \+ börsenfähige liquide Mittel
- – Finanzschulden

= Shareholder Value

Absolute Zahl in EUR.

Der Wert des Unternehmens.

Formel:

$$SV = \sum_{t=1}^{n} \frac{FCF_t}{(1+WACC)^t} + \frac{Residualwert}{(1+WACC)^n} + \text{Liquide Mittel} - \text{Finanzschulden}$$

- SV = Shareholder Value
- FCFt stellt den für die einzelnen Perioden prognostizierten Free Cashflow (vor Zinsen) dar.
- Im Residualwert oder Fortführungswert wird der über den expliziten Prognosezeitraum hinaus erzielbare Free Cashflow erfasst.
- WACC ist der sog. Weighted Average Cost of Capital (gewichtete durchschnittliche Kapitalkosten). Dieser wird als Diskontierungsfaktor verwendet. Er bringt die Mindesterwartung der Eigen- und Fremdkapitalgeber zum Ausdruck:

Kostenrechnung/Controlling:

Kosten pro Leistungseinheit

$$\frac{\text{Gesamtkosten}}{\text{Leistungseinheit (z.B. Stück)}}$$

Absolute Zahl in EUR

Was kostet das Stück oder die Servicestunde? Wichtige Kennzahl im Zeitvergleich.

Kosten pro Stunde oder Minute

$$\frac{\text{Summe Kosten}}{\text{Leistungsstunden (oder Minuten, Tage usw.)}}$$

Absolute Zahl in EUR

Was kostet eine Stunde, Minute z.B. in der Produktion? Wichtige Kennzahl im Zeitablauf. (Kostenansatz ohne Kosten, die auf eine Zeiteinheit bezogen sinnlos sind, z.B. Einzelmaterial)

Lohnkosten Stunde oder Minute

$$\frac{\text{Einzellohnkosten}}{\text{Leistungsstunden (oder Minuten, Tage usw.)}}$$

Absolute Zahl in EUR

Fragt danach, was eine Stunde, Minute o.Ä. an direkten Lohnkosten kostet.

Fixe Fertigungskosten pro Stunde oder Minute

$$\frac{\text{Fixe Fertigungskosten}}{\text{Leistungsstunden (oder Minuten, Tage usw.)}}$$

Absolute Zahl in EUR

Wie hoch ist der fixe Kostenanteil pro Stunde?

Kennzahl	Formel	Aussage
Fixkostenanteil (Kostenstruktur)	$\frac{\text{Fixe Kosten} \cdot 100}{\text{Gesamtkosten}}$	**Prozentwert** Wie hoch ist der Anteil der Fixkosten an den Gesamtkosten? Fixkosten sind gefährlich und sinken nicht bei sinkender Leistung.
Fixe Kosten pro Stück	$\frac{\text{Fixe Kosten gesamt}}{\text{Stückzahl (oder Tonnen usw.)}}$	**Absolute Zahl in EUR** Hier wird die sog. Fixkostendegression beleuchtet. Wie entwickeln sich die Fixkosten pro Einheit?
Gewinnschwellenanalyse (Break-Even-Analyse)	$\frac{\text{Fixe Kosten gesamt}}{\text{Deckungsbeitrag}}$ (Preis – variable Kosten)	**Absolute Zahl (Stück)** Ab welcher Stückzahl kommen wir in die Gewinnzone?
Kosten zu Leistung	$\frac{\text{Kosten} \cdot 100}{\text{Gesamtleistung}}$	**Prozentwert** Ziel: Minimierung der Kosten.
Bereichskostenanalyse	$\frac{\text{Kosten eines Bereiches} \cdot 100}{\text{Gesamtleistung}}$ z.B. Produktionsbereich, Verwaltung, Logistik, Materialwirtschaft, Vertrieb usw.	**Prozentwert** Kostenanteil eines Bereiches an der Leistung des Unternehmens.
Kostenartenanalyse	$\frac{\text{Kosten eines Kostenart} \cdot 100}{\text{Gesamtleistung}}$ z.B. Personalkosten, Materialkosten, Abschreibungen, Zinsen usw.	**Prozentwert** Kostenanteil einer Kostenart an der Leistung.
Leerkostenanalyse (z.B. im Anlagen- oder Personalbereich)	$\frac{\text{Genutzte Kapazität} \cdot 100}{\text{Potenzielle Kapazität}}$	**Prozentwert** Wie hoch ist die Kapazitätsnutzung? Auch nicht genutzte Kapazitäten verursachen (Leer-)Kosten.
Produktivität	$\frac{\text{Ist-Leistung} \cdot 100}{\text{Mögliche Leistung}}$	**Prozentwert** Ähnlich der Leerkostenanalyse. Wie hoch ist der sog. Output? Differenz: unproduktive Zeiten, Ausschuss usw., aber auch mangelnde Nachfrage.
Fehlzeiten Personal	$\frac{\text{Fehlzeiten} \cdot 100}{\text{Anwesenheit}}$	**Prozentwert** Zu den Fehlzeiten gehören bezahlte Feiertage, Urlaub, Krankheit und sonstige Fehlzeiten. Fehlzeiten müssen bezahlt werden, sind also Kosten ohne Leistung.
Leistung zu Anwesenheit	$\frac{\text{Leistung} \cdot 100}{\text{Anwesenheit}}$	**Prozentwert** Wie viel Prozent der physischen Anwesenheit der Mitarbeiter ist verwertbare Leistung geworden? Differenz: unproduktive Zeiten, Ausschuss usw. Die Differenz gilt es zu analysieren.

Ausschuss zur Leistung	$\frac{\text{Ausschusszeiten} \cdot 100}{\text{Anwesenheitszeiten}}$ Gleiches gilt bei Nacharbeit	**Prozentwert** Zeigt, zu viel Prozent der Anwesenheit der Mitarbeiter Ausschuss produziert wurde.
Deckungsbeitrag je Leistungseinheit	$\frac{\text{Deckungsbeitragsvolumen}}{\text{Anzahl Leistungseinheiten}}$ (z.B. Stück)	**Absolute Zahl in EUR** Zeigt, welcher Deckungsbeitrag (preisvariable Kosten) mit z.B. einem Stück erwirtschaftet wurde.
Durchlaufzeit	absolut in Tagen · Tage	**Absolute Zahl (Tage)** Zeigt, wie lange ein Produkt bis zur Fertigstellung in der Produktion benötigt. Ziel: So kurze Durchlaufzeiten wie möglich.
Investitionen:		
Investitionsquote (z.B. des Sachanlagevermögens)	$\frac{\text{Investitionen des Sachanlagevermögens} \cdot 100}{\text{Summe Sachanlagevermögen am Jahresanfang}}$	**Prozentwert** Wie stark sind die Investitionstätigkeiten im Unternehmen?
Investitionsquote (hier bezogen auf den Umsatz)	$\frac{\text{Investitionen des Sachanlagevermögens} \cdot 100}{\text{Umsatz}}$	**Prozentwert** Investitionen werden (auch) durch den Umsatz finanziert.
Investitionsstruktur Bereiche:	$\frac{\text{Investitionsart} \cdot 100}{\text{Gesamtinvestitionen}}$ Investitionsarten: • Erst- oder Neuinvestition • Ersatzinvestition • Rationalisierungsinvestition • Erweiterungsinvestition • Investition aufgrund behördlicher Auflagen	**Prozentwert** Wo sind die Investitionen hingeflossen? Wurde rationalisiert? Wurde erweitert?
Marketing und Vertrieb		
Märkte:		
Umsatzwachstum	$100 - \frac{\text{Umsatzwachstum absolut} \cdot 100}{\text{Aktueller Umsatz}}$	**Prozentwert** Wächst das Unternehmen?
Marktanteil	$\frac{\text{Umsatz} \cdot 100}{\text{Umsatzvolumen Gesamtmarkt}}$	**Prozentwert** Wie stark stehen wir im Markt?
Marktsättigungsgrad	$\frac{\text{Angebotsvolumen} \cdot 100}{\text{Marktpotenzial}}$	**Prozentwert** Ist der Markt noch aufnahmefähig?
Produkterfolgsrate	$\frac{\text{Anzahl erfolgreicher Produkte} \cdot 100}{\text{Gesamtzahl neuer Produkte}}$	**Prozentwert** Sind die neuen Produkte erfolgreich?

Prozentwert	$\frac{\text{Umsatz} \cdot 100}{\text{Anzahl Aufträge}}$	**Absolute Zahl in EUR** Wie groß sind im Durchschnitt d. Auftragsgrößen?
Auftragsreichweite	$\frac{\text{Auftragsbestand in EUR} \cdot 360}{\text{Umsatz der letzten 12 Monate}}$ Z.B. jeweils pro Monat	**Tage** Auslastungskennzahl. Wenn (theoretisch) keine Aufträge nachkommen, ist man noch für x Tage ausgelastet.
Auftragseingang	x Aufträge oder Stück	**Absolute Zahl**
Auftragsbestand	x Aufträge oder Stück	**Absolute Zahl**
Kunden:		
Umsatz pro Kunde	$\frac{\text{Umsatz gesamt}}{\text{Anzahl Kunden}}$	**Absolute Zahl in EUR** Entwicklung im Zeitvergleich?
Deckungsbeitrag pro Kunde	$\frac{\text{Deckungsbeitragsvolumen}}{\text{Anzahl Kunden}}$	**Absolute Zahl in EUR** Was wird pro Kunde verdient?
Anzahl Wiederholungskäufe	$\frac{\text{Anzahl Wiederholungskäufe} \cdot 100}{\text{Anzahl Gesamtverkäufe}}$	**Prozentwert** Kommen die Kunden wieder?
Neukundenanteil	$\frac{\text{Neukunden} \cdot 100}{\text{Kunden gesamt}}$	**Prozentwert** Ist die Neukundenwerbung erfolgreich?
Rücklaufquote	$\frac{\text{Rücklauf Werbeaktion} \cdot 100}{\text{Anzahl von Werbekontakten}}$	**Prozentwert** Wie erfolgreich war die Werbeaktion?
Kauferfolg	$\frac{\text{Zahl der Bestellungen} \cdot 100}{\text{Anzahl Werbekontakte}}$	**Prozentwert** Wurde nach der Werbeaktion gut verkauft?
Angebotserfolgsrate	$\frac{\text{Anzahl erfolgreicher Angebote} \cdot 100}{\text{Gesamtzahl Angebote}}$	**Prozentwert** Sind unsere Angebote erfolgreich?
Besuchsproduktivität	$\frac{\text{Umsatz des Kunden}}{\text{Anzahl Vertreterbesuche}}$	**Absolute Zahl in EUR** Wie erfolgreich ist der Außendienst?
Rückstände	x Aufträge oder Stück	**Absolute Zahl**
Reklamationsquote	$\frac{\text{Anzahl Reklamationen} \cdot 100}{\text{Anzahl Verkäufe}}$	**Prozentwert** Wie zufrieden sind die Kunden?

Produkte und Preise:

Kennzahl	Formel	Aussage
Umsatz pro Mitarbeiter	$\frac{\text{Umsatz gesamt}}{\text{Anzahl Mitarbeiter}}$	**Absolute Zahl in EUR** Der Klassiker! Interessant im Zeitvergleich.
Deckungsbeitrag pro Mitarbeiter	$\frac{\text{Deckungsbeitragsvolumen}}{\text{Anzahl Mitarbeiter}}$	**Absolute Zahl in EUR** Ähnlich der obigen Zahl, nur auf anderer Basis.
Deckungsbeitrag pro Leistungseinheit	$\frac{\text{Deckungsbeitragsvolumen}}{\text{Anzahl Leistungseinheiten}}$	**Absolute Zahl in EUR** Was wird z.B. an einem Stück verdient?
Durchschnitts-preise	$\frac{\text{Umsatz}}{\text{Anzahl verkaufte Stück}}$	**Absolute Zahl in EUR** Achtung wenn der Durchschnittspreis sinkt!
Rabattquote	$\frac{\text{Gegebene Rabatte} \cdot 100}{\text{Bruttoumsatz}}$	**Prozentwert** Wie viel Preisnachlass geben wir?
Flächenertrag	$\frac{\text{Nettoertrag einer Periode}}{\text{Quadratmeter Verkaufsfläche}}$ Diese Kennzahl kann man mit z.B. Umsatz, Deckungsbeitrag, Gewinn usw. erstellen.	**Absolute Zahl in EUR** Interessant im Handel.

Materialwirtschaft

Einkauf:

Kennzahl	Formel	Aussage
Materialanteil	$\frac{\text{Materialaufwand} \cdot 100}{\text{Gesamtleistung}}$	**Prozentwert** Wie ändert sich der Materialanteil im Zeitablauf?
Materialausschuss	$\frac{\text{Materialausschuss} \cdot 100}{\text{Materialaufwand}}$	**Prozentwert** Wie hoch ist unser Ausschuss?
Kosten Lieferanten-kredit	$\frac{\text{Skontosatz in \%} \cdot 360}{\text{Zahlungsziel - Skontofrist}}$	**Prozentwert** Wie teuer ist der Lieferantenkredit (indem Skonto nicht ausgenutzt wird)?
Skontonutzung	$\frac{\text{Ist-Lieferantenskonti} \cdot 100}{\text{Mögliche Lieferantenskonti}}$	**Prozentwert** Nutzen wir eingeräumte Skonti?

Lager:

Kennzahl	Formel	Aussage
Lagerbestand	Bestand mengenmäßig Bestand wertmäßig (Menge · Preis)	**Absolute Zahl** Steigen die Bestände? Warum?
Umschlags-häufigkeit	$\frac{\text{Lagerabgang p.a.}}{\text{Durchschnittlicher Lagerbestand}}$	**Absolute Zahl** Dreht sich das Lager?

Lagerdauer/ Lagerreichweite	$\frac{360}{\text{Umschlagshäufigkeit (s.o.)}}$	**In Tagen** Wie lange bleibt etwas durchschnittlich auf Lager?
Lagerkostensatz	$\frac{\text{Lagerkosten} \cdot 100}{\text{Lagerbestand in EUR}}$	**Prozentwert** Entwicklung im Zeitablauf?
Sortimentsbreite	$\frac{\text{Absatz gesamt}}{\text{Anzahl Produkte}}$	**Absolute Zahl (Stück)** Große Sortimente sind teuer. Zeitliche Entwicklung?
Personalbereich		
Mitarbeiterqualität:		
Anteil qualifizierter Mitarbeiter	$\frac{\text{Anzahl Akademiker, Ingenieure, Facharbeiter usw. (je nach Sichtweise)} \cdot 100}{\text{Gesamtzahl der Mitarbeiter}}$	**Prozentwert** Sind die richtigen Qualifikationen für die Zukunft an Bord?
Entwicklung Weiterbildung	x Maßnahmen oder	**Absolute Zahl** Was wird für die Weiterbildung getan?
	$\frac{\text{Anzahl Weiterbildungsmaßnahmen}}{\text{Anzahl Mitarbeiter}}$	**Absolute Zahl** Wie viel Weiterbildung pro Mitarbeiter?
Kosten der Weiterbildung	$\frac{\text{Kosten Weiterbildungsmaßnahmen} \cdot 100}{\text{Gesamtkosten des Unternehmens}}$	**Prozentwert** Was wird für die Weiterbildung getan?
Ergebnis Weiterbildung	$\frac{\text{Anzahl konkreter Umsetzungen} \cdot 100}{\text{Anzahl Weiterbildungsmaßnahmen}}$	**Prozentwert** Lediglich „Bildungstourismus" oder bringt die
Verbesserungs-vorschläge	x Vorschläge oder	**Absolute Zahl** Kommen Anregungen von Seiten der Mitarbeiter?
	$\frac{\text{Anzahl Verbesserungsvorschläge}}{\text{Anzahl Mitarbeiter}}$	**Absolute Zahl** Wie viel Verbesserungsvorschläge pro Mitarbeiter?
Fluktuation	$\frac{\text{Anzahl Kündigungen} \cdot 100}{\text{Gesamtzahl Mitarbeiter}}$	**Prozentwert** „Warum gehen die Leute?"
Mitarbeiterproduktivität:		
Umsatz pro Mitarbeiter	$\frac{\text{Umsatz gesamt}}{\text{Anzahl Mitarbeiter}}$	**Absolute Zahl in EUR** Der Klassiker! Interessant im Zeitvergleich.

Kennzahl	Formel	Bedeutung
Deckungsbeitrag pro Mitarbeiter	$\frac{\text{Deckungsbeitragsvolumen}}{\text{Anzahl Mitarbeiter}}$	**Absolute Zahl in EUR** Was wird pro Mitarbeiter verdient?
Cashflow pro Mitarbeiter	$\frac{\text{Cashflow}}{\text{Anzahl Mitarbeiter}}$	**Absolute Zahl in EUR** Wie hoch ist Kassenzufluss pro Mitarbeiter?
Leistung zu Anwesenheit	$\frac{\text{Leistung} \cdot 100}{\text{Anwesenheit}}$	**Prozentwert** Wie viel Prozent der physischen Anwesenheit der Mitarbeiter ist verwertbare Leistung geworden? Differenz: unproduktive Zeiten, Ausschuss usw. Die Differenz gilt es zu analysieren.
Krankenstand	$\frac{\text{Anzahl Krankheitsstunden} \cdot 100}{\text{Anwesenheitsstunden}}$ kann auch auf Tagesbasis gerechnet werden	**Prozentwertv** Wie häufig fallen Mitarbeiter aus?
Personalkosten:		
Kosten des Personalwesens	$\frac{\text{Kosten des Personalwesens} \cdot 100}{\text{Gesamtkosten des Unternehmens}}$	**Prozentwert** Was kostet die Betreuung des Personals?
Personalkostenentwicklung	$\frac{\text{Personalkosten} \cdot 100}{\text{Gesamtleistung}}$	**Prozentwert** Anteil der Personalkosten an der Leistung. Wichtig: Zeitvergleich.
Personalkosten pro Mitarbeiter	$\frac{\text{Personalkosten}}{\text{Anzahl Beschäftigte}}$	Absolute Zahl. Durchschnittliche Personalkosten. Wichtig: Zeitvergleich.
Lohnnebenkostenquote	$\frac{\text{Lohnnebenkosten} \cdot 100}{\text{Personalkosten gesamt}}$	**Prozentwert** Wichtiger Kostenblock.
Überstundenentwicklung	$\frac{\text{Anzahl Überstunden} \cdot 100}{\text{Gesamtanwesenheitsstunden}}$	**Prozentwert** Wie entwickeln sich die Überstunden?
	$\frac{\text{Überstundenkosten} \cdot 100}{\text{Personalkosten des Unternehmens}}$	**Prozentwert** Wie entwickeln sich die Überstundenkosten?
Das Umfeld des Unternehmens/allgemeine Wirtschaftsdaten:		
Wirtschaftswachstum	$\frac{\text{Bruttosozialprodukt aktuelles Jahr} \cdot 100}{\text{Bruttosozialprodukt Vorjahr}}$	**Prozentwert** Indikator für die „Stimmung“ in der Wirtschaft.
Entwicklung DAX	$\frac{\text{Aktueller DAX} \cdot 100}{\text{DAX der Vergleichsperiode}}$	**Prozentwert** Börsenentwicklung der 30 größten deutschen Unternehmen.

Inflationsrate	Preisindex aktuelles Jahr – Preisindex Vorjahr	**Prozentwert** Der Preisindex wird ebenfalls in Prozent ausgedrückt. Maßstab für die Teuerung im Land.
Wechselkursentwicklung	$\frac{\text{Aktueller Wechselkurs} \cdot 100}{\text{Wechselkurs Vergleichszeitraum}}$	**Prozentwert** Welchen Einfluss hat der Wechselkurs für uns?
Wirtschaftliche Situation der Kunden	$\frac{\text{Anzahl der Unternehmensinsolvenzen der Branche} \cdot 100}{\text{Anzahl der Unternehmen einer Branche}}$	**Prozentwert** Indikator für die Wirtschaftskraft einer Branche.

Anhang II: Finanzmathematische Tabellen

Im Folgenden finden Sie drei Tabellen und wir beschreiben kurz, wie man damit arbeiten kann:

Tabelle mit Endwerten (Aufzinsungsfaktoren)

Hier geht es um die Frage, wie hoch ein Endkapital nach einer gewissen Zeit und bei einem bestimmten Zinssatz ist. Das ist die klassische Zinseszinsrechnung, die sich natürlich auch mit Taschenrechner oder PC bewältigen lässt. In der Praxis werden noch immer Tabellen dafür genutzt, weil es einfach und bequem ist sowie rasch geht.

Beispiel

Sie haben 50.000 EUR zur Verfügung.

Alternative 1: Sie legen das Geld für 12 Jahre mit einem Zinssatz von 7,5 % an.

Alternative 2: Sie legen es für nur 8 Jahre mit allerdings 9,5 % an.

Welche Alternative ist günstiger?

Rechnung Alternative 1: Gehen Sie in die Tabelle Endwerte in die Spalte 12 Jahre und 7,5 %. Dort finden Sie den Aufzinsungsfaktor 2,381780 und multiplizieren damit die 50.000 EUR. Ergebnis: 119.089 EUR.

Rechnung Alternative 2: Multiplizieren Sie die 50.000 EUR mit 2,066869 lt. Tabelle. Ergebnis: 103.344 EUR.

Die Alternative A ist die günstigere Anlagealternative.

Tabelle mit Barwerten (Abzinsungsfaktoren)

Beispiel

In 8 Jahren soll ein Kapital von 50.000 EUR zur Verfügung stehen. Wie viel müssen Sie heute einzahlen, wenn sich das Startkapital mit 7 % verzinst?

Rechnung: Gehen Sie in die Tabelle Barwerte und dort in die Spalte 8 Jahre und 7%. Dort finden Sie den Abzinsungsfaktor 0,582009 und multiplizieren damit die 50.000 EUR. Ergebnis: 29.100 EUR.

Das heißt, wenn Sie heute 29.100 EUR zu einem Zinsatz von 7% anlegen, stehen Ihnen in 8 Jahren die gewünschten 50.000 EUR zur Verfügung.

Rententabellen

Hier wird gefragt, wie hoch der Gegenwartswert von z.B. jährlichen Einnahmenüberschüssen ist.

Beispiel

Sie haben durch eine Investition einen jährlichen Einnahmenüberschuss von 50.000 EUR und dies für die nächsten 6 Jahre. Anstatt zu investieren, könnten Sie 8% Rendite bei einer alternativen Anlage erzielen.

Nun bedienen Sie sich der Rententabelle und ermitteln mit deren Hilfe den Gegenwartswert der alternativen Anlagemöglichkeit:
Jährlicher Einnahmenüberschuss x Tabellenfaktor bei 8 % und 6 Jahren:
= 50.000 EUR x 4,622880
= 231.144 EUR

Je nachdem ob Ihr Investitionsbetrag niedriger oder höher als dieser Gegenwartswert liegt, ist die Investition lukrativer oder nicht.

Tabelle: **Endwerte (Aufzinsungsfaktoren)**
Zinseszinsrechnung
Beispiel: Ein Anfangskapital von 1 EUR erreicht bei einem Zinssatz von x % und einer Laufzeit von x Jahren einen Endwert von x EUR

Laufzeit in Jahren	Endwert in Euro bei einem Zinssatz von %											
	2,5	3,0	3,5	4,0	4,5	5,0	5,5	6,0	6,5	7,0	7,5	8,0
1	1,025000	1,030000	1,035000	1,040000	1,045000	1,050000	1,055000	1,060000	1,065000	1,070000	1,075000	1,080000
2	1,050625	1,060900	1,071225	1,081600	1,092025	1,102500	1,113025	1,123600	1,134225	1,144900	1,155625	1,166400
3	1,076891	1,092727	1,108718	1,124864	1,141166	1,157625	1,174241	1,191016	1,207950	1,225043	1,242297	1,259712
4	1,103813	1,125509	1,147523	1,169859	1,192519	1,215506	1,238825	1,262477	1,286466	1,310796	1,335469	1,360489
5	1,131408	1,159274	1,187686	1,216653	1,246182	1,276282	1,306960	1,338226	1,370087	1,402552	1,435629	1,469328
6	1,159693	1,194052	1,229255	1,265319	1,302260	1,340096	1,378843	1,418519	1,459142	1,500730	1,543302	1,586874
7	1,188686	1,229874	1,272279	1,315932	1,360862	1,407100	1,454679	1,503630	1,553987	1,605781	1,659049	1,713824
8	1,218403	1,266770	1,316809	1,368569	1,422101	1,477455	1,534687	1,593848	1,654996	1,718186	1,783478	1,850930
9	1,248863	1,304773	1,362897	1,423312	1,486095	1,551328	1,619094	1,689479	1,762570	1,838459	1,917239	1,999005
10	1,280085	1,343916	1,410599	1,480244	1,552969	1,628895	1,708144	1,790848	1,877137	1,967151	2,061032	2,158925
11	1,312087	1,384234	1,459970	1,539454	1,622853	1,710339	1,802092	1,898299	1,999151	2,104852	2,215609	2,331639
12	1,344889	1,425761	1,511069	1,601032	1,695881	1,795856	1,901207	2,012196	2,129096	2,252192	2,381780	2,518170
13	1,378511	1,468534	1,563956	1,665074	1,772196	1,885649	2,005774	2,132928	2,267487	2,409845	2,560413	2,719624
14	1,412974	1,512590	1,618695	1,731676	1,851945	1,979932	2,116091	2,260904	2,414874	2,578534	2,752444	2,937194
15	1,448298	1,557967	1,675349	1,800944	1,935282	2,078928	2,232476	2,396558	2,571841	2,759032	2,958877	3,172169
16	1,484506	1,604706	1,733986	1,872981	2,022370	2,182875	2,355263	2,540352	2,739011	2,952164	3,180793	3,425943
17	1,521618	1,652848	1,794676	1,947900	2,113377	2,292018	2,484802	2,692773	2,917046	3,158815	3,419353	3,700018
18	1,559659	1,702433	1,857489	2,025817	2,208479	2,406619	2,621466	2,854339	3,106654	3,379932	3,675804	3,996019
19	1,598650	1,753506	1,922501	2,106849	2,307860	2,526950	2,765647	3,025600	3,308587	3,616528	3,951489	4,315701
20	1,638616	1,806111	1,989789	2,191123	2,411714	2,653298	2,917757	3,207135	3,523645	3,869684	4,247851	4,660957
21	1,679582	1,860295	2,059431	2,278768	2,520241	2,785963	3,078234	3,399564	3,752682	4,140562	4,566440	5,033834
22	1,721571	1,916103	2,131512	2,369919	2,633652	2,925261	3,247537	3,603537	3,996606	4,430402	4,908923	5,436540
23	1,764611	1,973587	2,206114	2,464716	2,752166	3,071524	3,426152	3,819750	4,256386	4,740530	5,277092	5,871464
24	1,808726	2,032794	2,283328	2,563304	2,876014	3,225100	3,614590	4,048935	4,533051	5,072367	5,672874	6,341181
25	1,853944	2,093778	2,363245	2,665836	3,005434	3,386355	3,813392	4,291871	4,827699	5,427433	6,098340	6,848475
26	1,900293	2,156591	2,445959	2,772470	3,140679	3,555673	4,023129	4,549383	5,141500	5,807353	6,555715	7,396353
27	1,947800	2,221289	2,531567	2,883369	3,282010	3,733456	4,244401	4,822346	5,475697	6,213868	7,047394	7,988061
28	1,996495	2,287928	2,620172	2,998703	3,429700	3,920129	4,477843	5,111687	5,831617	6,648838	7,575948	8,627106
29	2,046407	2,356566	2,711878	3,118651	3,584036	4,116136	4,724124	5,418388	6,210672	7,114257	8,144144	9,317275
30	2,097568	2,427262	2,806794	3,243398	3,745318	4,321942	4,983951	5,743491	6,614366	7,612255	8,754955	10,062657

Tabelle: **Endwerte (Aufzinsungsfaktoren)**
Zinseszinsrechnung
Beispiel: Ein Anfangskapital von 1 EUR erreicht bei einem Zinssatz von x % und einer Laufzeit von x Jahren einen Endwert von x EUR

Laufzeit in Jahren	Endwert in Euro bei einem Zinssatz von %											
	8,5	9,0	9,5	10,0	10,5	11,0	11,5	12,0	12,5	13,0	13,5	14,0
1	1,085000	1,090000	1,095000	1,100000	1,105000	1,110000	1,115000	1,120000	1,125000	1,130000	1,135000	1,140000
2	1,177225	1,188100	1,199025	1,210000	1,221025	1,232100	1,243225	1,254400	1,265625	1,276900	1,288225	1,299600
3	1,277289	1,295029	1,312932	1,331000	1,349233	1,367631	1,386196	1,404928	1,423828	1,442897	1,462135	1,481544
4	1,385859	1,411582	1,437661	1,464100	1,490902	1,518070	1,545608	1,573519	1,601807	1,630474	1,659524	1,688960
5	1,503657	1,538624	1,574239	1,610510	1,647447	1,685058	1,723353	1,762342	1,802032	1,842435	1,883559	1,925415
6	1,631468	1,677100	1,723791	1,771561	1,820429	1,870415	1,921539	1,973823	2,027287	2,081952	2,137840	2,194973
7	1,770142	1,828039	1,887552	1,948717	2,011574	2,076160	2,142516	2,210681	2,280697	2,352605	2,426448	2,502269
8	1,920604	1,992563	2,066869	2,143589	2,222789	2,304538	2,388905	2,475963	2,565785	2,658444	2,754019	2,852586
9	2,083856	2,171893	2,263222	2,357948	2,456182	2,558037	2,663629	2,773079	2,886508	3,004042	3,125811	3,251949
10	2,260983	2,367364	2,478228	2,593742	2,714081	2,839421	2,969947	3,105848	3,247321	3,394567	3,547796	3,707221
11	2,453167	2,580426	2,713659	2,853117	2,999059	3,151757	3,311491	3,478550	3,653236	3,835861	4,026748	4,226232
12	2,661686	2,812665	2,971457	3,138428	3,313961	3,498451	3,692312	3,895976	4,109891	4,334523	4,570359	4,817905
13	2,887930	3,065805	3,253745	3,452271	3,661926	3,883280	4,116928	4,363493	4,623627	4,898011	5,187358	5,492411
14	3,133404	3,341727	3,562851	3,797498	4,046429	4,310441	4,590375	4,887112	5,201580	5,534753	5,887651	6,261349
15	3,399743	3,642482	3,901322	4,177248	4,471304	4,784589	5,118268	5,473566	5,851778	6,254270	6,682484	7,137938
16	3,688721	3,970306	4,271948	4,594973	4,940791	5,310894	5,706869	6,130394	6,583250	7,067326	7,584619	8,137249
17	4,002262	4,327633	4,677783	5,054470	5,459574	5,895093	6,363159	6,866041	7,406156	7,986078	8,608543	9,276464
18	4,342455	4,717120	5,122172	5,559917	6,032829	6,543553	7,094922	7,689966	8,331926	9,024268	9,770696	10,575169
19	4,711563	5,141661	5,608778	6,115909	6,666276	7,263344	7,910838	8,612762	9,373417	10,197423	11,089740	12,055693
20	5,112046	5,604411	6,141612	6,727500	7,366235	8,062312	8,820584	9,646293	10,545094	11,523088	12,586855	13,743490
21	5,546570	6,108808	6,725065	7,400250	8,139690	8,949166	9,834951	10,803848	11,863231	13,021089	14,286080	15,667578
22	6,018028	6,658600	7,363946	8,140275	8,994357	9,933574	10,965971	12,100310	13,346134	14,713831	16,214701	17,861039
23	6,529561	7,257874	8,063521	8,954302	9,938764	11,026267	12,227057	13,552347	15,014401	16,626629	18,403686	20,361585
24	7,084574	7,911083	8,829556	9,849733	10,982335	12,239157	13,633169	15,178629	16,891201	18,788091	20,888184	23,212207
25	7,686762	8,623081	9,668364	10,834706	12,135480	13,585464	15,200983	17,000064	19,002602	21,230542	23,708088	26,461916
26	8,340137	9,399158	10,586858	11,918177	13,409705	15,079865	16,949096	19,040072	21,377927	23,990513	26,908680	30,166584
27	9,049049	10,245082	11,592610	13,109994	14,817724	16,738650	18,898243	21,324881	24,050168	27,109279	30,541352	34,389906
28	9,818218	11,167140	12,693908	14,420994	16,373585	18,579901	21,071540	23,883866	27,056438	30,633486	34,664435	39,204493
29	10,652766	12,172182	13,899829	15,863093	18,092812	20,623691	23,494768	26,749930	30,438493	34,615839	39,344133	44,693122
30	11,558252	13,267678	15,220313	17,449402	19,992557	22,892297	26,196666	29,959922	34,243305	39,115898	44,655591	50,950159

Tabelle: **Barwerte (Abzinsungsfaktoren)**

Beispiel: Eine nach x Jahren fällige Forderung von 1 EUR hat bei einem Zinssatz von x % einen Barwert von x EUR

Laufzeit in Jahren	Barwert in Euro bei einem Zinssatz von %											
	2,5	3,0	3,5	4,0	4,5	5,0	5,5	6,0	6,5	7,0	7,5	8,0
1	0,975610	0,970874	0,966184	0,961538	0,956938	0,952381	0,947867	0,943396	0,938967	0,934579	0,930233	0,925926
2	0,951814	0,942596	0,933511	0,924556	0,915730	0,907029	0,898452	0,889996	0,881659	0,873439	0,865333	0,857339
3	0,928599	0,915142	0,901943	0,888996	0,876297	0,863838	0,851614	0,839619	0,827849	0,816298	0,804961	0,793832
4	0,905951	0,888487	0,871442	0,854804	0,838561	0,822702	0,807217	0,792094	0,777323	0,762895	0,748801	0,735030
5	0,883854	0,862609	0,841973	0,821927	0,802451	0,783526	0,765134	0,747258	0,729881	0,712986	0,696559	0,680583
6	0,862297	0,837484	0,813501	0,790315	0,767896	0,746215	0,725246	0,704961	0,685334	0,666342	0,647962	0,630170
7	0,841265	0,813092	0,785991	0,759918	0,734828	0,710681	0,687437	0,665057	0,643506	0,622750	0,602755	0,583490
8	0,820747	0,789409	0,759412	0,730690	0,703185	0,676839	0,651599	0,627412	0,604231	0,582009	0,560702	0,540269
9	0,800728	0,766417	0,733731	0,702587	0,672904	0,644609	0,617629	0,591898	0,567353	0,543934	0,521583	0,500249
10	0,781198	0,744094	0,708919	0,675564	0,643928	0,613913	0,585431	0,558395	0,532726	0,508349	0,485194	0,463193
11	0,762145	0,722421	0,684946	0,649581	0,616199	0,584679	0,554911	0,526788	0,500212	0,475093	0,451343	0,428883
12	0,743556	0,701380	0,661783	0,624597	0,589664	0,556837	0,525982	0,496969	0,469683	0,444012	0,419854	0,397114
13	0,725420	0,680951	0,639404	0,600574	0,564272	0,530321	0,498561	0,468839	0,441017	0,414964	0,390562	0,367698
14	0,707727	0,661118	0,617782	0,577475	0,539973	0,505068	0,472569	0,442301	0,414100	0,387817	0,363313	0,340461
15	0,690466	0,641862	0,596891	0,555265	0,516720	0,481017	0,447933	0,417265	0,388827	0,362446	0,337966	0,315242
16	0,673625	0,623167	0,576706	0,533908	0,494469	0,458112	0,424581	0,393646	0,365095	0,338735	0,314387	0,291890
17	0,657195	0,605016	0,557204	0,513373	0,473176	0,436297	0,402447	0,371364	0,342813	0,316574	0,292453	0,270269
18	0,641166	0,587395	0,538361	0,493628	0,452800	0,415521	0,381466	0,350344	0,321890	0,295864	0,272049	0,250249
19	0,625528	0,570286	0,520156	0,474642	0,433302	0,395734	0,361579	0,330513	0,302244	0,276508	0,253069	0,231712
20	0,610271	0,553676	0,502566	0,456387	0,414643	0,376889	0,342729	0,311805	0,283797	0,258419	0,235413	0,214548
21	0,595386	0,537549	0,485571	0,438834	0,396787	0,358942	0,324862	0,294155	0,266476	0,241513	0,218989	0,198656
22	0,580865	0,521893	0,469151	0,421955	0,379701	0,341850	0,307926	0,277505	0,250212	0,225713	0,203711	0,183941
23	0,566697	0,506692	0,453286	0,405726	0,363350	0,325571	0,291873	0,261797	0,234941	0,210947	0,189498	0,170315
24	0,552875	0,491934	0,437957	0,390121	0,347703	0,310068	0,276657	0,246979	0,220602	0,197147	0,176277	0,157699
25	0,539391	0,477606	0,423147	0,375117	0,332731	0,295303	0,262234	0,232999	0,207138	0,184249	0,163979	0,146018
26	0,526235	0,463695	0,408838	0,360689	0,318402	0,281241	0,248563	0,219810	0,194496	0,172195	0,152539	0,135202
27	0,513400	0,450189	0,395012	0,346817	0,304691	0,267848	0,235605	0,207368	0,182625	0,160930	0,141896	0,125187
28	0,500878	0,437077	0,381654	0,333477	0,291571	0,255094	0,223322	0,195630	0,171479	0,150402	0,131997	0,115914
29	0,488661	0,424346	0,368748	0,320651	0,279015	0,242946	0,211679	0,184557	0,161013	0,140563	0,122788	0,107328
30	0,476743	0,411987	0,356278	0,308319	0,267000	0,231377	0,200644	0,174110	0,151186	0,131367	0,114221	0,099377

Tabelle: **Barwerte (Abzinsungsfaktoren)**

Beispiel: Eine nach x Jahren fällige Forderung von 1 EUR hat bei einem Zinssatz von x % einen Barwert von x EUR

Laufzeit in Jahren	Barwert in Euro bei einem Zinssatz von %											
	8,5	9,0	9,5	10,0	10,5	11,0	11,5	12,0	12,5	13,0	13,5	14,0
1	0,921659	0,917431	0,913242	0,909091	0,904977	0,900901	0,896861	0,892857	0,888889	0,884956	0,881057	0,877193
2	0,849455	0,841680	0,834011	0,826446	0,818984	0,811622	0,804360	0,797194	0,790123	0,783147	0,776262	0,769468
3	0,782908	0,772183	0,761654	0,751315	0,741162	0,731191	0,721399	0,711780	0,702332	0,693050	0,683931	0,674972
4	0,721574	0,708425	0,695574	0,683013	0,670735	0,658731	0,646994	0,635518	0,624295	0,613319	0,602583	0,592080
5	0,665045	0,649931	0,635228	0,620921	0,607000	0,593451	0,580264	0,567427	0,554929	0,542760	0,530910	0,519369
6	0,612945	0,596267	0,580117	0,564474	0,549321	0,534641	0,520416	0,506631	0,493270	0,480319	0,467762	0,455587
7	0,564926	0,547034	0,529787	0,513158	0,497123	0,481658	0,466741	0,452349	0,438462	0,425061	0,412125	0,399637
8	0,520669	0,501866	0,483824	0,466507	0,449885	0,433926	0,418602	0,403883	0,389744	0,376160	0,363106	0,350559
9	0,479880	0,460428	0,441848	0,424098	0,407136	0,390925	0,375428	0,360610	0,346439	0,332885	0,319917	0,307508
10	0,442285	0,422411	0,403514	0,385543	0,368449	0,352184	0,336706	0,321973	0,307946	0,294588	0,281865	0,269744
11	0,407636	0,387533	0,368506	0,350494	0,333438	0,317283	0,301979	0,287476	0,273730	0,260698	0,248339	0,236617
12	0,375702	0,355535	0,336535	0,318631	0,301754	0,285841	0,270833	0,256675	0,243315	0,230706	0,218801	0,207559
13	0,346269	0,326179	0,307338	0,289664	0,273080	0,257514	0,242900	0,229174	0,216280	0,204165	0,192776	0,182069
14	0,319142	0,299246	0,280674	0,263331	0,247132	0,231995	0,217847	0,204620	0,192249	0,180677	0,169847	0,159710
15	0,294140	0,274538	0,256323	0,239392	0,223648	0,209004	0,195379	0,182696	0,170888	0,159891	0,149645	0,140096
16	0,271097	0,251870	0,234085	0,217629	0,202397	0,188292	0,175227	0,163122	0,151901	0,141496	0,131846	0,122892
17	0,249859	0,231073	0,213777	0,197845	0,183164	0,169633	0,157155	0,145644	0,135023	0,125218	0,116164	0,107800
18	0,230285	0,211994	0,195230	0,179859	0,165760	0,152822	0,140946	0,130040	0,120020	0,110812	0,102347	0,094561
19	0,212244	0,194490	0,178292	0,163508	0,150009	0,137678	0,126409	0,116107	0,106685	0,098064	0,090173	0,082948
20	0,195616	0,178431	0,162824	0,148644	0,135755	0,124034	0,113371	0,103667	0,094831	0,086782	0,079448	0,072762
21	0,180292	0,163698	0,148697	0,135131	0,122855	0,111742	0,101678	0,092560	0,084294	0,076798	0,069998	0,063826
22	0,166167	0,150182	0,135797	0,122846	0,111181	0,100669	0,091191	0,082643	0,074928	0,067963	0,061672	0,055988
23	0,153150	0,137781	0,124015	0,111678	0,100616	0,090693	0,081786	0,073788	0,066603	0,060144	0,054337	0,049112
24	0,141152	0,126405	0,113256	0,101526	0,091055	0,081705	0,073351	0,065882	0,059202	0,053225	0,047874	0,043081
25	0,130094	0,115968	0,103430	0,092296	0,082403	0,073608	0,065785	0,058823	0,052624	0,047102	0,042180	0,037790
26	0,119902	0,106393	0,094457	0,083905	0,074573	0,066314	0,059000	0,052521	0,046777	0,041683	0,037163	0,033149
27	0,110509	0,097608	0,086262	0,076278	0,067487	0,059742	0,052915	0,046894	0,041580	0,036888	0,032742	0,029078
28	0,101851	0,089548	0,078778	0,069343	0,061074	0,053822	0,047457	0,041869	0,036960	0,032644	0,028848	0,025507
29	0,093872	0,082155	0,071943	0,063039	0,055271	0,048488	0,042563	0,037383	0,032853	0,028889	0,025417	0,022375
30	0,086518	0,075371	0,065702	0,057309	0,050019	0,043683	0,038173	0,033378	0,029203	0,025565	0,022394	0,019627

Tabelle: **Rentantabelle (sie addiert die Faktoren der Barwerttabelle)**

Beispiel: Ein Einnahmeüberschuss von 1 EUR hat bei x % und x Jahren einen Gegenwartswert von x EUR

Laufzeit in Jahren	Endwert in Euro bei einem Zinssatz von %											
	2,5	3,0	3,5	4,0	4,5	5,0	5,5	6,0	6,5	7,0	7,5	8,0
1	0,975610	0,970874	0,966184	0,961538	0,956938	0,952381	0,947867	0,943396	0,938967	0,934579	0,930233	0,925926
2	1,927424	1,913470	1,899694	1,886095	1,872668	1,859410	1,846320	1,833393	1,820626	1,808018	1,795565	1,783265
3	2,856024	2,828611	2,801637	2,775091	2,748964	2,723248	2,697933	2,673012	2,648476	2,624316	2,600526	2,577097
4	3,761974	3,717098	3,673079	3,629895	3,587526	3,545951	3,505150	3,465106	3,425799	3,387211	3,349326	3,312127
5	4,645828	4,579707	4,515052	4,451822	4,389977	4,329477	4,270284	4,212364	4,155679	4,100197	4,045885	3,992710
6	5,508125	5,417191	5,328553	5,242137	5,157872	5,075692	4,995530	4,917324	4,841014	4,766540	4,693846	4,622880
7	6,349391	6,230283	6,114544	6,002055	5,892701	5,786373	5,682967	5,582381	5,484520	5,389289	5,296601	5,206370
8	7,170137	7,019692	6,873956	6,732745	6,595886	6,463213	6,334566	6,209794	6,088751	5,971299	5,857304	5,746639
9	7,970866	7,786109	7,607687	7,435332	7,268790	7,107822	6,952195	6,801692	6,656104	6,515232	6,378887	6,246888
10	8,752064	8,530203	8,316605	8,110896	7,912718	7,721735	7,537626	7,360087	7,188830	7,023582	6,864081	6,710081
11	9,514209	9,252624	9,001551	8,760477	8,528917	8,306414	8,092536	7,886875	7,689042	7,498674	7,315424	7,138964
12	10,257765	9,954004	9,663334	9,385074	9,118581	8,863252	8,618518	8,383844	8,158725	7,942686	7,735278	7,536078
13	10,983185	10,634955	10,302738	9,985648	9,682852	9,393573	9,117079	8,852683	8,599742	8,357651	8,125840	7,903776
14	11,690912	11,296073	10,920520	10,563123	10,222825	9,898641	9,589648	9,294984	9,013842	8,745468	8,489154	8,244237
15	12,381378	11,937935	11,517411	11,118387	10,739546	10,379658	10,037581	9,712249	9,402669	9,107914	8,827120	8,559479
16	13,055003	12,561102	12,094117	11,652296	11,234015	10,837770	10,462162	10,105895	9,767764	9,446649	9,141507	8,851369
17	13,712198	13,166118	12,651321	12,165669	11,707191	11,274066	10,864609	10,477260	10,110577	9,763223	9,433960	9,121638
18	14,353364	13,753513	13,189682	12,659297	12,159992	11,689587	11,246074	10,827603	10,432466	10,059087	9,706009	9,371887
19	14,978891	14,323799	13,709837	13,133939	12,593294	12,085321	11,607654	11,158116	10,734710	10,335595	9,959078	9,603599
20	15,589162	14,877475	14,212403	13,590326	13,007936	12,462210	11,950382	11,469921	11,018507	10,594014	10,194491	9,818147
21	16,184549	15,415024	14,697974	14,029160	13,404724	12,821153	12,275244	11,764077	11,284983	10,835527	10,413480	10,016803
22	16,765413	15,936917	15,167125	14,451115	13,784425	13,163003	12,583170	12,041582	11,535196	11,061240	10,617191	10,200744
23	17,332110	16,443608	15,620410	14,856842	14,147775	13,488574	12,875042	12,303379	11,770137	11,272187	10,806689	10,371059
24	17,884986	16,935542	16,058368	15,246963	14,495478	13,798642	13,151699	12,550358	11,990739	11,469334	10,982967	10,528758
25	18,424376	17,413148	16,481515	15,622080	14,828209	14,093945	13,413933	12,783356	12,197877	11,653583	11,146946	10,674776
26	18,950611	17,876842	16,890352	15,982769	15,146611	14,375185	13,662495	13,003166	12,392373	11,825779	11,299485	10,809978
27	19,464011	18,327031	17,285365	16,329586	15,451303	14,643034	13,898100	13,210534	12,574998	11,986709	11,441381	10,935165
28	19,964889	18,764108	17,667019	16,663063	15,742874	14,898127	14,121422	13,406164	12,746477	12,137111	11,573378	11,051078
29	20,453550	19,188455	18,035767	16,983715	16,021889	15,141074	14,333101	13,590721	12,907490	12,277674	11,696165	11,158406
30	20,930293	19,600441	18,392045	17,292033	16,288889	15,372451	14,533745	13,764831	13,058676	12,409041	11,810386	11,257783

Tabelle: **Rentabelle (sie addiert die Faktoren der Barwerttabelle)**

Beispiel: Ein Einnahmeüberschuss von 1 EUR hat bei x % und x Jahren einen Gegenwartswert von x EUR

Laufzeit in Jahren	Endwert in Euro bei einem Zinssatz von %											
	8,5	9,0	9,5	10,0	10,5	11,0	11,5	12,0	12,5	13,0	13,5	14,0
1	0,921659	0,917431	0,913242	0,909091	0,904977	0,900901	0,896861	0,892857	0,888889	0,884956	0,881057	0,877193
2	1,771114	1,759111	1,747253	1,735537	1,723961	1,712523	1,701221	1,690051	1,679012	1,668102	1,657319	1,646661
3	2,554022	2,531295	2,508907	2,486852	2,465123	2,443715	2,422619	2,401831	2,381344	2,361153	2,341250	2,321632
4	3,275597	3,239720	3,204481	3,169865	3,135858	3,102446	3,069614	3,037349	3,005639	2,974471	2,943833	2,913712
5	3,940642	3,889651	3,839709	3,790787	3,742858	3,695897	3,649878	3,604776	3,560568	3,517231	3,474743	3,433081
6	4,553587	4,485919	4,419825	4,355261	4,292179	4,230538	4,170294	4,111407	4,053839	3,997550	3,942505	3,888668
7	5,118514	5,032953	4,949612	4,868419	4,789303	4,712196	4,637035	4,563757	4,492301	4,422610	4,354630	4,288305
8	5,639183	5,534819	5,433436	5,334926	5,239188	5,146123	5,055637	4,967640	4,882045	4,798770	4,717735	4,638864
9	6,119063	5,995247	5,875284	5,759024	5,646324	5,537048	5,431064	5,328250	5,228485	5,131655	5,037652	4,946372
10	6,561348	6,417658	6,278798	6,144567	6,014773	5,889232	5,767771	5,650223	5,536431	5,426243	5,319517	5,216116
11	6,968984	6,805191	6,647304	6,495061	6,348211	6,206515	6,069750	5,937699	5,810161	5,686941	5,567857	5,452733
12	7,344686	7,160725	6,983839	6,813692	6,649964	6,492356	6,340583	6,194374	6,053476	5,917647	5,786658	5,660292
13	7,690955	7,486904	7,291178	7,103356	6,923045	6,749870	6,583482	6,423548	6,269757	6,121812	5,979434	5,842362
14	8,010097	7,786150	7,571852	7,366687	7,170176	6,981865	6,801329	6,628168	6,462006	6,302488	6,149281	6,002072
15	8,304237	8,060688	7,828175	7,606080	7,393825	7,190870	6,996708	6,810864	6,632894	6,462379	6,298926	6,142168
16	8,575333	8,312558	8,062260	7,823709	7,596221	7,379162	7,171935	6,973986	6,784795	6,603875	6,430772	6,265060
17	8,825192	8,543631	8,276037	8,021553	7,779386	7,548794	7,329090	7,119630	6,919818	6,729093	6,546936	6,372859
18	9,055476	8,755625	8,471266	8,201412	7,945146	7,701617	7,470036	7,249670	7,039838	6,839905	6,649283	6,467420
19	9,267720	8,950115	8,649558	8,364920	8,095154	7,839294	7,596445	7,365777	7,146523	6,937969	6,739456	6,550369
20	9,463337	9,128546	8,812382	8,513564	8,230909	7,963328	7,709816	7,469444	7,241353	7,024752	6,818904	6,623131
21	9,643628	9,292244	8,961080	8,648694	8,353764	8,075070	7,811494	7,562003	7,325647	7,101550	6,888902	6,686957
22	9,809796	9,442425	9,096876	8,771540	8,464945	8,175739	7,902685	7,644646	7,400575	7,169513	6,950575	6,742944
23	9,962945	9,580207	9,220892	8,883218	8,565561	8,266432	7,984471	7,718434	7,467178	7,229658	7,004912	6,792056
24	10,104097	9,706612	9,334148	8,984744	8,656616	8,348137	8,057822	7,784316	7,526381	7,282883	7,052786	6,835137
25	10,234191	9,822580	9,437578	9,077040	8,739019	8,421745	8,123607	7,843139	7,579005	7,329985	7,094965	6,872927
26	10,354093	9,928972	9,532034	9,160945	8,813592	8,488058	8,182607	7,895660	7,625782	7,371668	7,132128	6,906077
27	10,464602	10,026580	9,618296	9,237223	8,881079	8,547800	8,235522	7,942554	7,667362	7,408556	7,164870	6,935155
28	10,566453	10,116128	9,697074	9,306567	8,942153	8,601622	8,282979	7,984423	7,704322	7,441200	7,193718	6,960662
29	10,660326	10,198283	9,769018	9,369606	8,997423	8,650110	8,325542	8,021806	7,737175	7,470088	7,219135	6,983037
30	10,746844	10,273654	9,834719	9,426914	9,047442	8,693793	8,363715	8,055184	7,766378	7,495653	7,241529	7,002664

Literaturtipps

Buchtipps

Der betriebswirtschaftliche Büchermarkt biete eine kaum überschaubare Fülle von Literatur. Im Folgenden nennen wir wenige ausgewählte Grundlagenwerke, die zumeist in bestimmten Abständen aktualisiert als Neuauflage herausgegeben werden. Die jeweils gültige Auflage ermittelt man leicht aus (elektroischen) Buchkatalogen.

Birker, Klaus
Handbuch Praktische Betriebswirtschaft.
Einführung, Überblick und Nachschlagewerk für alle Kaufleute und Techniker. Auf über 900 Seiten werden alle in der Praxis relevanten kaufmännischen Themen behandelt. Seit vielen Jahren in der Praxis bewährt.

Wöhe, Günter
Einführung in die Allgemeine Betriebswirtschaftslehre
„Der Wöhe" gilt als der „Klassiker" unter den BWL-Lehrbüchern. Unzählige Studierende haben nach diesem Buch Betriebswirtschaftslehre gelernt.
Auf weit über 1.000 Seiten werden alle Bereiche der BWL beleuchtet. Nicht nur vom Umfang her ist das Werk anspruchsvoll und deshalb für alle geeignet, die sich gründlich in die BWL vertiefen möchten. Ferner ist es ein verlässliches Nachschlagewerk.

Schierenbeck, Henner
Grundzüge der Betriebswirtschaftslehre
Dies ist ebenfalls umfangreiches Standardwerk. Auf über 700 Seiten werden alle betriebswirtschaftlichen Themen behandelt. Mit Fragen und Aufgaben zur Wiederholung.

Birker, Klaus
Einführung in die Betriebswirtschaftslehre und Klausurtraining Betriebswirtschaftslehre
Diese beiden aufeinander angestimmten Bände stellen die kompakte Variante eines Lehrwerks dar (mit 240 bzw. 128 Seiten), das – wie die Buchtitel schon sagen – eine Einführung und Aufgaben sowie Lösungen bietet.

Haunerdinger, Monika und Probst, Hans-Jürgen:
Karrierefaktor BWL
Auf rund 200 Seiten einfach dargestelltes praxisorientiertes BWL-Basiswissen. Mit Selbsttest, Übungen, Lösungen und Karrieretipps.
Zusätzlich auf beiliegender CD viele Arbeitshilfen für die betriebswirtschaftliche Praxis.

Birker, Klaus: Das neue Lexikon der BWL
Über 2.000 Stichwörter auf 450 Seiten über Kernbereiche der BWL. Daneben Wesentliches zur Wirtschaftsinformatik und Wirtschaftsrecht.

Fachzeitschriften

Auch zum Thema Wirtschaft gibt es zahlreiche Fachzeitschriften. Wir nennen hier lediglich eine Auswahl speziell zu den betriebswirtschaftlichen Themen.
Grundsätzlich ist dazu zu sagen, dass diese Zeitschriften tendenziell an betriebswirtschaftlichen Fachleuten ausgerichtet und deshalb oft speziell sind.
Man findet betriebswirtschaftliche Inhalt darüber hinaus auch – und hier oft praxisnah – in Zeitschriften, die von Berufsverbänden, den Kammern und weiteren Institutionen herausgegeben werden.

Die Betriebswirtschaft
Erscheint 6 x im Jahr.

Zeitschrift für Betriebswirtschaft (ZfB)
Erscheint 12 x im Jahr.

Zeitschrift für Betriebswirtschaftliche Forschung (ZfbF)
Erscheint 12 x im Jahr.

Betriebswirtschaftliche Forschung und Praxis (BFUP)
Erscheint 6 x im Jahr.

Der Betrieb
Eher rechtliche bzw. steuerrechtliche Inhalte, ausgerichtet an Steuerberatern, Wirtschaftsprüfern u.Ä.
Erscheint wöchentlich.

Wirtschaftswissenschaftliches Studium (WiSt)
Speziell für BWL-Studenten.
Erscheint 12 x im Jahr.

Harvard Business Manager
Nicht so speziell wie obige Zeitschriften. Hier werden Themen aus allen wirtschaftlichen Bereichen (also nicht nur BWL) in etwas populärerer Form und journalistischer aufbereitet als oben behandelt.
Erscheint 12 x im Jahr.

Linktipps

- Grundsätzlich:
  Letztlich bekommen Sie im World Wide Web (www.) über eine Suchmaschine zu nahezu jedem betriebswirtschaftlichen Begriff eine Reihe von Treffern. Allerdings geben wir folgenden Tipp:

  Achten Sie auf die Quelle und fragen Sie sich in jedem Fall nach der Verlässlichkeit der Information!

- Datenbanken:
  In Datenbanken sind eine Fülle von Informationen zu bestimmten Themen gespeichert, die man nach verschiedenen Suchkriterien abrufen kann. So enthalten Datenbanken z.B. Literaturhinweise, Zeitschriftenartikel usw. Es gibt eine Reihe von Datenbanken zu betriebswirtschaftlichen Inhalten. Die meisten Datenbanken sind kostenpflichtig.

  - **www.wiso-net.de**
    Viel benutzte und umfangreiche Datenbank im Bereich Wirtschafts- und Sozialwissenschaft. Die größte deutsche Zusammenstellung von Literaturnachweisen.

  - **www.gbi.de**
    Die Gesellschaft für betriebswirtschaftliche Information betreibt eine diese Datenbank zu allen wirtschaftlichen Themen.

  - **www.internet.datenbanken.de**
    Unter dieser Adresse finden Sie eine Reihe von kostenlosen Datenbanken, z.B. die Deutsche Internetbibliothek. Stichwortverzeichnis

Stichwortverzeichnis

Q

R

S

T

U

V

W

Z

Über die Autoren

Monika Haunerdinger

(Jahrgang 1968)
Diplom-Betriebswirtin (FH)
Langjährige betriebswirtschaftliche Praxis. Senior-Berater in einem namhaften internationalen Consultingunternehmen. Ihre Beratungsschwerpunkte liegen in den Bereichen Unternehmensführung/Controlling.

Hans-Jürgen Probst

(Jahrgang 1954)
Diplom-Kaufmann, Diplom-Handelslehrer
Langjährige betriebswirtschaftliche Tätigkeit, u.a. als Geschäftsführer und Leiter eines Konzerncontrollings. Seit 1995 freiberuflich im betriebswirtschaftlichen Bereich tätig, u.a. als Seminarleiter und Berater. Arbeitsschwerpunkt ist die Vermittlung betriebswirtschaftlichen Wissens für „Nicht-BWLer".

Beide Autoren haben zahlreiche Bücher und Beiträge im Bereich Betriebswirtschaftslehre publiziert.

Top im Job.

POCKET BUSINESS ist die Reihe für alle, die beruflich weiterkommen wollen und dafür konzentrierte Information suchen.

Jakob Wolf
Kostenrechnung
128 Seiten, kartoniert
ISBN 3-589-21952-1
(ab 2007: ISBN
978-3-589-21952-0)

Jakob Wolf
Deckungsbeitrags-rechnung
120 Seiten, kartoniert
ISBN 3-589-21954-8
(ab 2007: ISBN
978-3-589-21954-4)

Johanna Härtl
Bilanztechniken
128 Seiten, kartoniert
ISBN 3-589-21900-9
(ab 2007: ISBN
978-3-589-21900-1)

Bernd Külpmann
Grundlagen Controlling
128 Seiten, kartoniert
ISBN 3-589-21920-3
(ab 2007: ISBN
978-3-589-21920-9)

Erhältlich im Buchhandel. Weitere Informationen zum Programm im Buchhandel oder unter *www-cornelsen-berufskompetenz.de*

Cornelsen Verlag
14328 Berlin
www.cornelsen.de

Für den Durchblick.

Handliches Format, große Übersichtlichkeit, griffige und präzise Erläuterungen zu mehr als 2.000 Begriffen der BWL mit deutlichem Schwerpunkt auf Kernaspekte – ein Lexikon der Superlative!

Klaus Birker (Hrsg.)
Das neue BWL-Lexikon

2., grundlegend überarbeitete und erweiterte Auflage
456 Seiten, Festeinband
ISBN 3-589-23740-6
(ab 2007:
978-3-589-23740-1)

Klaus Birker (Hrsg.)
Das neue LEXIKON der BWL
2., grundlegend überarbeitete und erweiterte Auflage
Betriebswirtschaft
Wirtschaftsinformatik
Wirtschaftsrecht
Cornelsen

Erhältlich im Buchhandel. Weitere Informationen zu Wirtschaftsthemen gibt es dort oder im Internet unter *www-cornelsen-berufskompetenz.de*

Cornelsen Verlag
14328 Berlin
www.cornelsen.de